人力资源和社会保障部职业能力建设司推荐
冶金行业职业教育培训规划教材

电炉钢水的炉外精炼技术

俞海明　主编

北　京
冶金工业出版社
2010

内 容 提 要

本书为冶金行业职业技能培训教材，根据冶金企业的生产实际和岗位技能要求编写，并经人力资源和社会保障部职业培训教材工作委员会办公室专家评审通过。

本书介绍了炉外精炼原理、炉外精炼设备与耐火材料、电炉炼钢流程中的各种炉外精炼方法的操作工艺（LF、VD、RH、VOD、VAD、AOD）、精炼过程中夹杂物的变性与去除以及部分电炉钢的冶炼和精炼工艺。本书以作者亲身操作和相关理论为基础，详实地介绍了电炉炼钢流程中的炉外精炼操作技术以及高质量电炉钢的冶炼和精炼工艺。

本书可以作为钢铁企业职工的培训教材，可以作为中高职院校的教材或者学生熟悉和了解现场的参考书，也可以作为工程技术人员的参考资料。

图书在版编目（CIP）数据

电炉钢水的炉外精炼技术/俞海明主编 . —北京：冶金工业
出版社，2010.8
冶金行业职业教育培训规划教材
ISBN 978-7-5024-5219-3

Ⅰ.①电…　Ⅱ.①俞…　Ⅲ.①钢水—炉外精炼—高等
学校：技术学校—教材　Ⅳ.①TF769

中国版本图书馆 CIP 数据核字（2010）第 053056 号

出 版 人　曹胜利
地　　址　北京北河沿大街嵩祝院北巷 39 号，邮编 100009
电　　话　(010)64027926　电子信箱　yicbs@cnmip.com.cn
责任编辑　刘小峰　美术编辑　张媛媛　版式设计　孙跃红
责任校对　王贺兰　责任印制　牛晓波
ISBN 978-7-5024-5219-3
北京兴华印刷厂印刷；冶金工业出版社发行；各地新华书店经销
2010 年 8 月第 1 版，2010 年 8 月第 1 次印刷
787mm×1092mm　1/16；18.25 印张；484 千字；276 页
49.00 元
冶金工业出版社发行部　电话：(010) 64044283　传真：(010) 64027893
冶金书店　地址：北京东四西大街 46 号(100010)　电话：(010)65289081(兼传真)
（本书如有印装质量问题，本社发行部负责退换）

冶金行业职业教育培训规划教材
编辑委员会

主　任　张　海　中国钢协人力资源与劳动保障工作委员会教育培训研究会
　　　　　　　　主任，唐山钢铁集团公司副总经理
　　　　　曹胜利　冶金工业出版社　社长
副主任　董兆伟　河北工业职业技术学院　院长
　　　　　鲁启峰　中国职工教育和职业培训协会冶金分会秘书长
　　　　　　　　中国钢协职业培训中心　副主任
顾　问
　　北京科技大学　曲　英　王筱留　蔡嗣经　杨　鹏　唐　荻　包燕平
　　东　北　大　学　翟玉春　陈宝智　王　青　魏德洲　沈峰满　张廷安
委　员

首钢集团总公司	王传雪	舒友珍	宝钢集团有限公司	杨敏宏
武汉钢铁集团公司	夏汉明	孙志桥	鞍山钢铁集团公司	尹旭光
唐山钢铁集团公司	罗家宝	武朝锁	本溪钢铁集团公司	刘恩泉
邯郸钢铁集团公司	尤善晓	石宝伟	江苏沙钢集团公司	巫振佳
太原钢铁集团公司	毋建贞	孟永刚	莱芜钢铁集团公司	刘祖法
包头钢铁集团公司	李金贵	张殿富	江西省冶金集团公司	张朝凌
攀枝花钢铁集团公司	张海威	许志军	韶关钢铁集团公司	李武强
马钢集团公司	唐叶来	王茂龙	宣化钢铁集团公司	尹振奎
济南钢铁集团总公司	李长青	曹　凯	柳州钢铁集团公司	刘红新
安阳钢铁集团公司	魏晓鹏	马学方	杭州钢铁集团公司	汪建辉
华菱湘潭钢铁集团公司	文吉平	李中柱	通化钢铁集团公司	荆鸿麟
涟源钢铁集团公司	毛宝粮	袁超纲	邢台钢铁公司	李同友
南京钢铁联合公司	包维义	陈龙宝	天津钢铁集团公司	张　莹
昆明钢铁集团公司	孔繁工	马淑萍	攀钢集团长城特钢公司	朱云剑
重庆钢铁集团公司	田永明	岳　庆	西林钢铁集团公司	夏宏钢
福建三钢集团公司	卫才清	颜觉民	南昌长力钢铁公司	胡建忠

委 员

萍乡钢铁公司	邓 玲	董智萍	江西新余钢铁公司		张 钧
武钢集团鄂城钢铁公司	袁立庆	汪中汝	江苏苏钢集团公司		李海宽
太钢集团临汾钢铁公司	雷振西	张继忠	邯郸纵横钢铁集团公司		阚永梅
广州钢铁企业集团公司	张乔木	尹 伊	石家庄钢铁公司		金艳娟
承德钢铁集团公司	魏洪如	高 影	济源钢铁集团公司		李全国
首钢迁安钢铁公司	习 今	王 蕾	天津钢管集团公司		雷希梅
淮阴钢铁集团公司	刘 瑾	王灿秀	华菱衡阳钢管集团公司		王美明
中国黄金集团夹皮沟矿业公司		刘成库	港陆钢铁公司		曹立国
吉林昊融有色金属公司		赵 江	衡水薄板公司		魏虎平
河北工业职业技术学院	袁建路	李文兴	河北省冶金研究院		彭万树
昆明冶金高等专科学校	卢宇飞	周晓四	津西钢铁公司		王继宗
山西工程职业技术学院	王明海	史学红	鹿泉钢铁公司		杜会武
吉林电子信息职技学院	张喜春	陈国山	中国钢协职业培训中心		梁妍琳
山东工业职业学院	王庆义	王庆春	有色金属工业人才中心		宋 凯
安徽冶金科技职技学院	郑新民	梁赤民	河北科技大学		冯 捷
中国中钢集团	刘增田	秦光华	冶金职业技能鉴定中心		张志刚

特邀委员

北京中智信达教育科技有限公司	董事长	王建敏
山东星科教育设备集团	董事长	王 继

秘 书

冶金工业出版社　　　　宋　良（010-64027900，3bs@cnmip.com.cn）

序

吴溪淳

改革开放以来，我国经济和社会发展取得了辉煌成就，冶金工业实现了持续、快速、健康发展，钢产量已连续数年位居世界首位。这其间凝结着冶金行业广大职工的智慧和心血，包含着千千万万产业工人的汗水和辛劳。实践证明，人才是兴国之本、富民之基和发展之源，是科技创新、经济发展和社会进步的探索者、实践者和推动者。冶金行业中的高技能人才是推动技术创新、实现科技成果转化不可缺少的重要力量，其数量能否迅速增长、素质能否不断提高，关系到冶金行业核心竞争力的强弱。同时，冶金行业作为国家基础产业，拥有数百万从业人员，其综合素质关系到我国产业工人队伍整体素质，关系到工人阶级自身先进性在新的历史条件下的巩固和发展，直接关系到我国综合国力能否不断增强。

强化职业技能培训工作，提高企业核心竞争力，是国民经济可持续发展的重要保障，党中央和国务院给予了高度重视，明确提出人才立国的发展战略。结合《职业教育法》的颁布实施，职业教育工作已出现长期稳定发展的新局面。作为行业职业教育的基础，教材建设工作也应认真贯彻落实科学发展观，坚持职业教育面向人人、面向社会的发展方向和以服务为宗旨、以就业为导向的发展方针，适时扩大编者队伍，优化配置教材选题，不断提高编写质量，为冶金行业的现代化建设打下坚实的基础。

为了搞好冶金行业的职业技能培训工作，冶金工业出版社在人力资源和社会保障部职业能力建设司和中国钢铁工业协会组织人事部的指导下，同河北工业职业技术学院、昆明冶金高等专科学校、吉林电子信息职业技术学院、山西工程职业技术学院、山东工业职业学院、济钢集团总公司、中国职工教育和职业培训协会冶金分会、中国钢协职业培训中心等单位密切协作，联合有关冶金企业和职业技术院校，编写了这套冶金行业职业教育培训规划教材，并经人力资源和社会保障部职业培训教材工作委员会组织专家评审通过，由人力资源和社会保障部职业能力建设司给予推荐。有关学校、企业的各级领导和编写人员在时间紧、任务重的情况下，克服困难，辛勤工作，在相关科研院所的工程技术人员的积极参与和大力支持下，出色地完成了前期工作，为冶金行业的职业技能培训工作的顺利进行，打下了坚实的基础。相信这套教材的出版，将为冶金企业生产一线人员理论水平、操作水平和管理水平的进一步提高，企业核心竞争力的不断增强，起到积极的推进作用。

随着近年来冶金行业的高速发展，职业技能培训工作也取得了巨大的成绩，绝大多数企业建立了完善的职工教育培训体系，职工素质不断提高，为我国冶金行业的发展提供了强大的人力资源支持。今后培训工作的重点，应继续注重职业技能培训工作者队伍的建设，丰富教材品种，加强对高技能人才的培养，进一步强化岗前培训，深化企业间、国际间的合作，开辟冶金行业职业培训工作的新局面。

展望未来，任重而道远。希望各冶金企业与相关院校、出版部门进一步开拓思路，加强合作，全面提升从业人员的素质，要在冶金企业的职工队伍中培养一批刻苦学习、岗位成才的带头人，培养一批推动技术创新、实现科技成果转化的带头人，培养一批提高生产效率、提升产品质量的带头人；不断创新，不断发展，力争使我国冶金行业职业技能培训工作跨上一个新台阶，为冶金行业持续、稳定、健康发展，做出新的贡献！

前　　言

本书是按照人力资源和社会保障部的规划，得到冶金工业出版社的支持，参照行业职业技能标准和职业技能鉴定规范，根据企业的生产实际和岗位技能要求编写的。书稿经人力资源和社会保障部职业培训教材工作委员会办公室组织专家评审通过，由人力资源和社会保障部培训就业司推荐作为行业职业技能培训教材。

本书可以作为钢铁企业职工的培训教材，可以作为中高职院校的教材或者学生熟悉和了解现场的参考书，也可以作为工程技术人员的参考资料。书中介绍的各项操作方法和技术，以笔者的现场操作和切身体会为基础，大多曾在《钢铁》、《特殊钢》、《炼钢》、《工业加热》、《江苏冶金》等期刊杂志上发表。与作者主编的《现代电炉炼钢操作》的目的一致，本书注重改进电炉炼钢生产操作和提高电炉钢质量，希望这两本书能够为我国现代电炉炼钢生产有所帮助。

笔者主编的这两本书均参考了大量文献，这些参考文献给予笔者很大启发和帮助。在写作过程中，《特殊钢》杂志社的汪学瑶老师将自己的研究成果无私提供给笔者参考，《工业加热》杂志社也给予了笔者鼓励和支持。全书草成以后，冶金工业出版社提出了许多具体的修改意见，使得全书的内容焕然一新，更具有可读性。冶金工业出版社的严谨、负责、专业的作风，给笔者以深深的感动，帮助笔者少走了许多弯路。

在本书出版之际，笔者感谢教育和培养我、支持和鼓励我的师长、同事、朋友和家人，感谢教我炼钢的启蒙师傅张谊，感谢八钢——这个具有优良传统的企业，激励了我，给了我许多学习的机会。感谢参考文献的作者，感谢为本书编写提供资料和帮助的人们。

由于笔者学识所限，书中不足之处，真诚希望读者给予批评指正。

俞海明

2009 年 12 月

目　　录

1 炉外精炼原理

电炉炼钢流程的炉外精炼的基本工艺配置及其冶炼特点包括:

(1) EAF + LF + CCM。这种工艺配置主要生产对于气体含量要求不高的优质合金钢,在采用严格控制的工艺条件下,也可以生产一些气体含量较低的钢种。一般的工艺过程是电炉严格控制钢中的有害元素的含量,电炉出钢过程中进行脱氧合金化处理,精炼炉接钢以后进行脱氧、成分和温度的调整以后,把钢水吊往连铸工序浇铸。

(2) EAF + LF + VD + CCM。这种工艺配置生产对于气体含量和夹杂物要求较高的优质合金钢,例如管线钢、轴承钢、齿轮钢等。基本工艺过程是精炼炉调整好不易氧化合金元素的成分,调整好炉渣的流动性以及钢水的温度,钢水的温度要考虑到连铸的温度要求,加上 VD 处理过程的温降和综合温降,再将钢水吊往 VD 罐进行真空脱气、脱硫和去除夹杂物的处理,以及调整一些微量元素,然后钢水上连铸机浇铸。

(3) EAF + LF + RH + CCM。这种工艺配置的 LF + RH 复合精炼过程是首先利用 LF 将钢水升温,利用 LF 的搅拌和渣精炼功能进行还原精炼,使钢水脱硫和预脱氧。然后将钢水送入 RH 中进行脱氢和二次脱氧。这样的处理不仅大大提高了钢水的洁净度,而且将钢水的温度调整到连铸需要的温度,为多流连铸和多炉连浇提供了保证。LF 与 RH 配合生产轴承钢,轴承钢中的总氧量达到 0.00058% 的水平,同时国外有的厂家利用这种生产线生产优质的弹簧钢取得的实物质量也非常令人满意。

(4) EAF + AOD(VOD) + CCM。这种工艺配置主要是用来生产不锈钢。基本工艺是电炉提供不锈钢母液,在 AOD 或者 VOD 内进行脱碳、脱硫、脱磷处理,然后还原精炼,还原结束以后钢水上连铸机浇铸。这种流程也叫做两步法生产。此外,EAF + AOD + VOD + LF + CCM 也在低碳低气体含量的不锈钢生产中得到了充分的应用,这种流程也叫三步法生产。炉外精炼是指对在转炉或电炉内初炼之后的钢液在钢包或专门的冶金容器内再次精炼的工艺过程,故又称二次精炼。用于精炼的钢包或其他专用容器均称为精炼炉。

钢液的炉外精炼是近 30 多年迅速发展起来的一个领域。钢液进行炉外精炼的目的在于,进一步去除夹杂物获得洁净钢,精确调整钢液成分和温度,改善非金属夹杂物的形态等。例如,钢中最常涉及的有害元素磷、硫、氮、氢、氧五种,现代洁净钢已经可以将钢中总杂质含量降低到 0.005% 的水平。电炉钢水的特点,例如气体含量高,如果使用炉外精炼的手段,就会减轻或者消除。

炉外精炼的作用主要是:

(1) 承担初炼炉原有的部分精炼功能,在最佳的热力学和动力学条件下完成部分炼钢反应,提高单体设备的生产能力。

(2) 均匀钢水,精确控制钢种成分。

(3) 精确控制钢水温度,适应连铸生产的要求。

(4) 进一步提高钢水洁净度,满足成品钢材性能要求;控制残留在钢中夹杂物的形态。例如,减轻硫元素导致的热脆效应,使硫成为第一类夹杂物,即硫化物呈球形;使 Al_2O_3 变成铝酸钙,以改善钢的切削性能等。

（5）作为电炉炼钢与连铸机之间的缓冲，提高电炉炼钢的灵活性和整体效率。

为完成上述精炼任务，一般要求炉外精炼设备具备以下功能：

（1）熔池搅拌功能——均匀钢水成分和温度，促进夹杂物上浮和钢渣反应；

（2）钢水的升温和控制功能——精确控制钢水温度，使得连铸尽可能做到恒速浇铸，并且能够降低中间包的过热度波动对钢坯质量的影响；

（3）精炼功能——包括渣洗、脱气、脱碳、脱硫、去除夹杂物和夹杂物变性处理等；

（4）合金化功能——对钢水实现窄成分控制；

（5）生产调节功能——均衡电炉炼钢和连铸之间的生产。

炉外精炼的工艺手段包括真空和非真空，以及为了提高精炼处理效果、补偿处理过程中的热量损失和增加调整成分等功能而添加的搅拌、加热、吹氧、吹氩、喂丝、喷粉等。目前，炉外精炼的方法达30多种，按其精炼原理不同大致分为非真空精炼和真空精炼两大类。

1.1 非真空精炼原理

电炉的非真空精炼主要指 LF 钢包精炼和氩氧炉（AOD）氩氧混吹精炼，主要包括搅拌原理、加热原理、精炼炉泡沫渣原理以及降低一氧化碳分压进行脱碳的原理。

1.1.1 搅拌

1.1.1.1 搅拌方式的介绍

一般来说，搅拌就是向流体系统供应能量，使该系统内产生运动。为实现这一目的，可以借助于喷吹气体，也可以使用电磁感应或机械的方法。

A 机械搅拌

机械搅拌用于常温或工作温度不太高的系统，如化工、选矿、轻工、食品等部门广泛应用着各种旋转、振动、转动着的倾斜容器，或通过叶片、螺旋桨等进行机械搅拌。这类搅拌有设备简单、搅拌效率高、操作方便等优点。但是对于高温的冶金熔体，很少选用这种简便的机械搅拌方法，目前应用的只有铁水预处理的 KR 法。该工艺具体的操作方法是用一个耐火材料做成的截面为十字形的搅拌器，垂直插入铁水罐中旋转而搅动铁水。它具有机械搅拌的全部优点，但由于搅拌器材质方面的问题，不适合对钢液的搅拌。所以现有的几十种炉外精炼方法中，没有一种是采用机械搅拌方法的。

B 利用重力或大气压力搅动钢液

利用重力搅拌钢液的炉外精炼方法有异炉渣洗、同炉渣洗、混合炼钢、VC、SLD、TD、VSR 等。利用钢流的冲击，可以在不增加设备和影响正常的工艺条件下，产生非常剧烈的搅拌。但是，这种搅拌是由于工艺特有的过程而出现的，搅拌时间决定于其他工艺过程的时间，搅拌强度也不容易调节。例如，在电炉的出钢过程中，钢水从出钢槽或者 EBT 流出，在进入钢包以后就会因为钢水的势能转化为动能，对钢液产生冲击搅拌，搅拌的效果与钢水的温度、出钢的时间等因素有关，所以它只适用于特定工艺场合，很难作为一种专门的手段广泛地被选用。

综合利用大气压力和重力搅动钢液的炉外精炼方法有 RH、DH 法。它利用大气压力将钢包中被处理的钢液压入真空室，处理后的钢液再借助重力返回钢包，并利用返回钢流的动能搅动钢包中的其他钢液。

这类搅拌的一个突出优点是不必增设搅拌的附加设备，但它的应用有一定的局限性。

C 喷吹气体搅拌

喷吹气体搅拌是一种应用较为广泛的搅拌方法，主要是各种形式的吹氩搅拌和吹氮气搅拌。应用这类搅拌的炉外精炼方法有 VD、CAB、CAS、Finkle、LF、VAD、VOD、AOD、SL、TN 等。采用气体搅拌时，所喷吹的气体多为氩气或者氮气，而且是从底部吹入熔池，故常称为底吹氩搅拌。其搅拌原理是底吹氩时熔池内出现了"气泡泵"现象。

当氩气从底部中心吹入时，喷嘴上方的钢液中生成许多气泡，这些气泡因密度小而带动周围的钢液向上浮出，靠近气—液两相区外缘的液体被上浮的两相流抽引向上流动，这就是所谓的"气泡泵"现象；到达顶面后，气泡逸入气相，而被抽引的液体转向水平流动，由中心流向四周，在靠近器壁处转向向下流动，以补充被抽引的流体，从而形成了"中心向上，四周向下"的环流。当熔池顶面有渣层时，则可能被水平流动的流体卷入熔池。如此循环反复进行，熔池内的钢液便会得到良好的搅拌和混合。

这种搅拌方法可以取得以下方面的效果：

（1）调温，主要是冷却钢液。对于开浇温度有比较严格要求的钢种或浇铸方法，都可以用吹氩的办法将钢液温度降低到规定的要求。例如德国 BSW 厂，采用轧制过程中产生的不合格产品，在电炉出高温钢以后，加入钢包内进行吹氩调温，一是降低了部分炼钢成本，二是方便了调温过程。

（2）混匀。在钢包底部适当位置安放气体喷嘴，可使钢包中的钢液产生环流，用控制气体流量的方法来控制钢液的搅拌强度。实践证明，这种搅拌方法可促使钢液的成分和温度迅速地趋于均匀。

（3）净化。搅动的钢液增加了钢中非金属夹杂物碰撞长大的机会。上浮的氩气泡不仅能够吸收钢中的气体，还会黏附悬浮于钢液中的夹杂物，把这些黏附的夹杂物带至钢液表面被渣层所吸收。精炼过程的喷吹气体搅拌主要是钢包吹氩，通常有两种形式。大多数炉外精炼的吹氩形式是通过安装在钢包底部一定位置的透气砖，或者其他型式的喷嘴将氩气吹入钢液。也有采用类似塞棒的吹氩喷枪，插入钢包内的钢液中，在接近包底处将氩气吹入钢液。

（4）利用氩气的搅拌作用，清除夹渣和夹杂物，均匀温度和成分，减少偏析，提高脱氧剂和金属材料的收得率。

（5）利用氩气的保护作用，可进一步避免或减少钢液的二次氧化。钢包吹氩精炼法适用于结构钢、轴承钢、电工钢、不锈钢、耐热钢等多钢种。生产实践证明，脱氧良好的钢液经钢包吹氩精炼后，钢中的氢可去除约 15% ～40%，氧可去除约 30% ～50%，电解夹杂物总量可减少 50%，尤其是大颗粒夹杂物更有明显减少，而钢中的氮含量虽然也减少，但不是特别稳定。钢包吹氩能够减少因中心疏松与偏析、皮下气泡、夹杂等缺陷造成的废品，同时又提高了钢的密度及金属收得率等。

D 电磁搅拌

利用电磁感应的原理使钢液产生运动称为电磁搅拌。电磁搅拌是用电磁感应产生的洛仑兹力驱动钢液流动而达到搅拌目的的。用一种简单的比喻，把电动机的定子剖开并拉直就成了一片感应搅拌器，而钢液就是电动机的转子。通电后，搅拌器中会产生磁场，并以一定速度切割钢水导体，于是便在钢水中产生感应电流，载流钢水与磁场相互作用产生电磁力，从而驱动钢水运动。这就是电磁搅拌的工作原理。搅拌器可以做成圆筒形，也可以做成片状，片状搅拌器安装方便而应用普遍。就片状搅拌器而言，可以单片安装，也可以双片对称安装。双片对称安装可以使钢流产生双向流股，也可现成单向流股。单片安装的搅拌效果最差，只适用于小型精炼炉；双向对称安装并现成单向流股时，搅拌效果最好，能耗也较低。

电磁搅拌分为推斥搅拌和运动搅拌两种。单相的交变电流通过感应绕组（或称搅拌器），会产生一脉动磁场，若被搅拌的金属液处于该磁场中，所产生的搅拌称为推斥搅拌。推斥搅拌的搅拌力几乎与金属熔体的容器壁相垂直。感应炉坩埚中的金属熔体的搅拌就属于这种搅拌。运动搅拌，是由移动磁场的作用而产生，搅拌力作用于切线方向，金属熔体沿器壁内表面运动。这种搅拌广泛应用于电炉或炉外精炼的电磁搅拌中。

由于感应电流在钢水中形成的涡流产生了热量，电磁搅拌还有一定的保温作用，这是吹氩搅拌无法达到的。

20 世纪 50 年代以来，一些大吨位的电炉采用了电磁搅拌，以促进诸如脱硫、脱氧等精炼反应的进行，保证熔池内温度及成分的均匀。各种炉外精炼方法中，SKF 采用了电磁搅拌，美国的 ISLD 也采用了电磁搅拌。

1.1.1.2　搅拌方法的比较和选择

吹气搅拌和电磁搅拌是各种炉外精炼方法中应用较多的两种搅拌方法，比较有利于控制和调节搅拌强度的大小，并容易与其他精炼手段组合的搅拌方法。但是它们之间无论在装备上，还是在产生的功能和效果上都有很大的差别：

（1）搅拌能力和调节性能的比较。在吹气搅拌中，上浮的气泡带动着钢液的运动，搅拌钢液所消耗的能量来自于上浮气泡的本身。当处理容量增大时，熔体的体积增大，即熔体所形成的熔池深度加深，截面积增大。而熔池深度增加时，上浮气泡提供的能量也将成比例增加。熔池截面的增大，可相应增加透气砖的截面和数量，以增大吹气量，从而也增大了吹入气体所提供的搅拌能量。所以吹气搅拌时，其搅拌能力将不受处理容量的限制。

采用电磁搅拌时，电磁搅拌器的型号、大小、钢包炉的尺寸，炉衬厚度等结构条件一定时，搅拌器所提供的搅拌能取决于输入搅拌器电功率的大小。电磁搅拌的搅拌能力没有吹气搅拌的适应能力强。

两种搅拌方法的搅拌能力，即向金属熔体提供的搅拌能量，分别与各自的工艺因素和结构因素有关。实际生产中，影响搅拌能力的因素，对于吹气搅拌则是吹气量（m^3/t）或吹气强度（$m^3/(min \cdot t)$），对于电磁搅拌则是搅拌器的工作电流。所以在运行过程中，可以改变这两个参数，分别对这两种搅拌方法搅拌的强弱予以调节。

在通过包底的透气砖吹气搅拌的水模型可以观察到，在气体入口的正上方，两相流(吹入气体和被搅拌的液体)流速最高，被气体带动向上流的液体到达液面后向四周流动，然而在包壁附近向下流动而形成环流。这种流动形式，对于 300 ~ 350t 的大钢包，在包底的四周有低速流动的"死点"，而电磁搅拌的钢液，在包内各点的动能要比吹气搅拌均匀一些。在相同的处理容量和正常操作所用的工艺参数下，电磁搅拌所产生的搅拌能量比气体搅拌要弱一些。但是出于某种冶金目的的考虑，例如促进非金属夹杂物的上浮排出，就不要求很强烈的搅拌；而钢包炉的脱硫以及增碳操作，需要较大的搅拌能力，吹开钢渣面的一部分，或者要求强烈的搅拌，增加钢渣界面的反应能力，达到快速脱硫的目的。由于气体从透气砖中排出、气泡的数量、大小、上浮速度等过程和参数，受很多难以有效控制的因素影响，所以可以这样认为，电磁搅拌比吹气搅拌容易控制，也比较可靠，特别适合于冶炼成分控制比较稳定的合金钢，吹气搅拌则适应面比较广一些。

（2）对钢包的要求。钢包也叫钢水罐，具有盛载、运输钢液和浇铸的功能，其外形相似于只用于浇铸的普通钢包。两种钢包的差别，前者的熔池直径 D 与深度 H 的比值更小一些，即钢包更细高一些。这种形状有利于钢包的烘烤和保温；可以节省包衬耐火材料的用量；提高输入的搅拌能量和降低钢包炉径向的距离，当选用电弧加热时，可缩短短网的长度，以降低供电回路的总阻抗。对于电磁搅拌，为了取得更高的搅拌效率，要求搅拌器尽可能高一些，炉衬尽可能薄一些，钢包设计应选取较大的熔池深度 H，通常选 $D/H = 1$。由于钢包炉（特别是具备真空手段的钢包炉）要求液面以上留出高度为 800 ~ 1000mm 的自由空间，所以 SKF 钢包炉的外形就更显细高。此外，应用电磁搅拌的钢包炉外壳，要求用无磁性钢制成。这些要求除提高制作费用外，还在创造精炼反应条件方面产生不利的影响。例如，在相同的处理容量下，为提高 H，必然缩小 D，较小的熔池直径使钢包炉中渣钢比表面积减小，这样对于炉渣（也叫做顶渣）起着重要作用的脱硫反应就受到了抑制，降低了顶渣的脱硫作用。此外，钢包直径缩小，在电弧加热时，电弧与炉衬间的距离缩短，加剧了炉衬的热侵蚀。对于吹气搅拌，则 D/H 值的选取，就可以更多地考虑耐火材料的寿命、渣钢比表面积的大小等工艺方面的要求。所以，吹气搅拌的钢包炉，D/H 值通常都选取大于 1。为了改善钢包炉内钢液的运动，提高钢包炉底部的寿命，减少底部的散热，增加包衬与电弧之间的距离，吹气搅拌的钢包炉内形不一定要设计成直桶形，而更多的是设计成锥桶形。从对钢包要求的比较来看，吹气搅拌的优势大于电磁搅拌。

（3）搅拌形式对冶金效果的影响。强烈的搅拌对夹杂物的上浮排出不一定有利，悬浮于钢液中的夹杂物可能会随钢流循环运动，而仍保留于钢液中。此外，运动中的钢流还有可能从顶渣中卷入渣滴和冲刷炉衬耐火材料，造成新的夹杂物来源。对于洁净度要求很高的钢，从去除夹杂物这一点来看，电磁搅拌优于吹气搅拌。应用电弧加热的钢包炉，当采用吹气搅拌时，其增碳的倾向要大于电磁搅拌。对于精炼一般的含碳钢种，这种增碳倾向的差别可能还不太明显。但是，对于超低碳钢的精炼，在增碳这一点上，电磁搅拌又优于吹气搅拌。此外，吹气搅拌时，在钢液中形成了大量的气泡，从而显著地扩大了气液界面。每一个气泡对溶解于钢中的氢和氮来说，就相当于一个小的真空室，从而促进了钢中氢和氮的排出。钢液中的气泡同样也促进了碳氧反应的进行。在脱气方面，电磁搅拌的能力不如吹气搅拌。

（4）搅拌形式对钢液温度的影响。吹气搅拌会加速钢液的降温，吹入的气体将带走一部分热量。所带走热量的多少，取决于所吹气体的比热容、吹气量和钢液温度等。当吹氩搅拌时，因为氩气的比热容为 $0.5234J/(kg \cdot K)$，只是氮气的 1/2，氢气的 1/28，所以氩气带走的热量并不算多。加速降温的主要原因是强烈的液面扰动，增加了液面的热辐射。电磁搅拌在钢液降温方面就要优越得多。

（5）设备投资和运行费用的比较。电磁搅拌的设备复杂，其投资要比吹气搅拌装置高得多。在运行过程中设备的维护工作量也大，技术要求也高。但是，其运行操作要比吹气搅拌简单。若不考虑设备的折旧和备品备件，则其运行费用也将比吹氩搅拌低一些。

1.1.1.3　搅拌过程中的能量消耗

由于国内和电炉匹配的精炼搅拌方式主要为吹气搅拌，所以本节主要介绍吹气搅拌的能量消耗。

LF 炉和 VD 罐应用搅拌的目的主要在于：

（1）均匀钢液的成分和温度，增加冶炼过程中的热交换，消除高温区的存在对于钢包的威胁。

（2）加速冶金反应和反应产物的传输，控制冶金反应的进行速度；

（3）促进钢中杂质的聚集和上浮。

搅拌的特征及质量将决定上述目的实现的程度。考虑到钢液的搅拌是由于外力做功的结果，所以单位时间内，输入钢液内引起钢液搅拌的能量越大，钢液的搅拌将越剧烈。现在常用单位时间内向 1t 钢液（或 $1m^3$ 钢液）提供的搅拌能量来作为描述搅拌特征和质量的指标，称为能量耗散速率或比搅拌功率，用符号 ε 表示，单位为 W/t 或 W/m^3。

对于不同搅拌方法的能量耗散速率可写出相应的关系式，但是有些关系式是极其近似的。吹气搅拌的比搅拌功率用单位时间内吹入 1t 钢液的气体所做功的总和来表示：

$$\varepsilon = \frac{0.0062 T_1}{M} \left[\left(1 - \frac{T_n}{T_1} \right) + \ln \frac{p_1}{p_2} \right] Q \tag{1-1}$$

式中，M 为钢水的总量，t；T_1 为钢液的温度，K；Q 为气体的流量，L/min；T_n 为氩气或者氮气的温度，K；p_1 为钢液底部的压力，Pa；p_2 为精炼炉炉膛内的气氛压力，Pa。

RH 真空脱气时，钢包中钢液搅动所消耗的能量，可以认为等于经"下降管"流入钢包的钢流的动能。其比搅拌功率为：

$$\varepsilon = \frac{83.5}{G} u^2 w \tag{1-2}$$

式中，83.5 为单位换算系数；u 为钢流自下降管流出时的线速度，m/s；w 为钢液的循环流量，t/min；G 为处理的钢水重量，t。

当下降管的内径一定时，钢液的循环流量决定了钢液流回钢包的线速度，所以 w 是决定比搅拌功率大小的主要因素。循环流量的大小取决于驱动气体吹入的位置、驱动气体的体积流量、上升管和下降管的直径等参数。

对于循环流量为 30～50t/min 的 RH 脱气过程，被脱气处理的钢液量 G 大约为 120～300t，钢包中的比搅拌功率大约是 500～1000W/m^3。

1.1.1.4　熔体的混匀时间与比搅拌功率的关系

混匀时间 τ 是另一个较常用的描述搅拌特征和质量的指标。它是这样定义的：在被搅拌的熔体中，从加入示踪剂到它在熔体中均匀分布所需的时间。如设 C 为某一特定的测量点所测得的示踪剂浓度，按测量点与示踪剂加入点相对位置的不同，当示踪剂加入后，C 逐渐增大或减小。设 C_∞ 为完全混合后示踪剂的浓度，则当 $C/C_\infty = 1$ 时，就达到了完全混合。实测发现，当 C 接近 C_∞ 时，变化相当缓慢，为保证所测混匀时间的精确，规定 $0.95 < \frac{C}{C_\infty} < 1.05$ 为完全混合，即允许有 ±5% 以内的不均匀性。允许的浓度偏差范围是人为的，所以也可将允许的偏差范围标在混匀时间的符号下。

混匀时间取决于钢液在钢包内的循环次数，钢液被搅拌得越剧烈，混匀时间就越短。大多数冶金反应速率的限制性环节都是传质，所以混匀时间将与冶金反应的速率会有一定的联系。表 1-1 为一座 100t 钢包炉的吹气搅拌流量。

表 1-1　一座 100t 钢包炉的吹气搅拌流量

项　目	启动搅拌	加合金量/kg			加重合金	正常加热
		>200	50～200	<50		
流量(标态)/L·min^{-1}	300～400	150～250	100～200	50～100	100～200	40～120
时间/min	1	3	2	1	5	全过程

日本学者中西恭二等人用 50t 吹氩搅拌的钢包、50t SKF 钢包精炼炉、200t RH、65kg 吹氩搅拌的水模型中实测的 ε 和 τ 的数据，标在一双对数的坐标中，发现所有这些点都分布在一条直线的周围，由此提出统计规律（s）：

$$\tau = 800 \varepsilon^{-0.4} \tag{1-3}$$

由上式可知，随着 ε 的增加，混匀时间 τ 缩短，加快了熔池中的传质过程。可以推论，所有以传质为限制性环节的冶金反应，都可以借助增加 ε 的措施而得到改善。

式 1-3 中的系数会因 ε 的不同计算方法和实验条件的改变而有所变化。例如，在钢包吹氩搅拌中，若搅拌动力只考虑气泡上浮所做的膨胀功，则：

$$\tau = 606\varepsilon_2^{-0.4} \tag{1-4}$$

ε 的下标 "2" 表示搅拌动力来自膨胀功。

通过实践证明，τ 不是 ε 的单值函数，它还应该与喷口的数目、位置、钢包直径、吹入深度、被搅拌液体的性质等因素有关。Helle 用量纲分析法求出了下列表达式 (s)：

$$\tau = a\left(\frac{D}{H}\right)^b \left(\frac{H\sigma\rho}{\eta^2}\right)^c H\gamma^{-0.25}\varepsilon^{-0.25} \tag{1-5}$$

式中，a，b，c 为常数，分别等于 0.0189、1.616、0.3；D 为熔池直径，m；H 为熔池深度，m；σ 为表面张力，N/m；ρ 为密度，kg/m^3；η 为动力黏度，kg/(m·s)；γ 为运动黏度，m^2/s；ε 为比搅拌功率，W/t。

混匀时间实质上取决于钢液的循环速度。循环流动使钢包内钢水经过多次循环达到均匀。循环流动钢液达到某种程度的均匀所需要的时间为：

$$\tau_i = \tau_c \ln\left(\frac{1}{i}\right) \tag{1-6}$$

式中，τ_c 为钢液在钢包内循环一周的时间；i 为混合的不均匀程度。

当浓度的波动范围为 ±0.05 时：

$$\tau_{0.05} = 3\tau_c \tag{1-7}$$

即经过三次循环就可以达到均匀混合。

τ_c 可用下式计算：

$$\tau_c = V_m / \dot{V}_Z \tag{1-8}$$

式中，V_m 为钢液体积，m^3；$\dot{V}_Z$ 为钢液的环流量，m^3/s。

在非真空条件下：

$$\dot{V}_Z = 1.9(Z + 0.8)\left[\ln\left(1 + \frac{Z}{1.46}\right)\right]^{0.5} Q^{0.381} \tag{1-9}$$

式中，Z 为钢液深度，m；Q 为气体流量，m^3/min。

日本学者佐野等通过推导得到以下关系：

$$\tau = 100\left[\left(\frac{D^2}{H}\right)^2 / \varepsilon\right]^{0.037} \tag{1-10}$$

式中，D 为熔池半径，m；H 为透气元件距钢液表面的距离，m。

由式 1-10 可以看出，熔池直径太大是不易混匀的。对于一座 150t 以下容量的钢包来讲，在吹气流量足够时，混匀时间在 4~6min。也就是说，加入合金 4~6min 以后，取样就有了一定的代表性。

1.1.1.5 气体搅拌钢包内钢液的运动

很多学者对气体搅拌钢包内钢液的混合现象进行了研究，建立了相应的模型，以定量描述钢包内钢液运动的规律。我国冶金工作者萧泽强等人提出的全浮力模型，是至今最接近实际的模型。钢包底部中心位置吹气时，根据钢包内钢液的循环流动情况，基本上可以分为 A、B、C、D 四个区。

A 区：为气液混合区，是气泡推动钢液循环的启动区。在此区内，气泡、钢液、粉料（若喷粉）相互之间进行着充分的混合和复杂的冶金反应。由于钢包喷粉或吹气搅拌的供气强度较小（远小于底吹转炉或 AOD），因此可以认为，在喷口处气体的原始动量可忽略不计。当气体流量较小时（<10L/s），气泡在喷口直接形成，以较稳定的频率（10个/s）脱离喷口而上浮。当气体流量较大时（约100L/s），在喷口前形成较大的气泡或气袋。A区呈上大下小的喇叭形。每一个气泡依浮力的大小有个力作用于钢液上，使得该区的钢液随气泡而向上流动，从而推动了整个钢包内钢液的运动。

B区：在A区的气液流股上升至顶面以后，气体溢出而钢液在重力的作用下形成水平流，向四周散开。呈放射形流散向四周的钢液与钢包中顶面的浮渣形成互不相溶的两相液层，渣层与钢液层之间以一定的相对速度滑动。由于渣钢界面的不断更新，所有渣钢间的冶金反应得到加速。该区流散向四周的钢液，在钢包高度方向的速度是不同的，与渣相接触的表面层钢液速度最大，向下径向速度逐渐减小，直到径向速度为零。

C区：水平径向流动的钢液在钢包壁附近，转向下方流动。由于钢液是向四周散开，且在向下流动过程中又不断受到轴向A区的力的作用，所以该区的厚度与钢包半径相比是相当小的。在包壁不远处，向下流速达到最大值后，随着钢包中心线的距离的减小而急剧减小。

D区：沿钢包壁返回到钢包下部的钢液，以及钢包中下部在A区附近的钢液，在A区抽引力的作用下，由四周向中心运动。并再次进入A区，从而完成液流的循环。

吹氩效果与氩气耗量、吹氩压力、处理时间及气泡大小等因素有关（排除透气砖的因素）。表1-2给出了吹氩量和各种因素的关系。

表1-2　吹氩量和各种因素的关系

项　目	小←──吹氩量──→大	项　目	小←──吹氩量──→大
脱硫速度	小←──→大	渣钢温差	大←──→小
处理终点∑[O]浓度	高←──→低	化渣情况	迟←──→早
钢液温度	不均←──→均匀	增碳量	无←──→有

1.1.2　加热

钢包内钢水的热散失主要以辐射为主。影响钢包内钢水冷却速率的因素很多，有钢包的容量（即钢液量）、钢液面上熔渣覆盖的情况、添加材料的种类和数量、搅拌的方法和强度以及钢包的结构（包壁的导热性能，钢包是否有盖）和使用前的烘烤温度等。在生产条件下，可以采取一些措施以减少热损失。但是在炉外精炼过程中，如果离开了加热措施，钢液就会不可避免地逐渐冷却。

没有加热手段的炉外精炼装置，精炼过程中钢液的降温常用以下两种办法来进行补偿解决：一种是提高出钢温度，另一种是缩短炉外精炼时间。但是，这两种办法都不理想。虽然氧气转炉和电炉可以在一定范围内提高出钢温度，但是它受到炉体耐火材料和保证钢水质量的工艺要求的限制，同时还会降低某些技术经济指标。缩短炉外精炼时间，会使一些精炼任务不能充分完成。

为了充分完成精炼作业，增强对精炼不同钢种的适应性和灵活性，使电炉和连铸之间的配合能起到保障和缓冲作用，以及能精确控制浇铸温度，要求精炼装置的精炼时间不再受钢液降温的限制。为此，在炉外精炼装置中，都有加热手段。选用各种不同加热手段的炉外精炼方法有：SKF（电磁搅拌、电弧加热的真空钢包精炼炉）、LF、LFV（真空LF炉）、VAD等，属于电弧加热法；DH、RH-OB、RH-KTB、VOD（俗称真空转炉）、AOD（氩氧炉）、CAS-OB等，属于化学加热法。目前精炼炉温度补偿所用的加热方法主要是电弧加热，此外还用过电阻加热，以及后来发展起来的化学加热。

1.1.2.1　燃烧燃料加热

利用矿物燃料加热，例如煤气、天然气、重油等，利用它们的燃烧发热作为热源，有其独特的优点。在炉外精炼的整个生产过程中，某些工序也应用着这种加热方法，如真空室或钢包炉的预热烘烤。但是，由于燃料燃烧的特点，必然存在着以下方面的不足：

(1) 由于燃烧的火焰是氧化性的，而炉外精炼时总是希望钢液处在还原性气氛下，这样钢液加热时，必然会使钢液和覆盖在钢液面上的精炼渣的氧势提高，不利于脱硫、脱氧这样精炼反应的进行；

(2) 用氧化性火焰预热真空室或钢包炉时，会使其内衬耐火材料处于氧化、还原的反复交替作用下，从而使内衬的寿命降低；

(3) 真空室或钢包炉内衬上不可避免地会粘上一些残钢，当使用氧化性火焰预热时，这些残钢的表面会被氧化，而在下一炉精炼时，这些被氧化的残钢就成为被精炼钢液二次氧化的氧的来源之一；

(4) 火焰中的水蒸气分压将会高于正常情况下的水蒸气分压，特别是燃烧含有碳氢化合物的燃料时，这样将增大被精炼钢液增氢的可能性；

(5) 燃料燃烧之后的大量烟气（燃烧产物），使得这种加热方法不便于与其他精炼手段（特别是真空）配合使用。

这种加热方法有上述种种不足，所以目前国内很少使用，只是作为钢包的烘烤使用。

1.1.2.2 电弧加热

电弧加热的方式和一般的电弧炉加热的方法和原理相同。施韦伯提出的耐火材料损耗指数的安全值大约为450MW·V/m²，超过该值，炉衬将急剧损坏。按表1-3给出的参数进行计算，当用最高一级电压和变压器额定功率运行时，距电弧最近处炉衬的耐火材料损耗指数已超过了其安全值，所以配用的变压器单位容量（平均每吨被精炼钢液的变压器容量）较小，二次电压分级较多，电极直径较细，电流密度大，对电极的质量要求高。

表1-3 钢包炉电弧加热系统的有关参数

参 数	钢包炉容量/t				
	30	60	100	150	300
变压器二次电压/V	140～240	146～240	150～250	150～250	250～388
二次最大电流/kA	14.5	19.3	25.4	32	41.6
电极的电流密度/A·cm⁻²	28.6	38.1	34.8	32.1	33.1
电极直径/mm	254	254	305	356	400
电极心圆直径/mm	600	600	700	800	850
炉盖直径/mm	2060	2650	3155	3555	4800

常压下电弧加热的精炼方法，如 SKF、LF、LFV 等，加热时间应尽量缩短，在耐火材料允许的情况下，使精炼具有最大的升温速率，以减少钢液二次吸气的时间。

加热功率可用下列经验公式来估算，然后用钢包炉的热平衡计算与实测的钢液升温速率来校验：

$$W' = C_m \Delta t + S\% W_s + A\% W_A \tag{1-11}$$

式中，W' 为精炼1t钢液，理论上所需补偿的能量，kW·h/t；C_m 为每吨钢液升温1℃所需要的能量，kW·h/(t·℃)；Δt 钢液的温升，按精炼工艺的要求确定，一般为 30～50℃；$S\%$ 为渣量，造渣材料的用量与钢液总量的百分比；W_s 为熔化10kg渣料所需的能量，一般

$W_s = 5.8 \mathrm{kW} \cdot \mathrm{h}/(1\% \cdot \mathrm{t})$；$A\%$ 为合金料的加入量占钢液总量的百分比；W_A 为熔化 10kg 合金料所需的能量，一般取 $W_A = 7 \mathrm{kW} \cdot \mathrm{h}/(1\% \cdot \mathrm{t})$。

精炼炉的热效率 η 一般为 30% ~ 45%。因此，实际需要的能量为：

$$W = W'/\eta \tag{1-12}$$

选取加热变压器容量时，还应考虑到电效率。当前所配变压器的额定单位容量一般是 120kV · A/t 左右。

电弧加热方式对电极的性能要求较高，如电弧距钢包炉内衬的距离太近，则包衬寿命短，常压下电弧加热时促进钢液吸气，这是电弧加热法难以彻底解决的瓶颈问题。

1.1.2.3　化学热法

化学加热的理论基础是放热反应，尤其是铝与氧的放热反应，不管氧是已经溶于钢液的还是喷入的。表 1-4 列出几种元素 0.1% 含量在钢液中氧化的理论加热效果。如果每吨钢液中有 1kg 铝氧化，则温度升高 30℃。为此，所需要的氧量可用化学计算法估算。最高加热速率为 15℃/min。当加热速率较低（5 ~ 6℃/min）时，铝加热效率达到 80% ~ 100%；当加热速率高于 10℃/min 时，加热效率超过 100%。主要原因是在以较高的吹氧速率吹氧时，在氧气射流冲击区范围附近，除铝外还有其他元素也被剧烈氧化。

表 1-4　钢液中溶解元素氧化升温效果

元素 (0.1%)	温度升高/℃	元素 (0.1%)	温度升高/℃
[Si]	+27	[Fe]	+6
[Mn]	+9	[C]	+14
[Cr]	+13	[Al]	+30

1976 年联邦德国首先采用化学热法。具体做法是：在电炉中初炼时，碳的成分控制比规格高 0.05%，硅也高出规格，其超出量取决于精炼时间内的降温程度，具体值可由热平衡计算而确定。电炉初炼出钢时，不要求出钢的温度很高，在 VOD 或 AOD 精炼过程中吹氧脱除过剩的碳和硅，氧化放热补偿了降温。目前常用的是铝热法加热钢液。

在连铸的生产过程中，由于种种不正常的原因，连铸机不能继续连铸时，剩余的钢液或者整炉的钢水需要返回炼钢炉。回炉恶化了钢的质量，降低了炼钢炉的生产率，合金和钢铁料的收得率也会降低。在炼钢炉与连铸机之间设置钢包炉作为缓冲，可为解决返回钢液问题提供一个理想的方法。钢包炉之所以能起缓冲作用，关键是具备加热手段。但是，钢包炉的基建投资大，因此开发一种设备简单、加热效率高的加热方法，就成为提高连铸比的一项关键技术。钢液的铝热法的出现正是适应了这种要求。

铝热法是化学加热法的一种。它是利用喷枪吹氧使铝氧化放出大量的化学热，而使钢液迅速升温。使用这种方法的有 CAS-OB 和 RH-OB 等。这类加热方法的工艺安排主要由以下三个方面组成：

（1）向钢液中加入足够数量的铝，并使之溶解于钢中，或呈液态浮在钢液面上。AOH 所用的加铝方法是喂丝，特别是喂薄钢皮包裹的铝丝。通过控制喂丝机可以定时、定量地加入所需的铝量。CAS-OB 则是通过浸入罩上方的加料口加入块状铝。

（2）向钢液吹入足够数量的氧气。AOH 是使用耐火陶瓷制成的氧枪，插入钢液熔池中，向钢液供氧。可根据需要定量地控制氧枪插入深度和供氧量，这样可使吹入的氧气全部直接与钢液接触，氧气利用率高，产生的烟尘少，由此可准确地预测铝的氧化量和升温的结果。CAS-OB 的供氧是由氧枪插入浸入罩内向钢液面顶吹氧。由于浸入罩内钢液面上基本无渣，而且加入的铝块迅速熔化浮在钢液面上，所以吹入的氧气仍有较高的利用率。

（3）钢液的搅拌是均匀熔池温度和成分、促进氧化产物排出的必不可少的措施。吹入的氧气不足以满足对熔池搅拌的要求，所以都采用吹氩搅拌。AOH 是用吹氩枪插入钢液吹氩和辅以包底设置透气砖吹氩，CAS-OB 则是在处理的全程一直进行底吹氩。

吹氧期间，铝首先被氧化，但是随着喷枪口周围局部区域中铝的减少，钢中的硅、锰等其他元素也会被氧化。硅、锰、铁等元素的氧化物会与钢中剩余的铝进行反应，大多数氧化物会被还原。未被还原的氧化物一部分变成了烟尘，另一部分留在渣中。这种加热方法的氧气利用率很高，几乎全部氧都直接或间接地与铝作用，通常可较为准确地预测钢中铝含量的控制情况。不过当高氧化性的炉渣进入钢包过多时，会增加铝的损失和残铝量的波动。吹氧前后，钢中碳含量的变化不大，对于高碳钢（例如 [C] = 0.8%），碳的损失也不超过 0.01%。当钢中硅含量较高时，钢中锰的烧损不大。钢中硅的减少约为硅含量的 10% 左右。钢中磷含量平均增加 0.001%，原因是加铝量大，使渣中 P_2O_5 被还原所致。钢中硅的氧化，使熔渣的碱度降低。钢中锰的氧化，使熔渣的氧势增加。这些都能导致钢液洁净度的下降。

电炉配置的炉外精炼加热方法中，很少使用化学热加热的方法。

1.1.2.4 电阻加热

利用石墨电阻棒作为发热元件，通以电流，靠石墨棒的电阻热来加热钢液或精炼容器的内衬。DH 及少部分的 RH 就是采用这种加热方法。石墨电阻棒通常水平地安置在真空室的上方，DH 使用电阻加热后，可减缓或阻止精炼过程中钢液的降温。电阻加热是靠辐射传热，加热效率较低，升温速率比较难控制。虽然在炉外精炼方法中应用电阻加热已有三十多年的历史，但是这种加热方法没有竞争能力，基本上没有得到发展和推广。

1.1.2.5 其他加热方法

可以作为加热精炼钢液的其他方法还有直流电弧加热、电渣加热、感应加热、等离子弧加热、电子轰击加热等。这些加热方法在技术上都是成熟的，移植到精炼炉上并与其他精炼手段相配合，也不会出现什么难以克服的困难。但是，这些加热方法将在不同程度上使设备复杂化，投资增加，所以到目前为止它们还只处于试验阶段。其中，研究较多、已处于工业性试验中的有直流钢包炉、感应加热钢包炉和等离子弧加热钢包炉。

直流电弧加热应用于钢包炉，将会因炉衬与电弧之间的距离加大而使炉衬寿命提高。因为熔池的深度方向通过工作电流，使升温速率可能高于同功率的三相电弧加热，所以热效率提高，能耗降低。世界上第一台直流钢包炉（15t）已于 1986 年投产。与直流炼钢电炉一样，底电极的结构和寿命将是一个技术难点。

1986 年，在瑞典和美国各有一台感应加热的精炼装置投产。这种加热方式可控性优于电弧加热，还可避免电弧加热时出现的增碳和增氮（在大气中加热时）现象。

等离子弧加热钢液热效率高、升温速率快，枪的结构较复杂，技术要求高。美国的两家公司已在两座大容量（100～200t）钢包炉中应用了这种加热方法。

1.1.3 精炼炉熔渣的泡沫化

LF 功能的发挥，首先需要其快速升温的实现。进行炉外精炼时，白渣中（FeO）须小于 1.0%，LF 炉用 3 根电极加热，加热时电极插入渣中进行埋弧操作。为使电极能稳定埋在渣中，需调整基础渣以达到良好的发泡性能，使炉渣能发泡和保持较长的埋弧时间。所以精炼渣不仅要有优良的物理化学性质，而且应有良好的发泡性能，以进行埋弧精炼，减少高温电弧对炉衬耐火材料和炉盖的辐射所引起的热损失。采用泡沫渣埋弧加热工艺不仅可以减少电弧对炉盖和包衬的热辐射，提高炉衬寿命，提高加热效率，而且能够减少因电弧造成的增氮。因此，加热埋弧渣的发泡性能具有重要意义。炉渣的发泡性能是炉渣黏度、界面张力和密度的集中体现，良好的炉渣发泡性能是其黏度、界面张力和密度合理匹配的结果。

在精炼条件下，由于气量不足，要形成泡沫渣有一定的困难，一般认为，在精炼渣的条件下，熔渣泡沫化性能取决于熔渣的表面张力和黏度，同时与发泡剂的产气效果密切相关。首先造大部分精炼渣作为基础渣，然后再加入一定数量的发泡剂（过去有的厂家采用 $CaCO_3$，加入炭粉和 Al_2O_3，利用形成的 CO 气体使熔渣泡沫化）使炉渣发泡。基础渣发泡性能的好坏，对整个埋弧渣操作过程非常重要。

可用多种指数来表示熔渣的发泡效果：

(1) 相对发泡高度：ε =（发泡高度 - 熔渣高度）/熔渣高度；

(2) 起泡率：η = 发泡总高度/熔渣高度；

(3) 发泡持续时间 τ；

(4) 发泡指数 P。

熔渣的发泡效果应从发泡高度和持续时间两方面来考虑。ε 和 η 没有持续时间的概念，τ 则没有表明发泡高度。P 既考虑了渣的发泡高度又考虑了持续时间，其定义为：

$$P = \Sigma \Delta H_i t_i \qquad (1\text{-}13)$$

式中，ΔH_i 为在 t_i 时间内熔渣发泡高度与熔渣原始高度的差值；t_i 为达到 ΔH_i 的持续时间。写成积分形式为：

$$P = \int_0^t \Delta H \mathrm{d}t \qquad (1\text{-}14)$$

在实验室实验中，主要用 P 作为考察熔渣发泡效果的指标。这与电炉的发泡指数的意义是基本一致的。

影响熔渣发泡效果的主要因素分析：

(1) 熔渣碱度。乐可襄教授等人通过实验研究，认为熔渣碱度低时发泡效果较好。在实验中基础渣 $CaO\text{-}SiO_2\text{-}MgO\text{-}Al_2O_3$ 的碱度（$B = 1.0 \sim 2.6$）范围内，当碱度较低时，表面张力值较低。熔渣起泡过程中，熔渣表面积增加（ΔS）需要做功。表面张力值低，所做的功小（$\Delta A = \sigma \Delta S$），渣容易发泡。另外，通过计算可知，渣的黏度在一定范围内随碱度的降低而提高，炉渣的黏度适当可以使渣在气膜上不易流失，气泡在渣中的运动速度变慢。综合这两方面的影响，渣黏度较高可以使泡沫化维持时间较长。选用碱度 $B = 1.0 \sim 3.0$ 的 $CaO\text{-}MgO\text{-}Al_2O_3$ 渣系，用 CaF_2 作为溶剂调整渣的表面张力 σ 和黏度。实验研究表明，$B = 1.9$ 左右，最有利于炉渣发泡。主要原因可能是在这样的碱度附近，熔渣中形成了 $2CaO \cdot SiO_2$ 而增大了炉渣黏度的缘故。碱度过高或过低，对炉渣发泡均不利。但仅用炉渣碱度的大小来衡量炉渣发泡性能是不完全的，还必须同时考虑其他组元含量的多少。基础渣的碱度和发泡指数的关系见图 1-1。

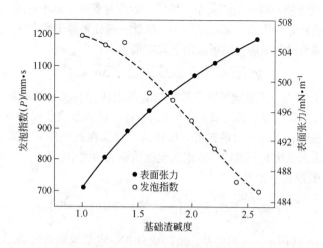

图 1-1　炉渣碱度和发泡指数的关系

（2）（CaF_2）含量。当（CaF_2）含量从 2% 到 8% 时，发泡指数从 750 增加到 1200 左右，有显著的影响。当（CaF_2）含量从 4% 到 8% 时，黏度从 0.72Pa·s 下降到 0.34Pa·s，见表 1-5，而这个过程表面张力变化不大。有学者认为，表面张力在 492~569mN/m 范围，黏度在 0.27~0.35Pa·s 范围，熔渣具有良好的泡沫化性能。对 CaO-SiO$_2$-MgO-Al$_2$O$_3$ 渣而言，（CaF_2）是表面活性物质，适当配入一定量（CaF_2），渣容易起泡。（CaF_2）含量为 8% 时，熔渣发泡效果最好。但当（CaF_2）含量过高时，熔渣黏度降低，将不利于泡沫渣的稳定，使发泡持续时间减少。因此，（CaF_2）含量不宜超过 10%。

表 1-5　（CaF_2）含量对渣发泡指数的影响

（CaF_2）含量/%	持续时间/s	黏度/Pa·s
4	16	0.72
6	18	0.56
8	22	0.43
8	24	0.34

（3）（MgO）含量。国内许多人从实验结果分析认为，（MgO）对低碱度精炼渣和高碱度精炼渣的影响情况并不完全相同。对低碱度精炼渣系（$B < 2.5$），（MgO）= 11% 时，炉渣具有较好的发泡性能。主要原因是：当炉渣碱度较低时，提高（MgO）可以增加炉渣黏度，改善炉渣发泡性能；但当（MgO）过高时，炉渣的流动性变坏，气体在渣液内会变得不均匀和不稳定，从而影响了炉渣的发泡性能。对高碱度精炼渣系（$B > 2.5$），随着（MgO）的增加，炉渣的发泡性能较为明显地降低。所以当精炼渣系碱度较高时，（MgO）应该保持在一个合理的含量对炉渣的发泡性能有利。

（4）（Al$_2$O$_3$）含量。在较低碱度范围内，当（Al$_2$O$_3$）= 15% 左右时，炉渣相对发泡高度取得最大值。当炉渣碱度较高时，（Al$_2$O$_3$）对炉渣发泡性能的影响没有发现有明显的规律。（MgO）与（Al$_2$O$_3$）之和对低碱度渣系发泡性能影响的研究表明，两者质量分数之和控制在 22%~26% 对于炉渣的发泡有利。

（5）熔渣泡沫化性质与供气量的关系。精炼炉冶炼过程中，泡沫渣的气源一部分来源于炉渣用含碳的脱氧剂脱氧时产生的一氧化碳气体，另外一部分来源于底吹气。

熔渣泡沫化性质与供气量的关系可以用下式定量表示：

$$Q/Q_0 = (1 + \Delta\mu/\mu_0)^a(1 + \Delta\sigma/\sigma_0)^b \qquad (1-15)$$

式中，μ_0，σ_0，Q_0 分别为一定组成范围条件下，渣的泡沫化性质最佳时的黏度值、表面张力值，以及此时所需要的供气量；$\Delta\mu$、$\Delta\sigma$、Q 分别为在上述渣组成范围内黏度、表面张力与泡沫化性质最佳时的黏度、表面张力的差值，取正值，以及在此条件下所需要的气量；a，b 为指数，反映黏度和表面张力对该组成熔渣泡沫化性质影响的大小。

式 1-15 写成对数形式，如下：

$$\lg Q = \lg Q_0 + a\lg\left(1 + \frac{\Delta\mu}{\mu_0}\right) + b\lg\left(1 + \frac{\Delta\sigma}{\sigma_0}\right) \qquad (1-16)$$

式 1-15 和式 1-16 适用于一定的渣系，渣的成分在一定范围同内波动。在这种条件下容易找到渣泡沫化性质最佳时的组成。在某种条件下，可以在一组实验中用发泡效果最好的值作为 Q_0 值。Q/Q_0 值反映了渣泡沫化性质偏离最佳状态的程度，此值大，说明偏离程度大，此时所需要的气体量比 Q_0 要大得多。所以在埋弧渣物理性能满足发泡的情况下，埋弧效果的好坏主要取决于气体的供应量。精炼炉操作的特点决定了埋弧发泡所需气体的一部分来源于包底底吹气体的供应，埋弧效果的好坏不仅与底吹气体量有关，而且更重要的与包内透气砖的布置和透气砖的结构有关。理想的搅拌应是氩气流尽可能地遍布于钢包中，增加氩气泡与钢液的接触面积，延长氩气流上升的流程和时间。为达到此目的，要求合理选择透气砖结构和吹氩工艺参数，使钢液中的氩气泡细小、均匀分布。

（6）CaO-SiO$_2$-Al$_2$O$_3$-MgO 渣系泡沫化性质与供气量的关系：

1）在黏度和表面张力偏离最佳状态时，熔渣要达到同样发泡程度，所需要的气体量 Q 要比最佳状态时的气体量 Q_0 大；

2）四元系在 CaO 为 36% ~ 56%，SiO$_2$ 为 20% ~ 35%，Al$_2$O$_3$ 为 11.0% 左右，MgO 为 4% ~7% 的条件下，表面张力对渣泡沫化性质的影响比黏度的影响大得多；

3）基础渣碱度为 1.0 ~1.4 时，发泡指数 P 值较大；

4）在渣的泡沫化过程中，熔渣的泡沫化性能与供气量是互补的。

1.1.4　钢液的氩氧吹炼

1954 年，美国联合碳化物尼亚加拉金属实验室发现氩氧脱碳原理。AOD 是利用氩氧气体对钢液进行吹炼，一般多是以混合气体的形式从炉底侧面向熔池中吹入，但也有分别同时吹入的。在吹炼过程中，1mol 氧气与钢中的碳反应生成 2mol CO，但 1mol 氩气通过熔池后没有变化，仍然作为 1mol 气体逸出，从而使熔池上部 CO 的分压力降低。由于 CO 分压力被氩气稀释而降低，因而改变了钢液中碳与铬的平衡关系。在同样温度的条件下，由于 CO 分压降低，与碳平衡的铬含量大大提高，即当钢中的铬含量相同时，可以在比较低的温度下把碳氧化到所需要的水平。例如，在 1820℃ 时用普通法向熔池中吹氧，当碳氧化到 0.02% 时，钢中只能保存 3% 的铬。如用氩气稀释 CO，在分压力为 10kPa 气压下吹氧，钢中的铬可保存 20% 以上，这样就大大有利于冶炼不锈钢时的脱碳保铬。不难看出，氩氧吹炼的基本原理与在真空下的脱碳相似，一个是利用真空条件使脱碳产物 CO 的分压降低，而氩氧吹炼是利用气体稀释的方法使 CO 分压降低，因此也就不需要装配昂贵的真空设备，所以有人把它称为简化真空法。

当氩和氧的混合气体吹进高铬钢液时，将发生下列反应：

$$[C] + \frac{1}{2}O_2 \longrightarrow CO \tag{1-17}$$

$$m[Cr] + \frac{n}{2}O_2 \longrightarrow Cr_mO_n \tag{1-18}$$

$$x[Fe] + \frac{y}{2}O_2 \longrightarrow Fe_xO_y \tag{1-19}$$

$$n[C] + Cr_mO_n \longrightarrow m[Cr] + nCO \tag{1-20}$$

$$y[C] + Fe_xO_y \longrightarrow x[Fe] + yCO \tag{1-21}$$

$$Cr_mO_n \longrightarrow m[Cr] + n[O] \tag{1-22}$$

$$Fe_xO_y \longrightarrow x[Fe] + y[O] \tag{1-23}$$

$$[C] + [O] \longrightarrow CO \tag{1-24}$$

根据 AOD 炉实验结果的分析，可以认为氧气没有损失于所讨论的系统之外，吹入熔池的氧在极短时间内就被熔池吸收。当供氧量少时，[C] 向反应界面传递的速率足以保证氧气以间接反应或直接反应被消耗。可是，随着碳含量的降低或供氧速率的加大，就来不及供给[C] 了，吹入的氧气将以氧化物（Cr_mO_n 和 Fe_xO_y）的形式被熔池吸收。

在实验中发现，AOD 炉的熔池深度对铬的氧化是有影响的，当熔池浅时，铬的氧化多，反之铬的氧化少。这个现象表明，AOD 法的脱碳反应不仅在吹进氧的风口部位进行，而且气泡在钢液熔池内上浮的过程中，反应继续进行。另外，当熔池非常浅时，例如 2t 的试验炉熔池深 17cm，吹进氧的利用率几乎仍是 100%，从而可以认为，氧气被熔池吸收在非常早的阶段就完成了。

由以上的实验事实，认为 AOD 中的脱碳是这样进行的：

（1）吹入熔池的氩氧混合气体中的氧，其大部分是先和铁、铬发生氧化反应而被吸收，生成的氧化物随气泡上浮；

（2）生成的氧化物在上浮过程中分解，使气泡周围的溶解氧增加；

（3）钢中的碳向气液界面扩散，在界面进行 $[C] + [O] \rightarrow CO$ 反应，反应产生的 CO 进入氩气泡中；

（4）气泡内 CO 的分压力逐渐增大，由于气泡从熔池表面脱离，该气泡的脱碳过程结束。

用氩氧混合气体（O_2 在 50% 以下）对 Fe-C 合金液脱碳的实验表明，与吹纯氧时一样，存在着一临界的碳含量 $[C\%]_{cr}$。当 $[C\%] > [C\%]_{cr}$ 时，脱碳受气相侧传质限制，脱碳速率（$mol/(cm^2 \cdot s)$）与 $[C\%]$ 无关：

$$-\frac{dn_C}{dt} = 2\frac{k_G}{RT}p_{O_2} \tag{1-25}$$

式中，k_G 为气相侧氧的传质系数；p_{O_2} 为气相中氧气的分压力；R 为气体常数。

当$[C\%] < [C\%]_{cr}$ 时，脱碳受液相侧传质限制，脱碳速率与 $[C\%]$ 成比例：

$$-\frac{dn_C}{dt} = k_1[C\%] \tag{1-26}$$

式中，k_1 为液相侧碳的传质系数。

$[C\%]_{cr}$ 与铁液中共存的其他元素、供氧速率、铁液的密度、温度等因素有关。

　　AOD炉不同温度和CO分压下的脱碳热力学模型如图1-2所示。氩氧混吹脱碳时温度、CO分压、[C]、[Cr]四者之间的关系如图1-3所示。

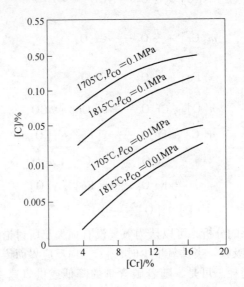

图1-2　AOD炉不同温度和CO分压下的脱碳热力学模型

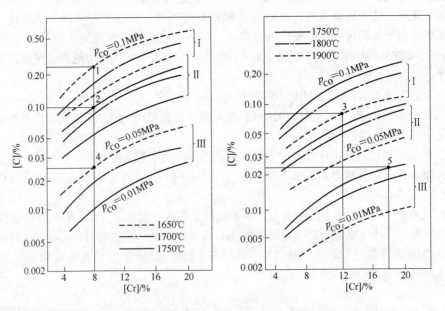

图1-3　氩氧混吹脱碳时温度、CO分压、[C]、[Cr]四者之间的关系

1.1.5　CLU法

　　与AOD法的目的相似，CLU法是采用水蒸气代替昂贵的氩气作为稀释气体，进行脱碳保铬的精炼不锈钢的方法。CLU法是克勒索-卢瓦尔公司和乌德霍尔姆公司共同发明的，1973年10月在瑞典投产。

　　CLU法原理与AOD相同，把电炉熔化的钢液注入精炼用的CLU炉中，从安装在炉子底部

的喷嘴吹入 O_2 和水蒸气的混合气体进行精炼。水蒸气在与钢液接触面上吸热分解成 H_2 和 O_2。因为 H_2 作为稀释气体使 CO 分压降低，从而抑制钢中铬的氧化进行脱碳，分解出的氧气可以参加脱碳反应。水蒸气分解是吸热反应，这样可以降低熔池温度，对提高炉衬寿命有利。冶炼过程中没有浓烈的红烟，车间环境条件较好。

在 CLU 还原末期，吹入 $1 \sim 2 m^3/t$（标态）的 $Ar-N_2$ 混合气体代替水蒸气，脱除钢液中的氢。还原期以后经过与 AOD 法基本相同的操作后出钢。

CLU 法的喷嘴由多层同心套管组成，同时吹入 O_2、水蒸气、NH_3、燃料油。NH_3、燃料油作冷却剂，它们喷入炉内裂解，此过程的吸热效果明显，所以其冷却效果比水蒸气的作用更大，对炉衬寿命十分有利。综上所述，CLU 法比 AOD 法节省氩气，冶炼温度低，易于脱硫，操作费用低，但需要一套气体预处理装置，成本与 AOD 差不多。

1.1.6 非真空条件下的脱氧

钢中氧能增加钢中非金属夹杂物，降低钢的塑性和韧性，降低钢的疲劳寿命、电磁性能和易切削性能；在冶炼过程中，氧含量过高不利于脱硫；在浇铸过程中，氧含量过高会产生水口结瘤，影响钢的产量和质量；在凝固过程中，氧含量过高使钢锭产生气孔、疏松、导致钢锭热裂。随着对高强度，长寿命材料的需求增加，尤其是轴承钢、石油管线钢等，降低钢中氧含量就更为重要。脱氧就是把钢中的自由氧转变为氧化物从钢中排出的过程。

现代电炉炼钢流程的脱氧主要依赖于 LF 来完成。由于电炉出钢氧含量是影响精炼过程脱氧制度及钢中最终氧含量的重要参数，电炉冶炼过程中，［C］能够明显地影响钢液中氧的浓度，所以要对终点［C］加以控制。在减少出钢［O］的基础上，保证出钢过程及炉外精炼的前期通过加脱氧剂将钢液中的［O］降至最低程度。在精炼过程中，采用合适的搅拌功率，促进脱氧产物的上浮，是 EAF + LF + VD（RH）过程脱氧工艺的基本思路。

1.1.6.1 电炉出钢时的操作控制

出钢过程加脱氧剂把钢中的溶解氧脱到一定程度，不仅充分利用了出钢过程良好的脱氧动力学条件，而且减轻了精炼过程的脱氧负担。出钢过程脱氧包括脱除钢中的溶解氧和降低渣中的不稳定氧化物（特别是渣中的 FeO）量。在脱除溶解氧的同时，要形成有利于吸收夹杂物及脱硫的顶渣，所以要从脱氧剂的选择和渣料的组成考虑出钢过程的脱氧问题。

A 出钢脱氧剂的选择

脱氧方法是决定钢中夹杂物组成、数量、形状及大小的一个重要方面，它直接关系到脱氧的目的能否最终达到。电炉出钢过程主要采用沉淀脱氧，根据冶炼的工艺，脱氧分为无铝脱氧和使用铝或者含铝合金脱氧两种工艺路线。在现场用得较多的脱氧剂是铝和钡合金、硅钙钡、铝锰铁等金属型脱氧剂。

铝是极强的脱氧元素，其脱氧产物 Al_2O_3 熔点高（2050℃），表面张力大，不为钢液所润湿，易于在钢液内上浮去除，滞留在钢液中的 Al_2O_3 将在钢液中聚集成链状夹杂物，对钢质量有不良影响。目前炉外精炼中多采用加铝铁或者喂铝丝脱氧。钢包喂铝丝可使铝迅速溶于钢液中，显著提高铝的收得率，脱氧效果良好。对于高自由氧的钢液用铝脱氧，如果铝是以一批的方式加入钢液中，主要形成珊瑚状簇，这些簇状物很易浮出进入渣中，只有少量紧密簇状物和单个 Al_2O_3 粒子滞留在钢液中，其尺寸小于 $30\mu m$；如果以两批的方式加入，靠近 Al_2O_3 粒子有一些板形的 Al_2O_3 出现，其尺寸在 $5 \sim 20\mu m$；并且二次脱氧产生的 Al_2O_3 粒子少，尺寸小，不利于夹杂物的碰撞长大和上浮去除。因此，加入铝时应尽可能快地一批加入，以减少有害夹杂物。钢液中的 Al_2O_3 在喂铝丝 3min 以内，即可达到均匀分布。钢中酸溶铝含量达到 0.03% ～

0.05%，钢中的氧几乎全部转变成 Al_2O_3。图 1-4 为钢中酸溶铝含量和氧含量的关系，图 1-5 为酸溶铝的控制和夹杂物总量的关系。

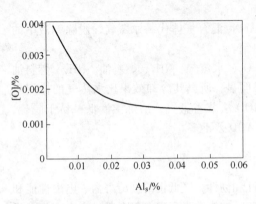

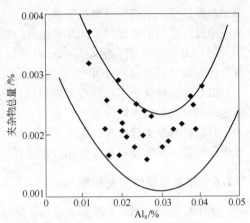

图 1-4　钢中酸溶铝含量和氧含量的关系　　　　图 1-5　酸溶铝的控制和夹杂物总量的关系

现在在一些不用铝脱氧的钢中，合金带入部分微量铝，通过含有 Al_2O_3 合成渣进行夹杂物的去除。有关钡合金脱氧问题，王忠英等曾进行过较为深入的研究，发现钡的脱氧速度很快，认为这是因为钡液滴携带夹杂物浮升速度快而得以去除。

B　出钢过程顶渣的选择

顶渣是覆盖在钢包钢液上面的炉渣，也叫钢包炉的炉渣。自 LF 问世以来，人们对其加热过程、吹氩搅拌、炉内气氛研究得较多，而对 LF 顶渣的研究也是百花齐放。顶渣对脱氧（包括吸附夹杂）、脱硫有着重要影响。研究表明，脱氧剂脱氧在没有渣配合的情况下，不能把钢中的氧脱得很低。从脱氧角度来说，在确定了脱氧剂后，选取合适的渣料组成是极为必要的。

合理地确定 LF 渣的化学成分，有利于提高产品质量，延长炉衬寿命。选择 LF 顶渣的化学成分应根据以下原则：

(1) 适当的熔化温度；

(2) 合适的碱度；

(3) 含有少量的脱氧剂；

(4) 有较强吸附夹杂的能力；

(5) 有良好的流动性；

(6) 对炉衬耐火材料的侵蚀少；

(7) 有一定的发泡剂，能进行埋弧精炼；

(8) 原材料来源广泛，价格便宜。

顶渣（及脱硫剂）化学成分的确定：

CaO：渣中的 CaO 含量应尽可能大，保证渣的碱度，使熔渣具有较高的脱硫和吸附夹杂能力，但 CaO 含量过高将侵蚀钢包炉衬且熔化温度较高，同时导致渣对熔池热传导能力下降，不能充分利用电能。

SiO_2：为造高碱性渣脱硫，LF 顶渣中应尽量少含 SiO_2。如果渣中的 SiO_2 含量高，会在 LF 精炼后期发生反应 $3(SiO_2)+4[Al]=2(Al_2O_3)+3[Si]$，这样不仅要消耗铝，而且有可能使钢液硅出格。

Al_2O_3：渣中 Al_2O_3 越高，渣的流动性越好。但 Al_2O_3 过高，会使钢中 Al_2O_3 夹杂增加。一般 LF 精炼结束时，渣中的 Al_2O_3 含量在 10% ~28% 之间较为合适。

CaF_2：调整渣的流动性。研究表明，CaF_2 高，渣的流动性好，并可提高铝的利用率。但 CaF_2 过多，会导致对炉衬耐火材料的侵蚀。一般钢包渣中的 $CaF_2 > 2\%$。

Al：渣中配有一定的铝，使渣中 FeO 含量降低，可起到辅助脱氧的作用。渣中配铝量较高，脱氧效果明显。对于配有炉外精炼设备的工艺流程来说，LF 顶渣只起辅助脱氧的作用，加铝量不必过多。

MgO：钢包渣线部位多采用镁炭砖砌筑。只有当炉衬耐火材料中的 MgO 与钢包渣中的 MgO 平衡时，炉衬才不会被侵蚀掉。从延长炉衬寿命角度，渣料中应保证一定的 MgO 含量。

C　电炉出钢渣料的加入量

渣料的加入量一般按 5~15kg/t 钢加入，渣料配比为活性石灰和萤石按照 (0~4):1 加入，同时加入渣料量的 1/4~1/6 的合成渣或者精炼剂。

根据不同钢液重量及原始硫含量，加入一定量的脱硫剂，其成分包括 CaO、MgO、$Na_2O + K_2O$、CaF_2、Al。有的脱硫剂加入了少量的镁粉（粒）。

1.1.6.2　炉外精炼炉过程中钢中氧的变化规律

A　LF 加热冶炼过程

LF 加热过程中，钢液中氧有可能升高。钢液是靠电弧的高温来加热的，电弧是一种高温高速的气体射流，它对熔池的冲击作用和转炉中氧气流股的冲击作用在本质上是相似的。它们都能在冲击点处造成一个凹坑。弧电流在 20~85kA 的范围内时，凹坑深度/弧电流平均为 3mm/kA。目前钢包炉操作弧电流在 20~28.8kA 之间，这样冲击凹坑深度达 60~90mm。电极加热时，凹坑处会出现裸露的钢液面，这部分裸露的钢液较其他部位的钢液温度高。当钢液为阴极时温度为 2400K，为阳极时为 2600K。Al-O 平衡常数 K 值很大，根据 Al-O 反应：

$$2[Al] + 3[O] === [Al_2O_3] \qquad K = [Al_2O_3]/([\%Al]^2[\%O]^3)$$

$$\lg K = -\frac{64900}{T} + 20.63 \tag{1-27}$$

在 2500K 时 $K = 4.7 \times 10^{-6}$，所以钢液吸氧是一个自发的过程。

另外，电弧强大的射流会将四周大量的气体吸入弧柱中，而多原子气体在电弧的高温下基本上会全部分解为单原子状态，为氧原子和氮原子在钢液中的溶解提供了条件。一般加热后钢液中氧和氮含量略有升高。

采用泡沫渣技术，使渣层增厚，保证加热时钢液面不裸露，对减少钢液吸氧、增氮极为有利。

B　LF 炉的合金化过程

大量补加合金和增碳操作，是在钢液温度高，吹氩较大的情况下进行的。在这种情况下，如果钢液面裸露，极易产生钢液的二次氧化，且生成的夹杂颗粒细小，不易上浮排出。另一方面，在钢液面裸露的区域面上加炭粉，部分炭粉会在钢液面上燃烧，造成液面的局部高温，也为钢液的吸氧及二次氧化提供了条件。通过对增碳前后溶解氧测定发现，钢液增碳后，溶解氧都有不同程度的增加，不增碳炉次的溶解氧有所降低。典型炉次增碳后吸氧情况如表 1-6 所示。

表 1-6　钢液增碳后溶解氧 [O] 的变化

炉　次	增碳量/%	增碳前[O]/%	增碳后[O]/%
8848586	0.21	0.00025	0.00042
3884233	0.33	0.00045	0.00078
3896811	0.38	0.00044	0.00061
2340503	0	0.00048	0.00033

周春泉也研究了 LF 炉增碳对钢液中氧含量的影响，研究结果表明，LF 生产过程中，当钢液大量增碳（>0.20%）时，会导致全氧的升高；少量增碳（<0.10%）对精炼后钢中的全氧影响不大。因此，要尽量避免在 LF 炉大量增碳和补加合金。这就要求电炉终点碳控制要合适，炉后补加合金要合理，确保 LF 炉少增碳，微调合金。

C　喂丝至 LF 出钢过程

喂丝（包括铝线、硅钙线等）后 3~10min，强脱氧剂与钢液中的溶解氧反应，[O] 迅速降低。喂丝 6~10min 至 LF 出钢，钢液中溶解氧有所升高，主要是由于钢液增碳或补加合金时，吹氩强搅拌钢液，钢液面裸露吸气造成的二次氧化。精炼炉冶炼过程中炉渣和全氧含量的变化关系见图 1-6。

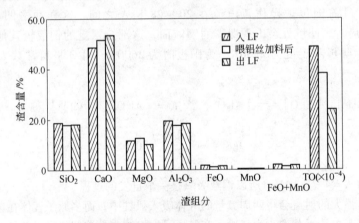

图 1-6　精炼炉冶炼过程中炉渣和全氧含量的变化关系

D　VD 过程

VD 过程钢液中的溶解氧不变或略有升高。溶解氧的升高，可能是由于包衬中的 MgO 的溶解。

1.1.6.3　气泡对夹杂物的黏附作用

当向钢水中吹入气体或钢水沸腾的条件下，气泡本身通过黏附（浮选）作用也可以去除夹杂物。气泡黏附夹杂物的自由能 ΔG 可用下式表示：

$$\Delta G = \sigma_{液—气}(1 - \cos\theta) \tag{1-28}$$

式中，θ 为湿润角；$\sigma_{液—气}$ 为钢液的表面张力。

可以看出，当 $\theta=0$ 时，$\cos\theta=1$，$\Delta G=0$，这种情况下夹杂物不会被气泡黏附；当 $\theta=90°$ 时，$\cos\theta=0$，$\Delta G=\sigma_{液-气}$；而当 $\theta=180°$ 时，$\cos\theta=-1$，$\Delta G=2\sigma_{液-气}$。换句话说，钢液的表面张力越大，湿润角越大，则气泡对夹杂的黏附功越大。实践中 Al_2O_3、铝酸盐等夹杂去除较快的原因就在这里。

在真空条件下，利用氩气泡气洗钢水能使钢中的氢、氮含量降低，并能使钢中的氧含量进一步下降。真空和吹氩搅拌可使钢液和渣充分混合，真空处理时间越长，越有利于脱硫和气体排出。但真空处理时间过长，后期钢液和渣的温度低，两者的黏度变大，对炉渣来说不利于吸附钢中夹杂物，对钢液来说不利于夹杂物的上浮，如果发生卷渣现象，也会使夹杂物难以上浮排出。因此，在进入 VD 前温度要稍高一些，利用前期的真空和搅拌，脱硫、脱气、析出夹杂物。VD 后期，破真空后要弱搅拌和镇静一段时间，因为钢包炉熔池深，钢液循环带入钢包底部的夹杂物和卷入钢液的渣需要一定时间和动力上浮。弱搅拌不会导致卷渣，吹入的氩气泡可使 $10\mu m$ 及更小的不易排出的夹杂物颗粒附着在气泡表面排入渣中。因此，在真空处理过后的弱搅拌和镇静是非常必要的，否则有可能造成小夹杂物排不出来而滞留在钢液中。某厂弹簧钢吹氩脱氧率与吹氩量的关系见图 1-7。

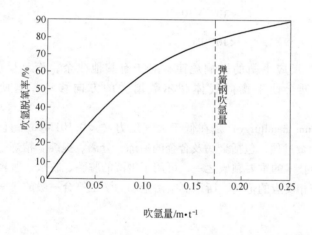

图 1-7　弹簧钢吹氩脱氧率与吹氩量的关系

1.1.6.4　加强脱氧和去除夹杂物的措施

加强脱氧和去除夹杂物的措施主要有：

（1）降低渣中 $FeO+MnO$ 含量，使其尽可能在 0.5% 以下。

（2）采用降低脱氧产物活度的造渣制度（如增大碱度等）或喷入相应的渣粉。用铝脱氧的同时，向钢水中加入一定量的预熔渣会使钢中 [O] 迅速下降。主要原因是合成渣降低了 $a_{Al_2O_3}$ 的热力学原因。

（3）为了加速脱氧过程，适当地加大吹氩量是必要的。

（4）由于在一般生产条件下，真空碳脱氧未达到平衡，仅靠碳不能将钢中氧脱到要求的程度，所以在真空碳脱氧后期，还应向钢水中加入适量硅和铝以进行合金化，控制晶粒和终脱氧。

（5）为了减少从耐火材料进入钢中的氧化物量，钢包和水口等耐火材料均应尽可能用稳定的耐火材料砌筑。

1.2   真空精炼原理

为了生产洁净钢，早在20世纪初一些工业发达国家就开始在真空条件下进行冶炼和浇铸了。在真空中熔化、精炼和浇铸金属，可以使其免受大气中氢、氮、氧和水汽等的污染，大大提高钢的洁净度，从而改善钢的质量。另外，真空也是冶炼化学性能活泼金属不可缺少的手段。

在工程上，所谓真空是指在给定的时间内，气体的密度低于该地区大气压下的气体密度的状态。目前获得的真空为自标准大气压向下延伸到十几个数量级，随着真空技术的提高，该下限还会不断下降。

为了实用上的方便，通常把低于大气压的整个真空范围，划分成几个阶段。国际上采用如下规定：

粗真空 $< 10^5 \sim 10^2 Pa$

中真空 $< 10^2 \sim 10^{-1} Pa$

高真空 $< 10^{-1} \sim 10^{-5} Pa$

超高真空 $< 10^{-5} Pa$

根据压力对化学反应平衡的影响规律，对于有其他残余，而且反应前后摩尔数不等的反应，压力的降低会使平衡向气体摩尔数增大的方向移动，这便是真空精炼的原理。

真空冶金（vacuum metallurgy）是在低于大气压力（$< 0.101 MPa$）直至超高真空（10^{-10} Pa）条件下进行的冶金过程，包括金属及合金的冶炼、分离、提纯、精炼、成形和处理。真空冶金已成为现代冶金技术的重要领域之一，可用于钢液的脱碳、脱氧、脱氢、脱氮等。真空冶金过程也属于气—液相反应的范畴，所以真空冶金动力学也符合一般的气—液相反应动力学规律。

1.2.1   真空脱碳

1.2.1.1   降低 CO 分压时的吹氧脱碳

吹氧脱碳的特征与钢液中含碳量有关，存在着一个临界碳含量。当钢中的碳含量大于临界值时，脱碳反应由氧的传递控制，脱碳速率取决于供氧条件，如氧压、流量、供氧方式等。当钢中碳含量小于临界值时，由于钢液中碳含量与氧含量相差不多，甚至小于氧含量，这时碳原子向钢液气相界面的传递将成为脱碳速率的限制性环节。在供氧条件不变的情况下，脱碳速率随碳含量的降低而下降。临界碳含量的大小取决于钢的成分、熔池温度和真空度，一般波动在 0.05% ~ 0.08% 的范围。电炉的炉外精炼中，VOD 采用低压下吹氧大都是为了低碳和超低碳钢种的脱碳。而这类钢又以铬或铬镍不锈钢居多。碳氧平衡线随着 p_{CO} 压力的变化以及钢液真空脱碳时碳氧含量的变化途径见图 1-8。

对于大部分不锈钢来讲，不锈钢中的碳降低了钢的耐腐蚀性能，所以其碳含量都是较低的。近年来超低碳类型的不锈钢日益增多，这样在冶炼中就必然会遇到高铬钢液的降碳问题。为了降低原材料的费用，希望充分利用不锈钢的返回料和碳含量较高的铬铁。在冶炼中希望尽可能降低钢中的碳，而铬的氧化损失却要求保持在最低的水平。这样就迫切需要研究 Fe-Cr-C-O 系的平衡关系，以找到最佳的"降碳保铬"的条件。

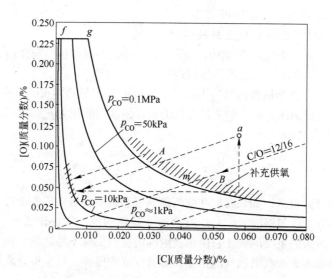

图 1-8 碳氧平衡线随着 p_{CO} 压力的变化以及钢液
真空脱碳时碳氧含量的变化途径

在 Fe-Cr-C-O 系中，两个主要的反应是：

$$[C] + [O] \longrightarrow CO \tag{1-29}$$

$$m[Cr] + n[O] \longrightarrow Cr_mO_n \tag{1-30}$$

对于铬的氧化反应，最主要的是确定产物的组成，即 m 和 n 的数值。D. C. Hilty 发表了对 Fe-Cr-O 系的平衡研究，确定了铬氧化产物的组成有三类：当 $[Cr] = 0.06\% \sim 3.0\%$ 时，铬的氧化物为 $FeCr_2O_3$；当 $[Cr] = 3\% \sim 9\%$ 时，为 $Fe_{0.67}Cr_{2.23}O_4$；当 $[Cr] > 9\%$ 时，为 Cr_3O_4。

对于铬不锈钢的精炼过程而言，铬氧化的平衡产物应是 Cr_3O_4，其反应式为：

$$Cr_3O_4 \Longrightarrow 3[Cr] + 4[O] \qquad \Delta G^{\ominus} = 244800 - 109.6T \tag{1-31}$$

为分析熔池中碳、铬的选择性氧化，可以将碳和铬的氧化反应式合并为：

$$(Cr_3O_4) + 4[C] \Longrightarrow 3[Cr] + 4\{CO\} \qquad K = \frac{a_{Cr}^3 p_{CO}^4}{a_{Cr_3O_4} a_C^4} \tag{1-32}$$

由于 Cr_3O_4 在渣中接近于饱和，所以可以取 $a_{Cr_3O_4} = 1$，在大气中冶炼时，近似认为 $p_{CO} = 1.013 \times 10^5 Pa$（1atm），在 $1.013 \times 10^5 Pa$ 下，与一定含铬量保持平衡的碳含量，随温度的升高而降低；在温度一定时，平衡的碳含量随 CO 分压的降低而降低，当 p_{CO} 降低 90%（由 $1.013 \times 10^5 Pa$ 降到 $1.013 \times 10^4 Pa$）时，平衡的碳含量可降到原含量的 1/10，其效果比提高温度 120℃ 还来得大。现阶段不锈钢精炼的热力学依据也在此。在电炉用返回吹氧法冶炼不锈钢时，就是用提高冶炼温度以达到降碳保铬的目的。但是，这种方法工艺上的弊病较多，且成本高，质量差。到 20 世纪 70 年代末，在工业发达国家，这种炼不锈钢的方法基本上已被淘汰。取代的方法都是从降低 CO 的分压着手，以达到很低的平衡含碳量。常用的降低 CO 分压的办法是降低系统的总压力，如 VOD 法、RH-OB 法等。

1.2.1.2　粗真空下吹氧脱碳反应的部位

生产条件下，真空吹氧时高铬钢液中的碳，有可能在不同部位参与反应，并得到不同的脱碳效果。碳氧反应可以在下述三种不同部位进行：

（1）熔池内部。在高铬钢液的熔池内部进行脱碳时，为了产生 CO 气泡，CO 的生成压 p'_{CO} 必须大于熔池面上气相的压力 p_a、炉渣的静压力 p_s、钢液的静压力 p_m 以及表面张力所引起的附加压力 $2\sigma/r$ 等项压力之和，即：

$$p'_{CO} > p_a + p_s + p_m + \frac{2\sigma}{r} \tag{1-33}$$

p_a 可以通过抽真空降到很低；如果反应在吹入的氧气和钢液接触的界面上进行，那么 $2\sigma/r$ 可以忽略；但是，只要有炉渣和钢液，$p_s + p_m$ 就会有一确定的值，往往该值较 p_a 大。这显然就是限制熔池内部真空脱碳的主要因素。它使钢液内部的脱碳反应不易达到平衡，真空的作用不能全部发挥出来。若采用底吹氩增加气泡核心和加强钢液的搅拌，真空促进脱碳的作用会得到改善。

（2）钢液熔池表面。在熔池表面进行真空脱碳时，情况就不一样。这时，不仅没有钢或渣产生的静压力，表面张力所产生的附加压力也趋于零，脱碳反应主要取决于 p_a。所以，真空度越高、钢液表面越大，脱碳效果就越好。钢液表面的脱碳反应易于达到平衡，真空的作用可以充分地发挥出来。

（3）悬空液滴。当钢液滴处于悬空状态时，情况就更不一样，这时液滴表面的脱碳反应不仅不受渣、钢静压力的限制，而且由于气液界面的曲率半径 r 由钢液包围气泡的正值（在此曲率半径下，表面张力产生的附加压力与 p_a、p_m 等同方向）变为气相包围液滴的负值（$-r$），结果钢液表面张力所产生的附加压力也变为负值。这样，一氧化碳的生成压力只要满足：

$$p'_{CO} > p_a - \left| \frac{2\sigma}{r} \right| \tag{1-34}$$

反应就能进行。由此可见，在悬空液滴的情况下，表面张力产生的附加压力将促进脱碳反应的进行，反应容易达到平衡。

在液滴内部，由于温度降低，氧的过饱和度增加，有可能进行碳氧反应，产生 CO 气体。该反应有使钢液滴膨胀的趋势，而外界气相的压力和表面张力的作用使液滴收缩，当 p'_{CO} 超过液滴外壁强度后，就会发生液滴的爆裂，而形成更多更小的液滴，这又反回来促进碳氧反应更容易达到平衡。

在生产条件下，熔池内部、钢液表面、悬空液滴三个部位的脱碳都是存在的，真空吹氧后的钢液碳含量决定于三个部位所脱碳量的比例。脱碳终了时钢中铬含量及钢液温度相同的情况下，悬空液滴和钢液表面所脱碳量越多，则钢液最终碳含量也就越低。为此，在生产中应创造条件尽可能增加悬空液滴和钢液表面脱碳量的比例，以便把钢中碳含量降到尽可能低的水平。

1.2.2　真空脱气和吹氩脱气

1.2.2.1　真空脱气

氢、氮、氧是钢材中的有害杂质，氢会使钢材生成白点和氢脆裂纹，氮会使深冲钢板产生时效硬化，氧会降低钢材韧性和低温冲击值。因此，在炼钢过程中必须除去这些杂质。真空脱气是除去这些杂质的有效方法。

A　真空脱气原理

真空脱气的原理是：在低气压下使钢液中的碳氧反应$[C] + [O] \rightarrow CO_{(g)}$进行得更快和更完全，通过 CO 气体造成的钢液沸腾现象，使溶解于钢液中的氢和氮随同 CO 气泡排出，从而达到同时脱氧、脱氢、脱氮的目的。因此，CO 气泡的产生及其在钢液中的行为在真空脱气中具有重要的作用。

如前所述，当气泡在钢液中上浮时，气泡内的压力为：

$$p = p_g + \rho g h + \frac{4\sigma}{d} \tag{1-35}$$

式中，d 为气泡直径；ρ 为钢液密度；g 为重力加速度；h 为气泡最低点至钢液表面的距离；σ 为钢液的表面张力。在真空脱气条件下，炉气压力 p_g 接近于零。气泡所受的压力为钢液静压力 $\rho g h$ 与表面张力产生的附加压力之和。只有当钢液中气体组分的平衡压力 $p_e > p$ 时，气泡才能长大；如果 $p_e < p$，则气泡就不能长大。由于气泡内的压力与钢液深度成正比，因此，在钢液内部较难产生气泡，而在钢液表面内部附近较易产生气泡。设在钢液表面有一气泡（即 $h = d$），则气泡内压力为：

$$p = \rho g h + \frac{4\sigma}{d} \tag{1-36}$$

由此可计算出气泡的直径为：

$$d = \frac{p \pm \sqrt{p^2 - 16\rho g \sigma}}{2\rho g} \tag{1-37}$$

该式表明，当 $p_e \geqslant p > 4\sqrt{\rho g \sigma}$ 时，式 1-37 有两个实根，它们分别为气泡浮出钢液表面时气泡直径的上限和下限。当 $p_e \leqslant p < 4\sqrt{\rho g \sigma}$ 时，式 1-37 无实根，其物理意义是在此条件下钢液没有气泡产生。所以，$p_e = p = 4\sqrt{\rho g \sigma}$ 是钢液产生气泡时需要的最小压力。已知钢液的表面张力 $\sigma = 1500 \text{mN/m}$，密度 $\rho = 7.2 \text{g/cm}^3$，重力加速度 $g = 9.8 \text{m/s}^2$，由这些数据可以计算出 $p_e = 1.32 \text{kPa}$，进一步可以求出真空脱气时钢液中各元素的最小浓度：氢 0.0003%；氮 0.004%；氧 0.001%（$[C] = 0.03\%$）。当钢液中元素的含量低于这些数值时，钢液中不会产生气泡，即使在高真空下也没有沸腾作用。要使钢液产生沸腾作用，氢、氮或氧的含量必须大于上述浓度。

B　真空脱气热力学

气体和金属间的相互作用与化学反应相似。例如，氢气与金属间的反应为 $\frac{1}{2}\{H_2\} = [H]$，该反应也有气体参与，而且反应前后的气体摩尔数不等，根据平衡移动原理，在一定温度下，如果减小气相中氢的分压，反应将向左即向钢液脱气的方向进行。真空脱气便是根据这一原理进行的。

对于熔铁来说，温度为 1600℃，与含氢 0.0002% 的金属相平衡的气相中氢的分压为：

$$p_{H_2} = \left\{\frac{[\% H]}{K_H}\right\}^2 \times p^\ominus = \left(\frac{0.0002}{0.0027}\right)^2 \times 10^5 = 500(\text{Pa})$$

要使熔铁中的氢含量降低到较低的数值，并不需要在熔池上方保持很高的真空度。目前工业用真空处理或处理设备，如真空感应炉、VAD、ASEA-SKF 和 RH 等，其真空度都可以达到 20 ~ 60Pa 以下，如果按照上述热力学的理论计算，真空处理后的钢液氢含量应该能够降低到极低的水平。

实际上处理的并非纯铁熔体，而是含有各种元素的钢液，它们会对钢液中氢的溶解度产生一定的影响。例如，在相同的 p_{H_2} 下，碳、硼、铝会使钢液中的氢含量减少，而锰、铬会使钢液中的氢含量增加。

此外，钢液进行真空处理的动力学条件、钢中的原始氢含量、炼钢方法和真空处理方法的不同都会影响处理后的氢含量。一般说来，真空条件下的脱氢反应并未达到平衡，处理后的氢含量在 $(0.4 ~ 4) \times 10^{-4}$% 波动，不过这一脱氢程度对于抑制氢在钢液中的危害作用，已经足够了。

真空处理也会去除一部分氮，但被去除的数量不大。其原因是氮在熔铁中的溶解度高而且扩散速度很慢。另外，氮在钢中可以和许多元素相互作用生成很稳定的氮化物，要想依靠真空脱气法除氮，气相中氮的分压必须低于这些氮化物的分解压才有可能。例如，1600℃时氮化铝的分解压数值约为 10Pa，欲使氮化铝分解然后去除氮，必须是设备真空度高于上述值，这显然是比较困难。

C　真空脱气动力学

氢原子的半径很小，在金属中的活动性很强，而且扩散能力较大，所以氢有可能通过熔池表面挥发去除一大部分。而真空脱氮具有间接性质。当金属中不存在稳定的氮化物时，主要通过低压下 C-O 反应产生沸腾或利用吹氩搅拌熔池，以增进金属的脱氮。

同真空脱氧一样，脱气反应的控制环节也是气体原子通过边界层的扩散，若以字母 G 代表气体，则脱气的动力学公式也可以写为：

$$-\frac{\mathrm{d}[\%G]}{\mathrm{d}t} = \frac{AD_G}{V_m \delta_G}\{[\%G] - [\%G]^*\} \tag{1-38}$$

式中，A 为气体原子的扩散面积（钢沸腾时 A 值可能很大），cm^2；δ_G 为边界层的厚度，cm；D_G 为气体的扩散系数，cm^3/s；V_m 为金属的体积，cm^3；A/V_m 为金属的比表面积；$[\%G]$ 为钢液内部气体的质量百分浓度；$[\%G]^*$ 为钢液表面与气相相平衡的气体质量百分浓度。

采用与真空脱氧同样的步骤，对上式积分并忽略 $[\%G]^*$，上式可变为：

$$\lg \frac{[\%G]}{[\%G]^*} = -\frac{A}{2.303V_m}\frac{D_G}{\delta_G}t = -\frac{A}{2.303V_m}\beta_G t \tag{1-39}$$

式中，β_G 为气体的传质系数。

当金属中含有与氮亲和力较强的元素时，由于生成的氮化物上浮，也可以降低钢液含氮量，收到脱氮的效果，这与脱氧产物的上浮类似。从金属中析出 CO 气泡或向金属中吹氩，对氮化物也能起浮选作用，促进上浮过程。

同真空脱氧一样，采用电磁或吹氩搅拌的方法，可以改善真空脱气的动力学条件，从而能有效地提高脱气效果。

D　真空下碳脱氧反应的动力学因素

在真空条件下，碳的脱氧能力比常压条件增加很多。在真空下碳氧反应产生的产物是气体，不会残留在钢液中形成夹杂物而玷污钢液，而且随着气泡在钢液中的上浮，有利于去除钢液中的气体和非金属夹杂物。在常压下碳的脱氧能力不大，但是在真空条件下，一氧化碳的分压降低，极大地提高了脱氧能力，碳的脱氧能力大大超过硅和铝的脱氧能力。所以，碳是真空下最理想的脱氧剂。但是，碳在常压下是弱脱氧剂，例如当[C] = 0.2% 时，熔铁中的平衡氧量为 0.01%，远比成品钢要求的氧含量高，因此不能用碳进行最终脱氧。在真空条件下，碳的脱氧能力可以大大提高。碳的脱氧反应为：

$$[C] + [O] \rightleftharpoons \{CO\} \qquad \Delta_r G_m^{\ominus} = 35.63 - 0.031T \qquad (1\text{-}40)$$

$$\lg K_C = \lg \frac{\dfrac{p_{CO}}{p^{\ominus}}}{[\%C][\%O]f_C f_O} = \frac{1860}{T} - 1.643$$

式 1-40 的反应有气体参与，而且反应生成物的摩尔数大于反应物的摩尔数，根据压力对化学平衡影响的一般规律，真空有利于反应向脱碳的方向进行。当钢液中含碳、氧不高时，可以认为 $f_C = f_O = 1$，于是：

$$[\%C][\%O] = (p_{CO}/p^{\ominus})/K_C = m(p_{CO}/p^{\ominus}) \qquad (1\text{-}41)$$

在 1600℃ 和 $p_{CO} = 101325$Pa 时，$m = 2.5 \times 10^{-3}$。如果开动真空泵而使炉内 p_{CO} 降低，因为 K_C 值（或 m 值）在定温下为常数，所以[%C][%O]值将要减小。例如，当 p_{CO} 为 10^2Pa 时，[%C][%O] = 2.5×10^{-6}，此时如果[%C] = 0.1，则[%O] = 2.5×10^{-5}；而在相同条件下，当[Al] = 0.1% 时，[%O] = 1.5×10^{-4}。可见，此时碳成了比铝还要强的脱氧剂，随着真空度的提高，碳脱氧能力逐渐增强。实际上，在真空状态下，即是在压力低于 133.322×10^{-5}Pa 下保持较长时间，残氧量也难以降到 506.6236×10^{-5}Pa 的平衡值。碳的脱氧能力达不到理论计算的数值，这是因为脱碳反应过程还受其他因素的影响。

真空中碳与氧的热力学平衡关系，仅在气—液界面上才是有效的。在该界面上，脱氧产物可以从液相进入气相，此时反应的平衡受气相中 CO 分压即真空度的控制。

在熔池内部，由于生成 CO 气泡要克服气相压力、熔池静压力和毛细管压力，所以 CO 气泡内的压力必然大大超过金属液面上气相中 CO 的分压：

$$p_{CO} = p_0 + \rho g H + \frac{2\sigma}{r} \qquad (1\text{-}42)$$

如设钢液的表面张力 $\sigma = 1500$mN/m，气泡半径 $r = 5 \times 10^{-5}$m，则 CO 因表面张力所受的附加压力为：

$$p_{CO} = \frac{1500 \times 10^{-3} \times 2}{5 \times 10^{-5}} = 60\text{kPa}$$

仅此一项就超过了 50kPa；而且气泡越小，所承受的压力就越大。至于 $\rho g H$ 一项，每 100mm 的钢液深度就要增加 6665.1Pa 的静压力。

当 CO 气泡所承受的毛细管压力和熔池静压力远大于气相中的压力时，真空度的提高已经不能再提高碳的脱氧能力。

以上为 CO 均相生成的情况。在向熔池中吹入惰性气体或者在炉衬的粗糙表面上形成 CO 气泡时，由于减小了毛细管压力，有利于真空脱氧反应的进行。

吹入钢液中的惰性气体形成许多小气泡，其中的 p_{CO} 极低，钢液中的碳和氧可以在气泡表面化合生成 CO 并进入气泡，直到气泡中的 p_{CO} 达到与钢液中碳与氧相平衡的数值为止。

关于在耐火材料表面上形成 CO 气泡，从气泡种核以缝隙或孔洞为起点，逐渐鼓起，直到长为半球以前，与碳和氧相平衡的分压 p_{CO} 必须大于附着在壁上的气泡内的压力，气泡才能继续长大直到分离出去：

$$p_{CO平} > p_0 + \rho gH + \frac{2\sigma}{r} \tag{1-43}$$

或者

$$r > \frac{2\sigma}{p_{CO平} - (p_0 + \rho gH)} \tag{1-44}$$

当钢液深度一定时，$[\%C][\%O]$ 越低，即 CO 的平衡压力 $p_{CO平}$ 越小，所必须的 r 值就越大。在脱氧过程中，由于 $[\%C][\%O]$ 越来越小，所要求的 r 值越来越大，有越来越多的空隙不能再起到胚芽的作用。因此，随着 m 值的减小，能产生 CO 气泡的深度 H 越来越小，开始时可能在底部和全部壁上都能产生气泡，以后只能在壁上产生，再后只能在壁的上部产生，最后全部停止。在真空处理钢液时，起初钢液猛烈沸腾，产生大量的气泡，形成脱碳过程高峰，其后由于下部器壁停止生成气泡，沸腾逐渐减弱。

由于耐火材料表面缝隙情况时常变化，钢液对耐火材料润湿情况也不固定，钢液的表面张力又与钢液的温度和成分有关，因此开始沸腾和终止沸腾的 m 值变化范围很广。

既然钢液深度造成的静压力和气泡所承受的毛细管压力远大于真空室的低压，熔池中实际达到的氧含量就远高于根据真空压力进行热力学计算所得到的平衡氧含量。

由于动力学因素，碳脱氧反应未达到平衡也是脱氧效果达不到理论计算值的重要原因之一。在 CO 气泡和钢液面上，碳氧反应进行得很快，因此控制整个碳氧反应速度的限制性环节是钢液中碳和氧向液—气相界面的传质速度。碳在钢液中的扩散速度比氧大（$D_C = 2.0 \times 10^{-4}$ cm^2/s，$D_O = 2.6 \times 10^{-5} cm^2/s$），碳含量一般大于氧含量，因此，氧的传质速度是真空下脱氧反应的限制性环节。

由边界层扩散理论可知：

$$\frac{d[\%O]}{dt} = -\frac{A}{V_m}\frac{D_O}{\delta_0}\{[\%O] - [\%O]^*\} \tag{1-45}$$

式中，$[\%O]$ 为钢液中氧的质量百分浓度；$[\%O]^*$ 为气泡—钢液界面上氧的质量百分浓度；A 为气—液相相界面面积，cm^2；V_m 为钢液体积，cm^3；D_O 为扩散系数，cm^2/s；δ_0 为扩散边界层的厚度，cm；D_O/δ_0 为钢液中氧的传质系数。

由于气泡表面的碳氧反应速度很快，$[\%O]^* \ll [\%O]$，为了简化可将式 1-45 中的 $[\%O]^*$ 略去，如此可得：

$$\frac{d[\%O]}{dt} = -\frac{A}{V_m}\beta_{[O]} \cdot [\%O] \tag{1-46}$$

以时间 $0 \sim t$、钢液中氧的质量百分浓度在 $[\%O]_0 \sim [\%O]$ 的范围内进行定积分，可得：

$$t = -\frac{A}{V_m}\frac{1}{\beta_{[O]}}\ln\frac{[\%O]}{[\%O]_0} \tag{1-47}$$

或者：

$$\frac{[\%O]}{[\%O]_0} = \exp\left(-\frac{A}{V_m}\beta_{[O]}t\right) \tag{1-48}$$

$[\%O]/[\%O]_0$ 的物理意义是，钢液经过脱氧处理 t 秒后的残氧率（指溶解氧，不包括以氧化物形式存在的氧）。$\beta_{[O]}$ 可取 0.03。

对容量为 21t 的钢包（$H = 150cm$，$A = 20000cm^2$）进行钢液处理，于相对静止状态下对脱氧效果进行计算，结果表明真空下经过约 26min 的脱氧，残氧率仍高达 70%。故可知在钢液平静的条件下，碳脱氧的速度不高，在一般的炉外处理中，真空脱氧的作用并不大。加速碳脱氧速度的有效措施是加强对钢液的搅拌，真空处理时采用电磁搅拌，尤其是吹氩搅拌，不仅可以

减小边界层 δ_0 的厚度、加速氧的传质，还能增加钢液与气体的界面面积 A。

1.2.2.2 钢包吹氩脱气

氩气吹入钢液，既不参与化学反应，也不溶于钢液内。纯氩中所含其他气体（氢、氮、氧、一氧化碳以及其他气体氧化物）很低，向钢液中吹入氩气形成气泡时，其中其他气体的分压几乎等于零，对钢中溶解的各种气体来说无异于一个个小真空室。这样，钢液中的氢、氮等气体将不断地向氩气泡中扩散。随着扩散的进行，气泡中氢和氮等气体的分压将逐渐增大，但因气泡上浮过程中所受静压减小和受热膨胀，所以氢和氮的分压仍能保持在较低的水平，故能继续吸收氢和氮等。最后，这些气体随氩气泡一道浮出钢液而被去除。

在一般的真空处理中，重要的参数是真空室的残余压力，即真空度；而在与氩气精炼中，则是氩气的消耗量。

表 1-7 列出了在 1600℃ 和 100kPa 的条件下，吹氩去气和脱氧的临界吹氩量的理论数值。

表 1-7　去氢、去氮和脱氧所需最小吹氩量

去除气体		原始含量/%	最终含量/%	平衡常数	临界吹氩量/m³·t⁻¹
[H]		0.0007	0.0002	27×10^{-4}	3.02
		0.0006	0.0003	27×10^{-4}	1.37
[N]		0.010	0.005	4×10^{-4}	1.624
		0.006	0.001	4×10^{-4}	13.53
[O]	[C] = 0.50%	0.004	0.001	447	0.0865
	[C] = 0.20%	0.010	0.005	447	0.108

由表 1-7 可以看出，去氢和去氮所需吹氩量是相当大的，用多孔砖在短时间内从钢包底吹入这么多的氩气是有难度的。如果把吹氩和真空结合起来，便可收到十分显著的效果。例如，在 50kPa 下吹氩时，吹氩量可以减少 1/2，若是真空度达到 10kPa，吹氩量可以节约 90%，这意味着只要用 0.1~0.3m³/t 氩气便可将钢中的氢从 0.0006%~0.0007% 降低到 0.0002%~0.0003%。

真空吹氩的优点不仅表现在节省吹氩的数量上，它还有以下的优点：（1）由于真空下不会引起钢液的氧化和吸气，故可加大吹氩速度，不怕钢液面裸露；（2）真空本身具有一定的脱气效果，特别是氩气对熔池的搅拌，钢液面不断更新，提高了真空的效果。因此，真空下吹氩脱气的方法得到了广泛的应用。

一般的钢包吹氩装置是在包底部砌上透气砖，把氩气从包底的透气砖吹入钢液，形成大量的细小氩气泡。透气砖除应有一定的透气度外，还必须能承受高温钢液的冲刷，具有一定的高温强度、良好的耐急冷急热性能。透气砖一般用高铝质材料制成。它在钢包包底的安装位置和数量对钢液的运动状态有很大的影响，与钢液的搅拌情况和精炼效果密切相关。透气砖一般安装在包底半径的 1/2~3/4 处。容量不大的钢包采用单砖，大容量的钢包也可用多砖。

钢包吹氩使用的压力一般在 0.3~1.2MPa 之间，以钢液不露出渣面为限。吹氩时间长短取决于钢液温度、钢种要求等因素，通常在 5~45min 之间。耗氩量为 0.2~0.4m³/t。

吹氩前无需脱氧或只需进行弱脱氧，这样可提高吹氩精炼的效果；吹氩后加脱氧剂与合金，最后在吹氩搅拌钢液一次便可进行浇铸。

实践证明，经过钢包吹氩处理的钢液，其含氧量和气体含量均有所下降。例如，碳素结构钢在 1550℃ 吹氩处理后，去氢率可达到 35%，氧含量和非金属夹杂物含量均有所下降，但去氮的效果不明显。

1.2.2.3　脱气措施分析

从以上对钢中气体来源以及常压条件下、真空和吹氩条件下脱气原理和方法讨论可以看出，要想减少钢中的气体，可以从以下几个方面入手：

（1）加强原材料的干燥及烘烤。原材料的干燥和烘烤对钢中的氢含量影响很大，炉气中的水蒸气分压主要来自原材料的水分，特别是由于使用烘烤不良的石灰和多锈的生铁所造成的。曾在15t电炉中测得炉气中的水蒸气分压达到4kPa，则平衡时钢中的氢可高达0.00054%。因此，为了减少钢中氢含量，首先必须注意原材料的干燥和烘烤。原材料中水分对氢含量的影响见表1-8。

表 1-8　原材料中水分对钢中氢含量的影响

原料	气体存在形式	气体特性	对钢中气体含量的影响	应采取的措施
废钢	$Fe(OH)_2$、[H]、[N]	$Fe(OH)_2$吸热分解	如料厚1mm，锈厚0.01mm，若全部溶于钢液，每1kg废钢带入氢13.6cm³/100g(0.001216%)	不要露天存放，返回法冶炼的炉料应少锈、无锈
石灰	$Ca(OH)_2$	$Ca(OH)_2$在507℃吸热完全分解	加入占料重10%的石灰中含有$Ca(OH)_2$10%，折合溶于钢中的氢为34.5cm³/100g（0.003084%）	使用前应加热至550℃以上进行烘烤
矿石	$Fe(OH)_2$、$FeO \cdot H_2O$和少量溶解的水		加入的矿石中含溶解的水为5%，加入量为料重的10%，折合溶于钢中的氢为61.5cm³/100g（0.005498%）	500℃以上进行烘烤
增碳剂	细小表面吸附水气		微量	烘烤温度高于100℃

由表1-8可知，石灰中水分对钢中含氢量影响很大，而且石灰的吸水性很强，如果在还原期加入大量石灰时，就必须使用新焙烧的石灰或烘烤的石灰，烘烤的温度越高越好。另外，还原期补加的铁合金也要求充分烘烤后加入。由于钢液真空脱气时原始氢含量高，脱气后氢含量也高，所以不能因为工艺上配炉外精炼设备就放松对原材料的管理。

（2）采用合理的生产工艺。原材料的干燥与烘烤，可减少钢中气体的来源；生产中还应采取相应的工艺措施，尽量减少钢液吸气并有效地进行脱气。

（3）控制好脱碳速度和脱碳量。前已述及，脱碳速度越大，去气速度也越大。当去气速度大于吸气速度时，才能使钢液中的气体减少；同时，还必须有一定的脱碳量，才能保证一定的沸腾时间，以达到一定的去气量。

根据生产经验，电炉氧化期脱碳平均速度大于0.01%/min、脱碳量为0.3%以上，就可以把夹杂物总量降低到0.01%以下，氢含量降低到0.00035%左右，氮含量降低到0.006%左右。通常，加铁矿石氧化的速度在0.01%/min以上，吹氧氧化的脱碳速度在0.03%/min以上。

必须指出，脱碳速度并非越大越好，脱碳速度过快不仅容易造成炉渣喷溅、跑钢等事故，对炉衬冲刷也严重；同时，过分激烈的沸腾会使钢液上溅而裸露于空气中，增大吸气倾向。另外，要严格控制好氧末终点碳。防止过氧化和增碳操作。否则，扒渣增碳也容易使钢液吸气和增加非金属夹杂物。

（4）控制好钢液温度。钢中气体含量与钢液温度有直接的关系，熔池温度越高，钢中的气体溶解度越大，越易吸收气体，故尽量避免高温钢液。对电炉而言，尤其要避免高温下扒渣后进行增碳操作，否则吸气量会更大。

（5）正确的出钢操作。出钢时钢液要经受空气的二次氧化，其氧含量和气体均明显增加，见表 1-9。

表 1-9 出钢、浇铸过程中气体含量的变化

气 体	钢 种	出钢前钢水含气量/%	钢包中钢水含气量/%	成品钢含气量/%
[N]	铝镇静钢	0.0026	0.0042	0.0064
[O]	GCr15	0.0025	0.0034	0.0042
[H]	30CrMnTiA	0.00041	0.000561	0.000885

由于出钢过程中钢液的增氮量和增氧量与钢液的成分、钢—气接触界面和时间有关，因此，对于非炉底出钢的电炉，一般要求是钢渣混出，以便渣子覆盖、保护钢液。为此，摇炉速度不能过快，防止先钢后渣；加强出钢口及出钢槽的维护与修补，防止严重散流与细流。有条件时，可采用氩气保护出钢。

（6）采用真空、吹氩脱气。要想更有效地去除钢中气体，则需要采用各种真空脱气、钢包吹氩和炉外精炼的方法，并采用降低气体的分压（提高真空度），真空下进行碳氧反应，增大吹氩量及增大单位脱气面积（吹氩搅拌或电磁搅拌），适当延长真空及吹氩处理时间等措施。氮的降低还可以通过促进氮化物上浮排除而实现。

（7）采用保护浇铸。在大气中进行浇铸会造成钢液的二次氧化和吸气，表 1-9 中列出了一些钢种在浇铸过程中钢水被空气污染的情况。

由表 1-9 可见，钢中的氮、氢、氧等气体含量在浇铸过程中增加了 50% 左右。为此，采用保护浇铸来改善钢的质量，是一个有效的手段。保护浇铸的方法很多，目前，固体保护渣是模铸下注镇静钢锭及连铸坯生产中广泛使用的浇铸保护剂，它的作用是隔热保温、防止钢液二次氧化及吸气、溶解及吸附钢液中夹杂物、改善结晶器壁（模壁）与铸坯壳（锭表面）间的传热与润滑。

1. 2. 3 真空下钢中元素的挥发

有些有害的金属元素如铅、砷、铋、锡、锌等具有比较高的蒸气压，在真空冶炼下，当外界压力小于其蒸气压时，就可能从合金中蒸发出来，从而改善钢和合金的性能，这是一般冶炼过程中无法做到的。与此相反，有些有用的元素（如锰、铝、铬等）也具有比较高的蒸气压，它们的挥发将会使钢液的成分控制发生困难，甚至会影响钢的质量。因此，应该研究真空条件下钢液中元素的蒸发规律，了解它们的蒸发量和蒸发速度，从而采取相应的技术措施。以便在提高钢的质量的同时减少合金元素的损失。

1. 2. 3. 1 真空下元素挥发的热力学

一定温度下，一定成分的合金中某一组元的蒸发趋势和蒸发速度取决于该组元的蒸气分压和外界压力的相对关系。对于理想溶液的某一组元 i，其蒸气分压服从拉乌尔定律，即：

$$p_i = p_i^* x_i \tag{1-49}$$

而对于实际溶液的某一组元，上式中的浓度应该换为有效浓度即活度：

$$p_i = p_i^* a_i = p_i^* \gamma_i x_i \tag{1-50}$$

由上式可见，定温下溶液中某组元的蒸气分压首先取决于该温度纯组元的蒸气压。

温度为 1600℃ 时，各元素的蒸气压力按照钨、钼、锆、钛、钴、镍、铁、硅、铜、铬、锡、银、铝、锰、铅、锑、铋、钙、镁、锌、镉、砷、硫、磷的顺序递增。另外，钙、镁、锌、镉的沸点在 750 ~ 1450℃ 之间，而砷、硫、磷的沸点或升华点则更低。一般来说，一个元素在定温下的蒸气压值越高，或者达到某一定蒸气压值所需的温度越低，则它在真空熔炼中蒸发的趋势就越大。通常在熔炼温度下，蒸气压值低于1Pa的元素在熔炼中不会因为挥发而受到损失。

此外，溶液中某组元的蒸气压值还取决于其在溶液中的有效浓度即活度，或者说取决于它在这个溶液中的活度系数。

例如，按照上面所列出的纯组元蒸气压的顺序，在1600℃铜和硅的蒸气压是相近的，但是由于Fe-Cu系合金对拉乌尔定律有正偏差，而Fe-Si系合金对拉乌尔定律有很大的负偏差，即 $\gamma_{Cu} > 1$ 而 $\gamma_{Si} < 1$，因而在相同的温度和相同外压下进行真空处理后，钢液中剩余的硅浓度会比铜浓度大17倍。又如砷，虽然纯砷的蒸气压是很高的，但是由于砷溶于铁液后对拉乌尔定律有明显的负偏差。即 $\gamma_{As} < 1$，所以很难通过蒸发去除。

还应注意，合金中某一组元是否会因挥发而改变其浓度，还要看该组元的蒸气分压与母体蒸气分压的相对关系。对于铁基合金来说，如果某元素的蒸气分压低于铁的蒸气分压，则真空处理的结果是该元素的富集。

为了确定钢液中某种元素能否挥发去除，引入如下公式：

$$\frac{Y}{b} = 1 - \left(1 - \frac{X}{a}\right)^{\alpha} \tag{1-51}$$

$$\alpha = \frac{\sqrt{M_{Fe}}}{\sqrt{M_i}} \frac{\gamma_i p_i^*}{\gamma_{Fe} p_{Fe}^*} \tag{1-52}$$

式中，a，b 为 Fe-i 二元系合金真空处理开始时铁和 i 的起始含量；X，Y 为 Fe-i 二元系合金经过真空处理到时间 t 时铁和 i 的挥发量；$\frac{Y}{b}$，$\frac{X}{a}$ 为铁和 i 在 t 时间之后的挥发分数；M_{Fe}，M_i 为铁和 i 的原子量；γ_{Fe}，γ_i 为铁和 i 的活度系数；p_{Fe}^*，p_i^* 为纯铁和纯 i 的蒸气压。

α 称做元素的挥发系数，二元铁合金中溶质的 α 值见表1-10。

表 1-10　二元铁合金中溶质的蒸气压及元素的挥发系数（α）值

元　素	1600℃时的蒸气压/Pa	液态铁中的活度系数 γ	1600℃时的蒸气压/Pa		元素的挥发系数 α	
			0.2%	1%	计算值	理论值
Mn	5599.5	1.3			900	150
Al	253.3	0.031	0.11	0.55	1.4	
Cu	133.3	8.0	0.00024	0.0012	125	60
Sn	106.6	1	0.014	0.07	9.1	18
Si	55.9	0.0072	0.00076	0.0038	0.07	10
Cr	25.3	1	0.000012	0.00006	3.3	
Co	4.1	1	0.004	0.02	0.5	
Ni	3.9	0.67	0.00006	0.0003	0.32	
S	101324.7		0.000036	0.00018		7.5
As	101324.7					3
P	101324.7					0.6

当 $\alpha = 1$ 时，$\frac{Y}{b} = \frac{X}{a}$，即铁和 i 的挥发分数相等，真空处理过程中合金组成不会发生变化；

$\alpha > 1$ 时，$\dfrac{Y}{b} > \dfrac{X}{a}$，$i$ 的挥发分数大于铁，真空处理过程中溶质 i 的浓度将降低；$\alpha < 1$ 时，$\dfrac{Y}{b} < \dfrac{X}{a}$，$i$ 的挥发分数小于铁，真空处理过程中溶质 i 的浓度将增高；在真空处理中，为了去除某种元素，该元素的二元铁合金中的 α 值应该大于 10。

1.2.3.2 真空下元素挥发的动力学

在真空条件下，钢液中元素的挥发由以下三个环节组成：

（1）合金元素由钢液内部扩散到钢液表面，其速度可表示为：

$$v = -\frac{DA}{V_m \delta}([\mathrm{Me}] - [\mathrm{Me}]^*) \tag{1-53}$$

式中，各符号的含义与式 1-38 相同。

（2）元素在钢液表面上的挥发，其速度表示为：

$$v = p_i \sqrt{\frac{M_i}{2\pi RT}} = \sqrt{\frac{M_i}{2\pi RT}} p_i^* f_i C_i = k C_i \tag{1-54}$$

式中，p_i 为钢液中合金元素的蒸气压，Pa；M_i 为组元 i 的摩尔质量，kg/mol；R 为气体常数，18.314 J/(K·mol)。

（3）元素通过钢液表面的气相边界层转移到气相中，其速度表示为：

$$v = \beta(C - C^*) \tag{1-55}$$

式中，β 为传质系数，cm/s；C^* 为气相中元素的浓度。

由以上公式可见，无论挥发由什么环节控制，挥发都和浓度的一次方成正比，都具有一级反应的特征。另外，由公式可知，定温下某组元的蒸气压越高，表面挥发的速度就越大，当组元的蒸气压到一定程度时，表面挥发速度将大于该组元通过边界层的速度，这时后者将称为限制性环节。

钢液中不同元素的扩散系数大体是同一个数量级，约为 $1 \times 10^{-4} \mathrm{cm}^2/\mathrm{s}$；而对于不同元素，传质系数也大体相同，约为 $0.2 \sim 0.3 \mathrm{cm}/\mathrm{s}$。

对于蒸气压较大的元素如锰、铅、锡等，挥发速度由液相中的扩散速度控制。显然，对于相同的元素浓度，具有大体上相等的挥发速度。

对于蒸气压较小的元素如铁、镍等，过程由钢液面的挥发过程控制。

真空条件下，元素在气相边界层的扩散一般不会成为限制性环节；而当进行吹氩搅拌时，炉内压力增高，元素通过气相边界层的速度减慢而可能成为限制性环节。

真空感应炉的生产实践表明，如果钢液中组元的含量不大（不超过 0.25%），则各组元的挥发速度按下列顺序递增：磷、铁、砷、硫、锡、铜、锰。可见，在真空处理时，磷含量不可能因蒸发而降低。另外，钢液中碳的行为与磷相似，含氧低的钢液在真空下保持时，由于铁的挥发可能引起碳浓度的增加。

真空中并不引起低碳钢中硫的变化，在高碳钢中，由于碳增加了硫在熔体中的活度，所以随着熔炼过程中真空度的不同（$133.322 \times 10^{-2} \sim 399.966 \times 10^{-4}$ Pa），硫含量可以降低 20% ~ 35%。硅也能大大增加硫的活度，故在真空下熔炼变压器钢也能收到显著的脱硫效果。

钢中的砷在真空下的挥发速度很慢，相比之下铁的损耗很大。欲从钢液中去除原含量50%的砷，铁的损耗高达 20%。熔铁中锡、铜、铅的含量不大于 0.25% 时，真空熔炼有可能使它们的含量降低50%以上，而铁的损耗不大于5%。

真空蒸发过程随真空度的提高而加速。但在工业性的真空熔炼中，难以保证低于 $1 \sim 10^{-1}$ Pa 的工作压力。所以，在工业性的真空度下，蒸发速度一般不大。为了得到高质量的产品，必须采用杂质含量尽可能低的原材料。

对于钢中的有用元素，希望抑制它们的蒸发。通入惰性气体时，熔池上的压力值比真空条件下高，可以使蒸发速度减慢。为了防止有用元素的挥发，一般只需要通入不多的惰性气体。实践表明，只要10kPa的惰性气体就能使蒸发减少到真空时的几百分之一到几千分之一。这种方法在真空冶金中有重要意义。

1.2.4　真空下耐火材料的分解与还原

前已述及，钢液在进行真空冶炼和处理时，其脱氧程度达不到与钢液中含碳量相平衡的数值。其中的一个主要原因是在真空下耐火材料发生了分解与还原而使钢液的氧含量不断增加。

对于处在氧分压为 p_{O_2} 的气氛中的反应：

$$M_{(s)} + \{O_2\} \Longrightarrow MO_{2(s)} \tag{1-56}$$

其等温方程为：

$$\Delta_r G = -RT\ln K_p + RT\ln J_p \tag{1-57}$$

将平衡常数的数据代入上式：

$$K_p = \frac{1}{\dfrac{p_{O_2\text{平}}}{p^{\ominus}}}, \qquad J_p = \frac{1}{\dfrac{p_{O_2(g)}}{p^{\ominus}}}$$

可得：

$$\Delta_r G = -RT\ln \frac{p^{\ominus}}{p_{O_2\text{平}}} + RT\ln \frac{p^{\ominus}}{p_{O_2(g)}} \tag{1-58}$$

式中，$p_{O_2\text{平}}$ 为上述反应达到平衡时的氧分压。

由上式可见，当 $p_{O_2(g)} > p_{O_2\text{平}}$ 时，$\Delta_r G < 0$，反应右行，M 被氧化，即气相具有氧化性；而当 $p_{O_2(g)} < p_{O_2(\text{平})}$ 时，$\Delta_r G > 0$，反应左行，MO_2 发生分解，即气相具有还原性。

进行真空熔炼或真空处理时，当真空度高到一定程度，便会出现上述后一种情况，即耐火材料中的氧化物将发生分解，生成的氧使钢液的氧含量升高。

镁质耐火材料的分解反应为：

$$MgO_{(s)} \Longrightarrow Mg_{(g)} + \frac{1}{2}[O_2] \qquad \Delta_r G^{\ominus} = 174750 - 49.09T \tag{1-59}$$

理论计算表明，在真空熔炼中，如果保持气相 $p_{Mg} = 1Pa$，平衡时钢液中的氧浓度将达0.066%。如果压力再降低，氧可以达到饱和浓度。因此，应该结合选定的真空度来考虑耐火材料的种类。

耐火材料中所含其他组元的分解反应如下：

$$Al_2O_{3(s)} \Longrightarrow 2AlO_{(g)} + \frac{1}{2}\{O_2\} \qquad \Delta_r G^{\ominus} = 408500 - 103.53T \tag{1-60}$$

$$SiO_{2(s)} \Longrightarrow SiO_{(g)} + \frac{1}{2}\{O_2\} \qquad \Delta_r G^{\ominus} = 189400 - 58.80T \tag{1-61}$$

钢液中的碳除了参加脱氧外，还可能与耐火材料里的氧化物发生下列反应：

$$MgO_{(s)} + [C] = Mg_{(g)} + \{CO\} \qquad \Delta_r G^{\ominus} = 141400 - 59.26T \qquad (1-62)$$

$$Al_2O_{3(s)} + 3[C] = 2[Al] + 3\{CO\} \qquad \Delta_r G^{\ominus} = 280850 - 122.84T \qquad (1-63)$$

$$SiO_{2(s)} + 2[C] = [Si] + 2\{CO\} \qquad \Delta_r G^{\ominus} = 131300 - 73.93T \qquad (1-64)$$

另外，如果钢中存在一些其他元素，当它们与耐火材料组元作用可以生成气体状态产物时，则在真空下，这些元素也会使耐火材料遭到严重侵蚀，例如：

$$MgO_{(s)} + [Si] = Mg_{(g)} + SiO_{(g)} \qquad \Delta_r G^{\ominus} = 166150 - 54.30T \qquad (1-65)$$

$$SiO_{2(s)} + [Ti] = [Si] + TiO_{2(g)} \qquad \Delta_r G^{\ominus} = -12400 - 1.34T \qquad (1-66)$$

耐火材料中所含氧化物可以分为两类：一类是氧化镁和氧化钙。这些氧化物被还原后生成的金属在铁基和镍基合金中实际不溶解，而且这些金属的沸点都比炼钢温度低，这样还原出来的金属将以气态脱离熔池。另一类氧化物如氧化铝、氧化锆、氧化铍和氧化钍等。这些氧化物被还原时生成的金属，能够溶于液态的铁基和镍基的合金中，形成铝、锆、铍和钍等活度很低的溶液。因此，一方面可以导致合金的增铝、增锆等；另一方面，由于这些元素在钢液中的活度低，会促进它们的氧化物被钢液中的碳所还原，使耐火材料受到侵蚀。

综上所述，从降低钢的含氧量和延长包衬使用寿命角度考虑，真空处理钢液时不要过分追求高的真空度和长的处理时间。

应指出的是，金属对耐火材料的侵蚀仅在耐火材料的表面上进行，表面光滑的耐火材料及结构致密的耐火材料都比较难被侵蚀。

2 炉外精炼设备和耐火材料

2.1 LF 设备和耐火材料

2.1.1 LF 机械设备

LF 精炼炉的机械设备包括：钢包、钢包车、精炼炉变压器、短网、底吹气系统、冷却水系统、精炼炉炉盖、气动系统、合金加料装置、排烟除尘系统等。LF 装置示意图如图 2-1 所示。

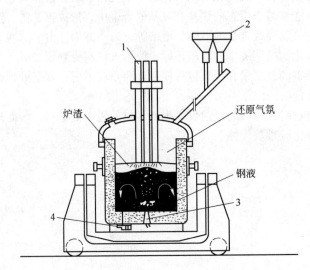

图 2-1 LF 装置示意图

1—石墨电极；2—合金料仓；3—底吹气透气砖；4—钢包滑板

一座钢包炉的技术参数见表 2-1，某 LF 炉制造公司的系列钢包炉参数见表 2-2。

表 2-1 某厂的一座 120t 钢包炉的参数

项 目 名 称	数 据	备 注
每炉处理钢水量/t	90 ~ 120	交流炉
LF 炉座数/座	2	国产（西安）
LF 炉变压器额定容量/MV·A	21	过载 20% 时，允许持续 2h
平均升温速度/℃·min⁻¹	4	最大 5
电极直径/mm	450	
平均精炼周期/min	38	最短 15min
日最大处理炉数/炉·d⁻¹	40	
LF 炉年处理钢水量/万 t·a⁻¹	150	

表 2-2 某 LF 炉制造公司的系列钢包炉参数

| 型 号 | 额定容量/t | 电炉变压器 | | 钢包上口内径/mm | 石墨电极直径/mm | 电极极心圆直径/mm | 冷却水耗量/m³·h⁻¹ |
		额定容量/MV·A	二次电压/V				
LF-15	15	2.0	185~150	2000	200	400	50
LF-20	20	4.0	195~150	2200	300	560	90
LF-25	25	4.5	200~120	2250	300	580	90
LF-30	30	5.0	215~155	2450	300	580	120
LF-40	40	6.3	220~160	2600	350	580	120
LF-50	50	9.0	220~120	3000	400	700	150
LF-60	60	10.0	270~170	3100	400	720	180
LF-70	70	12.5	270~150	3280	400	720	180
LF-80	80	15.0	270~150	3400	450	750	200
LF-90	90	16.0	270~150	3500	450	750	200
LF-100	100	18.0	300~180	3580	450	750	280
LF-120	120	20.0	300~180	3680	500	800	300

2.1.1.1 钢包车

有的 LF 炉的结构是没有钢包车的，即炉盖采用旋开式的，电炉出钢以后，将炉盖旋开在停泊位，钢包使用行车吊到冶炼位置以后，将炉盖和电极系统旋转到冶炼位，然后下降炉盖进行冶炼即可。但是大多数的钢厂采用了钢包车，电炉出钢以后，钢包坐到钢包车上，开进冶炼位置，包盖系统是固定的，只能够上下运动，这种形式减少了包盖旋转带来的各类问题。

钢包车由车体、轮组、动力传动系统等组成。钢包车本体由四个钢板组焊成的矩形梁构成框形车架，上面设有两个耳轴支座用于支撑钢包，下部装有主、从两组车轮。

钢包车一般主要采用变频电机驱动，电机直联双出轴齿轮减速机后通过联轴器分别与两个主动轮相连接，结构简单、可靠。电动机和减速器通过安装座直接固定于车架横梁上，刚性好，减速机齿轮面采用中硬齿轮面。钢包车运行调速采用变频调速。为了保证钢包车的平稳运行，在车的前后端对应于每个车轮装有四个轨道清理装置，随着钢包车的运行清理掉钢轨上可能落上的杂物。钢包车动力电缆、钢包底吹氩搅拌的氩气管道及控制电缆均由拖缆提供。电缆及氩气软管通过若干个吊架悬挂于工字钢轨上，吊架与工字钢轨之间设有滚轮，从而保证了钢包车运行过程中拖缆装置收放自如。钢包车拖缆需设防护屏，目的是为了很有效地保护电缆免受高温钢包的热辐射，提高电缆的使用寿命。

钢包车的定位采用远离加热工位的限位开关定位，使得钢包车可平稳启动和制动、较小的惯性冲击。除钢包车控制系统设有制动单元和制动电阻外，钢包车本身也设"软"制动装置——电液制动器，以确保在钢包车轨道基础变形条件下钢包车定位准确可靠，同时便于在事故状态下将钢包车拖出。

某厂钢包车技术参数如表 2-3 所示。

表 2-3　某厂钢包车的技术参数

项　目	参　数	备　注
行走速度/m·min^{-1}	3~25	程序设定有快慢两种方式，电炉出钢定位，LF 炉进站定位，采用慢行走方式
定位精度/mm	±15	
最大载荷/t	200	
驱动方式	机械式	交流变频调速

2.1.1.2　水冷炉盖

一座钢包炉的炉盖实体照片如图 2-2 所示。

图 2-2　一座钢包炉炉盖的实体照片

　　水冷炉盖的主要功能一方面是精炼时微正压、还原气氛的密封盖，另一方面又收集冶炼过程中所产生的烟气，满足环保要求。水冷炉盖为密排管式结构，水冷炉盖用无缝钢管和特制的等直径弯头组焊而成，以保证水冷为均流无死点，提高水冷效果。通常在结构上炉盖本体侧壁体成柱形，顶部是锥形面下大上小以保证刚性，顶中心部分是一倒锥形水冷环，用以承放耐火材料中心盖。

　　中心盖上开有与三相电极相对应的三个电极孔。在炉盖本体上除三个电极孔外，根据工艺要求还设有合金加料孔以及相应的密封盖，根据冶炼要求打开相应的孔盖进行操作（汽缸带动）。孔盖的作用是防止高温烟气溢出，同时在炉盖的侧壁或顶部设有一人工观察工作孔，在冶炼过程中，根据需要人工可打开孔盖进行观察和其他工艺操作（汽缸带动炉门开闭）。炉盖上的渣料及合金加料孔的位置要根据吹氩砖的布置的位置确定，以确保加料进入钢包后落入吹氩搅拌区域，同时又尽可能避免炉料冲击电极而导致钢液增碳和电极消耗增加。

　　炉盖在整体设计时，为保证包盖使用寿命及良好的综合技术指标，在炉盖的内侧设有"V"形挂渣钉，以便于耐火材料打结和冶炼过程中自动挂渣。

　　炉盖水冷部分设备包括：进水分配器及集水箱；压力变送器及热电阻、阀门；回水流量计等。一种 LF 炉的水冷炉盖结构如图 2-3 所示。

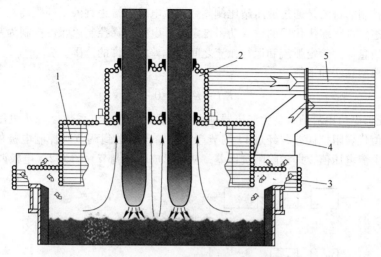

图 2-3 LF 炉水冷炉盖结构示意图

1—管状水冷壁；2—烟气除尘弯管；3—水冷裙板；4—野风渣尘除尘弯管；5—可调式除尘烟道

2.1.1.3 电极系统

A 电极夹持器

有关资料表明，二次回路中接触处的损耗功率要占总功率的 2% ~6%，增大夹持力对减小接触电阻与接触热阻、降低回路功率损耗有直接作用。

B 电极升降 PLC 控制

电极调节系统主要包括液压系统、微分电液比例调节阀以及 PLC 控制系统。

电极升降 PLC 控制站即主 PLC 机架配置了相应的 AI/AO、DI/DO 模板及通讯组合，用于现场弧流、弧压及相应工艺信息，电极位置状态的采集，进行系统控制、调节。

电极升降调节系统是一个相对独立的系统，即使局域网故障，它仍能独立完成电极自动升降的功能。同时又与一级局域网相连接，能很方便地与网络上其他节点通讯。电极升降控制原理图如图 2-4 所示。

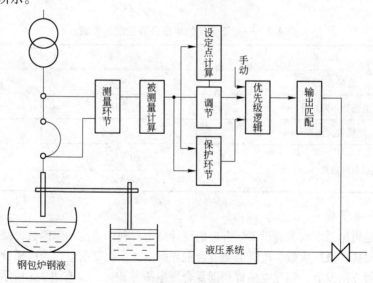

图 2-4 电极升降控制原理图

电极升降控制的目的是通过液压站比例阀，调节电极末端距钢液面的距离，来保证冶炼过程中电量的状态变量跟踪优化后的输入功率设定点。电极升降控制以弧流控制为基础即依据电流和电压反馈信息保持给定弧流和运行弧流之间的偏差在允许的范围。

调节器的典型算法如下：

$$K_i I - K_u U = 0 \tag{2-1}$$

式中，I 为变压器副边电流值；U 为变压器副边电压值；K_i 为电流系数；K_u 为电压系数。

上式的差值代表阻抗误差，经过 PI 调节产生一输出值送到调节阀控制电极的移动，电极位置变化改变电流电压值，即消除阻抗误差，从而形成闭环调节。图为 2-5 电极调节原理。

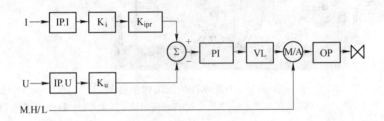

图 2-5　电极调节原理图

IP. I, IP. U—输入信号转换；K_{ipr}—三相平衡；PI—带死区，非线性增益和饱和的 PI 调节；

VL—阀响应特性线性化，零点漂移补偿；OP—输出信号转换；

M/A—手/自动转换；M. H/L—手动快/慢，升/降选择

C　电极臂

电极臂有单臂式和三臂式两种。单臂钢包炉可以减少电极极心圆半径，降低耐火材料消耗，设备简单，便于维修，但是电流的三相不平衡现象比较突出，冶炼过程中电极消耗的程度不同，需要频繁地松放调整电极。一般来讲，大型钢包炉（容量大于 100t）的采用三相电极升降机构，容量较大的钢包炉采用三个电极升降臂。表 2-4 为一座钢包炉的电极升降系统的参数。

表 2-4　一座钢包炉的电极升降系统的参数

名　称	参　数	备　注
电极直径/mm	$\phi450$	
电极分布圆直径/mm	750	
电极最大行程/mm	2400	
电极升降速度/m·min^{-1}	3~4.5	自　动
	4.5~5	手　动

D　电极导电横臂

导电横臂是短网系统的关键设备。合理的设计结构有利于提高功率因数，减少三相电流不平衡以及减少阻抗和跳闸次数。传统的是复合铜导电横臂，而目前电极导电横臂的发展是向铝导电横臂的发展方向发展。铝导电横臂和铜复合导电横臂相比，具有表 2-5 所示的优势，所以目前在建和准备建设的 LF 炉，都应该考虑采用铝导电横臂。

表 2-5　铝导电横臂和非铝导电横臂的优势比较

项　目	非铝合金横臂	铝合金横臂	平均节省/%
有效功率/MW	19 ~ 22	23 ~ 25	14
冶炼时间/min	65	60	8
电耗/kW·h·t⁻¹	340	330	2.6
电极消耗/kg·t⁻¹	2.8	2.7	4

采用全铝导电横臂的关键是要解决好水的腐蚀问题和导电横臂的焊接问题。目前国内最大的宝钢 300t LF 炉采用了铝导电横臂。

在电极升降机构设计和制造时，电极分布圆的确定主要考虑其对渣线包衬和系统阻抗的影响，还要考虑变压器二次最高电压对其的影响，即在保证相间安全距离的条件下选择一个最优的电极分布圆。为了防止因意外事故因素导致炉盖升降缸失压（如炉盖升降缸高压软管破裂等）造成安全事故，一般在炉盖升降缸进油口处装设有一安全阀，液压系统控制电极升降、钢包盖升降及电极松开，系统中设有蓄能器，当发生突然停电事故时，能自动将电极和炉盖升起，以确保在事故状态下也不会报废整炉钢水。

一座 100t 的钢包炉液压系统参数如表 2-6 所示。

表 2-6　一座 100t 钢包炉的液压系统参数

名　称	参　数	名　称	参　数
工作压力/MPa	约 12	电极升降调节	电液比例阀微分控制
事故工作压力/MPa	8.0	油箱容积/m³	约 3.0
工作介质	水-乙二醇	油箱材质	不锈钢

E　电极存放装置

电极存放及连接装置用于存放及连接电极。电极连接可在炉子上完成，也可单独在平台的电极连接储存装置上完成，该过程均由人工来实现。设备包括 1 ~ 6 套支架装置和 1 ~ 6 套夹放装置。

2.1.1.4　变压器

钢包精炼炉由于是处于冶炼的还原期，与电炉相比电弧稳定，配备变压器功率水平低。考虑到既要保证较高的升温速度，又要确保钢包包衬使用寿命，钢包精炼炉必须采用低电压大电流操作。一座 120t 钢包炉的变压器参数如表 2-7 所示。

表 2-7　一座 120t 钢包炉的变压器参数

名　称	参　数	备　注
额定容量/MV·A	22	2h，+20%
一次电压/kV	35	
二次电压/V	336 ~ 356	分为 13 级：前 5 级快速升温；后 8 级恒电流慢速升温或者保温
二次额定电流/kA	37.8	
调压方式	ABB 有载调压	
冷却方式	强迫循环油水冷却	

2.1.1.5　自动吹氩系统

自动吹氩系统按氩气流量的不同级别按指令自动控制,可以实现自动调节流量,记录氩气耗量的瞬时值及累积值,也可由计算机控制自动跟踪流量设定。精炼过程中氩气流量大小、变化斜率等可按时间设段,以满足不同的工艺要求。流量调节与测量功能由 PLC 自动完成,设备组成主要有:压力变送装置、稳压装置、流量调节装置、计量装置、柜体及自控装置等。

吹氩孔的布置要求有利于合金加料以后的充分搅拌,并且使得电极的端头对应于液面的波谷,以达到最佳的加热效果。

一座 110t 钢包炉的吹氩系统的参数如表 2-8 所示。

表 2-8　一座 110t 钢包炉的吹氩系统的参数

名　称	参　数	名　称	参　数
氮气压力/MPa	约 1.6	氩气纯度/%	99.99
氩气压力/MPa	约 1.0	最大耗量(标态)/L·min^{-1}	500×1.5
工作压力/MPa	0.45 ~ 1.0		

2.1.1.6　自动加料系统和操作简述

研究表明,合金加料落入钢包熔池点位于距钢包底圆心 1/3 处时效果最好。

LF 炉的加料系统设计有两种形式:

(1) 和电炉共用一套合金渣辅料加料系统,称量系统共用,加料的皮带有一条水平皮带可以双向运转,电炉方向和精炼炉方向各有自己专用的加料皮带。配料使用时电炉和 LF 炉协商调配使用。因为精炼炉是钢液成分调整的最重要的环节,所以有的厂家电炉设有储存仓,即在精炼炉不使用合金称量系统的时候,将合金称量好以后,放在储存仓,出钢时打开储存仓的控制系统,进行加料即可。

(2) LF 炉设有专门的合金加料系统。

合金上料系统主要由合金受料地下料坑、垂直提升皮带、水平皮带、布料小车、自动加料系统组成。合金受料地下料坑上面设有多个 50mm 的网格组成的过滤网,对于不合格的物料进行筛选,防止粒度过大的合金颗粒进入料仓,堵塞称量料斗和加料孔;地下料坑的内壁采用钢板或者耐磨柱石组成。合金渣辅料加入地下料坑以后,首先由垂直皮带机将物料提升到水平受料皮带(或者倾斜受料皮带),水平受料皮带机(或者倾斜受料皮带)将物料输送到布料皮带机上,布料皮带机末端的布料小车将合金加入到需要加料的对应料仓。每个料仓上方都有除尘阀,在上料作业时启动。

合金上料系统的主要操作顺序是:首先启动布料小车定位,然后启动布料小车上的皮带机,然后启动受料的水平皮带或者倾斜皮带,然后启动垂直提升皮带,最后是打开地下料坑的给料电振开关,进行上料作业。这样做的目的是为了防止皮带机积料。

停止皮带机的程序和以上的操作相反,即先停止给料电振开关,然后停止垂直皮带,然后停止水平受料皮带机或者倾斜受料皮带机,最后停止布料小车皮带。

上料系统的控制分为自动控制和手动控制。自动控制的顺序和上面所述的一致。为了防止意外事故,合金上料系统上料结束以后,空载运转 2 ~ 15min,皮带机系统会按照以上的运行步骤停机,原因是防止皮带机上面有料没有上完,造成下次上其他种类的合金时,引起混料事故。

手动控制主要是在机旁操作,顺序如前面所述。

为了防止皮带机的意外事故，如皮带跑偏、合金上错等，在皮带机旁边设有拉绳急停开关和皮带跑偏限位开关，紧急情况下，操作以上两种开关，上料系统就会停止。

一座钢包炉上料系统的简图如图 2-6 所示。

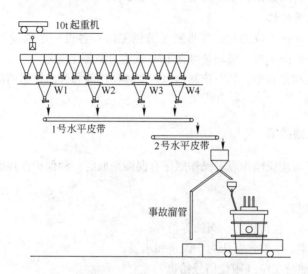

图 2-6 一座由皮带上料系统构成的 LF 合金加料系统示意图

自动加料系统主要由储料仓装置、储料仓给料装置、称量仓及其给料装置、皮带送料及密封装置、溜管及闸阀装置、上料装置及储料仓支撑架和检修平台装置等组成。储料仓装置主要包括料仓、高低料位检测装置、手动插板阀等，料仓主要由型钢和钢板焊接而成，呈倒锥形布置，上大下小。侧面设有低料位检测装置，主要用于料位检测和报警。当料位在低限时，操作人员能够及时得到信息，以完成对料仓中所需物料的补充，满足正常生产的需要。在料仓的下端设有一个人工手动插板阀，以备检修振动给料器时关闭料仓；储料仓固定在支撑架上。储料仓给料装置是在储料仓下端出口处设有一个振动给料器，可将料仓的物料快速准确地送到称量料斗中。称量给料装置主要包括称量料仓、称量传感器和振动给料器等。称量料仓是由钢板和型钢焊接而成，称量装置主要依据工艺要求，准确计量拟加炉内的物料。振动给料器则将计量准确的物料送到皮带送料装置上。物料通过皮带送料装置，经过溜管及闸阀装置进入炉内。

自动加料系统的运转先是称量好物料，放在汇集料斗。加料时也是先启动加料皮带，然后启动受料皮带，然后启动给料皮带，然后启动电振开关给料，停止的程序相反。

自动加料系统设置有一套事故溜管，配错合金或者其他原因，可以将合金通过事故溜管放在设定的位置以后，进行回收。

2.1.1.7 气动系统

气动系统主要用于各工作气缸动作的完成与控制。主要由阀架、气动三联件及电磁阀等组成，其用气点为合金加料插板阀和事故水及炉门启闭等。100t 钢包炉的气动系统参数如表 2-9 所示。

表 2-9 一座 100t 钢包炉的气动系统参数

压力/MPa	0.4 ~ 0.6
耗量(标态)/m³·min⁻¹	1.5

2.1.1.8　测温取样装置

测温取样装置一般由操作者在车间二次操作平台上完成。测温结果信号将直接送到计算机控制系统。通常设两套测温枪，双面现场大屏幕显示。

2.1.1.9　双线喂丝机

在加热工位或者加热工位的左、右两侧（吊包工位）各设一个喂丝工位，双线喂丝机放在操作平台上，便于线圈更换，喂丝量可在 HMI 或者计数器上显示。

设备包括喂丝机和控制柜，其中控制柜包括变频器控制和旁路控制两组。喂丝速度一般采用增量式编码器控制。

2.1.2　钢包炉的连锁关系

连锁条件是为了防止误操作或者操作顺序有误而采取的一种保护性控制系统。精炼炉的电气连锁关系主要有：

（1）高压合闸条件：

1）液压系统正常，包括压力、阀站等信号；

2）水冷系统正常，主要包括压力、流量和水温；

3）钢包车在加热位工位（限位信号给出）；

4）吹氩系统正常；

5）炉盖下降到下限位；

6）进入导电横臂平台的安全门关闭，无人员停留。

（2）钢包车动作条件：

1）电极上升到最高位；

2）炉盖上升到最高位；

3）高压系统断路器断开。

2.1.3　自动控制系统

自动控制系统主要由工控计算机完成。控制通过计算机画面显示，操作命令的下达执行。修订设定变量需要登录密码。

加热画面：显示 LF 炉体、炉盖、电极、氩气、弧压、弧流等工况。

供电画面：显示高压设备及变压器的工况（模拟图）班过流保护时间、次数，班短路保护时间、次数，班断路器合闸时间、次数并生成报表以及每炉电耗趋势、理想功率趋势和实际功率趋势。

液压画面：显示液压系统的工况。

水冷画面：显示冷却系统的工况。

趋势画面：显示参数趋势画面。

加料计算：合金加料系统加料计算。

加料画面：显示加料系统过程画面。

报警画面：显示非正常情况下的报警。

生产报表：生成炉报、班报、日报、周报。

一座钢包炉的网络配置图如图 2-7 所示。

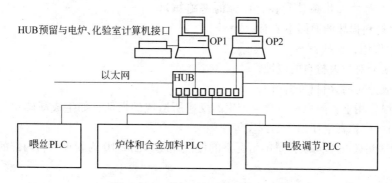

图 2-7　一座钢包炉的网络配置图

2.1.4　LF 用耐火材料

LF 的耐火材料主要是指钢包的耐火材料。钢包的耐火材料包括钢包内衬耐火材料、水口、滑板和透气砖、出钢口填料。（即引流砂）等。

2.1.4.1　钢包内衬耐火材料

A　钢包简介

每种精炼方法因为冶炼钢种、精炼目的、操作水平等具体的工艺情况各不相同，所以使耐火材料的使用条件有着千差万别。但是，由于精炼的特点决定了对精炼容器（在绝大多数场合是钢包）的内衬耐火材料要求很高，所以精炼设备的耐火材料内衬寿命比常规炼钢炉的炉衬寿命低得多。采用以砖砌为主的钢包内衬主要包括永久层、隔热层和工作层三层。国内的 LF 钢包炉目前大多数采用砖砌的钢包，也有采用先进的浇注料整体浇铸的钢包。从使用效果和耐火材料的消耗等方面来看，整体浇铸的钢包代表着今后钢包发展的一种方向。在电炉钢水的炉外精炼装备中，钢包是最为重要的设备。一种钢包的示意图如图 2-8 所示，一座 120t 钢包炉的参数如表 2-10 所示。

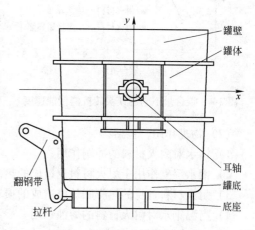

图 2-8　精炼钢包的基本构成

表 2-10　一座 120t 钢包炉的参数

项　目	参　数	备　注
钢包额定容量/t	120	最小 90　最大 135
自由空间高度/mm	830	装入量为 120t 时的钢液面
钢包壳上口直径/mm	3539	
钢包壳下底直径/mm	3284	
钢包耳轴中心距/mm	4400	
透气芯数量/个	2	
透气芯使用寿命/炉	25～30	第一次安装使用的最大次数（外装式透气芯）
	12～20	第二次使用炉数控制在 18～20 炉，第三次控制在 12 炉以下，以防包底薄，引起透气芯短穿包

B　钢包内衬的工作条件和包衬侵蚀的基础知识

钢包耐火材料损坏的原因主要有：

（1）化学作用，包括：

1）钢水成分对耐火材料的侵蚀；

2）熔渣成分对耐火材料的侵蚀；

3）在高温作用下，耐火材料自身产生的反应所造成的损坏，如生成新矿物所产生的相变化带来的体积效应和真空作用下的挥发等原因。

图 2-9 为镁炭砖在不同碳含量的情况下的侵蚀速度，图 2-10 为耐火材料内部的温度梯度示意图。

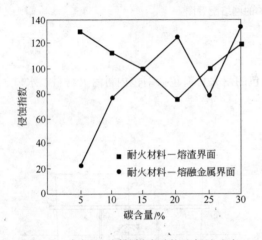

图 2-9　碳含量不同的镁炭砖抗渣侵蚀速度　　　图 2-10　耐火材料内部的温度梯度示意图

（2）物理作用，包括：

1）钢水对耐火材料的冲刷作用；

2）钢水反复作用于耐火材料上造成的热冲击，引起耐火材料的开裂和剥落；

3）耐火材料自身的热膨胀效应造成的损坏；

4）高温钢水对耐火材料的熔蚀作用。

（3）人为原因损坏，包括：

1）耐火材料的选择与搭配不恰当；

2）对耐火材料的使用不当，如砌筑方式、烘烤方式不适当等；

3）钢包周转期太长，造成冷包工作；

4）拆包不当，损坏钢包永久层；

5）没有采取修补措施。石墨氧化以后使组织劣化。

a　常见钢包耐火材料的侵蚀机理

镁炭砖的侵蚀

镁炭砖采用死烧镁砂或者电熔镁砂，和炭素材料（主要是结晶完全的石墨）为原料，以树脂做结合剂配制加压，经过热处理以后形成镁炭砖。为了提高抗氧化性，砖中经常加入金属或者其他防氧化剂。镁炭砖在高温下使用时形成炭素骨架结合。由于氧化镁和碳不产生互溶关系，所以能够保留原有组分优良的耐火性能。碳的导热性好，热膨胀系数和弹性系数较低，能够有效防止高温剥落和炉渣的渗透，不容易发生结构剥落，能够改变镁质耐火材料容易被渣渗透而引起变质结构的剥落的致命弱点。加上碳对于炉渣的不润湿性，使得镁炭砖能够成为抗热震性能、耐蚀性和耐剥落性能良好的理想耐火材料。某厂生产的镁炭砖的性能如表 2-11 所示。钢包炉和电炉对于镁炭砖的基本要求是：热导率低，以保证热损失少，提高电炉的热效率；抗热化学和热物理蚀损系数高，即要求具有良好的体积稳定性能；抗渣、抗剥落、抗氧化性好及较高的耐压强度，从而获得低消耗与高寿命；透气度不能够太高，以减少侵蚀性流体通过的能力，减缓炉衬砌体的侵蚀速度。

表 2-11 某厂生产的镁炭砖的性能

牌号 指标	QMT 10A	QMT 10B	QMT 10C	QMT 14A	QMT 14B	QMT 14C	QMT 18A	QMT 18B	QMT 18C
MgO/%	80	78	76	76	74	74	72	70	70
C/%, >	10	10	10	14	14	14	18	18	18
体积密度/g·cm⁻³	2.9	2.85	2.8	2.9	2.82	2.77	2.9	2.82	2.77
显气孔率/%, <	4	5	6	4	5	6	3	5	5
常温耐压强度/MPa, ≥	40	35	30	40	35	25	40	35	25

烘烤新炉衬时，在炉衬温度达到 750℃ 时由于会发生以下的主要反应：

$$MgO_{(s)} + C_{(s)} \longrightarrow Mg_{(g)} + CO_{(g)} \tag{2-2}$$

$$Mg_{(g)} + R_nO_m \longrightarrow MgOR_nO_{(m-1)(s)} \tag{2-3}$$

反应式 2-2 主要是生成的镁气和一氧化碳气体沿孔隙迁移到高温区，反应式 2-3 是在炉壁表层镁气再次被氧化物氧化成氧化镁，并且与镁炭砖砖中的微量其他化合物组成高熔点的岩相化合物，所以控制烘炉的温度制度对于控制以上的反应，防止反应式 2-3 的大量发生是保持镁炭砖的体积稳定性的关键。

大量的研究已经证实，镁炭砖的导热性随着碳含量的增加而有所增加，所以钢包炉使用的镁炭砖的碳含量是有一定要求的，以保证炉衬的导热性。例如，某钢厂的钢包各部位现用的耐火材料为：包体、自由空间和包底是铝尖晶石炭砖；渣线是镁炭砖。

镁钙砖的侵蚀

镁钙系耐火材料具有耐高温、抗渣蚀和良好的抗剥落性等特点。由于氧化钙的热力学稳定性较高并具有净化钢水的功能，因此，镁钙系耐火材料是生产洁净钢较理想的耐火材料。镁钙砖是以高纯致密的镁砂和烧结镁白云石砂或者白云石砂为原料，根据使用环境的不同，选择适宜的氧化镁和氧化钙配比，采用无水结合剂，在适宜的温度下成形，高温烧成。

镁钙砖具有体积密度高、结构致密、耐侵蚀、耐冲刷、耐剥落，适于平砌且不渗钢的优点，具有能够抵抗还原气氛下低碱炉外精炼渣的优点，常用于 LF—VD 钢包和 VOD、AOD 钢包。几种常见镁钙砖的指标成分如表 2-12 所示。

表 2-12 几种常见镁钙砖的理化指标成分

牌号 指标	QMG 15A	QMG 15B	QMG 20A	QMG 20B	QMG 25A	QMG 25B	QMG 30A	QMG 30B	QMG 40A	QMG 40B
CaO/%	13~17	13~17	18~22	18~22	23~27	23~27	28~32	28~32	38~42	38~42
显气孔率/%	8	8	8	8	8	8	8	8	8	8
常温耐压强度/MPa, ≥	55	50	55	50	55	50	55	50	55	50
荷重软化点/℃	1700	1680	1700	1680	1700	1680	1700	1680	1700	1680

武汉科技大学的黄波博士的研究结果表明：

（1）通过镁钙砖的抗 $CaO\text{-}SiO_2$ 渣系侵蚀的研究，发现经 $CaO\text{-}SiO_2$ 渣侵蚀部分结构松散，并出现较大的孔洞。扫描电镜发现，在该砖工作面侧生成较多低熔点的钙镁橄榄石（$CaO\cdot MgO\cdot SiO_2$）和钙铝黄长石（$2CaO\cdot Al_2O_3\cdot SiO_2$）；对于镁钙砖，发现在砖的工作面侧生成大量高熔点的硅酸钙（$3CaO\cdot SiO_2$，C_3S），这些 C_3S 包围了氧化镁，形成"桥状结构"。这种高温结合相能够阻止熔渣的侵蚀。所以，镁钙砖的抗渣蚀性随着 CaO 含量的增加而提高。

（2）通过镁钙砖抗 $CaO\text{-}Al_2O_3$ 渣系侵蚀的研究，发现镁钙颗粒与熔渣反应溶解，$CaO\text{-}MgO$ 连续网络被严重肢解。电子探针分析发现，在砖的工作面侧生成了大量的铝酸钙（$C_{12}A_7$）。这样因为 CaO 被熔蚀，浑圆状的方镁石（MgO）孤立地分散在铝酸钙中，$CaO\text{-}MgO$ 之间的连续网络遭到完全破坏，使其抗渣蚀性能较差。而在镁钙砖中，因为仅生成少量的钙镁橄榄石，故氧化钙含量高的镁钙砖抗渣蚀性好于氧化钙含量低的镁钙砖。

所以黄博士认为，对于 $CaO\text{-}SiO_2$ 渣，随着砖中 CaO 含量的增加，砖的抗渣蚀能力增强，而 $CaO\text{-}Al_2O_3$ 渣却恰好相反；无论对哪一种渣，熔渣的渗透深度都随着砖中 CaO 含量的增加而减小。镁钙砖中 CaO 含量对炉渣渗透深度的影响如图 2-11 所示。

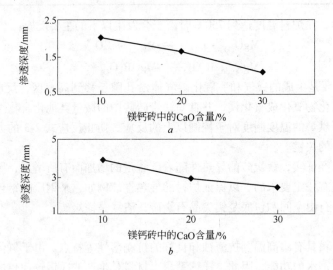

图 2-11　CaO 含量对炉渣渗透深度的影响

a—$CaO\text{-}SiO_2$ 渣；b—$CaO\text{-}Al_2O_3$ 渣

耐火材料在熔体中的蚀损过程受控于扩散速度，所以镁钙砖的熔损速度 v 为：

$$v = \beta(C_s - C_0) = D\frac{C_s - C_0}{\delta} \tag{2-4}$$

式中，β 为溶质的传质系数，cm/s；C_s 为边界层溶质的饱和浓度；C_0 为炉渣中溶质的浓度；δ 为扩散边界层的厚度，cm；D 为溶质的扩散系数，cm^2/s。

当浓度以质量分数表示时，可以表示为：

$$v = \beta\rho_0\frac{w_s - w_0}{100\rho} \tag{2-5}$$

式中，w_s 为边界层溶质的饱和浓度，%；w_0 为熔渣中溶质的浓度，%；ρ，ρ_0 分别为砖和熔渣的密度，g/cm^3。

可以看出，增加炉渣中和耐火材料组分相同的渣料，会减轻炉衬的侵蚀速度。

炉渣渗透深度与熔体性质的关系可以用下式表示：

$$H = \left(\frac{Rt\sigma\cos\theta}{2\eta} \right)^{0.5} \tag{2-6}$$

式中，R 为气孔半径，cm；σ 为炉渣的表面张力，N/cm；θ 为润湿角，(°)；η 为炉渣的动力黏度，Pa·s；t 为时间，s。

b　钢包内衬耐火材料的工作条件

钢包内衬由于不同精炼的方式而要求不同，总体来讲，钢水在钢包精炼时，包衬的工作条件很苛刻，主要有以下的特点：

（1）高温，一般精炼温度高达 1600~1800℃。LF 钢包炉在送电冶炼的时候，传热原理和电炉的传热原理类似。在精炼渣不埋弧的情况下，部分电弧热量辐射到钢包耐火材料，钢包的耐火材料也是反射热进入熔池被吸收的介质，所以钢包砖承受的高温较电炉还要高一些。因此，对钢包炉的升温速度和功率水平有一定的限制，这些内容将在后面的章节里做介绍。各种耐火材料在不同温度下的侵蚀深度如图 2-12 所示。

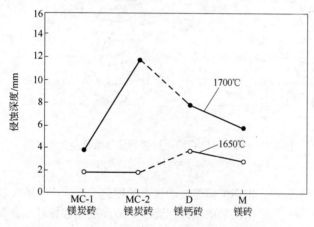

图 2-12　各种耐火材料在不同温度下的侵蚀深度

（2）高温下的真空，真空度可达 66Pa。在真空条件下，有的耐火材料会发生分解；如渣线使用低碳的镁砖，在真空条件下发生的分解反应，使得镁炭砖的侵蚀速度加剧；使用镁钙砖，条件就会有所改善。

（3）急冷急热温度变化较大。采用电弧加热时，距电弧最近处的包衬将会出现局部过热的现象；冶炼结束以后，钢包的温度会下降；钢水浇铸结束以后，钢包的温度又会急剧地下降到1000℃以下，耐火材料的急冷急热造成耐火材料的剥落，这种情况下造成耐火材料侵蚀剥落的示意图如图 2-13 所示。

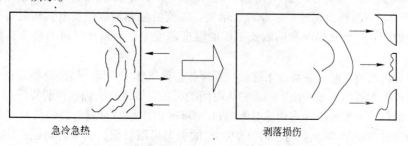

图 2-13　耐火材料受热冲击产生剥落的示意图

（4）熔渣成分和碱度变化范围大（碱度从 0.5 会增加到 4 左右）。一般说来，熔渣的碱度升高，CaO 达到过饱和状态，熔渣的流动性较低，渣中 SiO_2 活度较低，反应进行较慢，也因（CaO）与（FeO）结合成复杂化合物（$CaO \cdot 2FeO$）受到抑制。炉渣碱度高，对于炉衬是有利的；如果造渣剂（CaF_2）用量较多，渣较稀，对炉衬的直接侵蚀、冲刷严重。另外，弧光部分裸露，弧光对包壁的辐射加强，改善了镁炭砖中石墨与熔渣中氧化物反应以及 MgO 和熔渣中 SiO_2 的动力学条件，对炉衬的寿命是不利的。

另外，冶炼过程中，LF 炉的钢包内钢渣的体积是动态变化的。在炉渣碱度较低的时候，冶炼操作需要加入渣料提高碱度，为了满足成分要求，添加合金、吹氩搅拌、温度的增加等，都会使得钢包内钢渣的位置发生变化，对耐火材料造成影响，MgO-C 砖系耐火材料的局部熔化损失示意图如图 2-14 所示。

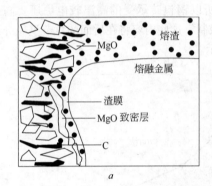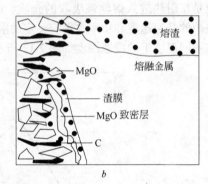

图 2-14　MgO-C 砖系耐火材料的局部熔化损失示意图

a—熔渣和钢液下降期；*b*—熔渣和钢液增加期

对于一些出钢量不稳定、出钢量偏差波动较大的钢包来讲，由于渣线位置的不稳定，炉衬的寿命也就会明显下降。为了保证炉渣埋弧，要求炉渣厚度能够较好地覆盖电弧，确定合适渣量，对减轻炉衬侵蚀非常有利。相关的文献给出了炉渣厚度和电压关系的经验公式如下：

$$h_{炉渣} = U_{arc} - (20 \sim 30) \tag{2-7}$$

式中，$h_{炉渣}$ 为炉渣厚度，mm；U_{arc} 为电弧电压，V。

冶炼过程中的渣量估算可以由以下公式计算：

$$M_{炉渣} = 3.14 h \rho R^2 \tag{2-8}$$

式中，ρ 为选择渣系的密度，kg/mm^3；R 为钢包渣线位置的包口半径，mm。

（5）钢渣在钢包内停留时间长，对于钢包耐火材料的热负荷强度较大。有些精炼方法冶炼周期可长达 3h 以上；还有些时候，如连铸开机的第一炉，连铸出现故障不能够开机，钢水在 LF 炉持续处理，有时候会超过 8h；钢液、熔渣、气流的强烈冲刷以及电弧辐射对于钢包耐火材料的冲击加大，严重的热震和间歇式工作的温度剧变等，对耐火材料的热负荷强度都比较大。

钢水在钢包内精炼时，在高温下连续吹氩搅拌，使气体、金属、熔渣在精炼钢包内产生涡流，对包衬产生激烈的机械冲刷，随着精炼时间的延长，熔渣对钢包包衬的侵蚀加重。下面是某钢厂精炼钢包一个包龄周期内精炼时间超过 100min 的次数与对应包龄的关系（见图 2-15）。从精炼时间超过 100min 的次数与包龄（炉次）的关系可以看出，精炼时间越长，精炼包侵蚀越严重，包龄越低。

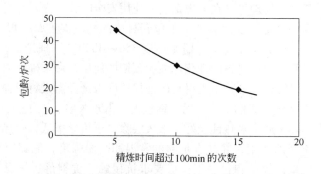

图 2-15　精炼时间超过 100min 的次数和包龄的关系

所以，当出现生产流程的中断事故，如连铸事故停机、行车故障等原因，一包钢水在精炼炉连续间歇式的冶炼超过 4h，就要根据包龄和包况做应对措施，例如，对于包况一般的钢包，在 LF 炉冶炼超过 4h，如果还不能上连铸机浇铸，就要倒包处理，即将此包钢水倒入另外的一个钢包内进行冶炼。国内外大多数的厂家还规定，冶炼优质钢作业，包龄超过 40~50 炉的钢包不能够作为开机第一炉的钢包，也是从第一炉冶炼时间长、出钢温度高、钢包容易出事故的角度考虑的。

（6）抽真空次数。在高温和真空下，耐火材料中氧化物的分解和挥发是不可忽视的问题。由热力学计算表明：温度 1600℃，[O] = 0.025%，平衡 p_{MgO} = 1.33Pa，p_{Mg} 越高；有 [C] 存在时，更有可能促进 MgO 的分解，如 [C] = 0.004% 时，与 MgO 平衡的 p_{CO} = 84Pa。抽真空设备的时间越长，熔渣对包衬的侵蚀越严重。表 2-13 为某厂精炼钢包一个包龄周期内抽真空的次数和对应包龄的数据。该厂经简要分析和计算得出，抽真空一次，相应精炼包包龄减少2.49 次。

表 2-13　抽真空次数对于包龄的影响

抽真空次数	0	1	2	3	4	5	6	7	8	9	10
包龄/炉次	45	43	40	37	35	32	30	27	25	34	20

c　对钢包耐火材料的主要要求

基于以上的原因，对钢包耐火材料的主要要求有：

（1）耐高温，能经受高温钢水长时间作用而不熔融软化。

（2）耐热冲击，能反复承受钢水的高温和钢水浇铸完毕以后的高温向低温转变而不开裂剥落。

（3）耐熔渣的侵蚀，能承受熔渣和熔渣碱度变化对内衬的侵蚀作用。

（4）具有足够的高温机械强度，能承受钢水的搅动和冲刷作用。

（5）内衬具有一定的膨胀性，在高温钢水作用下，使内衬之间紧密接触而成为一个整体。

C　钢包内衬耐火材料的选用原则

钢包内衬的材质对钢包的使用安全非常重要。钢包的使用安全是指在钢包内衬的设计使用寿命期间，确保不会发生钢包烧穿、钢包外壳软化造成钢包掉落等生产安全事故。为了选用合适的钢包内衬的耐火材料，许多文献总结得比较全面，总而言之，钢包耐火材料的选用条件可以概括为以下几点：

（1）从安全的角度，需要考虑钢包的工作条件，如出钢温度、钢水停留时间、浇铸钢种、是否进行精炼处理或者真空处理等。在考虑钢包的使用安全时,首先应考虑其使用寿命,即保证在内衬的使用寿命内,包壳的表面温度小于包壳材质的蠕变温度,一般应小于300~350℃(碳钢的蠕变温度300~350℃,合金钢的蠕变温度350~400℃)。理论上,应根据钢液温度、钢液在钢包内的存放时间、耐火材料的理化性能、预期的使用寿命来确定内衬的材质和砌筑厚度;但在实际生产上,通常根据各种耐火材料的蚀损速度来选择耐火材料种类和厚度。

(2)钢包耐火材料在钢包中的部位。通常钢包内衬由永久层、工作层、渣线层、隔热层组成。钢包隔热层要求热导率低,隔热性能好;永久层除要求热导率低,隔热性能好,还要求它能够在1300~1400℃下长期使用,并具有足够的常温和高温强度,能够短时间抵抗钢水的冲击,防止穿包事故的发生;包壁和包底工作层要求抗侵蚀、抗剥落、热稳定性能要好、不粘渣、拆包容易。渣线层宜选用耐侵蚀、耐渣蚀、热稳定性能好、高温结构性能稳定的镁炭砖和镁铬砖,它可以克服因钢水及炉渣渗透引起的塌落的结构剥落现象;座砖宜采用抗热震性能好的高铝质座砖,水口可采用耐侵蚀、抗冲刷的刚玉质水口砖。

对于生产节奏和钢质的要求不太高的模铸工艺,为了节约成本,钢包可采用黏土砖或三等高铝砖作内衬,也能保证安全可靠地使用;对于连铸用钢包,由于钢水的温度高且停留时间长,通常采用高档的高铝砖、锆英石砖、白云石砖、镁铬砖、镁炭砖、铝镁炭砖等砌筑,也可以采用锆英石浇注料、镁铝尖晶石浇注料、高铝尖晶石浇注料等进行浇注。表2-14为一种精炼钢包渣线下部用铝镁炭砖理化性能,表2-15为精炼钢包渣线用镁钙炭砖的理化性能。

表 2-14　精炼钢包渣线下部用铝镁炭砖理化性能

名　称	化学成分/%		物理性能			
	MgO	C	体积密度/g·cm⁻³	显气孔率/%	常压耐压强度/MPa	荷重软化温度/℃
铝镁炭砖	80	18	2.95	≤17	≥40	≥1600

表 2-15　精炼钢包渣线用镁钙炭砖理化性能

名　称	化学成分/%		物理性能				
	MgO	CaO	灼烧/%	显气孔率/%	体积密度/g·cm⁻³	抗折强度/MPa	耐压强度/MPa	荷重软化温度/℃
镁钙炭砖	80.56	5.12	12.35	1.68	3.02	16.6	34.2	≥1700

(3)冶炼钢种工艺要求熔渣的碱度和渣量。冶炼钢种不同,工艺路线不同,钢包炉的渣系和渣量是各不相同的。为了保证钢包炉的经济包龄,要求钢包炉在不同的精炼工艺下,钢包炉衬砖也不一样。例如,LF冶炼HRB335~500系列和硬线钢、弹簧钢系列,采用CaO-SiO_2渣系,钢包工作层就可以采用镁炭砖;冶炼齿轮钢、轴承钢和石油管钢,必须过VD炉处理,钢包的工作层砖就要选择在较高真空度条件下,不易分解的镁钙耐火砖。在此方面,国内专家学者的研究比较一致,如Cr_2O_3含量对于耐火材料抗渣性的分析、CaO含量对耐火材料抗渣侵蚀性能的影响分析,见图2-16和图2-17。

(4)钢包内衬选用对冶炼钢种的影响。大量的研究和生产实践证明,钢包耐火材料的选用,对于钢包内衬的寿命、冶金过程中的反应进行速度以及钢液夹杂物的控制有重要的影响。耐火材料对钢水的再氧化作用也已引起了冶金工作者的关注和研究,原因是当今钢中总氧含量的多少对优质钢质量的好坏起到了决定性的作用。Jouko Harkki等的研究工作表明,耐火材料

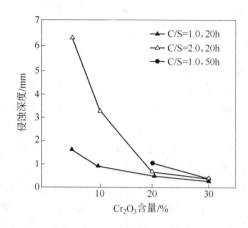

图 2-16　Cr_2O_3 含量对于耐火材料抗渣性的影响

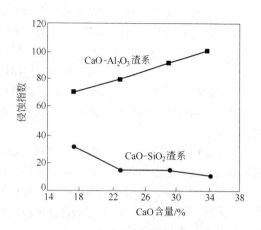

图 2-17　CaO 含量对耐火材料抗渣侵蚀性能的影响

主要成分是氧化物，这些氧化物在钢液中将按下式溶解：

$$Me_xO_{y(s)} = x[Me]_{Fe,x} + y[O]_{Fe,x} \qquad (2\text{-}9)$$

$[O]_{Fe,x}$ 是钢水再次氧化的来源，耐火材料工作衬在钢水精炼和连铸时会部分溶解到钢液中去，其中 SiO_2 在钢中的溶解度较大，MgO、CaO、Al_2O_3 等材质的工作衬对于常压下用铝脱氧的钢液来说是稳定的。氧化物溶解的驱动力来自两方面，一是氧化物本身的稳定性，二是钢液流速。钢脱氧效果好坏的一个关键的环节是如何使脱氧产物尽快且尽量离开钢液，或是进入渣中，或是被耐火材料吸收。为了使夹杂物可靠地排除掉，仅将其转移至熔池表面是不够的，必须使其稳定于炉渣或固定于炉墙，以免再次返回液体金属中去。

耐火材料对钢中氧含量也有影响，主要可以从正反两个方面来考虑。一是不利的方面，即高温下耐火材料中的氧化物会部分溶解于金属熔体中，其中分解出来的氧会引起钢水的再氧化；二是有利的一面，即通过选择合适的耐火材料钢包衬，最大限度地将脱氧产物不可逆地吸附到耐火材料上并使之固定于耐火材料中，从而加速钢液的脱氧进程，降低钢的氧含量。

包衬材质对脱氧初次产物的排除有影响，用硅脱氧时，脱氧产物的排除速度随包衬材质的变化而变化（按下列顺序而加快）：SiO_2、MgO、Al_2O_3、CaO + CaF_2。也就是说，随着包衬材料对 SiO_2 亲和力的提高而加快，因此，针对不同的脱氧剂，应使用与脱氧产物亲和力较强的材料做包衬。宝钢的实践表明，含有氧化钙做钢包衬的钢包，对于脱硫也有积极的意义。主要原因是使用铝脱氧以后，脱氧产物三氧化二铝粘于含有氧化钙质包壁上，形成了熔点较低但脱硫能力很强的强碱性脱氧产物 CaO·Al_2O_3，所以脱氧的同时有相当大的脱硫效果。

对于用硅脱氧的钢液来说，采用氧化钙质的耐火砖，可能就得不到类似铝脱氧钢液的脱硫效果，这是因为：

$$4CaO + 2[S] \longrightarrow 2CaS + Ca_2SiO_4 \qquad (2\text{-}10)$$

该反应对氧化钙在脱硫过程中的有效利用具有很不利的影响。首先生成的 Ca_2SiO_4 会消耗一部分氧化钙，更为严重的是 Ca_2SiO_4 还会附着在氧化钙粒子的表面，阻碍脱硫反应的进一步进行。

钢包内的钢液脱氧过程分为三个阶段：搅拌使脱氧产物向包壁方向迁移；脱氧产物与包壁耐火材料发生化学反应；脱氧产物固定于包壁上。搅拌与包衬材质无关，可以确定的是，脱氧产物随着包壁氧化产物与脱氧产物反应能力的提高，更容易于被包衬内表面吸附，并参与反应。脱氧过程中脱氧产物与包壁形成的化合物的熔点越低，则脱氧产物就越容易被包所吸收。

就钢包用耐火材料材质对 Al_2O_3 系杂质的影响而言，如果使用 SiO_2 含量较高的耐火材料，认为是由于下式分离的耐火材料中的 SiO_2 引起钢中 Al 的氧化所致：

$$3SiO_2(耐火材料) + 4Al(钢水) = 3Si + 2Al_2O_3 \qquad (2-11)$$

吹氩搅拌时，钢包用高 Al_2O_3 衬砖，钢液中硅含量稳定在原始水平；用低 Al_2O_3 衬砖，钢液中硅含量随吹氩时间的增长而增加。所以，钢包用耐火材料应采用低二氧化硅的耐火材料来减少杂质。

此外，冶炼的钢种不同，对耐火材料的要求也不同。如冶炼超低碳钢、IF 钢、铝镇静钢宜采用高铝尖晶石浇注料或高铝砖，不宜采用含碳的镁炭砖、铝镁炭砖和镁铝炭砖。而冶炼含锰量和氧较高的钢种，宜用抗侵蚀的镁炭砖和铝镁炭砖，而不宜选用高铝砖。对于浇铸含钛和铝的不锈钢宜用锆英石砖。对于要求含铬量极低的钢种，不宜用镁铬质砖。对于低磷、低硫钢种以及要求夹杂物少的特殊钢种，宜用白云石质类的碱性砖，不宜用黏土砖、叶蜡石砖。在浇铸沸腾钢时，应尽量避免选用含有石墨的砖种和浇注料，否则内衬使用寿命较低。因此，根据所冶炼的钢种不同，应选用不同材质的耐火材料。

（5）耐火材料的相互作用对钢包内衬选用的影响。在选用钢包内衬耐火材料时，还应注意配砌的耐火砖的种类。如镁炭砖不宜与含二氧化硅高的砖种相混，否则会加大镁炭砖的局部熔损。其熔损机理如下：

$$2Fe + (SiO_2) \longrightarrow 2(FeO) + Si \qquad (2-12)$$

$$(FeO) + (C) \longrightarrow Fe + CO\uparrow \qquad (2-13)$$

$$2Mn + (SiO_2) \longrightarrow 2(MnO) + Si \qquad (2-14)$$

$$(MnO) + (C) \longrightarrow Mn + CO\uparrow \qquad (2-15)$$

锆英石砖不宜与碱性砖配砌，因为锆英石（$ZrO_2 \cdot SiO_2$）在高温下（1450～2430℃）会发生以下的分解反应：

$$ZrO_2 \cdot SiO_2 = ZrO_2 + SiO_2 \qquad (2-16)$$

在高温钢水作用下，锆英石分解出的二氧化硅会使碱性砖严重熔损，有时甚至产生熔塌现象。表列出了不同种类耐火材料制品间的反应。不同耐火材料之间的反应见表 2-16。

表 2-16　不同耐火材料之间的反应

耐火制品名称	反应温度/℃														
	黏土砖			高铝砖（$Al_2O_3 = 70\%$）			高铝砖（$Al_2O_3 = 90\%$）			硅砖			烧结镁砖		
	1500	1600	1650	1500	1600	1650	1500	1600	1650	1500	1600	1650	1500	1600	1650
黏土砖				不	不	不	不	不	不	中	严	严	严	整	整
高铝砖（$Al_2O_3 = 70\%$）	不	不	不				不	不	不	不	中	中	中	中	中
高铝砖（$Al_2O_3 = 90\%$）	不	不	不	不	不	不				不	中	不	中	严	
硅砖	中	严	严	不	中	中	不	不	中				中	严	整
烧结镁砖	严	整	整	中	中	中	不	中	严	中	严	整			

注：不—不起反应；中—中等反应；严—严重反应；整—整个破坏性反应。

（6）行车吨位对钢包内衬选用影响。在一些老厂改造过程中，选用钢包耐火材料还需考虑跨间行车能力。例如，某钢厂行车为二手设备，起吊能力为230t，如果钢包永久层选用黏土砖（密度 $2 \sim 2.2 t/m^3$），则钢包自重加上钢水重量超过了行车能力，因此，钢包永久层只有选用密度较轻（密度 $1.5 \sim 1.7 t/m^3$）的轻质浇注料。

D 提高钢包内衬寿命的措施

针对前面所述的一些钢包损坏原因，提高钢包使用寿命的主要措施有：

（1）选择耐高温、耐侵蚀、耐热冲击的优质耐火材料作包衬。钢包用耐火材料占据了钢铁冶金耐火材料的29%以上，是冶金耐火材料消耗的重点工艺环节。实践证明，选用优质耐火材料。优质耐火材料对提高钢包的使用寿命是极其重要的。表2-17为我国因降低钢包用耐火材料的单耗对降低整个冶金耐火材料单耗产生的重要影响。目前国内钢包以高铝为主要原料的铝镁质浇注料，使用寿命达到了 $70 \sim 180$ 次，最高的可以达到250次，国外的整体浇注的钢包，最高寿命可以达到800炉次，说明我国的钢包炉寿命和国外相比差距明显。

表 2-17 我国耐火材料的发展简介

时 期	钢包衬材料	使用寿命/次	耐火材料单耗/kg·t^{-1}
20 世纪 80 年代初	黏土砖	约 10	20
20 世纪 80 年代初	高铝砖	$15 \sim 35$	13
20 世纪 80 年代末	铝镁浇注料，轻质镁砖	$40 \sim 150$	3.8
目 前	铝镁浇注料，尖晶石浇注料	$70 \sim 180$	2.5

由表2-17可知，由于耐火材料质量的提高，小钢包的使用寿命由黏土砖的10次左右逐步提高到70炉次以上，耐火材料单耗大幅度下降。采用优质耐火材料，不但减少耐火材料单耗，而且也减少了对钢水的污染，提高了钢的质量，对于减少人工劳力、优化生产组织有积极的意义。

（2）钢包内衬采用先进的振动冷态浇注，实现使用不定形浇注料浇注。钢包的不定形化是世界性的大势所趋。钢包的不定形化主要有下列优点：

1）便于机械化和自动化施工，减少劳动力和劳动强度；

2）二是便于修补，即在原有残衬基础上可以冷热修补，不用更换，减少了废弃耐火材料的消耗。

这样，耐火材料的单耗就会得到极大的降低，德国巴登钢铁公司的90t钢包采用冷态浇注振动成形的钢包，1999年钢包使用寿命平均达到95炉以上，钢包修砌车间职工人数不到国内厂家平均人数的1/3。

（3）正确选择和搭配耐火材料，做到均衡砌包。钢包寿命的长短，不是取决于哪些耐火材料的性能最好，而是取决于哪些部位耐火材料的寿命最低，由损耗最快处决定。

综合砌包，无论是使用砖砌钢包或是浇注钢包，都应该在不同的部位使用不同的耐火材料，以均衡包衬，充分发挥包衬的最大作用，使耐火材料单耗最低化。一般情况下，在冲击区浇注热态强度更高的浇注料或预制件或高耐冲刷和侵蚀的砖，以提高抗钢水的冲刷性；在渣线砌筑或浇注更抗相应渣侵蚀的材料。在没有修补的情况下，如果用一种材料，当渣线或冲击区的侵蚀比其他地方的快一倍时，就会比强化薄弱环节的包衬的使用寿命低 50%，也就导致了耐火材料单耗几乎差一倍。因此，综合砌包对降低钢包耐火材料的单耗是非常重要的。表 2-18 为某钢厂钢包修砌材料简介。

表 2-18　某钢厂钢包修砌材料简介

钢包部位	耐火材料材质	钢包部位	耐火材料材质
包　体	Al-尖晶石-C 砖	滑动水口	Al-C 质
渣　线	镁炭砖	上座砖	Al-C 质
自由空间	Al-尖晶石-C 砖	下座砖	Al-C 质
包　底	Al-尖晶石-C 砖	上滑板	Al-C 质
透气砖	铬刚玉透气砖	下滑板	Al-C 质
透气砖座砖	铬刚玉砖	包底永久层浇注料	高铝质自流浇注料
浇注料	刚玉质		

（4）了解所选用的耐火材料的性能，合理制定钢包的使用条件，如烘烤制度的制定等。镁炭砖加热到 1000℃时，线膨胀率为 1.0% 左右，因此用过的钢包也必须按烘烤曲线烘烤，以缩小镁炭砖缝，防止钢包漏钢事故，同时也减轻了钢液在出钢过程中对包衬的热冲击。

钢包包衬浇注料和镁炭砖一样，加热的时候，会有一些热膨胀性，新砌钢包烘烤将包衬内水分去掉，促使砖缝内泥浆快速烧结，使衬、砖形成具有一定强度的整体结构，以减少对砖缝的侵蚀。这种性能会使得钢包砖和内衬紧密的成为一个整体，对于减少事故很有效，所以钢包的烘烤是很重要的操作技术之一。

在一些情况下，发生穿包事故的主要原因是烘包时间短，即黑包出钢，造成工作层耐火砖和隔热层、永久层之间存在缝隙，造成钢水容易从缝隙处渗透穿钢造成的。此外，黑包出钢时，炉衬（包衬）中间耐火材料气体的外逸，也是造成耐火材料热膨胀引起穿钢的原因之一。

（5）尽可能缩短钢包的使用周期，做到"红包"工作，减少温度波动大的热剥落。钢包的使用条件对包衬的使用寿命和单耗产生重要的影响。有时可能是成倍的关系。研究结果已经证明，LF 炉白渣粉化的主要原因是白渣是否发生了多晶转变，即精炼炉白渣在 400℃ 以下，渣中主要成分 α'-C$_2$S（硅酸二钙的 α 晶型 2CaO · SiO$_2$）向低温型的 γ-C$_2$S 转变，并且伴随有 12% 的体积膨胀。

钢包炉（LF 炉）冶炼过程中，部分熔渣会通过渗透作用进入到镁炭砖中间。如果钢包的温度低于 400℃ 以下，白渣粉化时在砖的白渣渗透层产生体积膨胀，产生较大的应力，导致镁炭砖基质松散，镁炭砖扩孔严重，镁砂颗粒容易剥落，钢包承受钢水冲刷的能力减弱，容易导致寿命降低。因此，在钢包运转过程中，应该尽可能地改善钢包的操作条件。出钢温度越高，包衬使用寿命越低。出钢温度在 1600℃ 左右，钢水温度每增加 50℃，侵蚀速度增加大约一倍多，即耐火材料的消耗或单耗增加一倍。因此，应该充分考虑降低钢包温度的方法。降低钢包温度的方法有：

1）快速周转，减少保证生产运行投入的钢包数量，有利于电炉和精炼炉控制好钢包的温度。

2）钢包在等待出钢期间，应该及时烘烤；在连铸浇铸工位加盖保温。

3）钢包液面添加好的保温剂和采用良好的保温材料，使钢包保温。

4）通过增加 Al、Si 等金属防氧化剂含量，使骨粒微粒细化，以减少开口气孔和防止氧化。试验证明，氧化镁骨料的粒径以 1mm 为好。添加 3% 的铝，在 900℃、1000℃ 以下分

别生成 Al_4C_3、$MgO-Al_2O_3$，使砖组织强度提高，也抑制了石墨的氧化。图 2-18 为添加了特殊添加剂对耐火材料抗热冲击性能的影响。所以，目前镁炭砖常常添加铝粉、硅粉和碳化硼。从电炉、钢包炉上拆下的镁炭砖往往因为添加剂和碳氧化以后砖表面变白。

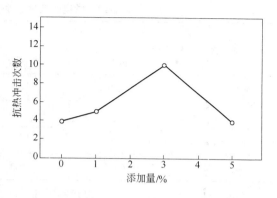

图 2-18 特殊添加剂对耐火材料抗热冲击性能的影响

（6）电炉和钢包炉优化工艺。电炉渣的主要特点是碱度在 2.0 左右，渣中氧化铁含量较高，这种炉渣对于钢包砖的侵蚀影响比较明显。电炉出钢过程中，即使是带有 EBT 出钢形式的电炉，无渣出钢也是很困难的，少渣出钢可以很容易控制。电炉少渣出钢，减少了电炉渣进入钢包，因而减少了包衬的侵蚀速度和耐火材料的单耗；LF 炉在接钢以后，迅速造高碱度渣，也是降低钢包耐火材料侵蚀速度的有效措施，这一点在钢包中后期表现得特别明显。精炼炉的渣量一般能够满足埋弧即可，渣量不宜过大。LF 炉内炼钢渣多，会导致更长时间精炼钢水才能满足要求。精炼时间越长，对炉衬的侵蚀越快，因而使用寿命就越低。此外，精炼炉埋弧冶炼属于优化工艺，钢包造渣使耐火材料受侵蚀减弱，这样也就提高了耐火材料的抗侵蚀性。

在送电冶炼操作上，采用合成渣（一般为铝钙系合成渣），渣料中间合理搭配使用含有氧化镁的渣料，减少或不用含萤石的脱硫剂，这样可以减少对耐火材料的侵蚀，同时也可以改善环境，有利于环保。在埋弧操作的基础上实行不连续性供电，即送电一段时间以后，合理地停电一段时间，吹氩搅拌钢液，防止渣线特别是热点温度过高，能显著降低渣线的侵蚀速度和局部过快侵蚀。钢包吹氩制度对于钢包耐火材料的侵蚀影响也比较明显，氩气流量不合理，会造成钢水的运动速度太大，加剧钢水对耐火材料的物理冲刷侵蚀，这些都是精炼炉提高耐火材料寿命的首要操作因素。

（7）对包衬耐火材料损坏部分，及时进行修补处理。钢包的使用寿命取决于某一个薄弱点。所以，修补对炉衬寿命影响很大。对于浇注的整体钢包，每用到一定程度就可修理补浇。对于常规的钢包，针对出现的薄弱部位，如渣线、水口座砖、钢包内衬砖出现裂缝和空洞，使用合理的修补方法修补以后，衬寿命可以合理延长，会使耐火材料的单耗很低。无论是砖砌钢包还是浇注钢包，都可以进行喷补以延长炉子的寿命。通过对炉衬薄弱环节的喷补可使寿命延长 20% 以上，甚至提高几倍。

目前的修补主要有以下几种修补方式：

1）专用的喷枪喷补。即和电炉、转炉的炉前喷补炉衬的喷枪一样，采用不定形耐火材料和水混合以后喷补在目标位置。该方法操作简单，效率高。

2）专用的高温快补料。快补料的成分和镁炭砖的成分极为接近。袋装以后，人工投补在目标位置。现在，此类快补料采用废弃的镁炭砖简单加工处理以后，就可以获得。

3）采用其他修补料，如火泥、浇注，从炉门区采用铁锹或者大铲，将待修补的耐火材料放在大铲上面，大铲通过包口前面的防热辐射铁板的操作孔将修补料伸入钢包的修补位置，翻转大铲，将修补料补在目标位置上。

常见的几种镁质喷补料的理化性能如表 2-19 所示。

表 2-19　常见的几种镁质喷补料的物理化学性能

种　类	镁质喷补料			
	QB-1	QB-2	QB-5	QB-6
MgO/%，>	80	74	83	80
CaO/%，>	7	10		
SiO$_2$/%，<	3	3	7	9
粒度/mm	0.3	0.3	0.3	0.3
用　途	适用于转炉喷补		适用于钢包喷补	

4）在钢包包龄中后期，进行渣线和包底的挖补和修补。当挖修透气座砖完毕时，钢包包底清扫后，在整个包底用修补料进行修补（厚度约50mm），烘烤后投入使用。修补料寿命为6～15炉，对包底起到了保护作用，增加了钢包使用的安全性。一种典型的包底修补料的成分为：Al$_2$O$_3$≥85%，MgO≤8%，CaO＜2.5%，体积密度为2.6g/cm^3，常温耐压强度为45MPa，耐火度不低于1790℃。

E　钢包耐火材料的种类

常用的钢包耐火材料有以下几类：

（1）黏土砖。黏土砖中 Al$_2$O$_3$ 含量一般在30%～50%之间，SiO$_2$ 含量在15%以上。黏土砖价格低廉，主要用于钢包永久层和钢包底。

黏土砖中 Al$_2$O$_3$/SiO$_2$ 对耐火材料变形率的影响如图 2-19 所示。

（2）高铝砖。砖中 Al$_2$O$_3$ 含量一般在50%～80%之间。高铝砖主要用于钢包的工作层。

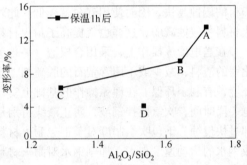

图 2-19　Al$_2$O$_3$/SiO$_2$ 对耐火材料变形率的影响

（3）蜡石砖。该砖特点是 SiO$_2$ 含量高，一般在80%以上，比黏土砖的抗侵蚀性和整体性好，且不挂渣。蜡石砖常用于钢包壁和包底。

（4）锆英石砖。该砖主要用于钢包渣线部位。砖中 ZrO$_2$ 含量一般在60%～65%之间。其特点是耐侵蚀好，但价格较高，一般不常使用。

（5）镁炭砖。该砖主要用于钢包渣线部位，特别适用于多炉连浇场合。砖中 MgO 含量一般在76%左右，碳含量在15%～20%之间。其特点是对熔渣侵蚀性小，耐侵蚀、耐剥落性好。

（6）铝镁浇注料。该浇注料主要用于钢包体，其特点是在钢水作用下，浇注料中的 MgO 和 Al$_2$O$_3$ 反应生成铝镁尖晶石，改善了内衬的抗渣性和抗热震性。

（7）铝镁炭砖。该砖是在铝镁浇注料的基础上发展起来的一个砖种，用于钢包衬，使用寿命长。

（8）不烧砖。目前用于钢包的烧成砖的材料，几乎都能制成相对应的不烧砖。其特点是制作工艺相对简单，价格较低。砖本身具有一定的机械强度和耐侵蚀性，还便于施工砌筑。

如果钢包本身还用于精炼，则还可以选择 MgO-Cr$_2$O$_3$-Al$_2$O$_3$ 系和 MgO-CaO-C 系耐火材料，主要有镁炭砖、镁铬砖、镁铬铝砖、白云石砖等。

在使用含石墨材料的砖种作钢包内衬时，最好在表面涂抹一层防氧化涂料，防止在烤包时，内衬表面氧化疏松，影响其使用寿命。

在耐火材料的生产、使用和研究开发的过程中，使用耐火材料的性能不断优化、改进和提高，目前已基本形成适用于不同精炼装置和不同资源情况的耐火材料系列。

炉衬材料形成以镁铬（铝）系和镁钙（炭）系。镁铬系材料，特别是高温烧成镁铬材料，已确认为广泛采用的主要品种，由于它具有抗低碱度渣能力强等优点，成为 VOD、AOD 等渣线部位传统用砖。特别是采取烧结合成和半烧结合成等先进工艺，引入 Al_2O_3，制成方镁石—尖晶石复合制品，进一步改善了砖的显微结构，提高了使用效果。自镁炭砖得到迅速发展以来，特别是研制出抗氧化性能好的高强度镁炭砖以后，镁碳系材料在精炼装置上的使用也越来越广泛。近年来，镁钙碳和镁白云石材料在精炼装置中的地位也日趋重要，这主要是由于引入 CaO，抑制了 MgO-C 之间的反应和 MgO 的挥发，提高了制品在低碱度条件下的抗渣性和抗热震性。并且钙质材料资源丰富，价格低廉。尤其令人注目的是，含 CaO 材料有利于钢液的净化。大量的实践证明，认为 $MgO-Cr_2O_3-Al_2O_3$ 系材料适用于低碱度渣的精炼工艺；而含碳的镁钙系（MgO-CaO）材料更适合于高碱度渣的精炼工艺。

目前，国外已经使用不定形耐火材料整体浇注的钢包，用于非真空精炼炉，取得的效果也比较明显，目前成为了一种发展方向。

钢包渣线部位使用镁砖、镁白云石砖、镁铬、镁铝或铝炭砖。其中，镁炭砖表现了最强的耐蚀性。包壁通常用锆质砖和结合 Al_2O_3 75% ~ 90% 的烧成或不烧 Al_2O_3-C 砖。近年来为生产洁净钢，流行采用高碱度精炼渣，大量配入萤石，以及强化钢液搅拌等，使包壁衬蚀损特别严重。为此，包壁衬发展用增加 Al_2O_3-C 砖中 MgO（铝镁炭砖）含量，低成本的镁橄榄石碳砖和镁炭砖。

包底因需要设置水口砖和透气砖，所以底部比较复杂，容易因结构松散而损坏。包底通常使用 Al_2O_3 含量为 60% ~80% 的高铝砖或锆英石砖。国外的某些工厂，钢包衬材质已趋向用碱性砖，特别是白云石砖。由于白云石砖侵蚀率低，氧的活度低，成本也低。作为喷粉处理用钢包，这种内衬还可降低脱硫剂的用量。

2.1.4.2 透气砖

透气砖是精炼耐火材料中的重要组成部分，在大多数炉外精炼设备中，都采用透气砖吹入惰性气体，以强化熔池搅拌，纯净钢液，并使温度、成分均匀。在 LF、VD、CAS-OB、VOD 等工艺过程中，没有底吹透气砖的正常工作，以上的工艺就不可能进行。因此，透气砖在炉外精炼中所起的作用也是很重要的。

严格来讲，透气砖由透气芯和透气芯安装座砖两部分组成。透气芯是圆锥体，座砖是矩形带孔的砖，修砌钢包时修砌在包底透气芯的安装位置，透气芯安装在透气座砖里面。目前所述的透气芯即透气砖。

A 透气砖的发展

炉外精炼用的透气砖有弥散型、缝隙型、定向型三种：

（1）弥散型。弥散型透气砖只限于用在精炼钢包，圆锥弥散型透气砖使用较为普遍，其缺点是强度低，使用寿命不高，一个包役期需要更换几次。因此，在透气砖和座砖之间应加设套砖。

（2）缝隙型。这种透气砖通过致密材料和所包的铁皮形成环缝；或将致密材料切成片状，中间放隔片，再用铁皮包紧，片与片间形成狭缝。缝隙式透气砖的主要缺点是吹入气体的可控性较差。

以上两类透气砖都属非定向型，由于气孔率高，使用期间抗侵蚀和耐渗透性差，使用寿命低。

（3）定向型。由数量不等的细钢管埋入砖中而制成定向透气砖，也有采用特殊成孔技术而不带细钢管的定向透气砖。其造型一般为圆锥形或矩形。定向透气砖中气体的流动和分布均优于非定向型,气体流量取决于气孔的数量和孔径的大小。孔径一般在 0.6~1.0mm 之间。定向透气砖的使用寿命一般比非定向型高 2~3 倍。

后来发展的狭缝型定向透气砖是在原来不规则狭缝型透气砖基础上改进而成,由耐火材料外壳和埋入其中的若干薄片构成,薄片之间形成平均尺寸 0.12~0.4mm 的狭缝,为了保证钢水搅拌强度,要求增加透气砖狭缝条数(达到 40~65 条),以满足透气需要。狭缝型比原有形式的透气砖寿命长,供气量恒定。

狭缝型透气砖的气体通道为条形缝,其狭缝数量和长度可以调节的范围较大,所以透气性比较可靠,但是由于狭缝数量多,砖芯强度低,容易断裂和蚀损,所以寿命短。将环形缝透气砖做改革,制成的环形缝透气砖(由 2~4 个同心圆的透气缝组成),根据透气量的要求和砖芯的大小调整环形缝的大小和数量,具有透气量调节范围大、砖芯强度高、制造工艺简单的优点,近期得到了青睐和发展应用,其气体通道也是由环形狭缝组成的。

一种迷宫式狭缝透气砖的结构示意图如图 2-20 和图 2-21 所示。此种结构供气砖使用效果良好。其主要特点是:采用双环 180 个交叉网络孔作为气体通道,"Z"形孔可增加渗钢阻力,加长渗钢路径,对提高吹成率有明显优势。

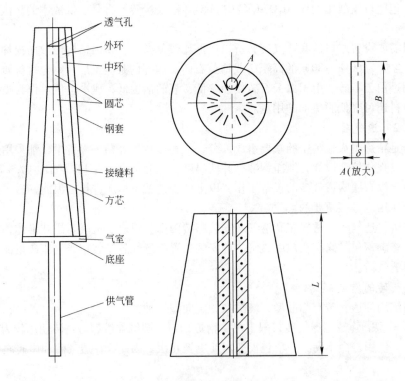

图 2-20　迷宫式狭缝透气砖示意图

B　透气砖的材质和性能

透气砖的材质主要有烧结镁质、镁铬质、高铝质和刚玉质等。其中,大型钢包精炼使用的透气砖的制备采用以板状刚玉为颗粒料,以电熔白刚玉、纯铝酸钙水泥、尖晶石、活性 α-Al_2O_3 微粉、减水剂、氧化铬等为细粉,经过冷成形以后烧成。其化学成分与性能如表 2-20 所示。

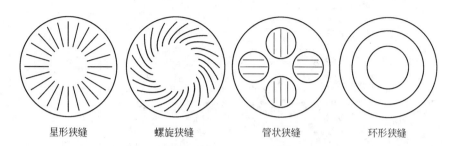

星形狭缝　　　　螺旋狭缝　　　　管状狭缝　　　　环形狭缝

图 2-21　迷宫式狭缝透气砖狭缝布置形式

表 2-20　几种定向透气砖的材质和性能

	材　质	镁铬质	刚玉质	刚玉质	镁　质	刚玉质
成分/%	MgO	60.8			95.5~96.3	
	Cr_2O_3	20.0				
	Al_2O_3		97	93~95		97
性　能	体积密度/g·cm^{-3}	2.23	2.95	2.50~2.65	2.57~2.65	2.85
	显气孔率/%	17.4	18	33~35	26~29	
	常温耐压强度/MPa	91.4	50	25~35	17~20	30
	透气度/mm^3·m·(mm^2·Pa·s)$^{-1}$	150		1520~2200	800~1000	
	压力0.3MPa时供气量/m^3·h^{-1}	60	30			500

近年来，在精炼钢包中使用最普遍的是包铁皮的圆锥形透气砖，并与座砖配合，装在包底的砌砖内。为便于更换，还在透气砖和座砖之间加设套砖。随着定向透气砖质量的提高，其使用寿命可达到与包底寿命相同，这样就有条件使用矩形透气砖，以提高透气砖安装砌筑的质量。

C　透气砖的数量确定

透气砖的设置是根据钢包的钢水量的大小、冶炼钢种的质量要求和工艺路线来确定的。一般来讲，冶炼普钢，钢包容量在70t以下，采用一个透气砖即可；冶炼优质钢，超过70t的钢包就需要两个透气砖。透气砖的安装和工艺要求是紧密相关的。如120t转炉生产线的120t钢包，精炼工艺CAS-OB钢包的透气砖，需要安装在钢包的底部中心，该工艺需要氩气吹开浸渍罩下方的钢液渣面，进行合金化或者OB的需要；LF工艺首先需要将透气砖安装的位置在靠近LF炉门下方，满足冶炼时增碳和加合金、脱氧等操作的需求。所以，该钢包安装了两个透气砖，但是每次使用是按照工艺路线使用其中的一个。必须说明的是，两座透气砖的搅拌效果，对于钢液成分，温度的均匀，无疑是有益的。

图2-22和图2-23为武钢第三炼钢厂钢包一个透气砖改两个后的搅拌效果和透气砖搅拌钢液流场效果的模拟。从图中的情况就可以看出，两个钢包透气砖的搅拌效果对于成分和温度的均匀化意义重大。两个透气砖的使用，使得钢包内部的夹杂物碰撞长大的机会增加。如某钢厂的短流程特殊钢生产线一座100t的钢包，采用两个透气砖，一个搅拌气体的流量较大，另外一个偏小，用于弱搅拌。而国外BSW厂的90t钢包炉，用来生产建筑钢的透气砖就采用了一个透气砖。两个透气砖的底吹气的成功率远远大于一个的，但是透气砖的风险也相应地增加。

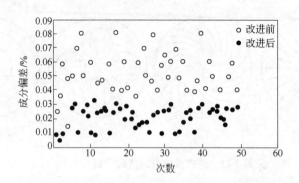

图 2-22　透气砖一个改两个后钢水成分均匀度的变化

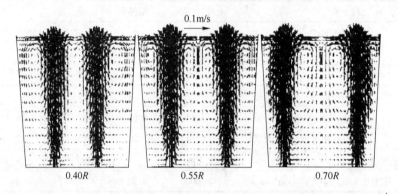

图 2-23　两个透气砖模式下钢液的流动特征（R 为钢包中心半径）

D　透气砖的安装

钢包的透气砖最初是采用内装式，钢包底部内装式透气砖用氩气对钢水搅拌的缺点是安全性较低、可靠性较差、更换麻烦。目前几乎所有大多数的钢包全部采用了外装式的透气砖。外装式透气砖由上下座砖、透气砖及固定锁紧装置组成。下座砖控制上座砖的定位。上座砖对透气砖进行上定位，固定锁紧装置对透气砖下定位。对外装式透气砖来说使用安全性主要应集中在：

（1）防止从缝隙处漏钢；

（2）防止开始吹氩时透气砖上浮漏钢；

（3）防止透气砖下沉漏钢；

（4）防止穿洞漏钢；

（5）防止透气砖使用以后长度不够，造成透气芯穿漏钢。

一座 250t 钢包的透气座砖的安装示意图如图 2-24 和图 2-25 所示。

透气砖座砖的安装，是在修砌钢包的时候完成的。装透气芯的时候，将锥形透气芯（靠近钢包内衬底的为圆锥体的上部，靠近钢包外面联通供气管路的为圆锥体的底面）外面的铁皮上抹上耐火泥，逐渐塞进座砖，塞不进去的时候，在透气砖后面加上一个防护垫板，使用榔头打进去，然后在透气芯的尾部使用法兰和钢板固定死，防止透气砖脱落；更换的时候，先取下防护法兰，然后使用钢管从钢包口打击透气砖的透气面，将透气砖打出，使用风镐或者撬棒、钢丝刷清理干净座砖上面的耐火泥和残余钢渣，装上新的透气芯即可，操作较为简单。大型钢包还有的配备拆包机，采用拆包机顶出透气砖。

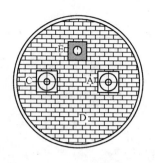

图 2-24 典型的双透气砖的布置平面
（图中左右 2 个为透气砖位置）

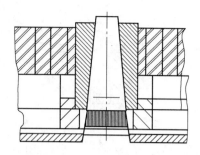

图 2-25 外装式透气砖示意图

外装式透气砖采用座砖控制透气砖的方法，这在包底形成了两条缝，一条是透气芯与上座砖之间的缝隙，一条是座砖与底砖之间的缝隙，为了保证这两条缝隙不漏钢，主要从缝隙的形状及选择填充物几个方面进行了考虑：

（1）将座砖分为两块，使座砖与底砖之间的缝隙由直通形变为弯折形，降低了该处漏钢的危险。

（2）用铬刚玉质自流料填充该处缝隙。该种自流浇铸料具有流动性好，可借助自身重力作用，不经振动而脱气流平，使缝隙填充致密，能适应座砖与底砖缝隙狭小、形状特别的操作环境。同时该材质强度高、耐侵蚀冲刷性好，能适应钢包底部的工作要求。一种高铬刚玉的产品质量见表 2-21。

表 2-21 一种高铬刚玉的产品的理化指标

指 标	化学成分/%								耐火度 /℃	体积密度 /g·cm^{-3}	莫氏 硬度
	Cr_2O_3	Al_2O_3	Fe_2O_3	K_2O	Na_2O	SiO_2	CaO	MgO			
高铬刚玉	≥12	≥80	≤0.45	≤0.7	≤0.6	≤0.3	≤0.5	≤0.6	≥1800	≥3.3	≥9

（3）用铬刚玉质火泥填塞座砖与透气砖之间缝隙。由于该料黏性较好，易与透气砖不锈钢外壳粘接在一起，便于安装施工，保证了不锈钢外壳与座砖之间的缝隙被此种泥料填满，同时防止了填缝料与透气砖相烧结导致透气砖拆除困难或拆除损坏座砖。该材料在高温下具有微膨胀性能，且耐侵蚀冲刷性能较好，保证了座砖与透气砖之间缝隙的安全。

（4）为避免透气砖上浮，主要通过设计合理的透气砖锥度及上座砖的重量来保证。锥度过大，在透气砖高度（受包底砖尺寸影响）和底部直径（受包底面积限制）不变的前提下，势必影响吹氩效果，反之，则会增加了透气砖上浮的危险。因为锥度过小，当座砖侵蚀到一定程度时，座砖就起不到上定位透气的作用，在透气砖漏气时就会导致透气砖上浮。通过选择了合理的锥度和上座砖的重量，采用螺旋顶紧装置。

透气砖的实际使用情况有以下三种：

（1）新透气砖与老座砖配合使用（图 2-26a）。透气砖高出座砖使之直接受到钢流强大剪切及冲刷作用，所以这种情况下，一是修补座砖的厚度，二是减少透气芯的使用寿命。例如一个钢包，在换上第二个透气芯以后，座砖变薄，没有了座砖的保护，第二个透气芯的使用 18 次就可能存在危险了，换上第三个透气芯，使用寿命只有 12 次就必须更换透气芯，同时更换座砖。

（2）新透气砖与新座砖配合使用（图 2-26b）。透气砖受到座砖良好保护，受热应力及反向冲击力影响。

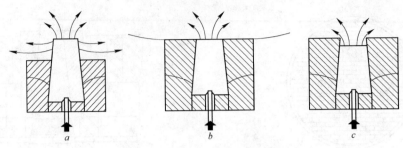

图 2-26　透气砖的三种使用情况

（3）老透气砖与新座砖配合使用（图 2-26c）。由于透气砖低于座砖上部受直接冲刷，因为反冲击作用透气砖的侵蚀比座砖快，为了保证较高透气砖寿命，一般厂家将透气芯设计成比座砖高 20mm。

E　透气芯的侵蚀和安全使用

透气砖安装在钢包底部，精炼过程中向钢液吹入氩气，搅拌钢水。透气砖的损毁原因如下：

（1）透气砖工作面尤其是出气口周围的耐火材料，受到高温钢水及不断流出的冷气流的影响，产生很大的热应力，容易产生裂纹、剥落；

（2）当气流射入熔池时，气流回击并打击透气砖出口前沿，给耐火材料一定的冲击力；

（3）强大的卷流剪切、冲刷透气砖。

钢包透气砖的使用安全性在钢厂至关重要。钢包炉冶炼发生透气芯穿钢，如穿钢水量较小，可以将钢包吊离冶炼位，将穿出位置的钢水流在另外的备用钢包里面，如穿出较多钢水，只能够看着钢水全部流在冶炼位的轨道坑池里面，在连铸浇铸过程中发生穿钢，危害更大，若发生钢包漏钢势必造成重大损失。因此，几乎所有的厂家在钢包透气砖内设定安全警示线。70t 以上的钢包，要求在距离透气砖下部 120 ~ 150mm 的位置，内芯结构由圆形变成方形，就要停止使用。从包口观察，发现透气砖中心在逐步侵蚀的过程中由圆变方，表明透气砖需要更换，应立即进行修理，以确保使用安全。

2.1.4.3　钢包滑动水口

A　滑动水口的结构

滑动水口主要有两种，一种是三层式的，主要应用于连铸中间包的滑动水口；另一种是分为两层式的，应用于炼钢钢包，两层式钢包滑板的示意图如图 2-27 所示。滑板拉开以后钢水

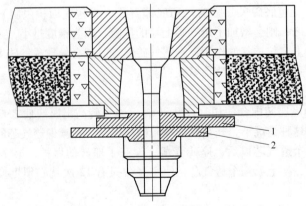

图 2-27　两层式钢包滑板的示意图
1—上滑板；2—下滑板

流动的示意图如图 2-28 所示。

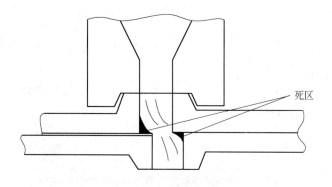

图 2-28　钢包滑板水口钢水流动的示意图

滑动水口的结构主要由下列三个部分组成：（1）滑动水口的机械装置部分；（2）驱动装置；（3）耐火材料部分。

给滑动框作用一个拉力，带动下水口腔一起在弹簧座内滑动，此时上滑板与下滑板形成相对摩擦运动；当上滑板与下滑板两孔对中时，钢水从钢包经上、下水口和滑板流出，进行浇铸。其中，上滑板与上水口和下滑板之间接触面压紧由摇臂通过弹簧的作用力压紧，进而压紧下滑板，控制接触面，滑动时，摇臂与滑轨之间也形成相对摩擦滑动。需要说明的是，由于滑动水口产品的整体结构性，机构的点检、维护维修工作在线时都无法进行。图 2-29 和图 2-30 为两种滑板机构的示意图。

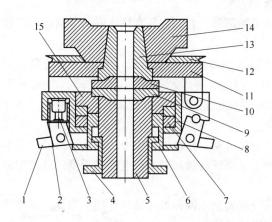

图 2-29　YHK-2 滑动水口示意图
1—轴接标；2—弹簧管；3—气体弹簧；4—顶紧器；5—下水口；
6—顶紧套；7—滑条；8—门框；9—下滑板；10—上滑板；
11—安装板；12—连接板；13—上水口；
14—下座砖；15—滑动块

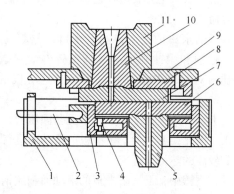

图 2-30　FHK-3 滑板装配示意图
1—门框；2—连杆；3—滑动框；4—气体弹簧；5—下水口；
6—下滑板；7—上滑板；8—安装板；9—连接板；
10—上水口；11—下座砖

B　滑板的材质和使用

滑板和下水口的剖面示意图如图 2-31 和图 2-32 所示，一种滑板和复合质下水口的理化性能如表 2-22 所示。

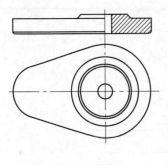

图 2-31　滑板

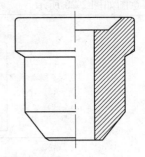

图 2-32　下水口

表 2-22　一种滑板和复合质下水口的理化性能

项　目	烧成铝炭滑板砖	不烧高铝—铝炭复合水口砖	
		基　体	复合层
Al_2O_3/%	>75	>55	>75
C/%	>7		>6
体积密度/g·cm^{-3}	>2.8	>2.4	>2.4
常温耐压强度/MPa	>70		

两层式滑动水口的耐火材料部分的组成主要有：（1）上水口；（2）上滑板（固定板）；（3）下滑板（滑动板）；（4）下水口（与下滑板相连接）。

滑动水口主要安装在钢包底部，滑板部分是关键部件，它的好坏直接影响到滑动水口的使用寿命。

滑动水口的上水口和下水口，只起一个流钢水的作用，但要求上水口材质耐高温、耐钢水侵蚀和耐冲刷，与钢包座砖寿命接近同步。下水口一般只是一次性使用，与上水口相比，对其要求相对低一些。但是滑板的连用是一种趋势，滑板砖的最好连用记录为 5炉。

上、下滑板在工作中，承受紧固压力，而且还能滑动，在浇铸过程中还要保证滑板间不漏钢水。因此，要对上、下滑板的滑动面进行精加工，保证有极高的平行度和光滑度，还要求其具有较高的热力学性能。

在浇铸中，上、下滑板的滑动面和流钢孔承受高温钢水的侵蚀和冲刷作用。因此，要求滑板具有耐高温、耐侵蚀、耐剥落、耐热震性和耐磨性的性能。

目前滑板的选材主要有：高铝质、镁质、铝碳化硅质、铝铬质、铝炭质和铝锆炭质。这些材质可以制成烧成的或不烧的滑板砖。

C　滑动水口耐火材料的损坏机理

滑动水口的耐火材料损坏原因主要有：

（1）热化学侵蚀—钢水和熔渣的侵蚀和冲刷。热化学侵蚀是滑动水口损毁的一个主要原因，滑动水口用耐火材料在过程中接触高温钢水和炉渣，发生一系列化学反应，造成化学侵蚀。Al_2O_3-C 质滑板化学损毁的主要化学反应有：

1）碳和石墨的氧化：

$$2C_{(s)} + O_{2(g)} = 2CO_{(g)} \uparrow \tag{2-17}$$

$$C_{(s)} + O_{2(g)} = CO_{2(g)} \uparrow \tag{2-18}$$

$$FeO_{(s)} + C_{(s)} = CO_{(g)} \uparrow + Fe \tag{2-19}$$

$$Fe_2O_3 + 3C_{(s)} = 3CO_{(g)} \uparrow + 2Fe \tag{2-20}$$

2）莫来石的分解：

$$3Al_2O_3 \cdot 2SiO_{2(s)} + SiO_{2(s)} + 9C_{(s)} \longrightarrow 3Al_2O_{3(s)} + 3SiC_{(s)} + 6CO_{(g)} \tag{2-21}$$

$$3Al_2O_3 \cdot 2SiO_{2(s)} + 2C_{(s)} \longrightarrow 3Al_2O_{3(s)} + 2SiO_{(s)} + 2CO_{(g)} \uparrow \tag{2-22}$$

$$3Al_2O_3 \cdot 2SiO_{2(s)} + 2CO_{(s)} \longrightarrow 3Al_2O_{3(s)} + 2SiO_{(s)} \uparrow + 2CO_{2(g)} \uparrow \tag{2-23}$$

3）SiO_2 与钢和渣中的 FeO、MnO 反应形成低熔点的矿物相 $2FeO \cdot SiO_2$（1327℃）和 $MnO \cdot SiO_2$（1291℃）。

4）Al_2O_3、SiO_2 与钢和熔渣中间的氧化钙反应形成低熔点的 $2CaO \cdot Al_2O_3 \cdot SiO_2$（1327℃）和 $12CaO \cdot 7Al_2O_3$（1392℃）。

尤其需要说明的是，冶炼钙处理钢，或者加入大量含铝的脱氧合金的钢种，为了抑制 Al_2O_3 在中间包浸入式水口处黏附、结瘤而堵塞水口，在精炼末期需进行钙处理操作，一般添加钙合金，如 Ca-Fe 线、Ca-Si 线，使其与钢中夹杂物的 Al_2O_3 发生反应生成低熔物，从而改变铝氧化物夹杂的形态，随着底吹氩气泡的上升而排出钢液。但加入的钙合金过量时，即其添加量超过了与钢水中 Al_2O_3 反应所需的量，则过剩的［Ca］会加速滑板的侵蚀。其侵蚀过程如下：滑板中的 Al_2O_3 首先被钢水中的［Ca］还原生成 CaO 和 Al，然后生成的 CaO 再与滑板中的 Al_2O_3 反应，形成 Al_2O_3-CaO 系低熔点化合物而被钢液冲刷掉。

通过对钢水中［Ca］含量与滑板侵蚀程度的跟踪发现，当钢水中钙含量小于 0.003% 时，主要生成高熔点的 $CaO \cdot 3Al_2O_3$（熔点 1850℃）和 $CaO \cdot 2Al_2O_3$（熔点 1750℃），对滑板的侵蚀作用较微弱；当钢水中钙含量为 0.003% ~ 0.005% 时，生成部分高熔点的 $CaO \cdot 3Al_2O_3$，$CaO \cdot 2Al_2O_3$ 及部分低熔点的 $CaO \cdot Al_2O_3$（熔点 1600℃）和 $12CaO \cdot 7Al_2O_3$（熔点低于 1455℃），对滑板的侵蚀加重；当钢水中钙含量大于 0.005% 时，生成大量的 $12CaO \cdot 7Al_2O_3$ 低熔物及部分 $CaO \cdot Al_2O_3$，对滑板的侵蚀非常严重，可能导致滑板在短时间内漏钢。

（2）滑板受钢水冲击产生开裂。

（3）滑板多次滑动造成磨损。

（4）滑板截流造成冲蚀。这种情况大多数出现在方坯连铸机浇铸一般的钢种。当多流连铸机由于漏钢或者其他原因停止其中的某一流的时候，由正常的多流浇钢改为单流或少流浇钢时，下滑板面与钢水的接触面比正常浇钢时增加（见图 2-33），而滑板面与钢水的接触面越大，钢水对滑板的侵蚀越快。当滑板面出现侵蚀沟时，滑板间会产生较厚的夹钢层；同时，单流浇钢又导致滑板控流频繁，短时间内全行程滑动次数比正常浇钢时的大大增加，使滑板面的拉毛加剧，滑板面损坏加剧，从而导致钢水漏出。

（5）安装、拆卸不良造成机械损伤。

（6）由于滑板滑动面不平整，夹冷钢造成损坏。

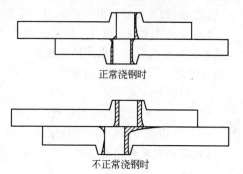

正常浇钢时

不正常浇钢时

图 2-33 浇钢时上下滑板的相对位置

（7）热机械损蚀。滑板在使用过程中首先产生的是热机械损蚀。滑板工作前的温度低（约350℃），浇钢进铸孔突然与高温钢水（约1500℃）接触而受到强烈"热震"。因此，在铸孔外部产生了超过滑板强度的张应力，导致形成以铸孔为中心的辐射状的微裂纹（裂纹严重时贯穿整个滑板）。裂纹的出现又加速了化学侵蚀。同时，化学侵蚀反应又促进裂纹的形成与扩展，严重时裂缝会渗钢、漏钢。如此循环使滑板铸孔逐步扩大、损毁。而且高温钢水的冲刷会损伤铸流通道的耐火材料，使其剥落、缺损。

根据 Ringery 热弹性理论得出初期抗热应力断裂系数 R：

$$R = \sigma_s(1 - \mu)/E\alpha \tag{2-24}$$

龟裂一旦产生并不断扩展，这种龟裂应力的阻力系数 R_{st} 按照 Hasslman 断裂力学理论：

$$R_{st} = \left[\gamma(1 - \mu)/E_0\alpha^2\right]^{\frac{1}{2}} \tag{2-25}$$

式中，σ_s 为抗拉强度；μ 为泊松比；E 为弹性模量；α 为热膨胀系数；E_0 为无龟裂时的弹性模量；γ 为断裂能。

上述两式表明，材料热膨胀系数和弹性模量越小，R 和 R_{st} 越大，龟裂就越难产生或扩展。材料的热震稳定性就越好，这样的滑板适合连用。

D　滑板耐火材料选用上常见采取的措施

滑板耐火材料选用上常见采取的措施为：

（1）根据冶炼的不同钢种，选用不同的耐火材料。选用高耐侵蚀的材质制作滑板，如镁质、铝锆炭质滑板等。

（2）提高滑板的抗热震性，用钢带打箍，防止滑板开裂。

（3）滑板间应涂润滑剂，减少摩擦损伤。目前常用的是在滑板面上涂抹一层机油，机油受热裂解以后产生的鳞片状石墨，是干润滑较好的材料。有的厂家选用专业的润滑剂。

E　常见滑板间漏钢的原因分析

滑板漏钢事故是指钢包的浇铸过程中，钢水从上下滑板缝隙穿出或者从上滑板和座砖之间穿出的事故，此类事故轻则报废一套机构，损失数万元，重则损失一包钢水，甚至危及操作人员的生命安全，是一类重大的事故。此类事故的常见原因主要有以下几个方面：

（1）滑动水口机械方面的原因。当机构活动模框、固定模框变形或加载面压部分的磨损量超过规定值时，在规定的面压加载行程内，弹簧的压缩量减少，不能产生足够的滑板面压；而空气冷却的管路连接不好、空气压力不足、管路闭塞等造成冷却不足，使弹簧性能降低甚至失效，导致面压不足；钢水的静压力大于滑板面压时，滑板间出现缝隙，导致浇钢过程中滑板间漏钢。

（2）滑板操作安装方面的原因。主要包括以下内容：

1）滑板机构安装面有杂物未清理干净，或安装上水口时使用了太多的耐火泥浆，多余的泥浆被挤入滑板背面，出现滑板在加压时加压不均或产生面压被加足的假象，浇钢过程中滑板间出现缝隙，钢水从缝隙间穿出。

2）滑板面压未加足；

3）对连用滑板没有认准扩孔、拉毛、夹钢等熔损情况，导致滑板过度使用。

（3）滑板自身质量方面的原因。主要包括：

1）滑板材质不能满足钢种的浇钢要求，滑板中有害成分超标，导致滑板的热化学侵蚀加剧；

2）滑板在使用过程中有裂纹产生，且异常扩大，钢水沿裂纹对滑板产生"V"形熔损，滑板外缘的铁箍发生偏移或断裂，导致滑板在使用过程中开裂。

（4）钢包浇钢操作方面的原因。主要包括：

1）主要指滑板半流浇铸。

2）钢包不自流，烧氧引流操作不规范，造成氧气将滑板烧穿或者烧出一个漏钢点。

3）钢包浇铸完毕烧氧清理水口时，滑板没有拉到位，误操作造成滑板烧损。连用时产生漏钢。

F 钢包滑板间漏钢事故的预防措施

钢包滑板间漏钢事故的预防措施：

（1）根据冶炼的钢种选择与之工艺匹配的滑板，同时严格控制钢水的终点钙含量。

（2）加强对滑动水口机构的维护，包括：检查机构模框是否产生变形；弹簧加载给滑板的面压是否合适；及时更换易损部位；需润滑部位经常加油。

（3）根据所炼钢种要求判定滑板是否能够继续连用。观察滑板面有无深度拉毛、裂纹及异常熔损等；判断滑板的有效残行程是否满足再次使用的要求。

（4）严格按照操作要点进行滑板的安装。将模框、滑板工作面及背面的杂物清理干净；烧氧时使滑板处于全开状态。

（5）浇铸时精心操作。浇钢过程中，尽量减少滑板的拉动次数，以降低磨损的可能性；对于多流浇钢的中间包，如果有 1/2 以上的铸流不能浇出，连铸机应停浇；应满足正常控流时尽量缩小滑板的拉动距离，以保护滑板的有效残行程；在浇铸末期防止水口下渣，以防止滑板不必要的侵蚀。

G 滑动水口的开浇引流方式

滑动水口在开浇时，其水口（有的厂家叫铸孔）能否自动流出钢水至关重要。滑动水口的开浇方法大致如下：

在出钢前，在钢包座砖窝子内放入填料，阻止钢水进入。在浇铸时再将填料放出，达到自动开浇的目的。

填料的种类有海沙、河沙和各类专用引流砂等。在使用填料时，必须使用经过干燥过的填料，以免发生事故。

在上述情况下不能自动开浇者，为了保证顺利开浇，可使用氧气管将水口烧开，达到开浇的目的。这种方法对耐火材料损毁严重，在浇铸过程中易使钢流发散，加重钢水的二次氧化，影响钢水质量。

H 滑动水口的损坏原因及防止措施

钢包滑动水口系统的上水口损坏原因有：

（1）钢水和熔渣的化学侵蚀和冲刷作用造成的损坏。一般说来，只有在操作不当时才会发生熔渣侵蚀现象，如下渣以后的烧氧操作。

（2）安装时造成的机械损伤。

（3）滑板打开不自流时烧氧操作造成的损坏。

应采取的措施为：

（1）选用耐侵蚀、耐冲刷好的材质制作上水口，如刚玉质上水口。

（2）选用机械强度大的制品。

（3）注意钢包浇铸操作，避免下渣。下渣以后，水口被冷钢渣堵死，水口的冷钢渣不易清理，清理时易将水口损坏，同时还增加了职工的劳动强度。

滑动水口的下水口的损坏原因有：

（1）钢水和熔渣的侵蚀和冲刷作用。

（2）由于温度急变引起的开裂或断裂。

（3）烧氧开浇造成的熔损。

应采取的措施为：

（1）选用耐侵蚀性好的材质制作下水口，如浇铸普碳钢，可选用高铝质、熔融石英质下水口；浇铸含锰较高的钢种时，可选用铝炭质、镁质等下水口。

（2）提高下水口的抗热震性，或将下水口安装在铁套内，防止下水口开裂。

（3）尽量避免烧氧开浇。

I　滑动水口是否连用的因素

滑板砖是重要功能的耐火材料，是滑动水口的核心组成部分，是直接控制钢水、决定滑动水口功能的部件。其物理、化学性能是决定滑动水口能否连续使用的关键因素。目前使用的普通 Al_2O_3-C 质滑板，主要存在以下一些问题而不能实现连续使用：

（1）滑动水口砖耐高温钢水（特别是高锰钢）的侵蚀性不好，铸孔扩径较快或滑动工作面被钢水侵蚀（再用时易造成铸流失控或滑动面漏钢）而不能连用（见图 2-34a）。

（2）上、下滑板砖高温强度低或抗热震性差，使用一次后即开裂（再用时易发生裂缝漏钢而使水口失控）而不能连用（见图 2-34b）。

（3）上、下滑板工作面高温耐磨性差（滑板耐火材料抗氧化性差或上下滑板吻合性差、缝隙偏大，浇钢时吸入空气使滑动面被氧化造成强度降低），滑动面易"拉毛"。其间渗入钢水后再推拉时"拉毛"现象加剧，使滑板摩擦阻力增大，严重时会发生滑动面之间漏钢（见图 2-34c）。

（4）下水口的下滑板和下水口的结缝处穿漏钢事故，这种事故的根本原因是滑动水口在经过长时间的浇铸后耐火材料温度升高，最高达到 600℃ 以上，这使得封装组合下水口的冷冲压成形的外铁壳变形，从而造成下滑板和下水口砖在结缝处产生缝隙而导致穿钢。

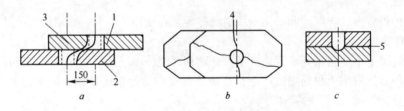

图 2-34　滑板性能对连续使用的影响

1—上滑板砖；2—下滑板砖；3—铸孔扩径严重造成水口失控；4—钢水从
上滑板砖的裂缝处漏出；5—工作面被侵损"拉毛"而漏钢

（5）上滑板和钢包底部的装配不合理，钢水从滑板和钢包底部的结合部位穿钢。

从上述滑板损坏过程的因素分析来看，机构因素是影响滑板连用的主要原因。滑动水口的驱动装置主要有手动和液压驱动两种。其运动方式是直线往复式，即滑板作直线往复运动，调节滑动板与固定板之间的流钢孔大小来控制钢流。这是目前最常使用的一种方式。

滑动水口机构在高温环境下的刚性及弹簧压力的稳定是滑板能否连续使用的重要因素。而滑动水口机构刚性差，在高温环境中易变形，使机构的可靠性降低，易发生漏钢事故而不能连用。同时，在高温环境中，若弹簧提供的滑板面压不稳，易发生滑板漏钢或机构失控也不能连用。

滑板的常见事故是浇铸过程中，滑板接缝处漏钢事故，主要原因是水口处于截流浇铸状态，钢水长时间冲击下滑板和下水口接缝而导致事故。

另外的一种事故是滑板使用过程中关闭，上滑板和下滑板接缝处渗透入冷钢，导致滑板的再次打开失败。所以，在钢包滑板使用过程中，半开浇铸，即滑板拉开一半浇铸，是引起滑板事故的主要原因。

为了提高滑板的连浇次数，某厂采用 SN 系列耐火材料制作滑板（见表 2-23），高温下抗氧化性好（滑板面上有一层 0.3mm 左右的涂料，具有防氧化和提高上下滑板滑动吻合性的作用）、耐压强度高，抗侵蚀和耐磨性好，能保证连续 4 次的安全使用

表 2-23 一种 SN 系列耐火材料制作的滑板

质量分数/%			体积密度	显气孔率	耐压强度
Al$_2$O$_3$	SiC	FC	/g·cm^{-3}	/%	/MPa
≥90	≥4.5	≥4.0	3.08	≤7.5	≥100

2.1.4.4 钢包的修砌

钢包的修砌一般在专用的修砌工作间，厂房内进行。以下以一个 100t 钢包修砌的程序来说明钢包修砌的工艺要求和步骤：

（1）砌筑钢包时首先将水口座砖与透气砖方正，使上、下座砖同心，并保证上、下座砖无销台。

（2）一座 100t 钢包的砌筑也可以采用整体包底永久衬，同时砌一层保护层砖（一级高铝），再砌镁铝—尖晶石—炭砖工作层。既保持砖砌钢包需要的平整度，又吸取了整体钢包的优越性。钢包使用表明，包底穿钢大大降低，即使工作层砖较薄，也能确保生产安全和使用寿命。

（3）包底砌筑前用镁质火泥（镁质火泥呈半干状）铺平包底，保证砌砖面平整，环缝用镁砂填充密实，砖缝达到砌筑要求。镁质火泥的成分见表 2-24。

表 2-24 一种镁质火泥的成分

指标 \ 牌号	QN1	QN2	QN3	QN5	QN6
MgO/%，>	80	83	86	50	75
Cr$_2$O$_3$/%				8~14	
Al$_2$O$_3$/%					4~8
耐火度/SK，>	36	37	37	37	37
黏结时间/min	2	2	2	2	2
粒度（>0.5mm）/%	2	2	2	2	2
粒度（<0.175μm）/%，>	65	65	65	65	65
加水/%	28~33	28~33	28~33	28~33	28~33
黏结强度/MPa（110℃×24h）	5~20	5~20	5~20	5~20	5~20
黏结强度/MPa（1400℃×3h）	25~40	25~40	25~40	25~40	25~40

（4）包壁砖在砌筑时保持水平放稳，砖缝之间的缝隙控制在 2mm 以内，砖面存在不平整的情况时，使用耐火泥浆修补平整。

（5）包壁砖与永久层之间的环缝不大于 5mm。

（6）新钢包水口座砖和透气座砖用石棉绳填死，上部留 50～60mm 高部分用镁质火泥填，防止烘烤时座砖碳化。

（7）永久层的打结及维护必须认真，钢包中修时，若发现缺损或者掉块现象应及时修补，修补要求打平破损部位，并吹扫干净，方可实施修补。

（8）镁质泥浆应保持在 10℃ 以上的温度使用，冬季可用 50℃ 水和浆，并将砖及包内永久层烘至 100℃ 以上温度进行作业，防止浆失效。灰浆的合格标准：舀勺倾倒时，拉丝到地或拉丝 300mm 长以上方可用于修砌。

（9）修砌时除温度控制外，灰浆的使用要求砖与砖之间灰浆必须饱满，采用浆刷或舀勺摊浆后从砖面上部的垂直方向摆砖，可沿砖面轻微挪动匀浆，并用木槌压实定位，厚缝用较干的镁质泥浆充填并捣实，忌向直接向厚缝匀浆。

（10）包口锁砖及压铁必须实施到位，无压铁或包口不完整的钢包严禁使用。

（11）钢包退役后，经过冷炉后拆除时将包口包耳上冷钢清理干净，保证钢包正常使用。

2.1.4.5　钢包烘烤要求

钢包烘烤要求包括：

（1）钢包修砌完，逐项检查砌砖、包口、座砖、机构。

（2）砖缝无大于 2mm 缝隙、配砖符合砌筑规程；包口浇注料捣实、无残钢；座砖安放正确、尺寸合适无错位及接缝；机构完好无异常变形、脱焊，透气管路无漏气、构件检查正常；满足以上所有条件后方可进行烘烤。

（3）新修砌的钢包（新工作衬）烘烤按以下制度执行：

1）立式干燥器小火（≤300℃）连续干燥 8h。此种作业模式下，普通的焦炉煤气小火烘烤，即打开煤气，火焰长度不接触到包底和包壁。

2）立式干燥器连续中火（≤500℃）干燥 4h。此种作业模式下，烘烤的火焰可以接触到包衬耐火材料，但是助燃风机的转速保持低速。

3）卧式烘烤器（在线烘烤器）连续大火（＞800℃）烘烤 1～2h 后使用。

4）总烘烤时间控制在 16h 以内，不得超过。以上制度适用于未换永久层钢包。

整体大修钢包烘烤制度按以下执行：

（1）永久层浇注完并养护脱模后，自然干燥 24h 再进行烘烤

（2）连续小火（≤300℃）、中火（≤500℃）、大火（＞800℃）各烘烤 8h；

（3）自然冷却后修砌工作层；

工作衬修砌完烘烤按以上工艺相关部分循环执行。

2.1.4.6　钢包装配要求

钢包装配要求包括：

（1）现场使用钢包在装配前，首先检查机构完整性，机构不全、部分损坏、不配套，严禁使用。底座松动的钢包，必须紧固底脚螺栓，无法处理严禁使用。

（2）钢包平稳放在装包位，打开保险锁片，将两边整体弹簧锁扣打开，取出两副弹簧，自然冷却备用。

（3）打开机构门，用氧气将上水口内残钢、残渣吹扫、清理干净。清理上水口子母口内的残渣、残钢。

（4）检查上水口破损情况，保证上水口子母口完好无损及上水口无裂缝。上水口孔径扩径不超标，如超标，应及时更换；上水口出现裂缝，应及时更换。

（5）上水口原则上可使用 15～25 次，但使用中途如遇水口口径超标、子母口损坏严重，上水口出现裂缝，都必须及时更换。

（6）检查机构的各部位，螺丝是否牢固，焊缝是否有脱焊，机构上各部位小零件是否完好无损，如有问题及时通知钳工处理、修复。

（7）滑动机构使用过程滑条、滑道损坏严重，应及时通知装包区域负责人更换。

（8）将胶泥饼放在滑板上，可根据上水口破损情况，确定放胶泥饼个数，灵活掌握。保证上水口子母口和滑板之间缝隙胶泥饼填充饱满、紧密。

（9）装包工相互协作好弹簧（左、右各 5 个）、下滑板及关好机构。关好机构后，将保险锁片锁住，确保机构安全使用。

（10）维护透气砖工作完成后，装包工负责检查透气砖透气状况及吹氩管路是否脱焊，要保证透气砖透气良好及钢包吹氩管路正常。

（11）挂液压缸、试滑板，认真检查滑板及下水口是否安装到位，同时清理滑板至下水口内的夹杂物，保证水口畅通。

2.1.4.7 钢包水口使用的引流砂

钢包自开是指滑动水口打开后钢包的钢水能从上水口、上滑板流钢孔、下滑板流钢孔、下水口自动流出，经长水口流入中间包。如不能自动开浇则只能采用烧氧的办法，将导致相当数量的钢水敞开浇铸，造成二次氧化，影响钢水质量，增加成本，而且还威胁设备和操作人员的安全，所以钢包自动开浇也就备受人们的关注。

打开钢包的滑动水口时，钢包能否自开是使用滑动水口的关键。尤其是对于质量要求较高的钢种来讲，钢包能否自流，是影响钢种成本的基本保证。宝钢集团的实践证明，冶炼齿轮钢、硬线钢、轴承钢等优质钢，70t 短流程生产线引流一次，相当于 3t 钢坯存在质量级别下降的风险。

A 钢包水口自流原理分析

钢包水口填充引流砂以后的受力分析示意图如图 2-35 和图 2-36 所示。

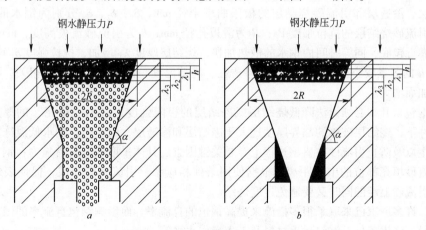

图 2-35　钢包引流砂的受力变化图
a—打开滑板前；*b*—打开滑板引流材料流出的瞬间

在准备钢包时，将引流砂灌入上水口内部和座砖顶部，形成一个小馒头状砂丘。电炉出钢时，钢水注入钢包的初期，填入水口上表面的引流材料迅速烧结，成为高黏度的液相层，阻碍了熔融钢水向引流砂内部的渗透。高黏度液相层下面是烧结层，烧结层下面是松散的引流砂，

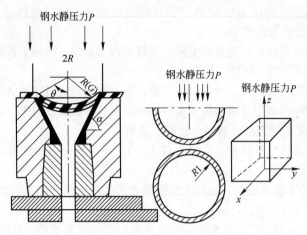

图 2-36   引流砂在钢包水口打开以后的受力分析

在下部物料的支撑下能够承受钢水的静压力而不被破坏。由于引流砂材料的特点，传热相对较慢，引流砂的烧结速度也会变慢，烧结层保持在一定厚度。而开浇时下部的未烧结物料因自重作用下落，烧结层失去支撑，致使烧结层在钢水的重力作用下而破碎，实现开浇。

还有一种可能是钢水在包底引流砂上面形成冷钢层，这种情况下，冷钢层下面即烧结层，高黏度液相层不会出现。

引流砂"薄壳"由三层复合组成，即钢水的冻结层、钢水朝引流砂空隙间的渗透层和引流砂的烧结层，三层结合产生抗钢水静压力破坏的强度 P 经过处理后近似表示为：

$$P = P_1 + P_2 + P_3 = \frac{2\lambda_1\delta_1}{R_1} + \frac{2\lambda_2\delta_2}{R_2} + \frac{2\lambda_3\delta_3}{R_3} = \frac{2(\lambda_1\delta_1 + \lambda_2\delta_2 + 0.17\lambda_3\delta_3)}{R - h\cot\alpha} \quad (2\text{-}26)$$

式中，λ_1，λ_2，λ_3 分别为钢水的冻结层、渗透层和引流砂烧结层的厚度，mm；P_1，P_2，P_3 分别为钢水的冻结层、渗透层和引流砂烧结层的抗钢水静压力强度，Pa；R_1，R_2，R_3 分别为钢水的冻结层、渗透层和引流砂烧结层的极限曲率半径 mm；δ_1，δ_2，δ_3 分别为钢水的冻结层、渗透层和引流砂烧结层的抗拉强度 Pa；R 为滑板孔径 mm；h 为引流砂流失高度，mm。随着 h 增大，愈靠近包底，同等时间内钢水的散热加快，烧结层厚度 λ_1 增加，抗拉强度 δ_1 增大；λ_2，λ_3 的值与 h 的关系较小，与材料本身如渗透性、烧结温度、镇静时间等性质相关，随钢水镇静时间增加而增大。

提高钢包自开率必须设法降低烧结层或冻结层的极限强度，减小"薄壳"的厚度。在同等低温条件下，烧结层破碎的临界厚度远大于冻结层和渗透层，因此阻止钢水低温冻结层和渗透层的产生以及防止引流砂在盛钢过程上浮是关键因素。具体采取的有效措施为：钢水冲击点应远离引流砂填充部位的中心距离；根据使用条件相应调整引流砂的组成，促使表层快速烧结、防止引流砂上浮的同时又要避免过度烧结。

目前，许多厂家已采取了很多措施来提高钢包的自流率。而影响钢包自流率的因素主要包括引流材料、浇钢条件、钢包耐火材料及工人操作水平等。

B 引流材料的种类及使用效果

根据上面引流砂的作用机理和实际受力分析，对引流砂原料的选择应满足以下要求：

（1）由于引流砂在钢包水口中长时间高温状态，要求烧结层的耐火度高；

（2）由于引流砂填入水口后直接与钢水接触，起始烧结温度不宜过高；

（3）引流砂在使用过程中承受较大的钢水静压力，为防止棚料，要求原料具有非常好的流

动性,引流砂颗粒之间的摩擦力要尽量低;

(4) 在高温作用下,控制合适的引流砂原料的体积效应,防止在使用过程中产生引流砂不能自动下落或者不能有效支撑上部材料。

生产实际中使用的引流砂有镁橄榄石质、硅质、锆质和铬质引流砂:

(1) 镁橄榄石质的引流砂因为烧结层出现的温度低,LF 精炼炉长时间精炼,烧结层加厚,钢水上连铸浇铸时,自动开浇率低,在全连铸的钢厂已经很少使用。但是其基本性能可以满足模铸引流砂的要求,是一种廉价的引流砂,模铸实际使用时的自动开浇率可达 95%。

(2) 石英砂的熔点大约 1680~1700℃,应用多,但石英质砂在 1200℃ 以上因为相变引起较大的体积膨胀,导致填砂与水口内壁的附着力增加,不利于开浇时填砂的自由下落,甚至出现"架桥"现象。另外,天然石英砂的自开率明显高于人工破碎的石英砂,其原因是天然石英砂的 SiO_2 含量高,低熔点物质比破碎加工的石英砂少;同时由于人工加工石英砂表面棱角多、不规则,因此自然流动性差;而且不规则的形状致使引流砂在水口内分布不均匀,影响自开率。硅质引流砂是目前使用最多的一种引流砂,约占 50%~60%。在出钢温度 1640~1710℃、出钢至开浇在 45min 以内,水口自开率可达 96% 以上。

(3) 锆砂一般含 $ZrSiO_4 \geq 97\%$,游离 $SiO_2 \leq 2\%$,其他杂质不多于 1%,熔点高于 1800℃。锆英石由于具有热膨胀率低、导热性好、体积密度大、稳定性好、不易被钢液润湿等优良性能,同时呈圆形颗粒形状,一直作为铸造用砂和连铸引流砂材料。锆砂比硅砂更不易烧结,故在出钢温度高和出钢至开浇时间长的钢厂受到重视。由于锆砂价格高,部分钢厂用于中间包引流。

(4) 铬铁矿中含 $Cr_2O_3 = 32\% \sim 35\%$。$FeO = 14\% \sim 17\%$,$MgO = 12\% \sim 18\%$,$Al_2O_3 = 16\% \sim 25\%$,$SiO_2 = 2\% \sim 12\%$;熔点为 1730~1750℃。铬质引流砂由铬铁矿和添加剂制成,具有密度大、流动性好、熔点高、不过度烧结等优点。在铬质引流砂中,随着铬铁矿加入量的变化,铬铁矿在试样中呈现不同分布;当加入量大于 60% 时,铬铁矿呈连续分布。铬铁矿的连续分布有助于形成连续的烧结层,防止钢水向下渗透和引流砂上浮。因此,铬铁矿的加入量必须适当。在高温使用条件下,铬铁矿中 FeO 反应脱溶并形成二次尖晶石,使烧结层体积发生变化而产生裂纹,当滑板打开时,水口下部未烧结的引流砂迅速流出,烧结层裂纹迅速扩展,在钢水的静压力作用下烧结层完全被破坏,从而达到自动开浇的目的。由于铬质引流砂的特点,它被大多数大型钢厂所使用,占整个钢包引流砂的 30% 左右,特别是精炼钢包。在生产正常条件下,钢包自动开浇率可以达到 98% 以上,部分厂家达到 99.5%。

C　引流砂中的添加剂

为了提高引流砂的自流率,在引流砂中通常会使用一些添加剂,以提高自流率,主要包括低熔点烧结剂、还原剂和润滑剂等。

a　低熔点烧结剂

石英的烧结性能和膨胀率与砂中 SiO_2 含量有关,当 SiO_2 含量高时,其热膨胀率大而烧结程度较低,反之,则热膨胀率低而烧结程度较大。因此,单纯调节 SiO_2 含量并不能兼顾填砂的烧结和膨胀性能,只有通过添加低熔点物质方能抑制石英砂的过量膨胀和钢液的渗入。这些物质包括 Na_2O、K_2O 等。随着低熔点物质添加量的增加,填砂整体熔点降低以及低熔点物质的软化和熔化,引流砂热膨胀率逐渐降低。

目前硅质引流砂一般加长石作低熔点烧结剂。在较低的温度下,长石粉在引流砂中能快速形成大量的液相,促使表层引流砂快速烧结,防止因钢水搅动引起引流砂上浮。但加入量过大时,引流砂中会产生过量的液相,促进了深层的引流砂烧结,烧结层的强度和厚度增加,反而降低自开率。

　　b　还原剂和润滑剂

　　通过对铬质引流砂的研究发现，高温下铬铁矿脱溶后能在还原剂的作用下形成二次尖晶石而产生体积膨胀，有利于提高自开率，因此在铬质引流砂中加入还原剂。一般采用石墨作还原剂。当石墨的外加量达到2%～4%时，钢包自开率高。石墨与钢水或熔渣不润湿，能有效阻止钢水及渣的渗透，降低渗透层的厚度与强度。同时，石墨能减少引流砂中液相与骨料的接触，减缓引流砂的烧结速度，降低烧结层的强度。另外，适量加入石墨，能改善引流砂的流动性，降低引流砂的安息角，减少引流砂与水口腔壁的黏附，有利于钢包引流。随石墨加入量增大，引流砂的堆积密度减小，当填入水口座砖腔中时，会产生明显的分层，表层的石墨增多，石墨被引流砂内气体中的氧及钢水中的氧氧化后产生的大量孔隙易渗入钢水，反而增加了渗透层的厚度与强度。另外，石墨的导热性好，加入过多，增大了引流砂的散热速率，能快速降低冻结层、渗透层、烧结层的温度，会增加三者的整体强度，不利于自流。

　　润滑剂多采用炭黑，利用其流动性能好和高温还原剂的作用，增加引流砂的流动性。

　　常见的一种镁硅质引流砂的材料性能如表2-25所示。

表2-25　一种钢包引流砂的一些指标

牌　号	MgO/%	SiO_2/%	极限粒度/mm	用　途
GCT-1	≥40	≥30	≥2	大小钢包
GCT-2	≥40	≥40	≥2	100t以下钢包
GCT-3	≥30	≥50	≥5	电炉

　　D　引流砂的工艺性能对于自流率的影响

　　引流砂的工艺性能对于自流率的影响主要分为以下几个方面：

　　(1) 粒度及其分布。临界粒度与粒度组成尤为重要，颗粒太粗易造成颗粒偏析，混料不匀；粒度太细易造成过度烧结，合适粒度为0.7～1.4mm。由于钢液向耐火材料渗透的最小孔径是0.47mm或0.7mm（由实验测得），所以粒度下限定为0.5mm或0.7mm。尽管再降低粒度下限对防止钢液渗入砂体更有效，但将提高砂体的烧结性能，反而将使砂体的自流性下降。一般要求引流砂中0.5mm以下的颗粒少于0.5%。美国内陆公司原来所用锆质砂的粒度组成为：0.5～1mm占0.3%，0.15～0.5mm占12.5%，0.15mm以下占87.2%，该砂很细，但其自开率仅为86.5%；后该公司使用的铬砂粒度组成为：0.5～1mm占28%，0.15～0.5mm占67%，0.15mm以下占5%，这种引流砂曾在该公司创造了自开率99.7%的记录。

　　(2) 安息角。安息角的大小直接反映引流材料的流动性，安息角越小，材料的流动性能越好。一般砂粒越接近圆形，其安息角越小。对于大多数物料，松散填充时安息角与空隙率有关，空隙率越大时，安息角越大。另外，不同材质的引流砂即使是颗粒大小相同、生产工艺相同，但是随材质的不同其流动性也会有较大的差别。

　　E　炼钢操作条件对引流砂的影响

　　炼钢操作条件对引流砂的影响：

　　(1) 出钢温度。确保钢包盛钢前温度在800℃以上，即红包出钢可提高自开率。使用钢包在线烘烤，要求出钢前钢包在线烘烤时间在10min以上。

　　(2) 钢包水口清洁程度。钢包热修作业中，在安装滑板、水口时，多余的耐火泥接缝料残留在水口通道内，或者上水口内的残留钢渣未清理干净，引流砂容易与这些残钢渣、耐火泥料等黏结在一起,形成强度较大的固态块状混合物,堵塞水口,易导致钢包水口自开失败。

(3)钢渣回流。在实际生产中,浇完钢后部分钢包翻渣不干净,有余渣残留在包底。随着散热冷却,残渣逐渐形成硬渣壳,当钢包上烘烤台加热时,硬渣壳不断吸热形成液态熔渣;包底水口部位一般低于包底其他部位,这些液态熔渣在重力作用下会流入水口孔内,与随后灌入水口的引流砂黏结成块状,堵塞水口,不利于钢包水口自开。

(4)炼钢生产节奏。生产中有时出现生产节奏不正常,会导致钢水传搁时间过长;有时在事故状态下,钢水在钢包炉处理时间最长达 4h 之久。钢水停留时间越长,自开率越低。这是因为引流砂受钢液高温作用时间越长,引流砂的烧结层越厚,不利于钢水冲破烧结层,影响钢包水口自开。

(5)引流砂加热及装入方式。引流砂在使用之前要经 100~400℃ 加热除去水分,有利于提高自开率。用人工投掷的方法装入钢包引流砂有三个弊端:投掷不准确;上水口内引流砂装不满;连包装袋一起加入上水口内,混入了异物。因钢包壁较高,从钢包上部投掷引流砂,惯性重力使引流砂聚集更紧密,增大了引流砂颗粒间的摩擦力,也对自动开浇不利。为此,用导管灌装,操作规范化,将引流砂装满,可提高自开率。使用潮湿的引流砂,潮气排除时,钢水进入到引流砂内部,在水口里面形成冷钢层和烧结层,不利于自流。各钢厂根据实际生产条件和管理水平,选择和控制硅质或者铬质引流砂品质,有利于提高钢包的自开率。

(6)电炉出钢过程中加入的一些物料,如合成渣等,如果加入的方法不恰当,会加在出钢口填料的上面造成烧结,引起出钢口的不自流。

(7)填料不合格,出钢口的填料没有填满,造成钢水在水口形成较厚的冷钢,烧结层较厚,引起不自流。

(8)钢包座砖表面的不合理,有可能使得上口烧结层过厚,下口过窄,导致钢包在实际使用过程中,钢水静压力不足以使烧结层破碎,是钢包不自流的一个原因。增大引流砂的烧结层及烧结层受力面积,使水口上堆成圆锥形的引流砂更容易破碎。如某厂将水口座砖改进以后,钢包自流率明显的增加,如图 2-37 所示。

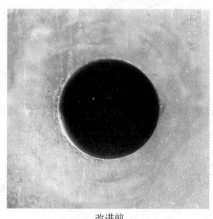

改进前　　　　　　　　　　　　改进后

图 2-37　改进前后的上水口座砖

(9)水口烧洗操作烧洗不干净(图 2-38),会导致钢水渗入引流砂,引流砂漂浮于渣层,烧结层增厚,最终导致不自动开浇。

图 2-38　水口清理不干净的实例

2.1.4.8　不定形耐火材料整体浇铸钢包的介绍

钢包长期以来采用钢包砖修砌工作层，隔热层也是采用钢包砖修砌，只是永久层有的采用了很薄的打结层。耐火砖修砌的钢包，砖与砖之间的砖缝之间、钢包渣线部分，容易产生钢水腐蚀以后留下的薄弱部位，需要重点防护。此外，钢包砖使用到一定的时间，需要将钢包砖拆除，修砌新的工作层，钢包砖的浪费较大，而且重新修砌费时费力。一些厂家采用了钢包的整体修砌技术，该技术已成为目前钢包修砌技术的趋势。钢包的整体修砌技术是，首先将钢包包底采用浇注料浇注成形，然后在钢包内放入胎具，然后在胎具和钢包壁之间浇入浇注料，有的是通过放置在胎具中间的振动器完成，有的是采用专用的振动工具完成的。钢包浇注料是通过专用的机械装置搅拌均匀通过专用的设施实现的。钢包最容易受侵蚀的部位渣线，仍然采用镁炭砖修砌。浇注结束以后，自然养护一段时间（一般在 28h 左右），然后按照烘烤曲线烘烤以后，投入使用。

采用整体修砌技术的钢包，养护和烘烤很重要。其中，烘烤时包衬开裂的机理为如图 2-39 所示。包衬加热干燥时如果加热温度突然升高，所产生的水汽压力大于包衬内能够容纳的水汽压力和包衬材质强度时，包衬开裂。适宜的控制温度的方法一般为：开始的 1 ~ 5h，加热速度小于 90℃/h；随后的 3 ~ 8h，加热速度小于 200℃/h，加热面温度达到 800 ~ 900℃；6h 以后，包壳温度大于 60℃，将加热面温度，即烘烤温度提高到 1040 ~ 1300℃。冬季，钢包整体修砌以后，首先对于包衬进行低温预热干燥，尤其重要。

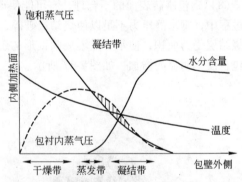

图 2-39　整体浇注料浇注修砌包衬的干燥开裂机理

与钢包砖修砌的钢包相比，整体浇注钢包砖缝之间的缝隙和坑洞的缺陷明显减少，而且产生的薄弱部位，使用喷补机喷补，效果明显。在安全性能上得到了提高。基本工艺如图 2-40 所示。

整体浇注的钢包，浇注料不同，效果也各不相同，主要表现在：

（1）采用氧化镁系浇注料浇注的钢包，能够应用于冶炼洁净度较高的钢种，但是抗炉渣渗透性和抗挂渣性差，并且导热性较好，使得钢包的热损失增加。

（2）使用高铝质浇注料浇注的整体钢包，抗蚀性能比不上氧化镁系的浇注料，但是抗炉渣的渗透性和抗挂渣性远比氧化镁系浇注料浇注的钢包好。使用高铝质浇注料浇注的整体钢包，

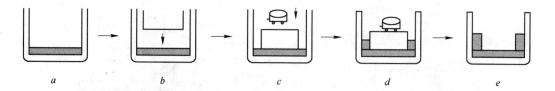

图 2-40　整体钢包的修砌技术

a—打结包底成形；*b*—放入内胎具定位；*c*—浇注不定形耐火材料；

d—振动处理；*e*—脱除胎具养护

导热系数小，热损失减少。

（3）为了解决氧化镁系浇注料的缺陷，主要指炉渣的易渗透性和易于剥落性的缺点，使用三氧化二铝系浇注料时，在高三氧化二铝浇注料中间添加尖晶石，能够降低侵蚀指数。有文献介绍，大型连铸使用的钢包，采用 Al_2O_3-MgO 质浇注料，尖晶石含量为10% ~30% 时，炉渣的渗透指数最低。为了改善抗炉渣渗透性和膨胀性，添加的尖晶石中间三氧化二铝的含量要高。有文献介绍，采用 Al_2O_3-MgO 质浇注料，氧化镁含量在 5% ~12% 时，浇注料有较好的抗渣性。

（4）锆石系浇注料具有抗炉渣渗透性和抗挂渣性好、热导率低、热损失小等优点，适用于钢包的渣线和包底部位。锆石系浇注料浇注整体钢包，二氧化锆含量越高，侵蚀指数越低。

整体砌筑的钢包，除了渣线部位，包底也是容易受侵蚀的部位，侵蚀的原因和过程可以分为：（1）形成垂直的裂纹。这和电炉出钢时钢流的冲击时间，出钢口到包底的距离，钢流角度和包内形成熔池的时间有关，这要求包底浇注料的膨胀系数低，抗断裂强度高。（2）炉渣沿着裂纹渗透入包底。渗透程度与浇注料的岩相结构，炉渣的化学成分有关。（3）形成水平裂纹。这主要是已经渗透入包底的炉渣和没有渗透入包底的炉渣，经过温度的变化引起晶型的变化引起的热应力。（4）包底浇注料呈现出片状脱落，这主要是垂直裂纹和水平裂纹相交，相交区内的浇注料成为"孤岛"状态，从而从包底呈片状剥落。

包底在侵蚀过程中，垂直裂纹的形成和炉渣沿着垂直裂纹渗透入包底是整体修砌的钢包受到侵蚀的主要原因。

笔者在德国的 BSW 厂参观时，看到该厂钢包整体浇注修砌的厂房，工作人员不超过10人，该厂年产钢超过 200 万 t，就足以说明了该厂整体修砌钢包在节约劳动力资源和减轻劳动强度方面的优越性。

2.1.4.9　钢包的烘烤设备和使用发展

在我国钢铁企业中，目前普遍采用的是普通型或自身预热型的钢包烘烤器，使用高热值煤气，钢包烘烤温度一般仅有 700 ~900℃，烤包温度不均匀（包内衬上下温差达 150 ~200℃），以及烤包能耗高和钢水出炉温度高。而且烘烤时间长，热效率低，能源消耗大，普遍存在烟气余热没有回收和钢包烘烤质量问题。经过研究和实践证明，蓄热式钢包烘烤装置是一种能源最省、钢包烘烤质量最好并能采用低热值煤气的烘烤装置。传统的普通型钢包烘烤器和蓄热式钢包烘烤器如图 2-41 和图 2-42 所示。

唐山建龙钢厂的顾兴钧工程师的研究表明，蓄热式钢包烘烤器和普通型钢包烘烤器之间的性能差别如表 2-26 所示。

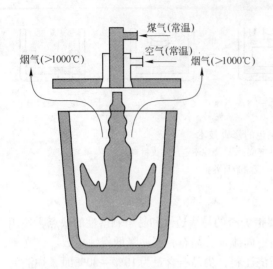
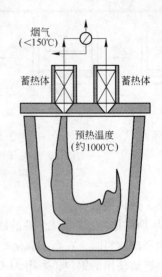

图 2-41　普通型钢包烘烤器的烘烤示意图　　　图 2-42　蓄热式钢包烘烤器的烘烤示意图

表 2-26　蓄热式钢包烘烤器和普通型钢包烘烤器之间的性能差别

分　类	普通型钢包烘烤器	蓄热式钢包烘烤器（HRC）
燃气种类	高炉煤气（纯氧条件下）3349kJ/m³	高炉煤气（纯氧条件下）3349kJ/m³
钢包初始温度/℃	600	600
钢包烘烤温度/℃	500 ~ 800	1000 ~ 1100
燃气消耗/m³·h⁻¹	1500	800
烤包时间/min	> 30	10 ~ 15
预热空气温度/℃	100	≥1000
预热煤气温度/℃	不预热	≥1100
排烟温度/℃	500 ~ 850	< 150

　　使用普通烘烤器，煤气流量在 1500m³/h，使用蓄热式烘烤器煤气流量在 800m³/h 的条件下，二者的烘烤时间与烘烤钢包的温度关系图如图 2-43 所示。

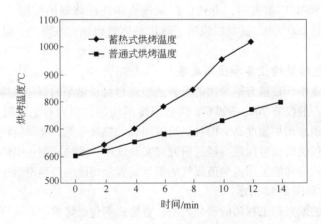

图 2-43　烘烤温度和时间的关系

韶钢蓄热式卧式钢包烘烤装置如图 2-44 所示。

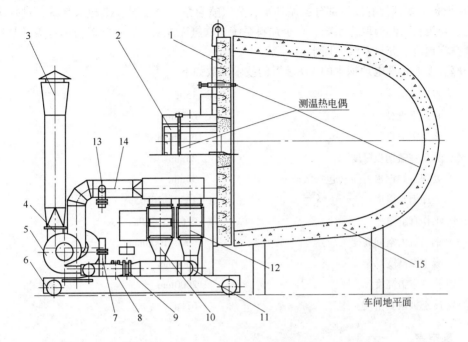

图 2-44　韶钢蓄热式卧式钢包烘烤装置

1—钢包盖；2—蓄热室；3—烟囱；4—引风机；5—鼓风机；6—移动平台；7—放散阀；
8—空气调节阀；9—煤气调节阀；10—空气管道；11—煤气管道；12—换向阀；
13—冷风吸入口；14—烟气管道；15—钢包（铁水包）

2.2　VD 设备

VD 设备示意图如图 2-45 所示。

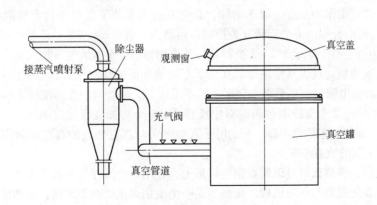

图 2-45　VD 设备示意图

VD 设备一般不单独使用，而是与 LF 配合使用。对 VD 的基本要求是保持良好的真空度；能够在较短的时间内达到要求的真空度；在真空状态下能够良好地搅拌；能够在真空状态下测温取样；能够在真空下加入合金料。一般说来，VD 设备需要一个能够安放 VD 钢包的真空室，而 ASEA-SKF 则是在钢包上直接加一个真空盖。

VD 设备主要部件有以下部分：循环泵、蒸汽喷射泵、冷凝器、冷却水系统、过热蒸汽发生系统、窥视孔、测温取样系统、合金加料系统、吹氩搅拌系统、真空盖与钢包盖及其移动系统、真空室地坑、充氮系统、回水箱。

一座典型的处理电炉钢水的 VD 装置的技术参数如下：

容量	150t
真空室直径	6400mm
真空室盖直径	6600mm
真空室盖钢板厚度	25mm
处理一炉钢水时间（包括喂丝）	35min
处理钢水温度	1650 ~ 1620℃
工作真空室	0.6 ~ 2.5kPa
钢包自由空间高度	800 ~ 1000mm
真空室高度	8000mm
真空室盖高度	2000mm
冷态极限真空度	67Pa

2.2.1　真空室

真空室用于放置对钢水进行处理的钢包，并对钢水进行真空处理。真空室盖是一个用钢板焊接而成的壳形结构。真空盖上安装的设施有：

（1）1 个水冷的带有环形室的主法兰。

（2）1 个密封保护环。

（3）3 个供吊车吊运的吊耳。

（4）2 个窥视孔。带有手动中间隔板，以防渣钢喷溅到窥视孔的玻璃上。其中一个为电机带动的机动窥视孔。通过这两个窥视孔，可以观察钢包中的情况。

（5）为了测定钢水的温度，取出钢样，真空室盖上安装了真空密封室和取样吸管（也称取样枪）。取样枪的行程由 1 个旋转开关控制，运动由电机带动。

（6）8 ~ 10 个合金料料仓，2 ~ 3 个料斗。其作用是把合金从大气下加入到真空室中。

（7）真空室地坑。过去真空室布置在低于车间地平面的地坑里。真空室由耐火材料砌筑，即使钢水或炉渣溢出钢包，甚至钢水穿漏，也不致损坏。配有与炉盖匹配的水冷法兰盘以及与密封圈匹配的凹槽，2 个支撑钢包用的对中支撑座，1 个与抽气管连接的接口，1 个氩气快速接头，1 个用于漏钢预报的热电偶，1 支用于真空室盖与真空地坑的真空密封圈。通常真空罐安放在车间地平面的轨道小车上。

（8）钢包盖。将耐火材料砌筑在钢制拱形上，并用 3 个吊杆吊在真空盖上。

（9）真空盖的提升与移动机构。该机构是一个型钢焊接的框架结构，配两条轨道。

2.2.2　真空泵

真空泵一般常用四级蒸汽喷射泵，3 个循环泵作为第五级。蒸汽喷射泵工作压力一般为 1MPa，工作蒸汽最高温度为 250℃，过热度 20℃。冷却水进水最高温度 32℃，出水最高温度 42℃。压力波动不超过 10%。

蒸汽喷射泵是由一个至几个蒸汽喷射器组成。其原理是用高速蒸汽形成的负压将真空室中的气体抽走。其原理图如图 2-46 所示。

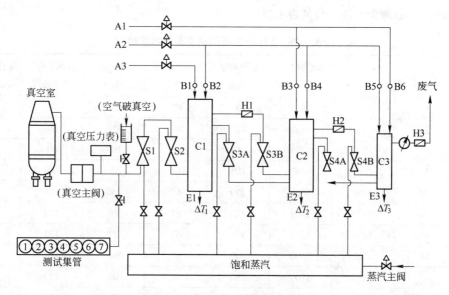

图 2-46　真空泵系统示意简图

蒸汽喷射器的工作过程分为三段：（1）由蒸汽室送来的有一定压力的蒸汽在喉部达到声速，在喷嘴的扩张部分压力继续降低，速度继续增大，以超声速喷出；（2）工作蒸汽与被抽出的气体在混合室混合，两种气体进行动量交换；（3）混合气流在扩散器喉部达到临界速度，冲出喉管。由于扩压器的管径逐渐增大，速度降低，压力升高，混合气体被压缩到所设计的出口压力（p_c）。

在对钢液进行处理时，前期钢液的放气量较大，而在处理后期放气量较少。为了尽快将真空度控制至 0.024~0.013MPa 以下，应根据钢液的放气量，将真空泵设计成变量泵，即各级泵的抽气量不等，真空度低时抽气量大些；真空度高时，抽气量小些。可选用一种辅助泵，并联于真空泵上，从而增大系统的抽气能力。也可装一台循环泵代替二级启动喷射泵，以达到节约蒸汽的目的。

按照真空泵设计要求供给稳定的工作蒸汽是真空泵性能的重要保证。真空泵的用汽量较大，一台为 200t 级真空处理设备配置的真空泵每小时消耗蒸汽可达十几吨，见表 2-27。为了保证钢液的真空处理，真空泵应配备稳定的气源，最好有燃油或燃气快速锅炉以适应精炼炉间歇性工作的特点，达到出气快、停气快的工作要求。

表 2-27　VD 用真空泵系列

钢包容量/t	在 67Pa 的抽气能力 /kg·h⁻¹	处理一次总耗汽量 /t	蒸汽压力为 0.8~1.0MPa 时蒸汽耗量/t·h⁻¹
30	120	1	3.5
50	150~180	1.5	4.5
80	200~250	2	6
120	250~350	2.5	8
150	400	4	12
200	450~500	5	15

目前我国已完全掌握了蒸汽喷射真空泵的设计与制造技术，工作真空度一般为 67Pa，抽气量在 50~500kg/h，与国际同类产品性能相当。

一座国产 VD 罐的性能参数见表 2-28。

表 2-28　VD 钢包精炼炉主要技术参数

型　号	额定容量/t	钢包上口内径/mm	真空罐直径/mm	氩气耗量/L·min⁻¹	工作真空度/Pa	喷射泵抽气能力/kg·h⁻¹	设备水耗量/m³·h⁻¹	喷射泵水耗量/m³·h⁻¹
VD-15	15	2100	3800	100	67	100	20	300
VD-20	20	2250	4000	120	67	150	40	350
VD-25	25	2350	4200	150	67	190	60	400
VD-30	30	2560	4400	180	67	220	80	500
VD-40	40	2650	4600	200	67	250	100	600
VD-50	50	3080	4800	250	67	300	120	800
VD-60	60	3180	5200	300	67	360	120	900
VD-70	70	3280	5600	500	67	360	120	1000
VD-80	80	3450	5700	550	67	380	120	1000
VD-90	90	3550	5820	650	67	420	130	1200
VD-100	100	3600	5980	700	67	450	150	1200

2.2.3　其他设备

蒸汽供应系统：蒸汽压力为 1.4MPa 左右，每小时用量为 8~15t。饱和蒸汽过热温度为 20℃。

水冷系统：主要用于包括冷凝器、真空室的下口法兰、观察孔、合金加料斗、取样器、循环泵等的冷却，一般要求进水温度不超过 30~35℃，出水温度不超过 40~45℃。

真空度测量：由 U 形管真空计和压缩式真空计承担。

吹氩搅拌系统：钢包底部的透气砖，通常使用的是 1~2 个。

VD 罐耐火材料部分参见钢包炉 LF 的介绍。

2.3　RH 设备和耐火材料

2.3.1　RH 概述

早在 1949 年 Comstock 最先提出，当在普通低碳钢中加入足够量（碳含量 4~5 倍）的 Ti，钢中的 C、N 原子完全被固定成 Ti(C、N)，则该钢具有优异的深冲性能，这便成为 IF 钢发展的基础。普通低碳钢中碳含量为 0.05%~0.06%，那么固定 C、N 所需的 Ti 约为 0.25%~0.35%，由于成本高，IF 钢发展受挫。直到 20 世纪 60 年代末，真空技术在冶金上应用，钢中碳、氮含量可降到 0.010%、0.003%，而只需加 0.1% 的钛就可以炼出 IF 钢，但由于成本仍较高，只用于为数很少的特殊零件。真空技术在炼钢上开始应用起始于 1952 年，当时人们在生产硅含量在 2% 左右的硅钢时在浇铸过程中经常出现冒渣现象，经过各种试验，终于发现钢水中的氢和氮是产生冒渣无法浇铸或轧制后产生废品的主要原因。

随着各种真空精炼技术开始出现，如真空铸锭法、钢包滴流脱气法、钢包脱气法等，从而开创了工业规模的钢水真空处理方法，特别是蒸汽喷射泵的出现，更是加速了真空炼钢技术的发展。

随着真空炼钢技术的开发与发展，最终 RH 和 VD 由于处理时间短、成本低、可以大量处理钢水等优点而成为真空炼钢技术的主流，20 世纪 70 年代开始，随着全连铸车间的出现，RH 因为采用钢水在真空槽环流的技术从而达到处理时间短、效率高、能够与转炉连铸匹配的优点，而被转炉工序大量采用。

到 20 世纪 80 年代，冶金技术的改进，特别是 RH 的技术进步，尤其是真空用氧技术得到应用后，就可以经济地生产出 $[C] \leqslant 0.005\%$，$[N] \leqslant 0.003\%$，$[Ti] \approx 0.05\%$，具有优异深冲性能的廉价 IF 钢了。所以说，在冶金上真空处理用氧技术促使 IF 钢的成功开发，它具有非时效性和超深冲性，能满足汽车用钢板所提出的各种性能要求，如深冲性高强度、耐磨性等。真空处理用氧技术还在不断改进中，正在研究在 RH-MFB 设备中喷粉处理，使其在提高现有产品质量和开发新钢种的研究中发挥更大的优势。真空用氧技术的不断改进，为超低碳深冲钢、低碳高强度钢、超低碳不锈钢及超低碳电工钢的发展提供了条件。

RH 的发明在德国，日本对于 RH 的发展起到了积极地推动作用。日本不仅将 RH 应用于转炉生产线，而且应用于电炉短流程生产线，生产弹簧钢和一些特殊钢种，其中三腿浸渍管的 RH 应用于镍系和铬镍系不锈钢的冶炼。

RH 是一种用于生产优质钢的钢水炉外精炼工艺装备。整个钢水冶金反应是在砌有耐火衬的真空槽内进行的。真空槽的下部是两个带耐火衬的浸渍管，上部装有热弯管。被抽气体由热弯管经气体冷却器至真空泵系统排到厂房外。

钢水处理前，先将浸渍管浸入待处理的钢包钢水中。当真空槽抽真空时，钢水表面的大气压力迫使钢水从浸渍管流入真空槽内（真空槽内大约 67Pa 时可使钢水上升 1.48m 高度）。与真空槽连通的两个浸渍管，一个为上升管，一个为下降管。由于上升管不断向钢液吹入氩气，相对没有吹氩的下降管产生了一个较高的静压差，使钢水从上升管进入并通过真空槽下部流向下降管，如此不断循环反复。在真空状态下，流经真空槽钢水中的氩气、氢气、一氧化碳等气体在钢液循环过程中被抽走。同时，进入真空槽内的钢水还进行一系列的冶金反应，如碳氧反应等；如此循环脱气精炼，使钢液得到净化。

经 RH 处理的钢水优点明显：合金基本不与炉渣反应，合金直接加入钢水之中，收得率高；钢水能快速均匀混合；合金成分可控制在狭窄的范围之内；气体含量低，夹杂物少，钢水洁净度高；还可以用顶枪进行化学升温的温度调整，为连铸机提供流动性好、洁净度高、符合浇铸温度的钢水，以利于连铸生产的多炉连浇。

2.3.2 RH 设备简介

2.3.2.1 RH 的设备组成

RH 法设备由以下部分组成（图 2-47）：真空室；浸渍管（上升管、下降管）；真空排气管道；合金料仓；循环流动用吹氩装置；钢包（或真空室）升降装置；真空室预热装置（可用煤气或电极加热）。一般设两个真空室，采用水平或旋转式更换真空室，真空排气系统采用多个真空泵，以保证真空度在 40 ~ 13Pa。RH 装置有三种结构形式：脱气式固定式、脱气室垂直运

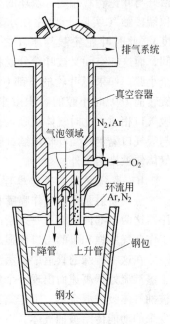

图 2-47 一种 RH 设备示意简图

（图中标注：排气系统；真空容器；气泡领域；N_2, Ar；O_2；环流用 Ar, N_2；下降管；上升管；钢包；钢水）

动式或脱气室旋转升降式。

　　钢液脱气是在砌有耐火材料内衬的真空室内进行。脱气时将浸渍管（上升管、下降管）插入钢水中，当真空室抽真空后钢液从两根管子内上升到压差高度。根据空气升液泵的原理，从上升管下部约 1/3 处向钢液吹入氩气等驱动气体，使上升管的钢液内产生大量气泡核，钢液中的气体就会向氩气泡扩散，同时气泡在高温与低压的作用下，迅速膨胀，使其密度下降。于是钢液溅成极细微粒呈喷泉状以约 5m/s 的速度喷入真空室，钢液得到充分脱气。脱气后由于钢液密度相对较大而沿下降管流回钢包。即钢液实现：钢包—上升管—真空室—下降管—钢包的连续循环处理过程。

　　RH 现在发展的形式多种多样，但是和电炉配合的 RH 主要是高级别钢种的脱气脱氧，不使用吹氧的手段，只有极少数冶炼不锈钢的采用吹氧脱碳。

　　RH-OB/PB 法是新日铁名古屋厂 1986 年发明的。通过 OB 喷嘴向 RH 真空室内的钢水内喷吹合成渣粉剂，实现深脱硫的目的。

　　RH-Injection 法也称 RH 喷粉法，由新日铁 1985 年提出，即在进行 RH 处理的同时，用插入 RH 真空室的喷枪向钢水内喷吹氩气和合成渣粉料。

2.3.2.2　真空泵工作原理

　　在工业炼钢生产中，现经常采用的抽真空设备主要有罗茨泵、水环泵和蒸汽喷射泵，其中以水环泵和蒸汽喷射泵最为常见。

　　A　水环泵工作原理

　　如图 2-48 所示，水环泵中带有叶片的转子被偏心的与泵的壳体相配合，在泵体中装有适量的水作为工作液。当叶轮顺时针方向旋转时，水被叶轮抛向四周，由于离心力的作用，水形成了一个决定于泵腔形状的近似于等厚度的封闭圆环。水环的下部分内表面恰好与叶轮轮毂相切，水环的上部内表面刚好与叶片顶端接触（实际上叶片在水环内有一定的插入深度）。此时叶轮轮毂与水环之间形成一个月牙形空间，而这一空间又被叶轮分成和叶片数目相等的若干个小腔。如果以叶轮的下部 0° 为起点，那么叶轮在旋转前 180° 时小腔的容积由小变大，且与端面上的吸气口相通，此时气体被吸入，当吸气终了时小腔则与吸气口隔绝；当叶轮继续旋转时，小腔由大变小，使气体被压缩；当小腔与排气口相通时，气体便被排出泵外。

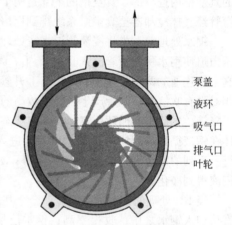

泵盖
液环
吸气口
排气口
叶轮

图 2-48　水环泵结构图

　　B　蒸汽喷射泵工作原理

　　蒸汽喷射泵是由工作喷嘴和扩压器及混合室相连而组成，如图 2-49 所示。工作喷嘴和扩压器这两个部件组成了一条断面变化的特殊气流管道。气流通过喷嘴可将压力能转变为动能。工作蒸气压强和泵的出口压强之间的压力差，使工作蒸汽在管道中流动。

　　在这个特殊的管道中，蒸汽经过喷嘴的出口到扩压器入口之间的这个区域（混合室），由于蒸汽流处于高速而出现一个负压区。此处的负压要比工作蒸气压强和反压强低得多。此时，被抽气体吸进混合室，工作蒸汽和被抽气体相互混合并进行能量交换，把工作蒸汽由压力能转变来的动能传给被抽气体。

　　蒸汽泵的工作可以分为三个阶段：

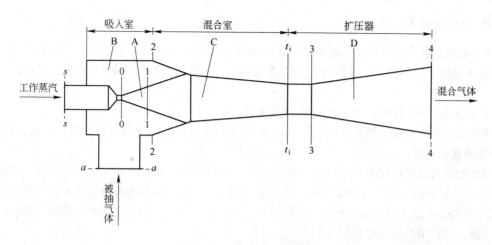

图 2-49　蒸汽真空泵原理

绝热膨胀阶段：工作蒸汽流经喷嘴 A 使工作蒸汽膨胀至超声速形成负压（蒸气压缩能转化为速度能）；

混合阶段：吸入室 B 将被抽气体引向蒸汽射流区；混合室 C 吸入被抽气体并使之与工作蒸汽相混合（蒸汽与被抽气体能量转换）；

压缩阶段：扩压器 D 将混合气流压缩至出口压力排出喷射器（混合气体速度能转化为压力能）。

2.3.2.3　加料系统

一座 RH 的加料系统如图 2-50 所示。

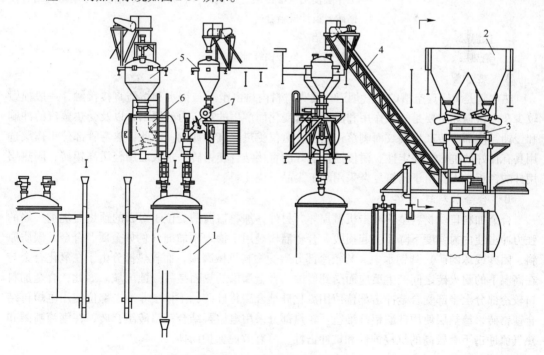

图 2-50　一座 RH 的加料系统

1—脱气室；2—铁合金料仓；3—称量台车；4—皮带机；5—加料斗；6—电磁振动给料器；7—回转给料器

2.3.3　RH 用耐火材料

RH 精炼炉各主要部位按其在炉外精炼中所具有的不同功能及位置，分别称为浸渍管、环流管、下部槽、中部槽、上部槽（包括合金加料口）、热顶盖及热风管（又称热弯管）等部位。

2.3.3.1　RH 精炼炉耐火材料内衬的选择

RH 精炼炉内衬选材根据其所处部位与离钢水的远近和槽体受温度、真空、气体、化学、热力等因素而确定。

RH 炉耐火材料内衬的寿命，因其所处部位不同而不同。RH 炉工作状态是炉体一部分离钢水远一些、一部分离钢水要近一些，甚至插入钢水中，耐火材料的寿命取决于使用部位，炉体越往下离钢水越近使用寿命越短，所以浸渍管蚀损最严重，底部次之，其他部位损毁较轻。

因此，RH 精炼炉内衬选材通常为：

RH 浸渍管	电熔再结合镁铬砖
RH 环流管	电熔再结合镁铬砖
RH 中、下部槽工作层	电熔再结合镁铬砖
RH 中、下部槽次工作层	直接结合镁铬砖
RH 上部槽工作层	电熔再结合镁铬砖
RH 上部槽次工作层	高铝砖
RH 热弯管工作层	直接结合镁铬砖
RH 热弯管次工作层	轻质高铝砖
合金加料溜槽	较冷部分上半部使用工作层合金冲击区氮化硅结合碳化硅砖，其他工作层使用电熔再结合镁铬砖；热面部分使用高牌号电熔再结合镁铬砖；设计成组合砖
保温层	轻质高铝砖
绝热层	硅酸钙板、硅酸铝纤维毡

A　热弯管

热弯管是 RH 真空槽的废气烟道，耐火材料内衬由于不与钢水和熔渣直接接触，一般损毁较少，内衬损坏主要是机械作用和温度频繁变化而产生的热应力的原因，以及受热蒸汽的冲刷和侵蚀，使部分砖产生裂纹而剥落；热风管道仅受热蒸汽的冲刷。因此，热弯管部位工作层选用具有良好的抗热震稳定性、耐侵蚀性能好的直接结合镁铬砖，永久层用轻质高铝砖，隔热层用硅酸钙板。人孔由于砌筑复杂采用刚玉尖晶石浇注料。

B　合金加料口

合金加料口受物料坠落冲击机械损坏，另外，加料口溜槽受位于对面的预热器烧嘴火焰的强力冲击使内衬强度下降而引起损毁。合金溜槽是用于掺入添加剂（例如金属、合金、碳质原料、团砂或球团矿）到钢水中。其较冷部分遭受物料机械磨损，而较热部分由于在氧化合金与在高温下的耐火砖之间产生反应而受到侵蚀，合金溜槽的热面是高侵蚀区域。因此，合金加料口较冷部分上半部受合金冲击部位使用氮化硅结合碳化硅砖，工作层非冲击部位使用电熔再结合镁铬砖，绝热层使用硅酸铝纤维毡。较热部分采用电熔再结合镁铬砖组合砖，在钢液喷溅和热气流冲击下有较高的抗侵蚀性和抗冲击性，可有效地保护筒体。

C　上部槽

上部槽不直接接触钢水和熔渣，耐火材料损毁主要发生在中下部区域。这里靠近下部槽，温度高、热喷溅多，在有 KTB 氧枪情况下会发生吹氧时钢水喷溅对耐火材料产生侵蚀，但侵蚀不严重。上部槽耐火材料内衬，由于不与钢水和熔渣直接接触，一般损毁较少。

上部槽内衬损坏主要是机械作用和应力的原因，在 RH 系统工作中上部槽受热气流冲刷和急冷急热的急剧变化，使部分砖发生裂纹。因此，上部槽工作层选用电熔再结合镁铬砖，主晶相的方镁石—复合尖晶石直接结合结构有良好的抗化学侵蚀和渣浸的性能，多孔的网络状和薄膜状硅酸盐相在高温时具有良好的抗急冷急热性能；次工作层选用直接结合镁铬砖或高铝砖，保温层用轻质高铝砖，隔热层用硅酸钙板；上部槽和热弯管连接部位留膨胀缝用硅酸铝纤维毡填充。

D 中部槽

中部槽工作层主要处于氧枪吹氧的开吹点以及合金口加料时的冲击位置，接触钢水和熔渣，受钢水的喷溅、冲刷以及熔渣侵蚀和温度骤变的影响，是该装置的高蚀区。电熔再结合镁铬砖具有抗侵蚀性能优良和耐冲刷的特性，因此该部位工作层选用电熔再结合镁铬砖。次工作层选用直接结合镁铬砖，保温层用轻质高铝砖，隔热层用硅酸钙板。上部槽部位托砖环下部和中部槽连接部位留膨胀缝，用硅酸铝纤维毡填充。下部槽部位温度高，故中部槽托砖环下部和下部槽连接部位留大一些的膨胀缝用硅酸铝纤维毡填充。

E 下部槽、槽底部

在下部槽内衬中，由于熔渣的不断渗入而在砖内形成了变质层，在热应力作用下，导致变质层与原砖层之间产生了与工作面平行的龟裂，导致剥落而造成损毁。同时，渗入的熔渣中富含 Si^{4+}、Ca^{2+}、Al^{3+} 与镁铬材料中的方镁石固溶体反应形成低熔点硅酸盐相，使砖热面结构疏松，强度降低，破坏了颗粒间的直接结合，在高速流动的钢水中冲刷作用下极易使颗粒脱落而遭损毁。因此，该部位工作层选用具有抗侵蚀性能优良和耐冲刷的特性的电熔再结合镁铬砖，次工作层选用直接结合镁铬砖，保温层用轻质高铝砖，隔热层用硅酸钙板。槽底部选用具有抗侵蚀性能优良和耐冲刷的特性的电熔再结合镁铬砖，次工作层选用电熔再结合镁铬砖，最下层用镁铬质捣打料找平。

F 浸渍管

浸渍管、环流管是钢水的通道。其中，浸渍管损毁最为严重，更换也最为频繁，而使用寿命则最短。它是 RH 炉的关键部位，影响着 RH 炉的整体使用效果。浸渍管是由气体喷射管（氩气管）、支撑耐火材料的钢结构和耐火材料构成。钢结构被固定在中心，优质镁铬砖为衬里，钢结构内外用刚玉质捣打料。由于气体喷射引起的钢水冲刷侵蚀和温度变化、热震性破坏将导致浸渍管严重损毁，因此，浸渍管选用抗剥落的电熔再结合镁铬砖。

RH 真空室内使用耐火材料的部位，主要是真空室和浸渍管。由于浸渍管的一部分要浸入高温钢液中，作业条件最为恶劣，所以其寿命最短。真空室的下部槽因有钢流冲刷和喷溅，工作条件也很差，故寿命也比较短。真空室上部槽和顶盖的作业条件比较好，故寿命最长。为了节约耐火材料，提高使用率，国内的宝钢集团 RH 的真空室分成三段可卸式，即顶盖、上部槽、下部槽。浸渍管与真空室之间也是可拆卸的。

G 环流管

环流管下部与浸渍管连接，上部与下部槽底部砖接触。环流管砖主要受到冲刷磨损和侵蚀比较严重，而浸渍管受热震性的损毁比较严重。这种结构性差异，采用不同性能的镁铬砖，以适应环流管的使用环境，达到环流管镁铬砖既要耐冲刷、耐侵蚀；又要热震性能好、抗结构剥落的理想结合。因此，环流管选用气孔率小、耐冲刷、铬含量高、耐侵蚀的电熔再结合镁铬砖。浸渍管选用抗剥落的电熔再结合镁铬砖。环流管和真空槽底部连接的空隙使用镁铬质捣打料，吸收环流管受热膨胀的热应力，防止环流管环砖热胀起拱而损坏。

2.3.3.2　RH 装置的内衬结构与砌筑

RH 装置的内衬结构与砌筑:

(1) 浸渍管。管内用烧成铬镁砖砌筑,厚度为一般 90～150mm,高度上分三段砌筑。在中段一圈上因有数个吹氩孔,故该段中块是吹氩孔砖,均布在圆周上并对准进氩管。

为了使内部砖托牢,所以下圈的砖设有凹槽,正好让焊在钢板圈上的托板嵌进,每一块托板托住两块砖。为牢固可靠,砖的下部还设有一条圆槽,可与外部高铝质浇注料相嵌。

浸渍管外部由 6～15mm 厚钢板做成,采用高铝质不定形浇注料包裹。浇注料的浇注应在内部砌砖之后,并使浇注料密切地嵌入内部下圈砖内,以托住内部砌砖。

(2) 下部槽。下部槽上端与上部槽连接,下部与两个浸渍管连接。该部位不但作业条件恶劣,而且砌筑也较复杂,同时还要考虑砖体的支承问题。下部槽槽底之上约 1.2～1.5m 处,布置有吹氧管,吹氧管的中心线与浸入管的中心线成一定的斜角。吹氧的喷口砖选用高级铬镁砖,填料用高镁质不定形浇注料。

下部槽下端与浸渍管相连的圆孔砌砖是半托法兰圈上。筒体永久层为在 90～150mm,工作层为 200～250mm,都用铬镁砖。

(3) 上部槽的砌筑。以高 8600mm 的上部槽为例,砌砖中考虑分段承重。第一段为 1031mm,第二段为 928mm,第三段为 1188mm,第四、五段均为 1652mm,第六段为 2149mm。在维修时,下部槽经常要与上部槽分开,所以上部槽的第一段砌体的下端,其承托结构比较考究。它采用高 300mm 的大块砖,中间有凹槽,这样焊在外壳上的托板可嵌入砖内,将砖托住。再上面一圈砖又被另外一圈托板托住,在这一圈托板上砖砌体总高 697mm。

(4) 顶盖。顶盖是一个球冠,其正中设有为切割残钢的开孔,在其周围还设有铁合金加入孔和窥视孔。因形状复杂,开孔较多,所以该部位的内衬全部采用不定形耐火材料制成。内层厚 100～200mm,用不定形耐火材料,主要起隔热作用。外层工作层厚 180～300mm,用高铝质不定形耐火材料制成。砌体中膨胀缝用陶瓷纤维充填。

真空室的耐火材料材质,是按分区砌筑的原则,根据不同部位的工作条件选用不同的材质。此外,还必须考虑到真空室分区后,要拆卸方便和留有必要的膨胀缝。下部槽的工作层和永久层都用铬镁砖砌筑;上部槽的永久层用高铝砖,工作层用铬镁砖砌筑,膨胀缝填料为高镁质不定型耐火材料。某钢厂 300t RH 真空室各部位耐火材料牌号及用量见表 2-29。

表 2-29　某钢厂 300t RH 真空室各部位耐火材料牌号及用量

部　位	用　途	材质名称	牌　号	用量/t
顶　盖	外层保温	保温耐热不定型	CL-130	1.8
	工作层	高铝质不定型	HC-H111	6.875
	工作层	烧成铬镁砖	X01	64.2204
真空室上部槽	第六、七段永久层	高铝砖	H13	10.8765
	排气口保温层	绝热砖	B6	3.208
	排气口膨胀缝处保温层	绝热砖	N3	0.4356
	X01 充填用	高镁不定型	MGA-90	5.372
	排气管保温	绝热板	10N-25	185 块
	本体保温	绝热板	10N-50	980 块
	H13 砖砌缝用	火　泥	HAS	0.78
	N3、B6 保温层用	隔热质火泥	MA-L14	0.476
	小　计			94.0455

部 位	用 途	材质名称	牌 号	用量/t
真空室下部槽	工作层，永久层	烧成铬镁砖	X01	21.3338
	RH-OB 烧嘴砖	烧成铬镁砖	X04	0.396
	隔热层	绝热砖	B6	0.62
	RH-OB 烧嘴处充填用	高镁不定型	MGA-90	1.6
	空隙充填	高铝不定型	HC-H111	2.225
	外侧隔热板	绝热板	10N-25	140 块
	N3、B6 保温层用	隔热质水泥	MA-L14	0.1
	小 计			26.2748
浸渍管	内侧工作层	烧成铬镁砖	X01	1.0
	外侧耐火材料	高铝不定型		1.6
	小 计			2.6

RH 使用耐火材料的一些指标如表 2-30 ~ 表 2-39 所示。

表 2-30 浸渍管、下部槽工作层、中部槽工作层使用的镁铬砖

项 目	指 标	项 目	指 标
MgO/%	≥55	显气孔率/%	≤14
Cr₂O₃/%	≥20	0.2MPa 荷重软化开始温度/℃	≥1700
SiO₂/%	≤1.9	常温耐压强度/MPa	≥45

表 2-31 环流管用砖的理化指标

项 目	指 标	项 目	指 标
MgO/%	≥55	显气孔率/%	≤14
Cr₂O₃/%	≥26	0.2MPa 荷重软化开始温度/℃	≥1750
SiO₂/%	≤1.8	常温耐压强度/MPa	≥60
Fe₂O₃/%	≤10		

表 2-32 上部槽工作层用砖

项 目	指 标	项 目	指 标
MgO/%	≥60	显气孔率/%	≤16
Cr₂O₃/%	≥12	0.2MPa 荷重软化开始温度/℃	≥1700
SiO₂/%	≤2.5	常温耐压强度/MPa	≥35

表 2-33 下部槽、中部槽、上部槽次工作层、热弯管工作层用砖

项 目	指 标	项 目	指 标
MgO/%	≥70	体积密度/g·cm⁻³	≥3.0
Cr₂O₃/%	≥8	0.2MPa 荷重软化开始温度/℃	≥1700
SiO₂/%	≤2.0	常温耐压强度/MPa	≥40
显气孔率/%	≤18		

表 2-34　合金加料溜槽抗冲刷砖（氮化硅结合碳化硅砖）

项　目	指　标	项　目	指　标
SiC/%	≥70	显气孔率/%	≤18
Si_3N_4/%	≤20	常温耐压强度/MPa	≥150
Si/%	≤0.5	常温抗折强度/MPa	≥35
Fe_2O_3/%	≤1.0		
体积密度/g·cm^{-3}	≥2.62	高温抗折强度/MPa(1400℃×0.5h)	≥40

表 2-35　镁铬质泥浆的理化指标

项　目		指　标	
		镁铬质泥浆（1）	镁铬质泥浆（2）
MgO/%		≥55	≥60
Cr_2O_3/%		≥18	≥8
黏结时间/min		1~3	1~3
粒度组成/%	>0.5mm	≤2.0	≤2.0
	<0.074mm	≥60	≥60
抗折黏结强度/MPa	110℃×24h	≥2.0	≥1.5
	1500℃×3h	≥1.5	≥1.0

表 2-36　高铝质泥浆的理化指标

项　目		指　标
Al_2O_3/%		≥65
黏结时间/min		1~3
粒度组成/%	>0.5mm	≤2.0
	<0.074mm	≥50
抗折黏结强度/MPa	110℃×24h	≥1.0
	1400℃×3h	≥4.0

表 2-37　刚玉尖晶石浇注料的理化指标

项　目	指　标	项　目	指　标
Al_2O_3+MgO/%	≥80	常温抗折强度(110℃×24h)/MPa	≥5
常温耐压强度(110℃×24h)/MPa	≥30	高温抗折强度(1500℃×3h)/MPa	≥10
高温耐压强度(1500℃×3h)/MPa	≥60	线变化(1500℃×3h)/%	0~+0.8

表 2-38　镁铬质捣打料的理化指标

项　目	LMCR-20	项　目	LMCR-20
MgO/%	≥45	常温抗折强度(110℃×24h)/MPa	≥5
Cr_2O_3/%	≥20	高温抗折强度(1500℃×3h)/MPa	≥6
体积密度/g·cm^{-3}	≥2.80		
常温耐压强度(110℃×24h)/MPa	≥30	线变化(1500℃×3h)/%	0~+0.5
高温耐压强度(1500℃×3h)/MPa	≥40	最高使用温度/℃	1800

表 2-39　一种镁质喷补料的理化指标

项　目	指　标		项　目	指　标
MgO/%	≥87	粒度组成 /%	0 ~ 0.088mm	≥30
SiO₂/%	≤6		1 ~ 4mm	≥50

2.3.3.3　工艺操作中对 RH 耐火材料的使用要点

工艺操作中对 RH 耐火材料的使用要点包括：

（1）RH 真空槽耐火材料施工后，在 24h 内不能移动，以进行养生。

（2）在预热站和待机位进行的加热，真空槽在更换浸渍管后可先在预热位低温加热干燥，时间保持在 12h 以上，温度先保持在 500℃ 左右，然后再升到 800℃ 保温。高温加热在待机位完成。

（3）当真空槽达到 1200℃，并在该温度下保温 24h 后，该真空槽若处于待用状态可继续保温，在进行真空脱气处理前 18h，继续沿规定曲线升温至 1450℃，保温 6h 后方可投入运转。

（4）由于操作原因，钢水处理长时间未能进行的情况下，要对槽体进行保温，维持温度不低于 1200℃，真空脱气处理前再将槽温升至 1300℃。

（5）在停炉维修之前的槽体耐火材料冷却速度应予以控制，使真空槽自然冷却，使降温速度不高于升温速度。

（6）槽体冷却后出现的收缩裂纹不得人为填塞，或不慎落入垃圾和异物，以免在热态时产生局部应力。

2.4　AOD 主要设备和耐火材料

传统的 EAF—AOD 二步法工艺路线与三步法相比具有氩气消耗高、冶炼周期长、炉衬寿命短等缺点。近年来，随着 AOD 增设顶吹氧枪并增加底部喷枪的数量和底吹气体的流量，在缩短冶炼周期和降低氩气消耗方面有了较大的改善，因此 EAF—AOD 二步法越来越多地为新建不锈钢厂所选用。

2.4.1　AOD 主要设备与结构

氩氧吹炼炉 AOD 的形状近似于转炉，也可用转炉进行改装，见图 2-51。它是安放在一个与倾动驱动轴连接的旋转支撑轴圈内，容器可以变速向前旋转 180°，往后旋转 180°，炉内衬用特制的耐火制品砌筑，尺寸大约为：熔池深度：内径：高度 = 1:2:3。炉体下部设计成具有 20°倾角的圆锥体，目的是使送进的气体能离开炉壁上升，避免侵蚀风口上部的炉壁。炉底的侧部安有两个或两个以上的风口，以备向熔池中吹入气体。当装料或出钢时，炉体前倾应保证风口露在钢液面以上，而当正常吹炼时，风口却能埋入熔池深部。炉顶一般呈对称圆锥形，并多用耐热混凝土捣制或用砖砌筑，且用螺栓连接在炉体上。炉顶除了防止喷溅外，还可作为装料和出钢的漏斗。

目前，氩氧吹炼炉均使用带有冷却的双层或三层的

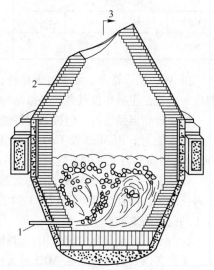

图 2-51　AOD 装置示意图

1—气体喷入喷嘴（O₂、Ar）；2—可拆卸盖；
3—倾动出钢口

金属喷枪向熔池供气。喷枪的中心用于吹入氩氧混合气体，喷枪的外围吹入冷却剂。一般的冷却剂在吹炼时采用氩气，而在出炉或装料的空隙时间改为压缩空气或氮气，也可使用家庭燃料油，以减少氩气消耗及提高冷却效果。喷枪的数量一般为 2 支或 3~5 支，但喷枪数量的增多将会降低炉衬的使用寿命。

氩氧吹炼炉的控制系统，除了一般的机械倾动、除尘装置外，还有气源调节控制系统，通过流量计、调节阀等系列使得氩氧炉能够得到所希望的流量和氩氧比例。此外，炉体还备有为了保证安全运转的连锁装置和为了节省氩气的气体转换装置，使得在非吹炼的空隙时间内自动转换成压缩空气或氮气。由于纯氧吹炼时间短，且又没有附加热源，因此必须配备快速的光谱分析和连续测温仪等。

2.4.2　AOD 用耐火材料及寿命

AOD 用耐火材料早期应用镁铬砖，因价格高且产生公害而发展了镁白云石砖（理化指标见表 2-40）。

表 2-40　镁白云石砖的理化指标

项　目	化学组成/%						体积密度 /g·cm^{-3}	显气孔率 /%	常温耐压强度 /N·mm^{-2}
	MgO	CaO	SiO$_2$	Al$_2$O$_3$	Fe$_2$O$_3$	Mn$_3$O$_4$			
A 型砖	62	37	0.5	0.3	0.7	0.2	2.98	13	66
B 型砖	39	59	0.78	0.47	0.78	0.16	2.95	12.6	105

砌筑方式分：镁铬砖炉衬（理化指标见表 2-41）、镁白云石炉衬、熔池后墙用镁铬砖而炉身炉底用镁白云石混砌等三种形式。

表 2-41　镁铬砖理化指标

化学组成/%				体积密度 /g·cm^{-3}	显气孔率 /%	常温耐压强度 /N·mm^{-2}	荷重软化温度 /℃
MgO	Cr$_2$O$_3$	SiO$_2$	Fe$_2$O$_3$				
>65	18~20	<1.2	14	3.2	<16	≥50	≥1700

由 AOD 精炼特点，要求耐火材料具有抗熔渣侵蚀性、高温强度及抗热震性，因此耐火材料应杂质低，主晶相含量高，显微结构致密，对镁白云石砖要防水化。

镁铬砖高温强度高，但抗热震性能及碱度大于 1.5 的耐侵蚀性不如镁白云石砖。镁白云石砖高温性能好，因 MgO 及 CaO 的最低共熔点 2370℃，所以保证主晶相，减少 SiO$_2$、Al$_2$O$_3$、Fe$_2$O$_3$ 是提高其耐火度的关键。

镁白云石砖可以适应碱性渣的大范围波动，是因为 CaO 与 SiO$_2$ 生成 C$_2$S 的致密层保护砖不再受侵蚀，而且可以承受 1750℃ 以上的高温。CaO 在高温下有较大的蠕变性，可以延缓温度冲击热应力裂纹的产生。

镁白云石砖可起到脱硫作用。但镁白云石砖的高温强度、防水化不如镁铬砖，然而因价格低、无公害以及其他优点在 AOD 耐火材料中得到推广应用。

AOD 的寿命是温度与精炼时间的函数。若氧化末期温度在 1720℃ 左右，炉龄就与时间成正比，因此国外在控制温度、碱度的同时尽力缩短精炼时间，因此 AOD-CB 法已普遍采用。韩国浦项公司的 AOD-CB（有顶枪），精炼周期为 60min，平均炉龄为 240 次，最高炉龄为 270

次，而该厂最初也只有 50 次。

耐火材料的耐火度、高温强度、气孔率、杂质含量、砖型尺寸、内部疏松裂纹、镁白云石砖的防水化问题，都严重影响炉衬寿命。每块砖的质量稳定性也十分重要，生产使用中经常遇到因为一两块砖的质量而影响一个炉役的使用寿命的现象。

影响炉衬寿命因素分析：

（1）工艺因素分析：

1）砖型设计不合理，砌筑砖缝大于 2mm，烘炉温度低于 1000℃，升温速度大于 100℃/h。

2）精炼温度超过 1750℃（熔池温度在 1700℃时，每提高 50℃，耐火材料被侵蚀速度提高一倍）。

3）镁白云石砖渣子碱度小于 1.8，MgO 含量小于 8%。

4）风枪夹角不合理，冷却气供气压力流量不合理，使蘑菇头过大，冷却气流分散，当停炉间隙致使风枪周围耐火材料温度急降为 850℃ 以下。若冷却气环缝堵塞，失掉冷却效果，风眼砖迅速被侵蚀成窝状而漏钢。

5）生产[C]<0.03%的钢种，其冶炼时间为 304 钢的 1.2～1.5 倍。

6）操作事故，如低温返吹、粗钢水成分不合需大量补加冷料、连铸钢水回炉返吹等。

（2）设备因素。包括因无顶枪使吨钢供氧强度低于 1m³/min（标态）、精炼时间长、气路设计不合理、流量分配不均、风枪结构不合理、自动上料系统不完善、计算机控制炼钢精度不够等。

2.4.3　低碳镁炭砖在 AOD 上的应用

AOD 的寿命一般较低，低碳 MgO-C 砖在转炉和 VOD 精炼钢包等冶金设备上使用取得了良好的使用效果，所以国外开始在 AOD 上大量的使用低碳 MgO-C 砖。转炉冶炼不锈钢的脱碳量大，吹炼时间长，供气量大，急冷急热作用频繁，炉渣碱度波动大，从还原期碱度 1.5～2.0 到氧化期碱度大于 6，使用条件非常苛刻。根据太钢第二炼钢厂（K-OBM-S）不锈钢转炉炉衬的具体使用条件和对进口的低碳镁炭砖的剖析结果，采用 CaO∶SiO₂ ≥ 2 的电熔镁砂和高纯鳞片状石墨（C≥98%，H₂O≤0.2%，灰分不大于 1.4%，挥发分不大于 0.4%）为主要原料，以 Al、Mg-Al、Si、B₄C、CaB₆ 为抗氧化剂，热固性酚醛树脂为结合剂。原料的主要性能如表 2-42 所示。

表 2-42　原料的主要性能

项　目	化学组成/%								体积密度 /g·cm⁻³	显气孔率 /%
	MgO	CaO	Al₂O₃	Fe₂O₃	SiO₂	Al	Mg	Si		
电熔镁砂	98.16	0.91	0.10	0.28	0.45					
Al						98.54			3.51	1.8
Mg-Al						49.73	48.1			
Si								95.44		

将上述的原料配料以后倒入强力高效混碾机中间混练均匀，使用 1600t 摩擦压砖机成形，并且在干燥窑中间与 180℃ 保温 16h 进行热处理，制备成低碳镁炭砖。低碳镁炭砖检测性能如表 2-43 所示。

表 2-43　低碳镁炭砖检测性能

项　目		MC-1	MC-2	MC-3	MC-4
化学组成/%	SiO$_2$	1.84	0.9	1.79	0.82
	Fe$_2$O$_3$	0.64	0.6	0.64	0.8
	Al$_2$O$_3$	6.73	3.82	5.99	0.64
	CaO	0.84	0.62	0.67	0.78
	MgO	86.21	89.21	87.07	91.1
	C	5.74	5.85	5.34	5.76
高温抗折强度/MPa(1400℃×0.5h,埋碳)		14.8	12.4	14.1	9.2
常温抗折强度/MPa		16.3	14.0	14.7	14.8
常温耐压强度/MPa		68.9	65.4	66.3	64.1
体积密度/g·cm^{-3}		3.07	3.04	3.07	3.1
显气孔率/%		2.5	2.8	2.7	2.7

砖中添加物发生的反应如下:

$$2C_{(s)} + O_{2(g)} = 2CO_{(g)} \uparrow \tag{2-27}$$

$$2Al_{(1)} + 3CO_{(g)} = Al_2O_{3(s)} + 3C_{(s)} \tag{2-28}$$

$$Mg_{(1,g)} + CO_{(g)} = MgO_{(s)} + C_{(s)} \tag{2-29}$$

$$Si_{(s)} + 2CO_{(g)} = SiO_{2(s)} + 2C_{(s)} \tag{2-30}$$

上述的反应均能够使 CO 还原成为碳,并且有一定的体积膨胀,从而阻塞气孔,提高制品的致密度以提高其氧化能力,所以加入添加剂是必要的。加入的 2%~4%(质量分数)的 CaB$_6$,以及 3%(质量分数)的 B$_4$C,都起到了抑制氧化的作用。B$_4$C 和 CaB$_6$ 在镁炭砖中抑制氧化作用的原理一致,首先和 CO 反应产生气体 B$_2$O$_2$ 和 B$_2$O,即所谓的气体抗氧化剂;然后气体 B$_2$O 和 B$_2$O$_2$ 进一步与 CO 反应,使得 CO 还原成为 C,从而抑制碳的氧化,反应式如下:

$$B_2O_{2(g)} + CO_{(g)} = B_2O_{3(1)} + C_{(s)} \tag{2-31}$$

$$B_2O_{(g)} + 2CO_{(g)} = B_2O_{3(1)} + 2C_{(s)} \tag{2-32}$$

另外,反应产生的 B$_2$O$_3$ 与砖中的 MgO 反应生成低熔点的化合物,阻塞气孔,阻止氧气的侵入。添加剂高温沥青有利于提高残碳率,中温沥青有利于结合碳的石墨化,所以二者合用效果好。采用上述主原料在 MC-1 配方的基础上,加入多种复合添加剂生成的优质低碳镁炭砖,与进口的镁炭砖的对比见表 2-44。

表 2-44　进口镁炭砖和国产镁炭砖的对比

项　目		质量分数/%		常温耐压强度/MPa	体积密度/g·cm^{-3}	显气孔率/%
		C	MgO			
研制的镁炭砖		5.98	89.7	64.7	3.1	4.6
进口砖	BP	5.07	40.2	40.2	3.05	5.5
	AT	6.18	43.5	43.5	3.08	5.2
	AQ	5.57	41.6	41.6	3.1	5.5

在 AOD 上使用低碳镁炭砖以后,AOD 寿命达到 700 次。

2.5　VOD 设备和钢包耐火材料

VOD 法是真空脱碳生产不锈钢。VOD 法的设备费用高、处理时间较长。VOD 法经改进后出现了 SS-VOD 法（强搅拌 VOD 法）和 VOD-PB 法（VOD 喷粉法），可用来生产含碳量和含氮量极低的不锈钢。现代炼钢企业一般设有双工位的 VOD，冶炼不锈钢的时候吹氧脱碳，冶炼碳钢的时候不吹氧，只是在真空条件下脱气，生产方式灵活。

2.5.1　VOD 设备

VOD 设备示意图如图 2-52 所示。

VOD 处理过程分为四步：（1）在低压真空状态下吹氧；（2）在最低压真空状态下沸腾；（3）在最低压真空状态下还原；（4）大气压下调节钢水成分和温度。

所以目前的规模化的电炉不锈钢企业设两个真空罐，每个真空罐是由钢板制成的圆筒，罐内设有两个带导向架的钢水罐支座支撑钢水罐并确保钢水罐就位准确。真空罐上沿设水冷法兰，法兰上装有真空密封件（氯丁橡胶或丁腈橡胶），采用水覆盖防护方式。罐壁设有真空管道和氩气管路引入口，入口处带有密封装置。罐壁内侧砌一层保温砖，以防止热能直接作用于罐体；罐底砌有耐火砖，罐底设置一个防漏盘。

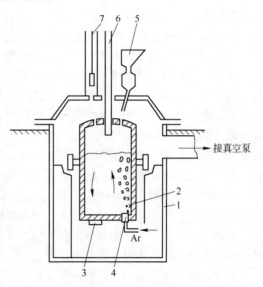

图 2-52　VOD 设备示意图
1—真空室；2—钢包；3—滑板；4—透气砖；5—供给合金
附加材料；6—氧枪；7—取样和测温装置

2.5.1.1　真空泵系统

真空泵系统主要设备包括蒸汽喷射器、前冷凝器、后冷凝器、消声器、汽水分离器、气体除尘装置等。在喷射器和冷凝器之间还有 1 套排灰装置、1 套喷射器隔声装置、1 套气动真空控制阀、1 套切断阀、1 套废气循环管道等。

真空泵一般设计成 5 级，是通过一系列蒸汽喷射器持续压缩排出的气体来工作的，泵的各级由 3 个喷射器组成。这样的设计能在每个压力级优化喷射器的数量，以优化降压时间和蒸汽消耗。除了第一个喷射器，所有的喷射器都装在冷凝器中的一个柱结构中，整个部件用隔声壁包裹。第一个喷射器在隔声壁外，用石棉布和绝热橡胶包裹。蒸汽喷嘴用耐磨不锈钢制成，以提高使用时间。

真空罐中的气体在低压下从罐中吸出，在第一级喷射泵压缩加压达到 467Pa 后进入第二段喷射泵。在第二段喷射泵中，压缩加压到 2333Pa 到第三段泵。在第三段泵中，加压到 7999Pa 后进入第一个冷凝器，在这里去除蒸汽，其余气体进入第四段泵。第四段泵由两个平行的泵组成（各自控制，用于提高抽气能力），在第四段泵，气体压缩加压到 24kPa，进入到第二个冷凝器，在这里，去掉新生成的蒸汽。在第五段泵中，气体压缩加压到大气压力。第五段泵由 3 个喷射泵组成，一个（5c）用做降压喷射泵，与第一个冷凝器相连，通过一个消声器直接与大气相通；另外两个平行布置，与第二个冷凝器相连。

通过真空控制阀，根据工艺需要真空泵抽气能力可以进行迅速的变换。这个阀还可通过内部排放气体的再循环，自动调节实际抽气能力，从而达到目标的压力要求并保持下去。从冷凝器中出来的水收集在地面的一个热井罐中,气压作用保证水从低压的冷凝器中自动流出,而不需加另外的泵。通过热井泵,这些水被泵到冷却水系统中循环使用。

2.5.1.2　真空罐盖

真空罐盖是用钢板焊接而成的拱顶形盖。盖上设置有氧枪孔、真空合金加料孔、观察孔、摄像孔等。罐盖下方设防溅盖,用链条吊挂在真空罐盖上。

真空罐与真空盖之间采用空心圆截面橡胶密封,密封法兰通水冷却,密封圈使用寿命长。

2.5.1.3　真空盖台车

真空罐盖盖上,将钢包真空密封后,真空盖台车作为一种运输工具来使用。罐车由一个焊接严密的盒结构、两个纵向和两个横向的梁组成,这些梁支撑着真空罐。

在车的前端和后端不仅安装了挡板,而且也安装了刮板,四个轮子支撑着真空罐车的框架。其中两个安装了电机,如果一个电机出了毛病,另一个电机也能低速移动车。

真空罐通过装在罐车一侧的电缆提供电力,搅拌气和冷却水通过快速接头与处理站连接。真空罐由钢板做的圆桶形结构、抽气管法兰、密封盖的基座和用螺栓连接在底座上的底板组成。真空罐座在罐车的焊接盒结构上面。在处理过程中罐的内部有两个钢包支撑结构支撑着钢包,在罐底和钢包底部之间设计了一个斜坡朝向出口,在罐车轨道之间放一个事故排漏钢管。罐的底部和侧壁用耐火材料砌筑。带有真空密闭连接装置的氩气供应管通过真空罐壁上的孔到达钢包的多孔透气砖。利用快速接头和钢包连接。由橡胶制作的真空密封安装在真空罐密封槽里,密封有一个中空的环绕部分。在真空盖升起的时候,密封橡胶自动埋入水中。当盖降到合适的位置或移动到一边时,水自动排出。

真空盖台车主要由一个带盖吊装装置的钢结构框架和四个车轮组成,其中两个车轮由两个电机驱动。

真空盖提升机构安装在车顶部,采用两个液压缸通过连杆和链条来实现盖的升降。台车顶设有一操作平台。

一座80tVOD的参数如表2-45所示。

表2-45　一座80t VOD 的参数

罐车主要参数	挡板间车长/mm	6500	罐直径/mm	5850
	车宽/mm	4300	罐直径（包括法兰）/mm	6410
	车高（包括罐）/mm	6300	罐总高/mm	6040
	轨道中心距/mm	4000	钢包顶部到罐法兰的距离/mm	500
	轮径/mm	1000	罐壁的钢板厚度/mm	30
	定位精度/mm	±20	罐底钢板厚度/mm	40
	罐车行程/m	65	真空密封材料	EPDM or Nitril
	装备功率/kW	2×22	密封件长度/m	20
	载满包速度/m·min⁻¹	0~25		
轨道类型	欧洲标准	DIN530A120		
	相似中国标准	QU120	带满包钢水（75t）总重/t	250

2.5.1.4　水冷系统

水冷系统用来保证真空罐顶部法兰、主真空密封件、真空投料料斗下部、观察孔、摄像孔、取样孔法兰、气体冷却器等设备的冷却,系统流量、压力和温度可以进行监控。一套VOD

水冷系统的参数如下：

　　　　冷却水进水压力　　　　0.5MPa
　　　　进水温度　　　　　　　≤35℃
　　　　进出水平均温升　　　　15℃

2.5.1.5　真空加料装置

　　真空加料装置包括真空加料斗及其支撑平台。真空加料斗带有进出口阀门，接受来自加料系统皮带机送来的物料，然后在不让空气进入的情况下进一步把物料加入到真空料仓中。料斗布置在真空罐盖的上面并随着盖一起上下运动。进出阀门由气缸驱动。料斗下部与真空盖相连的部分是水冷的。一般的料斗容积在 $1m^3$ 左右。

2.5.1.6　测温、取样装置和操作

　　设有一套自动测温取样装置，安装在真空盖台车上，随台车移动。其升降速度为 0.5m/s，升降行程约为 5000mm。另设有一套手动测温取样枪。

　　在真空下为了取样方便，将一个取样设备安装在真空盖的顶部，在真空密封室内有一个固定结构支撑测量枪，使其移动到钢水熔池，停在一个事先确定的深度，而后又抬起。两个枪被分别设计成单独钢样探头或热电偶/氧活度组合探头。

　　真空室设有一个真空密封门，用于更换探头，另一个真空密封门将真空罐与枪室隔开。在打开取样门和降枪之前，带有阀门的管道将枪室与真空罐相连，从而保持枪室真空。一个防溅门安装在取样门的下面，以减少钢渣飞溅粘在取样门。另外一个带阀门的管道在开门换探头前将枪室与大气相通，使枪室增压至大气压状态。

　　在钢样送去化验的时候，热电偶和氧活度探头测量的数据立刻显示在控制室和取样设备的显示器上。

　　一次性取样器和人工取样器一起使用，即球拍样，可以直接送到化验室。在化验室，不用切割或其他任何准备工作，只需研磨一面后用光谱分析仪分析。测得的温度显示在 VOD 控制室里和 VOD 处理区现场，可以让操作人员及时知道。人工取样设备由以下组成：用于安装球拍取样器取样探头的取样枪、用于安装定氧探头的测量枪（同时完成定氧和温度的测量）、测量枪用的电缆线、温度和氧活度测量设备、具有温度显示提醒功能的信号灯和蜂鸣器。

2.5.1.7　底吹氩系统

　　钢水包底吹氩系统用于对钢水包底部吹入氩气搅拌钢水，均匀钢水成分、温度，并加速脱硫、脱氢和夹杂物上浮。

　　搅拌系统有两套平行管线，分别为氩气和氮气。一般用氩气作搅拌气。但是由于氮气的价格较低，可以用在对增氮不敏感的钢种上。在不锈钢的氮合金化上，通过透气砖吹入氮气是增加氮的有效方法。但是，大部分氮溶于钢水，因此，在处理过程中，合金均匀化的效果较差。对于不锈钢的生产，气体搅拌系统应该设计两套平行的气体控制单元，而且钢包也应该装备两套透气砖。

　　气体搅拌系统是在钢包底安装两个透气芯通入惰性气体，用来搅拌钢水和促进钢渣混合，以加速脱硫等反应和合金的均匀化。

　　搅拌系统是针对两种不同的气体设计，两个透气芯可通同种气体或各通一种气体。这两种气体是氮气和氩气，氮可以用于合金化，同时氩气增强搅拌。在控制室中用一级 PC 闭环控制气体流量。在开始的时候，如果透气芯堵了，可以暂时通入高压气吹通透气芯。两套惰性气体供气系统，每个钢包两个底吹透气砖，有温度、压力补偿的流量控制，每个系统包括：两条气

体管线，一个供氮气、一个供氩气，每条管线包括：检测阀、手动切断阀、压力表、压力开关、流量指示计等。

主要设备为氩气阀站。阀站设有配套的调节阀门和检测仪表，可显示气源压力、调节阀后压力及流量，可设定并自动调节底吹流量。低压氩气供气压力为 0.6~0.8MPa，高压氮气供气压力为 1.6MPa。

2.5.1.8　防溅板（真空罐盖内顶部位置）

VOD 处理钢水需要一些特殊的设备，具有圆形耐火材料的防溅盖和水冷壁作为钢包的延展，增加了自由空间。水冷壁由矩形管子组成，整体成锥形，这样减少了飞溅物粘到防溅盖内部的可能。防溅盖用钢钩吊在真空罐盖上，用于减少强烈反应期间、吹氧期间、沸腾和还原时的飞溅。通过盖上的中心孔，氧枪缓缓降到熔池内，这个孔还可以用于电视观测和加料用。

氧枪孔带有一个补偿器，用于补偿氧枪与主盖之间的侧动和轴移。

密封系统是由下部的硅酸盐纤维绳和上部的可膨胀橡胶环组成。无论何时，氮被充入保护密封，以阻止烟囱效应。

防溅盖的更换是比较容易的，因为在钢包顶部有一个支撑结构，主盖降低，防溅盖脱钩，主盖升起（最大行程），将防溅盖移走。

2.5.1.9　VOD 氧枪

早期使用的 VOD 氧枪一般是自耗钢管，所以在吹炼时必须不断降低氧枪高度，以保证氧气出口到钢水面的一定距离，提高氧气的利用率。如果氧枪下端距离过大，废气中的 CO_2 和 O_2 浓度增加。实际生产中使用拉瓦尔喷枪可以有效地控制气体成分；可以增强氧气射流压力；当真空室内的压力降至 100Pa 左右时，拉瓦尔喷枪可以产生大马赫数的射流，强烈冲击钢水，加速脱碳反应而不会在钢液表面形成氧化膜。氧枪设计采用水冷拉瓦尔喷头。计算时假设氧气流量为 480m³/h，氧气进口压强为 600kPa，氧气出口马赫数为 3.2~3.8，得到喉口直径为 13mm，扩张角为 50°，扩张段长度为 90mm。

VOD 的氧枪为水冷超声速氧枪，有单孔型和直孔型两个类型。超声速氧枪在枪头安装了拉瓦尔喷嘴，氧枪底部是锥形的，避免了渣子的堆积。

氧枪系统还安装了相应的机械限位。机械限位的安装是为了避免氧枪意外落到熔池中，从而在一个安全位置时，即在规定的熔池面上阻止氧枪继续向下移动。遇到紧急情况，如果氧枪驱动电机不能工作，可以将压缩空气与气动马达相连，提升氧枪。

氧气吹炼系统的设计最大氧流量一般为 30m³/min（标态），实际使用的流量一般低于此值。

一套 80t VOD 氧枪设备的主要性能参数如下：

氧枪直径	180mm
最大氧气流量（标态）	2000m³/h
供氧压力	1.5MPa
氧枪驱动方式	电动
氧枪行程	6m
冷却方式	水冷

2.5.1.10　喂丝机

VOD 装置配备有两台双线喂丝机，自带 PLC，离线布置。钢水真空处理后向钢水罐中喂入丝线。由放线架、喂丝机主体、固定导向管、移动导向管及其气动装置和支架等组成。主要性能参数：如下：

喂丝数量　　　　　双线，可单独控制
喂丝速度　　　　　3.6~360m/min
调速方式　　　　　VVVF 变频调速
喂丝直径　　　　　6~16mm

2.5.1.11　氮气破坏真空系统

氮气破坏真空系统的作用是将氮气吹入真空罐和除尘器的系统，冲淡 CO，避免在打开真空罐时，混合气体发生爆炸。其位置在与除尘器紧密连接处。

当真空处理结束，关闭抽气管道上的阀门。通入氮气，再通入空气，达到大气压。用氮气的目的是去消除 $CO-O_2$ 混合形成爆炸气体。一套用于破坏真空的系统包括氮气罐、氮气输入管道上的减压阀、内部管道、连接、支撑等。

2.5.1.12　测量和监控系统

在控制室中，利用电视摄像设施可以监控真空工艺，电视摄像仪是采用针孔型，即通过很细的孔，将观察仪伸进罐中观察，为了防止孔溅上钢水，要用氮气反吹，包括压力测量设备。从抽气管线中出来的一条测量线，固定在过滤器中，一端在罐侧的关阀上，另一端接到主控室里的薄膜压力计和压力真空仪上。电子真空仪的压力传感器安装在主阀（在泵一侧）的真空管线上。这样布置后，真空泵和罐的泄漏就可以被仪器分别检测到。

压力真空仪可以与测量线路断开，用于真空泵各部分的精确测量。

2.5.2　VOD 钢包耐火材料

VOD 主要精炼低碳和超低碳钢种，尤以不锈钢为主。一般钢包渣线采用镁铬砖，其他部位采用高铝砖，也有的使用合成镁铬铝砖。目前主要倾向于使用烧成镁铬砖和白云石砖，主要性能如表 2-46 所示。近年来，国外厂家对传统的镁铬砖进行改进，在方镁石中加入 ZrO_2 和低杂质高 Cr_2O_3 的纯铬矿，在渣线和侧壁均使用这种直接结合的镁铬砖后，钢包寿命可以增加到 40 次以上。

表 2-46　VOD 钢包用耐火材料性能

砖　种	化学组成/%							气孔率 /%	体积密度 /g·cm⁻³	耐压强度 /MPa	高温抗折强度/MPa
	SiO_2	Al_2O_3	ZrO_2	Fe_2O_3	MgO	CaO	Cr_2O_3				
烧成镁铬砖	1.0	6.5		4.0	76		11	14	3.1	80	>3.5
锆英石铝铬砖	23	14	52	1.5			2	17	3.5	100	
合成镁白云石砖	0.7	0.2		0.6	78.5	19.7		11.2	3.07	95	4.5
天然镁白云石砖	0.5	0.3		0.7	53.2	43.8		10.7	3.05	89	9.8

3 LF 精炼操作工艺

LF 钢包精炼炉（Ladle Furnace）冶炼对电炉的出钢有一定的要求，以保证钢水的精炼炉处理过程的顺利实施，主要要求有：

（1）电炉出钢时应随钢流加入精炼炉精炼所需要钢渣的 1/3 ~ 2/3 的石灰、需要化渣的萤石以及各类合成渣，以便于钢包炉冶炼时快速成渣。

（2）电炉出钢时应随钢流加入足量的合金及脱氧剂（如铝饼、硅钙合金或其他脱氧剂），以降低粗炼钢水中氧含量，减轻和优化 LF 炉的脱氧操作。

（3）电炉出钢温度必须合适，出钢温度控制在冶炼钢种液相线以上 40℃为宜。

（4）电炉出钢时应尽量做到无渣出钢，如果下渣量太多，在精炼开始之前必须进行倒渣操作，否则钢包炉送电冶炼的成本和风险就会增加。

（5）电炉应尽量确保出钢量稳定在一个合理的范围，出完钢后应及时将实际出钢量、吹氩搅拌情况以及出钢过程中发生的异常情况通知钢包炉操作工。

从钢包炉的工序来看，钢包炉的操作工艺主要分为：（1）钢包的控制和吹氩控制；（2）脱氧的控制；（3）温度控制；（4）造渣的控制；（5）成分控制和脱氧和钢水洁净度的控制。

3.1 LF 接钢准备

LF 炉的接钢准备包括钢包的准备和电炉出钢吹氩的控制、LF 接钢的吹氩控制。钢包的准备是和工艺条件紧密联系的，一般包括以下内容。

3.1.1 钢包材质的选择

钢包的材质选择，是和工艺路线相关联的。例如，EAF + LF + CC 流程的钢包，选用一般的优质耐火材料内衬即可；用于经过 VD 或者 VOD 真空处理的钢包，就要选择在真空条件下性质比较稳定、不容易分解的耐火材料做内衬；对于深脱硫的钢种，为了提高脱硫率，一般也选择镁钙质的钢包，以提高冶炼的效果。

冶炼的钢种不同，对耐火材料的要求也不同。如冶炼超低碳钢、IF 钢、铝镇静钢宜采用高铝尖晶石浇注料或高铝砖，不宜采用含碳的镁炭砖、铝镁炭砖和镁铝炭砖。而冶炼含锰量和氧较高的钢种，宜用抗侵蚀的镁炭砖和铝镁炭砖，而不宜选用高铝砖。对于浇铸含钛和铝的不锈钢宜用锆英石砖。对于要求含铬量极低的钢种，不宜镁铬质砖。对于低磷、低硫钢种以及要求夹杂少的特殊钢种，如 08Al、SPHC 等，宜用白云石质类的碱性砖，不宜用黏土砖、叶蜡石砖。在浇铸沸腾钢时，应尽量避免选用含有石墨的砖种和浇注料，否则内衬使用寿命较低。因此，根据所冶炼的钢种不同，应选用不同材质的耐火材料。这一点在前面的章节里面已有介绍。

3.1.2 钢包运行情况的选择

钢包的运行情况是保证工艺制度能够顺利完成的保障。所以一般要求有以下几点：

（1）连铸开机第一炉，电炉钢水在 LF 炉处理的时间较长，而且出钢温度较高，所以钢包包役后期，渣线薄弱的钢包，透气芯座砖情况较差的钢包，不能够用于连铸第一炉的冶炼。

（2）新钢包第一炉也不宜应用于连铸开机第一炉。新钢包如果烘烤不充分的话，对于精炼炉的温度控制、连铸机第一包的温度影响都比较大。由于干扰因素较多，为了保证开机的温度保证，新钢包一般不适合于连铸开机第一包的钢水冶炼。

（3）新钢包的包衬对于钢液质量有一定的影响，如气体、杂质较高，连铸的中间包也一样。为了质量的均衡，新钢包不适合于连铸开第一炉使用。

（4）钢包残存冷钢的钢包，不适合于不同钢种的冶炼使用。如冶炼弹簧钢的钢包，如果残存冷钢，用于冶炼低碳铝镇静钢，就会引起成分超标。

（5）用于 LF + RH 的钢包，钢包的炉役不易过大。这主要是因为随着钢包服役次数的增加，钢包内衬变薄，等重的钢液量条件下，钢液的液面会下降，而 RH 浸渍管插入深度是一定的，液面高度不够，会引起抽真空吸渣现象或者环流钢液量减少而影响处理效果的事故。

（6）长时间传搁的钢包或者小修、中修的钢包，使用条件和新钢包的要求基本上一致。

3.1.3 钢包的烘烤和引流砂的填充

新钢包的烘烤在前面章节已有介绍。运转过程中的钢包，一般是在线烘烤，即钢包在出钢导轨上的烘烤器下进行烘烤。为了提高烘烤效果，钢包在滑板装配结束以后，将钢包使用行车吊上出钢车，将出钢车开至在线烘烤器下面，进行烘烤。烘烤的过程中为了防止透气芯渗透熔渣堵塞，烘烤时透气芯吹扫小量的氮气，以保证透气芯的畅通。

引流砂是在出钢前 5～15min 填充的。一是为了防止引流砂填充时间太早，烘烤时，引流砂内部渗透烘烤时熔化的钢渣，引起钢包不自流；二是防止填充时间太晚，影响电炉出钢开钢包车，增加冶炼的辅助时间。

3.1.4 电炉出钢过程中钢包情况的监控

电炉出钢过程中，不可预测的因素较多，为了保证钢包的安全，主要监控以下几个方面：

（1）目前几乎大多数的钢厂，钢包车的控制分为两个控制位置，即装包工控制位和电炉操作工控制位。其中，钢包装包工具有操作台的控制转换优先权，即钢包车的移动由装包工主要控制。钢包车开进电炉出钢位后，电炉出钢不论是否自流，采用烧氧处理或者其他方式处理时，绝不可将钢包车开出电炉出钢位，以防止发生重大事故。电炉出钢结束以后，钢包车由电炉的人员开出出钢位以后，方可允许钢包管理操作人员将钢包开出。

（2）监控电炉出钢是否自流。如果散流，就要做好观察钢包包沿的结冷钢情况。钢包包沿结冷钢的情况严重，钢包进入 LF 冶炼工位，就有可能包盖不能够平衡地坐在钢包上，有可能引起诸如断电极的事故。发生以上情况，要做好清理工作。

（3）电炉出钢口后期，为了防止下渣，电炉的操作工在电炉回摇炉体的时候，就开动钢包车，经常会有少量的钢液粘在钢包滑板机构上。出现这些情况，需要在电炉出钢以后及时处理，防止冷钢冷却以后，处理的难度增加。

3.2 钢包吹氩

氩气是一种惰性气体，不溶于钢中，氩气通过透气装置吹入钢液后能形成无数细小的气泡。吹氩原理是将具有一定压力的氩气通过吹氩枪或吹氩透气砖输送到钢液中，形成气泡，气泡上浮过程中又因浮力作用，将钢水抽引并使之在气液区内产生由下向上的流动；当气泡到达顶部时就转入水平方向并流向包壁；之后在包壁附近向下回流，再次在钢包中、下部被抽引至气液区内，如此循环流动形成环流。在环流过程中，大颗粒夹杂物、脱氧产物在流经渣下部区域时传递进入渣，同时吹氩形成的气泡在钢液中形成相对真空，起到对钢中气体的捕集和排除作用。目前，国际上多采用全浮力模型来定性和定量地描述这种气泡驱动钢液形成循环流场的特征。钢包吹氩的作用正是利用其循环流场的特点来清洁钢液、均匀温度和成分。

LF 炉进行底吹氩，VD 炉也是底吹氩，RH 工艺也是在钢液真空处理以后需要底吹氩进行喂丝处理，VOD 也是需要底吹氩进行搅拌。作为应用最广泛的一种简易炉外精炼方法，钢包炉底吹氩的主要作用有：

（1）利用氩气泡气洗钢水，能使钢中的氢、氮含量降低，并能使钢中的氧含量进一步下降。

（2）利用氩气的搅拌作用，清除夹渣和夹杂，提高脱氧剂和金属材料的收得率。

（3）利用氩气的保护作用，即氩气充满炉膛，可以减少大气中的氧、氮和钢液的接触几率，可进一步避免或减少钢液的二次氧化。

（4）底吹氩气使得钢包内的钢水处于搅拌状态，可以加快传质和传热，一方面使得钢水的温度和成分更加均匀，即常说的"混匀"，减少偏析。

3.2.1　吹氩工艺参数对精炼效果的影响

3.2.1.1　氩气耗量的影响

理论计算和生产实践的结果是一致的，即理论上吹氩能够去除气体，但是在常压条件下，当吹氩量低于 $0.3\text{m}^3/\text{t}$ 钢时，氩气在包中只起搅拌作用，而脱氧、去气效率低且不够稳定，并对改善夹杂物的污染作用也不大。所以，LF 的耗氩量低，去除钢中氢、氮的能力也低。在 VD 和 RH 过程中，在真空条件下，吹氩对脱除钢液中气体的效果就比较明显。

3.2.1.2　吹氩压力的影响

吹氩压力越大，搅动力越大，气泡上升越快。但当继续加大吹氩压力时，氩气流涉及的范围就越来越小，它与钢液接触的面积也就越小，不利于去除夹杂物的精炼效果。实验室的水模试验也已证明了这点。理想的吹氩压力是使氩气流遍布整个钢包，气泡在包中呈涡流式的回流，不仅可增加反应的接触面积，延长氩气流上升的路程和时间，更主要是在中心造成了一个负压，使钢液中的有害气体及夹杂物能够自动流向氩气流的中心，并被卷升到渣面上去，相应地提高了精炼效果。需要说明的是，所谓的吹氩压力是指氩气瓶的出口压力，它不代表钢包中氩气泡压力。冶炼过程中氩气的精炼作用是受钢包内氩气流本身的流量、压力决定的，这中间还存在温度因素的作用，因为管道氩气处于低温，氩气从管道通过透气砖进入包中，温度剧增几百倍，根据气态方程式 $pV = nRT$，这时氩气的压力和体积均发生很大的变化，体积膨胀极易造成猛烈的沸腾与飞溅，这对耐火材料的冲刷、钢温的下降、钢液的二次氧化等提供了条件。因此，一般是起始吹氩压力不能过高，否则也会影响钢的精炼效果。为了提高氩气精炼钢的效果，应增加氩气压力，但对于稳定电弧的燃烧、夹杂物的去除、耐火材料的侵蚀负面影响较大；保持在一定的低压氩气水平下，尽量加大氩气流量，如增加透气砖个数、加大透气砖截面积等措施是解决以上问题的好方法。一些特钢企业的钢包选择采用双透气芯。

3.2.1.3　流量和吹氩时间的影响

在系统不漏气的情况下，氩气流量是指进入包中的氩气量，它与透气砖的透气度、截面积等有关。因此，氩气流量既表示进入钢包中的氩气消耗量，又反映了透气砖的工作性能。在一定的压力下，如增加透气砖个数和尺寸，氩气流量就大，钢液吹氩处理的时间可缩短，精炼效果就会增加。目前普遍认为，吹氩时间不宜太长，以避免过程温降较大及对耐火材料冲刷严重。但吹氩时间不足，非金属夹杂物和气体不能很好地去除，吹氩效果也就反映不出来。

3.2.1.4 氩气泡大小的影响

透气芯上部气泡的生成过程可以分为膨胀过程、脱落过程、脱落时的状况三个阶段，如图3-1所示。

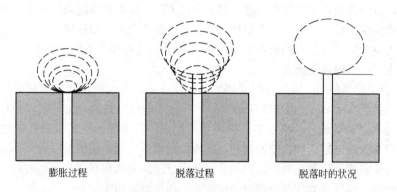

膨胀过程　　　　　　　脱落过程　　　　　　脱落时的状况

图3-1 透气芯气体通道上端气泡的形成

在吹氩装置正常的情况下，当氩气流量、压力一定时，氩气泡越细小、均匀及在钢液中上升的路程和滞留的时间越长，它与钢液接触的面积也就越大，吹氩精炼钢效果也就越好。氩气泡是氩气通过多孔透气砖获得的，透气砖内的气孔越大，原始氩气泡就越大，因此希望透气砖的孔隙要适当的细小。据资料介绍，孔隙直径在 $0.1 \sim 0.26mm$ 范围时为最佳，如孔隙再减小，透气性变差、阻力变大。在实际生产中往往出现透气砖组合系统漏气现象，这时氩气有可能不通过透气砖而由缝隙直接进入钢中。在这种情况下，钢包里的钢液就要翻冒大气泡，后果是精炼作用下降，得不到预期的脱氧、去气、除夹杂等效果。因此，应及时检修或完善组合系统的密封问题。除此之外，氩气泡的大小还与吹氩的原始压力有关。在吹氩系统不漏气的情况下，一般是吹氩的原始压力越高，氩气泡的直径越大。在操作过程中，为了获得细小、均匀的氩气泡，吹氩的压力起着决定性的作用。

3.2.1.5 脱氧程度的影响

钢液的脱氧程度对钢包吹氩精炼的效果影响很大，不经脱氧，只靠包中吹氩来脱氧去气，钢中的残存氧可达 0.02%。也就是说，钢液吹氩不是脱氧的手段，而是提高脱氧效果的方法。钢液钢包吹氩精炼是以钢液良好的脱氧处理为基础的。

3.2.2 钢液流速与吹氩量的确定

为了确定既能净化钢液，又能防止渣卷入的条件，相关文献给出了定量估算气体抽引钢液量 V_{steel} 并进行循环的计算式，即：

$$V_{steel} = 1.9(0.8 + H)\left[\ln\left(1 + \frac{H}{1.48}\right)\right]^{0.5} V_g^{0.381} \tag{3-1}$$

式中，V_{steel} 为抽引钢液量，m^3/s；H 为钢液深度，m；V_g 为吹氩量。

搅拌功和钢包的高度有关。

3.2.3 钢包吹氩操作

钢包炉的冶炼是建立在吹氩搅拌正常的基础上，LF精炼期间搅拌的目的是：均匀钢水成分和温度，加快传热和传质；强化钢渣反应；加快夹杂物的去除。以上的操作要求不需要很大的搅拌功和吹氩量。但是像脱硫反应这样的操作，应该使用较大的搅拌功，将炉渣和钢水剧烈的混冲，以增加钢渣接触界面，加快脱硫反应速度。对于脱氧反应来说，过去一般认为加大搅拌功率可以加快脱氧。但是，现在在脱氧操作中多采用弱搅拌——将搅拌功率控制在 30~50W/t 之间。在 LF 的加热阶段，功率较大会引起电弧的不稳定，应采用弱搅拌。加热结束后，从脱硫角度出发应当使用大的搅拌功率，对深脱硫工艺，搅拌功率应当控制在 300~500W/t 之间。脱硫过程完成之后，应当采用弱搅拌，使夹杂物逐渐去除。加热后的搅拌过程会引起温度下降。不同容量的炉子、加入的合金料量不同、炉子的烘烤程度不同，温度降会不同。总之，炉子越大，温度降低的速度越慢。

　　LF 精炼结束，当脱硫、脱氧操作完成之后。精炼结束之前要进行合金成分微调。成分微调结束之后搅拌约 3~5min，对于特殊的钢种，有的要进行终脱氧，进行喂丝处理。喂丝可能包括喂入合金线以调整成分；喂入铝丝以调整终铝量；喂入硅钙包芯线对夹杂物进行变性处理。要达到对夹杂物进行变性处理的目的，必须使钢水深脱氧，使炉渣深脱氧；钢中的硫也必须充分低；对于需要进行真空处理的钢种，合金成分微调应该在真空状态下进行，喂丝应该在真空处理后进行，这时候的吹氩一般控制在软吹，即小流量的吹氩。

　　实际生产中，一般接钢以后，也就是钢水坐上钢包车以后，连通吹氩系统，启动吹氩一般采用大流量，然后逐渐调低吹氩流量，直至符合工艺要求。主要有以下几点：

　　(1) 起步搅拌。因为电炉冶炼过程中炉膛内部冷区较多，出钢温度经常会有低温现象，所以电炉出钢以后，钢水钢包到精炼炉钢包车就位后，打开吹氩气阀门，大流量检查透气砖情况，如果正常，即氩气能够顺利地将透气砖上方的钢渣吹开，则按照从大到小的顺序调节氩气流量到 350~500L/min，即渣面有氩气吹搅的明显特征。需要说明的是，起步搅拌有吹氩的迹象，但是效果不明显，此时宜保持在起步吹氩的流量进行冶炼，待温度上升到冶炼钢种液相线温度 45℃ 以上以后，发现氩气流量增加，恢复到正常的状态，才能够逐步减少氩气流量，进行正常冶炼。否则，保持起步搅拌的吹氩状态，继续升温。如果氩气越来越小，说明透气芯可能断裂，也有可能漏气，需要检测吹氩管路的密闭性。如果管路漏气，进行应急处理，包括维护人员处理漏点，或者启动应急吹氩管路，采用旁通吹氩；如果吹氩管路正常，氩气逐步减少，不足以满足冶炼过程中的增碳、合金化、温度均匀的要求，需要合理的短时间 (一般小于 10min) 送电升温，升温过程中装备钢包准备倒包作业，准备工作做好以后进行倒包作业。实践表明，有 50%~80% 的质量事故和吹氩不正常有密切的联系。这种情况对于设置有两个透气砖的钢包来讲，要好处理一些。一个透气砖不透气，另外一个增加搅拌气体的流量即可。

　　透气芯断裂的情况常常发生于装好透气芯以后，没有合理烘烤就直接出钢。这种情况下，吹氩不通是由于应力引起的透气芯断裂。凡是透气芯不正常的钢包，都需要钢水处理完毕以后，检查透气芯。

　　起步搅拌正常以后进入下一步的冶炼作业。

　　(2) 送电加热后，将氩气流量调节到 30~250L/min，以渣面波动、电极不闪烁为准。同时，透气砖上方有直径 15cm 的渣眼。

　　(3) 加合金期间，抬起电极，增大搅拌强度到 50~300L/min 左右，钢水裸露直径 30~40cm 的渣眼，强搅拌 2~3min。

　　(4) 达到目标温度后保温，采用弱搅拌，氩气流量为 30~150L/min，以渣面波动、电极不闪烁、保持透气砖上方有直径 15cm 左右的裸露渣眼为宜。

　　(5) 在冶炼一些低合金硬线钢的时候，为获得更好的脱硫效果，一般在 LF 加热结束后，白渣条件下强吹氩搅拌。这时要升起电极，关严炉门，吹氩强度为 80~250L/min，搅拌时间 2~20min。

（6）喂 CaSi 丝期间，钢包采用弱搅拌，吹氩强度为 30~120L/min，以渣面微微波动、钢水不裸露为准，喂丝结束后，继续搅拌 3~15min。

（7）取样前，增大搅拌强度至 50~200L/min，以均匀钢水成分。取样时，氩气流量调至正常搅拌状态，保持钢液面稳定不大面积裸露。

吹氩压力曲线如图 3-2 所示。

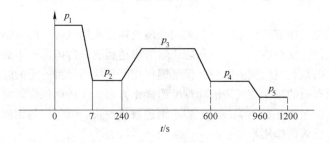

图 3-2 吹氩压力曲线

p_1—启动搅拌压力（1.2~1.6Pa）；p_2，p_4—正常搅拌压力（0.2~1.0Pa）；p_3—加入合金的重搅拌压力（0.45~1.5Pa）；p_5—软吹时的压力（0.2~0.6Pa）

3.2.4 常见吹氩不通的处理与应对方法

3.2.4.1 烘烤时间不合理造成的底吹氩不通

对于直接从烘烤台架吊出的钢包，投入使用以后往往底吹效果较差。原因是钢水浇完以后，钢包内的剩余炉渣随温度的下降黏度增加，如不及时倒掉，余渣容易集结在钢包底、钢包壁上，钢包烘烤过程中，剩余炉渣中间的部分低熔点相，将会首先熔化，和透气砖接触以后，在长时间的炉渣浸润渗透作用下，进入透气砖的窄缝，造成使用时的透气砖底吹效果不好或者底吹失败。

针对以上的情况，一是在烘烤的时候，透气砖通气（氮气或者压缩空气），达到反吹清理进入透气砖狭缝内钢渣的目的；二是新钢包修好以后，透气砖先不装，烘烤充分以后再装好透气砖，做短时间烘烤以后投入使用。

此外，电炉在冶炼高合金钢的时候，通常将部分合金和渣料石灰等加入钢包，然后将钢包车开到在线烘烤位进行烘烤。这种情况下，采取的措施是加合金的时候，透气砖进行吹气，合金加入钢包以后，采用弱流量的气体吹扫透气砖，防止透气砖堵塞。

3.2.4.2 透气砖清理过程不规范造成的透气砖不通

透气砖使用过程中，钢包精炼炉冶炼结束以后，在连铸浇铸过程中，一方面因毛细作用钢渣渗透到灰缝中，将透气砖堵塞，另一方面是连铸浇铸结束以后，钢包内的钢渣和残钢沉降到包底，易将透气砖表面覆盖而造成透气砖不通气。所以，每次钢包浇完后需清理透气砖表面，才能保证透气砖畅通。采用钢包外往透气砖吹燃气，包内用燃气—氧气清扫透气砖的表面残渣残钢。往透气砖内吹燃气一方面便于观察吹气效果，另一方面可以将管道内熔的渣钢吹出。用燃气—氧气混合气体清扫是为清理透气砖表面钢渣，同时熔化透气砖通道内的渣钢。

操作方法是每次钢包倒完钢渣以后，钢包平放在装包工作平台，操作工通过防辐射的水冷护板，从钢包前面使用自耗式钢管，将透气砖前面的冷钢渣清理掉。如果清理的方式不得当，吹氧产生的铁液在透气砖上黏附，一般是由于氧气压力过小，没有在短时间内将透气砖上的冷钢吹掉。氧气氧化铁液在局部产生高温，氧化铁又可以降低透气砖的岩相组成物的熔点，造成吹氧将透气砖烧坏。

透气砖的清理是首先将透气砖四周的残余冷钢清理干净，然后快速清理透气砖上面的残余冷钢，禁止长时间对着透气砖使用小流量的氧气清理透气砖。清理结束以后，将燃气接头接到底吹氩快速接头上，如果从钢包前面看到火焰均匀地从透气砖上升起，表明透气砖的清理比较彻底，反之则要进一步清理。如果经过多次的清理仍然不能够透气，就要更换新的透气砖了。

还有的厂家在透气砖清理结束以后，采用介质气体反吹透气砖，即从钢包底部的吹氩快速接头上接通介质气体，吹扫透气砖，达到防止熔渣渗透到透气砖内部的事故。

最后需要说明的是，钢包倒渣以后，保证钢包在倒立状态保持一定的时间，尽量将包内钢渣倒彻底，是一项有效的减少透气砖清理难度的操作方法。连铸钢包浇铸完毕以后，如果不能够及时吊包倒渣，钢包盖好钢包盖，对于防止钢包散热较快、钢包内的钢渣粘在包底、减轻装包工的作业难度有显著的作用。

3.2.4.3　吹氩管路漏气造成的吹氩不通

一般钢包上的吹氩管路采用固定的钢管和金属软管连接为主，软管连接底吹气透气砖底部进气管和钢包上固定的无缝钢管，钢包上固定的无缝钢管设有快速接头，钢包车上的吹氩管路也是固定的无缝钢管和金属软管连接，金属软管通过和钢包车上面的快速接头一套匹配的快速接头连接，钢包车上钢管和钢包快速接头这一阶段的金属软管的软连接，出钢过程中钢液的飞溅，会集结在金属软管上，随着时间的积累，会形成渣钢，磨烂软管漏气，造成底吹气达不到压力要求造成底吹氩失败。

电炉出钢过程中钢水温度过低，EBT 散流，电炉出钢下渣溢出钢包；电炉出钢脱氧过程中控制不合理，造成了钢包内钢水沸腾溢出钢包；钢包炉吹氩强度过大，钢渣搅拌剧烈溢出钢包。这些都可能烧坏软管造成漏气。此外，还有一些情况下，钢渣粘在快速接头上，连接在钢包和钢包车上的金属软管拔不下来，造成了行车起吊时候强行吊起钢包，拉坏连接在钢包上的金属钢管的薄弱部分，或者钢包车上的软管或者钢管的薄弱部分，造成漏气，导致底吹气体压力不够。

针对以上的情况，预防措施一方面是加强电炉和精炼炉的冶炼工艺控制，包括电炉合理的出钢温度，及时修补或者更换电炉的 EBT，防止散流出钢；正确控制加料冶炼和出钢吨位的关系，防止出钢下渣太多，合理控制吹氩或者吹氮的流量，防止钢渣溢出钢包。另一方面还要加强维护，在金属软管上包裹石棉布，定期清理吹氩管路上的冷钢渣，吹扫吹氩管道，防止吹氩管道堵塞；在快速接头粘冷钢以后，时间允许的情况下，清理完毕冷钢以后再起吊钢包，或者钢包强行起吊钢包以后，及时检查吹氩管路的情况，进行修复。

电炉出钢过满，超过渣线，接近包沿的情况下，是最容易产生快速接头粘冷钢的事故原因。为了防止快速接头粘冷钢的事故，在电炉出钢前和钢包进入精炼炉冶炼位，接好快速接头以后，将快速接头的部分使用石棉布盖住，是一项十分有效的措施和方法。此外，在钢包的快速接头上方，装一个不影响其他操作的"遮雨篷"，防止钢渣集结在快速接头上也是一个不错的解决办法。

最后需要说明的是，定期更换吹氩的金属软管和快速接头，对于正常生产的保证是一个不可或缺的内容。

3.2.4.4　钢包温度过低造成的钢包底部结冷钢造成的底吹氩不通

钢包没有烘烤充分，或者钢包到达电炉出钢位，电炉的 EBT 不自流，或者其他原因造成时间较长，大于 15min 以后，70t 以下的钢包温度散失较快，造成钢包变黑，加上电炉的出钢温度不够高，钢包底部结冷钢堵塞底吹气砖，造成吹氩不通。还有一种情况是连铸钢包没有浇完的钢水，由于低温或者其他原因回到另外的钢水包里面，也没有及时倒出，黏结在钢包底部，形成"冷钢包"，出钢时，造成钢包底部钢水处于软熔状态，或者钢液黏度大，吹氩不通。

此类情况的避免一般是出钢前要求电炉提高出钢温度，出钢前的氩气流量控制得偏大一点。或者使用事故吹氩长管（耐压耐高温胶管或者金属软管），电炉出钢保持较大流量的吹氩操作，以钢水保持正常搅拌运动特征，电炉出钢结束以后，钢水从电炉出钢的钢包车吊运到 LF 炉出钢的钢包车这一段时间内，始终使用事故吹氩长管保持吹氩，防止停吹以后钢包包底结冷钢。钢包到达冶炼加热位置以后，钢包炉以最大的功率送电升温冶炼，直到钢液的温度上升到大于冶炼钢种的液相线温度 35℃ 左右，换上正常吹氩的金属软管进行正常的冶炼。

对于结冷钢较多的钢包，即使透气砖良好，也不宜使用。这是因为此类钢包投入使用以后，一是钢包内的冷钢会影响钢包内钢水化学成分的精确控制；二是有可能出钢时，高温钢水冲击冷钢产生的能量，加上脱氧的动力学条件产生的动能，搅拌气体的动能，会引起剧烈沸腾，导致钢水剧烈沸腾、溢出钢包、烧坏吹氩设备和出钢车；三是有可能冷钢熔化不掉，覆盖在钢包底，造成吹氩不通，形成事故。

此类钢包的处理一般是采用平放以后，从钢包前面吹氧作业，将冷钢切割成为小块去除，或者将冷钢烧氧熔化，一次次地倒出，将包内冷钢清理干净。

3.2.4.5　透气砖抗热振动性能差引起的底吹失败

狭缝式透气砖一般采用浇注成形，高温烧成，然后包铁皮再与座砖整体浇注、养护、烘烤。透气砖体积密度大，荷重软化温度高，抗渣性好，高温强度大，但是抗热震性能不稳定。钢包采用狭缝式透气砖，透气砖在烘烤过程中，接钢过程中或者冶炼过程中，温度在较大范围内急剧波动，在接近高温的热面上，热应力会导致透气砖产生裂纹，钢水如果渗透进入裂纹并且凝固，或者从裂纹处漏气，造成吹氩效果差或者底吹失败。

为了减少透气砖断裂造成的吹气不通，一方面要求生产厂商提高透气砖的抗热震性，比如使用低膨胀性的材料，防止透气砖在烧成和使用过程中的体积变化过大，保证狭缝的尺寸，防止热应力引起的裂纹。在使用过程中避免钢包的极冷极热，在保证生产需求的条件下，减少钢包的投入使用数量，提高钢包的热态周转，降低透气砖的热态振动损坏。

3.2.4.6　电炉出钢之前的操作不得当造成的透气砖堵塞

电炉出钢的时候，需要加入脱氧剂，包括一些低熔点的合成渣、脱氧剂铝饼等。如果钢水没有出来，氩气吹扫没有启动，这些物料或者烧结，或者渗透加入狭缝内堵塞透气砖。所以，现在的电炉操作，一般是钢水没有出来之前，钢包底吹氩或者氮气没有启动，是不允许加入物料进入包底的。

3.2.4.7　电炉出钢造成的吹氩不通

电炉出钢温度过低，即使钢包的烘烤很充分，也会在钢包底部形成冷钢，造成钢包底部吹氩不通；除此之外，电炉的 EBT 后期，冶炼合金加入量较大的钢种，出钢口没有及时修补或者更换，出钢时间较短，合金加入时间滞后，钢水出完了，合金和渣料还没有加完，合金加在钢包上面，大量的合金渣料吸热造成钢包上部形成低温区的一个"盖子"，造成底吹氩不通。

消除以上的情况，预防是最好的措施。所以，电炉杜绝低温出钢，及时修补出钢口或者更换出钢口，确保电炉出钢时合金能够在出钢结束前加完。

特殊时期，如电炉出钢口较大、出钢时间很短的情况下，电炉出钢保持较大的吹氩或者吹氮的流量，使得钢包内的钢水保持较为强烈的运动状态到出钢结束以后 3min 左右，以钢水不溢出钢包为准，使得钢包的底吹氩气或者氮气吹搅钢水正常进行。钢包炉送电冶炼以后，由于电弧的加热，这种情况就会缓解。另外的方法就是底吹气打开，将一部分合金预先加在包底，然后出钢。出钢合金少加一部分，保证钢水脱氧充分即可，在出钢结束前，补加剩余的合金，成分的控制留给精炼炉处理，也是一个有效的处理方法。

这种吹氩不通的情况下，事故是最容易发生的，笔者经历过数次。出钢结束时钢水吹氩不通，3~5min 以后，装包工准备上到钢包车上拔吹氩软管时，钢包内的钢水突然剧烈沸腾，溢出钢包，险些造成人员伤亡的事故。

3.2.4.8　事故状态的吹氩操作

为了保证钢包的吹氩正常，一般的吹氩装置设有正常的吹氩装置以外，还有一套事故吹氩装置（如吹氩顶枪）和旁路吹氩装置（手动控制吹氩流量），还有的设有高压氮气事故状态下的吹通装置。需要说明的是，钢包内冷钢形成最快的是从钢包底开始的，逐渐地沿着包壁向包口上发展，所以为了防止钢包包底形成冷钢，钢包出钢以后，钢水要求始终保持吹氩搅拌的状态。

吹氩失败后，钢水只有倒包处理。倒包即将吹氩不通的钢包内的钢水，使用行车吊起钢包，倒入另外一个准备好的钢包内，这种操作，一是容易产生各类事故，二是钢水的温度损失较大，还会产生新的问题。所以，吹氩不通是精炼炉冶炼的一个需要重点对待的问题。

3.2.4.9　事故状态的旁路吹氩或者高压氮气吹扫的操作

在一些情况下，透气砖的吹气效果会受到影响，这些情况下一般使用旁路吹氩或者吹氮，吹气的压力和流量比自动控制的流量要大许多，这些情况主要包括：

(1) 连铸出现故障，精炼炉钢水积压较多，有两包以上的钢水待升温处理。

(2) 精炼炉出现故障，停炉时间较长，造成钢水降温损失较大。

以上两种情况下，这些钢水因为待处理时间较长，有的吹氩情况越来越弱，钢包表面结壳，吹氩的迹象越来越小，直到吹氩不通，没有了钢水的运动迹象。这种情况出现以后，一是看到钢包表面出现钢渣凝固的现象，二是搅拌气体的流量增加也没有钢水运动的迹象发生。

这种情况下，如果精炼炉能够送电加热，处理的方法主要是保持吹氩流量最大，能够起弧送电的直接送电冶炼，不能够起弧送电的，对着钢包内钢包表面钢渣结的壳进行吹氧，烧开钢壳，能够满足起弧条件以后，然后送电升温。送电升温以后，这种情况会有所缓解，只要有吹氩迹象出现，随着温度的升高，吹氩的迹象越来越明显，钢水在钢包内的运动越来越剧烈，这时候需要降低吹气的流量，恢复到正常的水平；如果 10min 以后，如果还没有吹氩的迹象，就要考虑放弃此包钢水的加热。需要说明的是，笔者在 70t 电炉工作期间，冶炼 20MnSi2 的时候，钢水待处理时间超过 5h，吹氩不通，经过上述操作处理，消除了吹气不通的事故。冶炼 60Si2Mn，电炉出钢造成钢包车粘在轨道上，处理时间超过 8h，钢包车开出以后，此包钢水在 LF 炉冶炼成功。这说明有些情况下，事故是可以挽回的，但代价是冒险和不可预知的事故。

(3) 电炉出钢温度低，或者钢包内钢水表面结壳。这种情况下，首先使用旁路吹氩，尽可能快地送电升温。此时，旁路吹气的操作人员需要注意，远离钢包，因为这种情况下，吹氩正常的那一瞬间，钢包内的钢水运动较为剧烈，容易飞溅出一些金属物，烫伤钢包周围的人。

3.2.4.10　事故状态下的顶枪吹氩

钢包吹氩开始采用吹氩枪顶吹氩，后来逐步发展了透气砖，采用底吹氩，透气砖的发展经历了一个曲折的过程。起初生产黏土质弥散型透气砖，不耐冲刷侵蚀其使用寿命低；第二代刚玉质直通型透气砖又因重复开吹率低而影响吹氩效果；第三代刚玉质狭缝式透气砖弥补了上述缺陷，具有通气量大、搅拌效果好，重复开吹率高、抗冲刷耐侵蚀、高温性能好等特点。

钢包底吹氩与顶吹氩比较，有如下优点：

（1）采用底吹氩，成本低。

（2）操作简单方便。底吹氩透气砖与钢包寿命同步，只需在砌筑时将透气砖砌入包底，吹氩时用快速接头连接软管一插即可，而顶吹氩要经常更换吹氩枪，一般 10 炉次换一只，装枪烘烤费工费时。

（3）安全性高。底吹氩透气砖结构合理，可确保不漏钢，排除顶吹氩吹氩枪断到钢水里降低钢水质量的危险。

综上所述，目前世界上大多数国家已全部采用底吹氩工艺，而淘汰顶吹氩我国也是如此。但是作为事故状态下的一种吹氩补充方式，有的厂家保留了顶吹氩枪，在底吹氩不通的情况下，使用从钢包炉炉盖上设置的顶吹氩枪，下降到钢包进行吹氩送电冶炼，直至吹氩正常以后，切换到正常的吹氩状态即可。

宝钢 150t LF 炉顶枪的主要参数如表 3-1 所示。其主要用途为：

（1）由于种种原因造成钢包底吹氩失败时，需要用顶吹氩代替作业。

（2）顶吹氩的工作原理和钢包底吹氩相似，但顶吹只是一种辅助手段，其目的是清除透气砖的堵塞，恢复底吹氩。

（3）顶枪吹氩和电极加热可配合进行，加速包底冷钢熔化，以保证温度的均匀。

（4）使用顶枪连续吹氩 10min 以上时，要提枪观察枪的熔损情况，避免断枪事故发生。

（5）顶枪插入深度距包底 0.5m，以确保包底钢液成分和温度的均匀。

表 3-1　宝钢 150t LF 炉顶枪的主要技术参数

序　号	项　目	参　数
1	枪高度/mm	7350
2	行程/mm	5500
3	最大倾斜度/(°)	3
4	氩气压力/MPa	2.5
5	氩气流量(标态)/L·min^{-1}	0~600

3.3　LF 温度控制

温度是满足 LF 炉热力学条件的保证，LF 炉的温度控制对于后面工序的影响深远。一个好的炼钢工，通过一段时间的锻炼，钢包炉的温度偏差可以缩小在 ±5℃，对于降本增效、提高钢种的质量效果显著。所以，LF 的温度控制是炼钢工的基本功，练就良好的温度控制技能，一是需要从理论上了解钢包炉的热平衡关系，二是在实践中多总结，掌握不同包况下的钢包升温规律，总结出钢包的升温数学回归解析式。

3.3.1　LF 温度控制基础知识

一般来讲，大多数的钢包炉在控制钢包的温度变化过程时，都要引入耐火材料的烧损指数，这是施韦伯（W. E. Schwabe）提出的，以此来描述由于电弧辐射引起炉壁耐火材料损坏的外部条件，表示如下：

$$R_E = \frac{P_{arc} U_{arc}}{d^2} = \frac{I U_{arc}^2}{d^2} \qquad (3-2)$$

式中，P_{arc} 为单相电弧功率，MW；U 为电弧电压，V；d 为电极侧部到包衬壁的最短距离，m。

冶炼过程中电弧不埋弧暴露时，R_E 应该加以限制，研究认为，钢包炉 LF 的耐火材料的烧损指数安全值在 300 ~ 350MW · V/m² 或者 30 ~ 35kW · V/cm²。笔者实地观察到 LF 炉调试阶段，由于供电制度不合理，钢包送电 30min 左右，钢包包壁发红的情况。

由焦耳—楞次定律，推导出的 LF 炉电弧功率和钢水升温速度之间的关系如下：

$$v = P_{arc} \frac{\eta_H}{60 c G} \qquad (3-3)$$

式中，P_{arc} 为三相电弧功率，kW；η_H 为 LF 炉本体热效率，$\eta_H = 0.4 \sim 0.45$；c 为钢水的比热容，$c = 0.23$kW · h/(t · ℃)；G 为钢水的处理量，t。

钢包炉的供电制度，选择电流、电压的原则主要有：

（1）为了控制耐火材料的烧损指数，防止耐火材料炉衬受到电弧的过度损坏，电弧应该尽量短，电压要合理。选择合适厚度的炉渣进行埋弧操作。

（2）LF 炉精炼过程中，钢液接触电极容易增加钢液中间的碳，为了防止增碳，电弧电压应该高于 70V 为好。

（3）长弧供电，即高电压低电流，经济效益明显，采用泡沫渣操作，意义重大。泡沫渣的厚度以大于电弧的长度为宜。实际操作中，钢包炉前期因为钢液和炉渣中间的氧含量较高，造泡沫渣的操作比较容易，随着脱氧的深入，泡沫渣的操作难度就会增加，所以精炼炉前期应该以较大的功率升温，温度达到目标以后进行保温操作。

（4）保温档操作，即采用较低的电压和功率，使得钢液的升温速度等于钢包的散热速度，钢液温度基本保持在一个稳定的范围。

3.3.2　钢包炉能量平衡计算

按照热平衡的考虑计算方式，钢包进入加热位，从开始加热的时刻到结束的时刻，这一段加热期内，进入体系的能量应该等于体系内能的变化和体系散失的能量。表示为：

$$\int_{\tau_s}^{\tau_e} P_w \mathrm{d}\tau + \sum_{i=1}^{n} q_i \Delta i = U_e - U_s + \sum_{j=1}^{n} Q_j (\tau_e - \tau_s) + 3 I^2 R (\tau_e - \tau_s) \qquad (3-4)$$

式中，P_w 为短网输入钢包炉的有功功率，kW；q_i 为代表某一种合金化元素每千克的热效应，J/min；i 为参加合金化元素的某一种合金的消耗量，kg；$U_e - U_s$ 为加热期始末体系内能的变化；Q_j 为单位时间内组元 j 所带走的热量，包括冷却水、烟气、烟尘、短网、炉体的表面散热损失，J/min；τ_e 为停止加热的时间；τ_s 为开始加热的时间；I 为加热期平均工作电流，A；R 为钢包炉供电回路一相的电阻，Ω。

钢液内能的变化可以简单地使用以下的公式计算：

$$\Delta U = mc(T_e - T_s) \qquad (3-5)$$

式中，m 为钢液的质量，kg；c 为钢液的比热容，J/(kg · K)；$T_e - T_s$ 为钢液加热的始末温度差，K。

根据热效率、输入电功率、钢水量，就可以简单推测出钢液的温度范围，以及不同功率送电档位的时间。表 3-2 为三座钢包炉的能量平衡表（普钢渣系）。

表 3-2　三座钢包的能量平衡表

项　目	能量所占比例/%		
钢包型号	70t	120t	300t
输入能量	100	100	100
钢液升温能量所占比例	34.5	29.8	44
冷却水散失能量比例	22.2	15	13.88
电阻散失能量比例	16	16.7	18.2
烟气损失能量比例	6.1	5.2	8.6
炉体蓄热散失能量比例	8.55	11	8.4
炉渣内能的变化（炉渣熔化热）所占比例	2.3	7.1	4.8
其他散失	10.35	15.2	2.12

3.3.3　实际生产中的温度控制

　　精炼炉对处理钢水的基本要求是钢水的到站温度是在冶炼钢种的液相线温度以上高 45℃ 为最好，这样对于精炼炉的送电化渣脱硫、脱氧合金化、泡沫渣埋弧、保护炉衬、增加缓冲时间都有利。

　　影响温度控制的主要因素有：

　　（1）钢包的烘烤控制。电炉出钢钢水的温降决定于钢水流量和出钢高度。由于出钢时间较短，包壁散热对钢水温度基本没有影响，但包壁蓄热，特别是距包壁内表面 40mm 以内区域的包衬蓄热对出钢温降影响较大，即钢包内壁温度对出钢温降有明显影响。出钢过程中加入的合金量及其种类以及包内残余冷钢渣量都对出钢温降有明显的影响，图 3-3 为出钢时间和钢包残余冷钢对钢包温度的影响；图 3-4 为钢包烘烤温度对钢水温降的影响。

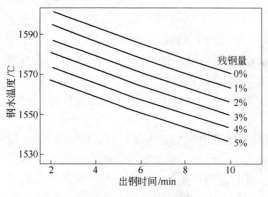

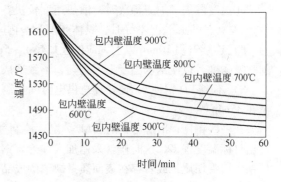

图 3-3　出钢结束钢包内钢水温降随出钢时间和
残余冷钢量的变化规律　　图 3-4　钢包预热温度对钢水温降的影响

　　（2）加入合金渣料对于温度的影响。加入合金和渣料以后，由于大部分的合金熔化需要吸收热量，所以加入合金的量对于温度控制很关键，这需要计算出合金加入量对于温度的影响。表 3-3 是一座 140t 钢包炉加合金对温度的影响。

表 3-3　140t 钢包每加 100kg 合金引起的温降

材　料	温降值/℃[①]	材　料	温降值/℃
高碳 FeMn	-1.1 ~ -1.9	炭粉	-4.4
低碳 FeMn	-0.8 ~ -1.5	渣料	-1.1
高碳 FeCr	-1.55 ~ -1.9	FeMo	-0.8
低碳 FeCr	-1.5	FeNb	-0.88
FeSi	+0.44	FeTi	-0.74
Al	+1.33	FeNi	-0.88

①＋：表示放热；－：表示吸热。

（3）LF 加热期间应注意的问题是合理的低电压、大电流操作。如果吹氩正常，炉渣渣料已经加入，此时就可以进行送电埋弧加热了。在加热的初期，炉渣并未熔化好，加热速度应该慢一些，可以采用低功率供电。熔化后，电极逐渐插入渣中。此时，由于电极与钢水中氧的作用、包底吹入气体的作用、炉中加入的 CaC_2 与钢水中氧反应的作用，炉渣就会发泡，渣层厚度就会增加。这时就可以以较大的功率供电，加热速度可以达到 3 ~ 5℃/min。加热的最终温度取决于后续工艺的要求。加热的基本要求和操作如下：

1）如果钢水到站测温值低于 LF 开始处理的温度要求，温度的控制原则是首先供电升温直至接近目标温度下限的 10 ~ 25℃。

2）开始加热时，炉渣较干不易埋弧时，应采取低档电压送电。

3）炉渣形成之后，根据埋弧情况，逐渐加大电压级数。

4）加合金期间，测温取样期间应断电操作。

5）如钢水温度较高，要求升温幅度较小，则可采用中低电压送电操作。

6）电弧加热可使钢液的升温速度达 0.5 ~ 4.5℃/min，不包括以下温降因素：

①钢包吸热、钢包的预热、烘烤和升温状况；

②渣料吸热。加入每吨渣料的损失为 20 ~ 33℃；

③合金吸热，温降值参考合金加入标准；

④温度散失，炉渣稀薄时，散热速度较快。

7）炉渣埋弧状况不好时，具体表现为炉内噪声大，此时要降低供电电压。

8）连续升温 10min 以上，应停止加热 1 ~ 5min，或者以保温档位送电 5min 左右，适当增加吹氩强度，以便钢水温度上下均匀，不致造成渣面局部温度过高。

9）不经 VD 钢种 LF 轻处理总供电时间控制在 25min，经 VD 钢种 LF 本处理总供电时间控制在 35min。

在一些钢厂，冶炼普钢时，LF 炉温度控制过高，或者电炉出钢温度很高，LF 到站温度就高出目标温度很多，这时候就采用加入和冶炼钢种成分一致的冷钢降温。这些冷钢来源于本厂轧钢的切头切尾，或者存在表面质量缺陷的成品，还有连铸产生的切头、短尺、废品等。笔者亲眼目睹了德国 BSW 厂，电炉出钢以后，钢包温度超过 1680℃，该厂员工直接使用行车吊加整个一卷的盘圆到钢包的过程，降温效果明显。

一些工作时间较短的炼钢工，对于温度的控制存在难度的情况下，以下方法也是一种明智的选择：

（1）将温度一次控制在目标温度范围以内，然后采用保温档位送电冶炼，这样也可以较为准确地控制钢包内钢液的温度。

（2）将温度一次控制在目标温度以下5℃左右，然后采用保温档位送电，出钢前将温度控制到位，这中间需要多测温即可。

（3）如果一次将温度控制得高于目标温度，可采用增加吹氩量、停电或者加冷钢的降温方式逐步降温。

3.3.4 温度回归关系的建立

实际的钢液升温速度与初始钢液温度、电炉出钢时的合金和辅料加入量、钢包的预热温度、钢包底吹氩制度、钢包运转周期、冶炼过程中的埋弧情况等因素有关。宝钢集团上海五钢有限公司的虞明全工程师在一座100t的钢包炉上，在电压为235~251V和电流为12~30kA时，测得钢液的升温范围与加热时间的回归关系为：

$$\theta = 4.35t - 7$$

式中，θ 为钢液的升温范围；t 为加热时间，min。这样根据回归关系就可以简单地估算出升温的范围。

实际生产中，将不同钢包，在不同的电压、电流、温度下，冶炼某一个钢种时的升温情况做记录，在EXCEL表格中间输入，通过数学计算，就可以建立相应的升温控制的数学回归关系，对于优化操作意义重大。

以70t钢包炉为例，经过建立回归关系，冶炼弹簧钢，快速升温档4档，每1min升温4℃，加入800kg硅铁，钢液升温2.5℃，由此可以精确地控制送电的档位调整温度。

3.4 LF脱氧

氧在钢液中的溶解，是氧得到钢液中的电子，与铁形成FeO或与FeO形成离子团。在氧化铁含量超过一定浓度时，氧化铁迁移至钢液表面，形成氧化铁薄膜。钢液的脱氧是，选用与氧亲和力大于铁的元素加入钢液内部或与钢液接触以后，这些脱氧元素与氧化铁发生还原反应，与氧结合形成氧化物排出钢液。部分脱氧产物没有及时排出成为钢中夹杂物，影响钢材的性能。

目前的镇静钢主要分为铝镇静钢和硅镇静钢两大类。铝镇静钢通常为低碳钢，硅镇静钢通常为中高碳钢。钢液脱氧方式主要可以分为铝脱氧和硅脱氧、辅助的脱氧方式有碳脱氧、钡合金脱氧，甚至目前的合成渣出现了镁脱氧的方式等。

LF的脱氧方式分为沉淀脱氧和扩散脱氧两种。沉淀脱氧就是添加合金或者脱氧剂进入钢液内部，在合金化的同时，达到实现脱氧的目的方法。沉淀脱氧包括合金化、添加铝铁脱氧等方法；扩散脱氧主要是利用氧在钢渣间的浓度存在着定量比例关系的原理，通过不断地降低钢渣（也叫顶渣）中的氧含量，促使钢液中的氧不断地向钢渣中扩散，达到降低钢液中间氧含量的一种脱氧方法。扩散脱氧包括LF造白渣，向渣面添加铝粉、硅铁粉、碳化硅粉末、电石、合成渣、炭粉等。

3.4.1 不同脱氧剂脱氧能力的比较

3.4.1.1 铝的脱氧反应

一般钢中的硅含量较大可降低钢液中的氧含量，但是当钢液中氧含量由于选分结晶发生偏析时，其浓度增高，和硅的脱氧能力相近或高于时，则［C］和［O］将再度强烈反应，析出CO气泡。因此，仅用硅脱氧是不能抑制低温下发生的碳脱氧反应的，不能使钢液完全镇静，获得优质的镇静钢锭或钢坯。为此，需加入比硅脱氧能力更强的脱氧剂——铝。

铝脱氧的能力和速度最为迅速和明显。采用铝脱氧的Al-O平衡状态图如图3-5所示。

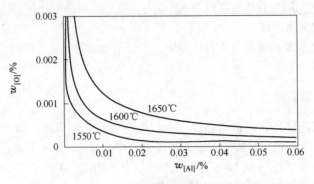

图 3-5　采用铝脱氧的 Al-O 平衡图

　　钢液中酸溶铝量的多少直接影响到钢液的脱氧。文献研究和实践证明，钢液中酸溶铝量越高，脱氧就越彻底。钢液中酸溶铝 $[Al]_s$ 对脱氧的影响十分明显。从钢液中铝氧平衡可知，铝脱氧按以下反应式来进行：

$$2[Al] + 3[O] \Longrightarrow (Al_2O_3) \tag{3-6}$$

脱氧产物一般为纯氧化铝。因此，该反应式相对应的平衡常数为：

$$K_{Al_2O_3} = \frac{a_{[Al]}^2 a_{[O]}^3}{a_{Al_2O_3}} \tag{3-7}$$

由于铝含量直到 0.1%，仍然可以认为铝和氧的活度服从亨利定律，平衡常数改写成以下形式：

$$K_{Al_2O_3} = \frac{[Al]^2 [O]^3}{a_{Al_2O_3}} \tag{3-8}$$

平衡常数值可以表示为：

$$\lg K = -\frac{58600}{T} + 18.9 \tag{3-9}$$

　　经过有关专家的实测，在精炼炉第一炉的第一个取样温度是 $T = 1564℃$，酸溶铝含量为 $[Al] = 0.005\%$，考虑到铝的脱氧产物一般是纯的氧化铝，所以取 $a_{Al_2O_3} = 1$，经过计算近似得出溶解氧的量为：

$$[O] = \sqrt[3]{\frac{K_{Al_2O_3}}{[Al]^2}} = 0.00048 \tag{3-10}$$

即溶解氧量 $[O] = 0.00048\%$，由于实际中 $a_{Al_2O_3} < 1$，所以计算值还要小于 0.00048%，与实际测量的相差很大，实际测量值是 0.00175%。由于实际冶炼操作中影响钢液溶解氧的因素还很多，但酸溶铝的影响可谓是最大的。有关文献表明，铝是强脱氧剂，铁中含 0.01% Al 就足以使氧含量降到 0.001% 以下，实际操作中，一般脱氧操作总把溶解铝量控制在 0.03% ~ 0.05%，以保证与氧完全结合成氧化铝脱除。可见保证钢液中一定的酸溶铝量是大多数钢种脱氧的关键所在。

3.4.1.2　硅的脱氧反应

　　硅是比锰强的脱氧剂，常用于生产镇静钢。使用硅脱氧的状态图见图 3-6。仅当 $[Si]$ 在 0.002% ~ 0.007% 及 $[O]$ 在 0.018% ~ 0.13% 的范围内，脱氧产物才是液相硅酸铁（$2FeO \cdot SiO_2$），而在一般钢种的含硅量 $[Si] = 0.17\% ~ 0.32\%$ 范围内，脱氧产物是 SiO_2。硅的脱氧反应为：

$$Si_{(s)} + O_{2(g)} \Longrightarrow SiO_{2(s)} \quad \Delta G^{\ominus} = -907100 + 175.73T \quad J/mol \tag{3-11}$$

3.4.1.3　碳的脱氧反应

　　碳的脱氧产物是气体，是最为理想的脱氧剂之一。主要原因是其脱氧产物不会停留在钢液中而污染钢液。但是，在常温常压下，碳脱氧速度较慢，脱氧能力有限。

碳在钢液中和溶解氧的浓度存在一定的比例关系。钢液中碳的存在，能够限制氧在钢液中间的溶解度，减轻钢液脱氧的任务，节约脱氧剂的成本，同时，脱氧剂使用量少，脱氧产物在钢液中的量相应减少，意味着钢液中的夹杂物减少，钢坯的质量相应提高。所以，这是电炉争取留碳操作的原因，也是电炉冶炼中高碳钢出钢时，必须在炉后增碳的主要原因。电炉（转炉）出钢钢中的碳含量和渣中影响白渣的 MnO、FeO 的关系见图 3-7。

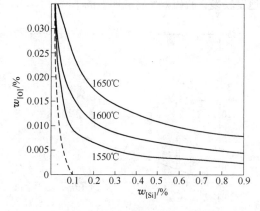

图 3-6 使用硅脱氧的状态图

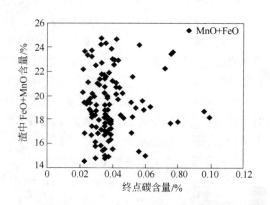

图 3-7 钢中碳含量和渣中影响白渣
形成氧化物之间的关系

实践表明，LF 炉冶炼低合金中高碳钢（如硬线钢 30 号、65 号等），高碳钢的脱氧比中碳钢的容易，和碳脱氧的关系比较密切。

碳脱氧的方式分为进行钢液增碳的脱氧，钢渣表面添加炭粉的脱氧，利用添加电石、合成渣等方式进行。

LF 炉其他脱氧方式，如钡合金脱氧，是利用了钡元素脱氧迅速，脱氧产物颗粒较大，容易从钢液中间上浮去除的特点，添加硅钙钡等含钡元素的合金进行沉淀脱氧。只是这些脱氧剂成本较高，除了冶炼优质钢，一般的钢种冶炼基本上舍不得使用，以减轻成本的压力。

3.4.2 脱氧速度的控制

脱氧速度，即单位时间内脱除钢中溶解氧的含量，脱氧速度取决于钢种的质量要求，成本要求和工艺路线的要求。钢种要求不一样，LF 炉的脱氧速度要求也不一样。脱氧时间和钢中氧含量的关系如图 3-8 所示。

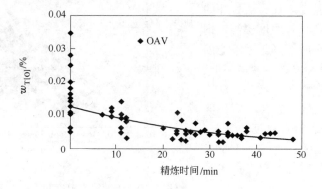

图 3-8 精炼时间与 T［O］的关系

3.4.2.1　铝镇静钢脱氧速度控制

铝镇静钢的碳含量和硅含量一般要求较低，甚至要求钢中的硅含量低于 0.025% 以下，在正常的生产情况下，铝镇静钢的脱氧速度要求越快越好，含铝的沉淀脱氧剂脱氧时争取一步配加到位，目的是这种方式产生的脱氧产物在钢液中间碰撞长大上浮的动力学条件最好，可以争取铝脱氧以后的产物有足够的时间，通过吹氩搅拌，上浮到钢渣界面，被钢渣吸附去除，合理的时间会使得钢液的质量有明显的改善。此类钢，如果脱氧速度较慢，脱硫效率将会明显的下降。

在生产不正常的情况下，如连铸停机，钢水需要长时间精炼，此时的脱氧速度就可以从考虑成本的角度出发，首先利用含碳的扩散脱氧剂进行扩散脱氧，脱氧进行到一定的程度，在钢水出钢前的 45min 左右，将酸溶铝配够，然后精炼，对于降低成本有积极的意义。钢中酸溶铝含量和夹杂物三氧化二铝数量的对应关系见图 3-9。

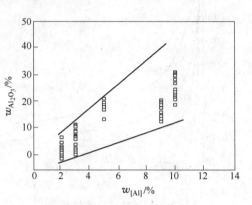

图 3-9　钢液中酸溶铝含量和夹杂物 Al_2O_3 之间的关系

3.4.2.2　硅镇静钢脱氧速度控制

硅镇静钢的脱氧，一般是根据具体的钢种、工艺路线来决定。最为常见的是弹簧钢、高强度建筑用钢和硬线钢的冶炼。

此类钢的脱氧速度一般是首先按脱硫的要求、成本的要求来决定，然后考虑是否会产生结瘤问题，来调整脱氧速度。例如冶炼弹簧钢，如果硫较高，需要进行快速沉淀脱氧，为造白渣创造条件，以促进脱硫反应的快速进行。如果工艺条件较好，冶炼钢中对于酸溶铝的含量要求较低，或者要求酸溶铝的量必须稳定在某一个范围，添加的硅铁中的铝含量较高，可以考虑先进行增碳，然后加硅铁进行沉淀脱氧，这样钢中溶解氧降低以后，合金硅铁中的铝一部分参与脱氧，形成氧化物从钢中排出，一部分留在钢中，达到稳定酸溶铝的目标。如果首先进行快速脱氧，合金中的铝大部分氧化，生成的氧化物颗粒多，不容易上浮，酸溶铝的含量不好控制。

整体来讲，钢种的脱氧速度要求越快越好，但是具体的操作把握，需要根据实际情况决定。

3.4.3　温度对脱氧速度的影响

钢液对于氧的溶解度的基本规律是溶解氧随着钢液的温度增加，从另外的一个角度讲，这也意味着温度提高，钢液的脱氧速度将会有所下降。钢液的温度越高，部分易氧化合金的回收率越低，造维持时间较长的白渣难度增加，就说明了这一点。当转炉终点 [C] = 0.025% ~ 0.04% 时，随着温度的升高，终点 [O] 呈上升趋势；当 $T > 1680℃$ 时，终点 [O] 明显增加。二者的关系见图 3-10。

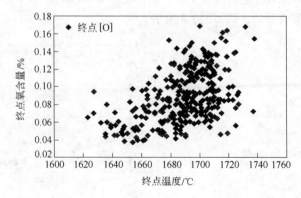

图 3-10　钢液终点温度和钢中溶解氧含量的关系

3.5 LF 造渣

3.5.1 炉渣成分的选择和控制

LF 炉的炉渣在很多厂家俗称顶渣,它对钢液脱氧的影响比较明显。炉渣的性质就像金属一样,也有液相线和固相线温度。

精炼炉的脱氧操作就是将钢水中间的含氧量变成氧的化合物,将它们从钢液中排除的过程。LF 炉渣对脱氧(包括吸附夹杂)有着重要的影响,研究表明,在没有渣的情况下,脱氧剂脱氧是不能把钢中的氧降得很低的。所以从脱氧角度来说,在确定了脱氧剂后,选取合适的渣料组成是非常重要的。通过理论模型计算,温度在 1500~1650℃情况下,LF 炉白渣的密度为 2.58~3.2g/cm³。

制定一个合理的造渣制度是钢液脱氧的关键所在,确定能快速脱氧的渣成分的原则主要考虑以下几个方面。

3.5.1.1 炉渣的熔化温度和吸附夹杂物的能力

精炼炉的炉渣要有合适的熔化温度和较强的吸附夹杂物的能力。精炼渣吸收钢液中间的夹杂物的原理主要有 3 种:(1)钢渣界面上的氧化物夹杂与熔渣间的组元发生化学反应,使钢中夹杂物进入渣相;(2)钢中氧化物夹杂停留在钢渣界面上,并且在条件(热力学条件和动力学条件)满足的时候,溶解于渣中;(3)由于界面能的作用,渣钢界面上的氧化物夹杂自发地转入渣相,过程自发进行的热力学条件为:

$$2\pi rh(\sigma_{\text{s-i}} - \sigma_{\text{m-i}}) - \pi r^2\sigma_{\text{s-m}} \leqslant 0 \tag{3-12}$$

式中,$\sigma_{\text{m-i}}$,$\sigma_{\text{s-i}}$,$\sigma_{\text{s-m}}$ 分别为金属-夹杂物、炉渣-夹杂物、炉渣-金属之间的界面张力。

从公式可以看出:(1)金属和夹杂物之间的界面张力越小,炉渣和夹杂物之间的界面张力越大,夹杂物尺寸越大,夹杂物越容易去除。(2)炉渣和钢液之间的界面张力越小,对于熔渣吸附夹杂物越有利。Al_2O_3 可以增大炉渣的界面张力。熔渣与夹杂物之间的表面张力小,有利于熔渣对于夹杂物的润湿,减少熔渣与 Al_2O_3 夹杂之间的界面张力,有利于改善熔渣吸收 Al_2O_3 夹杂的能力,所以减少炉渣中间 Al_2O_3 的含量有利于 Al_2O_3 夹杂物的吸附。

铝镇静钢和一些硅镇静钢中存在的夹杂物主要是 Al_2O_3 型的,因此,需要将渣成分控制在易于去除 Al_2O_3 夹杂物的范围,炉渣对 Al_2O_3 的吸附能力可以通过降低 Al_2O_3 活度和降低渣熔点以改进 Al_2O_3 的传质系数来实现,降低 Al_2O_3 活度被认为是更加重要。渣成分应接近 CaO 饱和区域。如果渣成分在 CaO 饱和区,Al_2O_3 的活度变小,可以获得较好的热力学条件,但由于熔点较高,吸附夹杂效果并不好,在渣处于低熔点区域时,吸附夹杂物能力增加,但热力学平衡条件恶化,其解决办法是渣成分控制在 CaO 饱和区,但向低熔点区靠拢的具体做法是控制渣中 Al_2O_3 含量,使 CaO/Al_2O_3 控制在 1.5~1.7 之间,即冶炼铝镇静钢时,还原期初期保持一定时间的稀渣操作,对于夹杂物上浮至关重要。$CaO\text{-}Al_2O_3$ 的平衡相图如图 3-11 所示。

对于以 $CaO\text{-}SiO_2\text{-}Al_2O_3$ 为主的渣系,试验表明,精炼炉渣的碱度主要取决于 CaO/SiO_2 的量,在 2.5~3.0 之间,精炼渣中不稳定氧化物(FeO + MnO)的量在 1.0%~5.0% 之间,对夹杂物的吸附有一定的效果。实践中,吸附夹杂物较好的钢渣中有玻璃体存在,呈黄白色。

对于以 $CaO\text{-}SiO_2\text{-}Al_2O_3\text{-}MgO$ 为主的渣系,碱度越高,炉渣的熔点越高,保持合理的炉渣碱度(1.5~4.0)很重要。其中,造渣的碱度是随着冶炼的进程逐渐增加的。先期造稀薄渣吸附夹杂物,后期造高碱度渣脱氧。

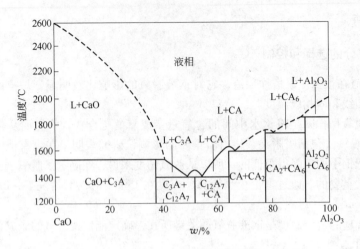

图 3-11　CaO-Al$_2$O$_3$ 的平衡相图

3.5.1.2　对于炉渣的成分要求

精炼炉的炉渣要求有合理的成分组成，以满足冶炼过程中的物理化学反应的需要。精炼渣中间各组元的成分及作用为：CaO 调整渣碱度及脱硫；SiO$_2$ 调整渣碱度及黏度；Al$_2$O$_3$ 调整三元渣系处于低熔点位置；CaCO$_3$ 为脱硫剂、发泡剂；MgCO$_3$、BaCO$_3$、Na$_2$CO$_3$ 为脱硫剂、发泡剂、助熔剂；Al 粒为强脱氧剂；Si-Fe 粉为脱氧剂；稀土为脱氧剂、脱硫剂；CaC$_2$、SiC、C 为脱氧剂及发泡剂；CaF$_2$ 用于助熔、调黏度。所以，一般炉渣中各个组元的成分作用和要求如下：

（1）CaO。渣中 CaO 含量应尽可能加大，以保证渣的碱度，使熔渣具有较高的脱硫和吸附夹杂能力。但 CaO 含量过高将导致熔化温度较高，同时导致渣对熔池的热传导能力下降，不能充分利用电能。渣中 CaO 含量是以炉渣的流动性、碱度、熔点统筹考虑，确定加入的上限值，即渣中 CaO 含量的饱和值，超过这一数值，加入的石灰一是长时间溶解不了，起不到作用；二是吸热，影响升温控制；三是引起炉渣黏度增加，钢液容易卷渣，降低精炼的质量；四是炉渣发干以后，钢液裸露吸气，或者二次氧化现象严重。

生产过程中，石灰的加入依据是：保持碱度合适，能够较快地形成白渣，白渣的流动性合适，能够满足脱硫和吸附夹杂，覆盖钢液即可。对于特钢，如轴承钢的冶炼，合理的操作也是陆续分批加入石灰，最后达到增加炉渣碱度的目的。炉渣碱度对脱硫率的影响见图3-12。

（2）CaF$_2$。长期以来，国内外采用的精炼渣系主要为 CaO-CaF$_2$、CaO-Al$_2$O$_3$，尤其在我国，钢包精炼炉所用精炼渣一直使用萤石造渣。一般来说 CaO-CaF$_2$、CaO-Al$_2$O$_3$ 这两种渣系都能满足精炼生产的需要，但传统的 CaO-CaF$_2$ 渣系存在一些缺点。首先，CaF$_2$ 的大量存在对钢包渣线耐火材料工作层的侵蚀严重，而耐火材料的消耗在工艺成本中占了相当大的比重，减少炉渣中 CaF$_2$ 的用量，提高钢包渣线的使用寿命是降低成本的重要途径；此外，萤石中伴有一定量的 SiO$_2$ 成分，对于铝镇静钢来讲，SiO$_2$

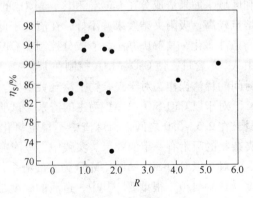

图 3-12　炉渣碱度对脱硫率的影响

是氧化剂，使用铝铁或者纯铝脱氧合金化后，钢包顶渣中的（SiO_2）可被钢中［Al］$_s$还原。

$$(SiO_2) + \frac{4}{3}[Al] = \frac{2}{3}(Al_2O_3) + [Si] \qquad (3-13)$$

这是钢液夹杂物含量增加、钢液硅含量超标的主要原因之一，所以目前炼钢厂普遍使用 $CaO\text{-}Al_2O_3$ 渣系代替氟含量高的渣系，而且生产效果较好。

在生产硅镇静钢的时候，加入萤石的作用是为了迅速化渣。萤石的主要成分为 CaF_2 并含有少量的 SiO_2、Fe_2O_3、Al_2O_3、$CaCO_3$ 和少量 P、S 等杂质。萤石的熔点约930℃。萤石加入炉内在高温下即爆裂成碎块并迅速熔化，它的主要作用是 CaF_2 与 CaO 作用可以形成熔点为1362℃的共晶体，直接促使石灰的熔化；萤石能显著降低 $2CaO\cdot SiO_2$ 的熔点，使炉渣在高碱度下有较低的熔化温度。CaF_2 不仅可以降低碱性炉渣的黏度，还由于 CaF_2 在熔渣中生成 F 离子能切断硅酸盐的链状结构，也为 FeO 进入石灰块内部创造了条件。

实际上，通过在精炼炉的统计发现，盲目地加入过量石灰，然后加萤石化渣，实乃下策。萤石加入以后，送电化渣，电一停，炉渣又会返干。优秀的炼钢工是保持合理的炉渣碱度和成分组成来优化操作的。

现在电炉冶炼铝镇静钢出钢，如不含硅的冷轧板钢，采用出钢添加以预熔渣为主的渣料，减少甚至不使用萤石化渣，可以减少脱氧以后钢液中夹杂物的生成量。

（3）SiO_2。为造高碱性渣脱硫需要，LF 渣中尽量少含 SiO_2。炉渣碱度过高的时候，为了调整炉渣的流动性，降低碱度，需要刻意加入一些含有 SiO_2 的造渣材料，如石英砂、火砖块和黏土砖等。SiO_2 增加，炉渣的脱硫能力下降（图 3-13）。在真空条件下和强烈的还原条件下，SiO_2 是钢水二次氧化的氧源（图 3-14）。

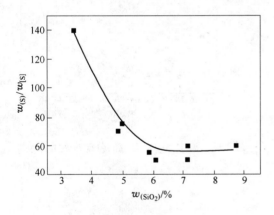
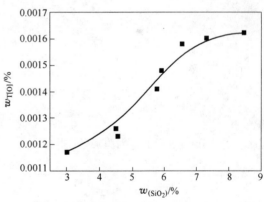

图 3-13　LF 结束以后（SiO_2）和
硫的分配比(S)/[S]的关系

图 3-14　RH 真空处理以后（SiO_2）和
钢中 T[O]的关系

一种火砖块的成分如表 3-4 所示。SiO_2 对 $CaO\text{-}Al_2O_3\text{-}MgO$ 系炉渣 1600℃液态区域的影响如图3-15所示。

表3-4　常见的火砖块的化学成分（%）

Al_2O_3	SiO_2	Fe_2O_3	其　他
20 ~ 35	45 ~ 70	0.5 ~ 2.7	5

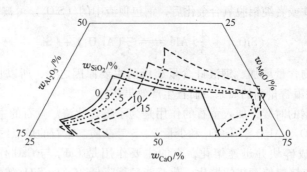

图 3-15　SiO₂ 对 CaO-Al₂O₃-MgO 系炉渣 1600℃液态区域的影响

（4）Al₂O₃。Al₂O₃ 可以降低炉渣的熔点和黏度。除影响熔渣的物化性能外，其主要的作用是成渣时形成铝酸盐，可增加炉渣硫容量，提高脱硫效率，见图 3-16 和图 3-17。此外，渣中 Al₂O₃ 含量增加，从渣中向钢液回 Al₂O₃ 的量增加，见图 3-18 和图 3-19。渣中 Al₂O₃ 越高，渣的流动性越好，有利于降低渣中不稳定氧化物，但是含量过高，会影响脱氧脱硫的效果。有关文献认为，从强化脱硫的效果来讲，精炼脱硫渣中 Al₂O₃ 的最佳范围是 20% ~ 25%；从去除夹杂物的角度来讲，渣中 Al₂O₃ 的含量在 13% ~ 20% 为最佳。

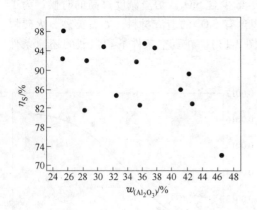

图 3-16　渣中 Al₂O₃ 对脱硫率的影响

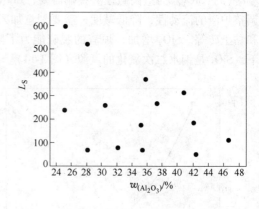

图 3-17　渣中 Al₂O₃ 对硫的分配系数的影响

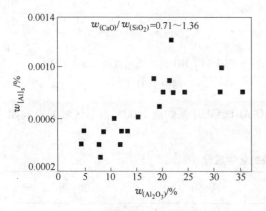

图 3-18　熔渣中 Al₂O₃ 与钢中

酸溶铝 [Al]ₛ 的关系

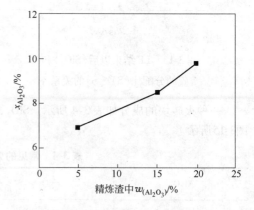

图 3-19　精炼渣中 Al₂O₃ 对钢中 Al₂O₃

夹杂物含量的影响

实际生产中，添加含 Al_2O_3 的材料主要有铝灰（铝厂的原料主要成分为 Al_2O_3）、铝渣球、合成渣等。某厂铝渣球的主要成分如表 3-5 所示。

表 3-5 一种铝渣球的主要化学成分（%）

SiO_2	Al_2O_3	CaO	MgO	Al
5.44	39.23	36.68	2.47	14 ~ 16

（5）还原剂（也叫扩散脱氧剂）包括炭粉、CaC_2、碳化硅粉、铝粒和铝粉、硅铁粉等。渣中配有一定的还原剂，使渣中的 FeO 含量降低，可起到辅助脱氧的作用。

（6）MgO。钢包渣线部位采用镁炭砖砌筑，只有当炉衬耐火材料中的 MgO 与钢包渣中的达到平衡时，炉衬才不会被侵蚀掉，所以从延长炉衬寿命角度，渣料中应保证一定的 MgO 含量。实际生产中，有的厂家使用的是镁钙石灰，有的是合成渣中添加白云石，有的是造渣过程中使用轻烧镁球等。

3.5.1.3 炉渣流动性的要求

精炼炉炉渣的基本要求之一是炉渣要求具有良好的流动性；LF 精炼渣根据其功能由基础渣、脱硫剂、发泡剂和助熔剂等部分组成。渣的熔点一般控制在 1300 ~ 1450℃，1500℃渣的黏度一般控制在 0.25 ~ 0.6Pa·s。

LF 精炼渣的基础渣一般多选用 CaO-SiO_2-Al_2O_3 系三元相图的低熔点位置的渣系。基础渣最重要的作用是控制渣碱度，而渣的碱度对精炼过程脱氧、脱硫均有较大的影响。Al_2O_3 的量在 10% 左右，对钢渣的流动性有益。

3.5.1.4 炉渣泡沫化的要求

精炼炉的一个重要功能就是升温，这就要求炉渣的性能要有利于炉渣的泡沫化。在前面的理论部分，对于 LF 炉炉渣的泡沫化已经做了一些初步的介绍，但是精炼炉的泡沫渣不仅对于热效率有决定性的作用，而且对于脱硫、去除气体、吸附夹杂物、延长钢包渣线的寿命等方面影响作用巨大，所以有必要详细分解说明。

熔渣的密度、黏度及表面张力等这些影响熔渣发泡性能的主要因素均与渣的成分密切相关。控制渣中各种成分的含量，可以得到发泡性能较好的渣成分，有利于精炼过程中泡沫渣的形成。

CaO：氧化钙是炼钢生产中造渣、脱磷和脱硫等必不可少的成分，是精炼渣系的主要组元。氧化钙是形成炉渣发泡质点的重要因素。实践证明，炉渣中氧化钙含量低，二元碱度（CaO/SiO_2）<1.5，炉渣的发泡指数很低，精炼炉的炉渣会出现玻璃体相，发泡能力很弱，几乎没有良好的埋弧作用。实践证明，低温条件下分批次补加渣料，提高碱度有利于泡沫渣的形成。图 3-20 为二元碱度和 LF 炉渣发泡指数（气体在渣中的停留时间）的关系。从图中可以看出，碱度大于 2.0 以后，炉渣的发泡指数明显下降，不利于精炼炉的泡沫渣冶炼操作。

SiO₂：二氧化硅主要来源于原料和脱氧产物，含量在 5% ~ 10% 范围内时，熔渣发泡指数的上升趋势较为明显。二氧化硅属于表面

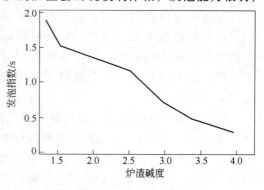

图 3-20 炉渣的二元碱度对发泡指数的影响

活性物质，其含量增加有利于熔渣表面张力下降，提高吸附膜的弹性和强度，促进熔渣发泡。图 3-21 为渣中二氧化硅含量和 LF 炉炉渣发泡指数（气体在渣中的停留时间）的关系。

CaF_2：萤石可显著降低精炼渣的黏度，改善炉渣流动性，增加传质。但其量过大时对炉衬侵蚀严重。萤石对发泡效果的影响是两方面的：一方面，萤石含量增加使炉渣表面张力降低，有利于熔渣发泡；但另一方面，其量增加又使熔渣黏度降低，这不利于发泡。萤石含量对熔渣发泡指数的影响显著。适当的萤石含量可以明显改善渣的发泡性能。实验结果表明，造渣时渣中萤石含量应小于 5%。CaF_2 对发泡指数的影响如图 3-22 所示。

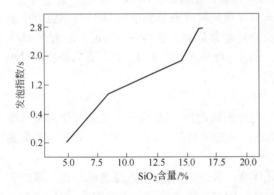

图 3-21　SiO_2 对发泡指数的影响　　　　　图 3-22　CaF_2 对发泡指数的影响

Al_2O_3：氧化铝主要来源于原料和脱氧产物，可以降低炉渣的熔点。氧化铝含量的变化对熔渣表面张力的影响较小，因而对熔渣发泡指数的影响不明显。

MgO：精炼渣中加入氧化镁仅仅是为了减小熔渣对炉衬的侵蚀，所以渣中的氧化镁含量并不高。实验结果表明，在渣系内加大氧化镁含量，超过 8% 以后，会降低渣的发泡性能。主要是氧化镁含量的增加，炉渣的黏度增加、流动性变差造成的。另外，合适的氧化镁含量，在炉渣中可以形成低熔点的钙镁橄榄石，降低炉渣的熔点，有利于精炼炉白渣发泡。

FeO：为使精炼炉内保持还原性气氛，钢水进入精炼炉时已经进行了脱氧操作，所以无论是钢水还是精炼渣的氧化性都比较弱。而且，为了保证精炼的最终效果，精炼渣中的氧化铁含量要求很低。从实验结果证明，在渣中氧化铁含量较低的情况下，熔渣发泡指数随氧化铁含量的升高而降低。其原因是加大氧化铁含量，导致熔渣密度提高、黏度下降、渣的表面张力变大，这些不利于延长熔渣泡沫的持续时间。因此，从钢包精炼和炉渣泡沫化两方面来说，都应该降低炉渣的氧化性。图 3-23 为渣中氧化铁含量对炉渣发泡指数性能的影响。

此外，精炼炉造渣要求原材料来源广泛、容易获得、价格合理，炉渣的成分和性能对钢包的耐侵蚀要少，这就要求精炼炉炉渣的碱度合理，炉渣中含有和钢包内衬耐火材料组分相同的渣料，流动性适中，减少炉渣对炉衬耐火

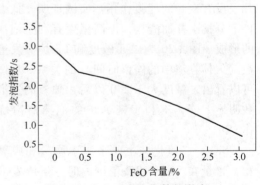

图 3-23　FeO 对发泡指数的影响

材料的物理和化学的侵蚀。

3.5.2　LF造渣基础知识和操作

3.5.2.1　白渣的概念和要求

渣的碱度、氧化性和流动性直接与钢液的脱硫脱氧有关，高碱度、强还原性和强流动性有利于脱硫、脱氧。所谓的白渣是指二元碱度（CaO/SiO_2）>1.5，（$FeO+MnO$）<1.0%，在粘渣棒上呈现白色的炉渣。需要说明的是，渣中碱度不够，炉渣很难转变成为白渣。

黑渣是指（$FeO+MnO$）>2.0%，呈现黑色的炉渣，叫氧化黑渣。

灰渣或者黄渣是指（$FeO+MnO$）=1%~2%的炉渣。

精炼炉白渣的主要成分为硅酸二钙，在温度低于400℃左右，发生晶型转变伴有体积变化，即粉化现象。白渣中主要成分$2CaO \cdot SiO_2$的多晶型转变示意图如图3-24所示。

精炼炉冶炼白渣的基本判断特征是：电极孔和炉盖缝隙处冒出的烟气呈现明显浓重的白色烟气，炉渣发泡性能良好，粘渣棒粘渣以后，粘渣棒上面裹有均匀的一层白渣，冷却以后先是碎裂，搁置一段时间以后会粉化。

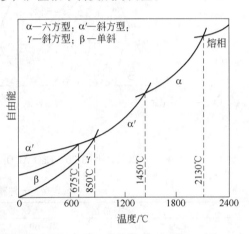

图3-24　$2CaO \cdot SiO_2$的多晶型转变示意图

精炼炉冶炼过程中，白渣形成以后，随着时间的变化，扩散脱氧的进行，钢液中的氧化物会导致白渣发生变化，白渣会变黄或者淡黄，甚至变黑。所以，白渣形成以后，需要根据脱氧的进程，添加扩散脱氧剂，保持白渣。

根据冶炼过程的脱氧方式选择不同的精炼渣系，某厂的精炼渣的组分见表3-6。铝镇静钢的渣系见图3-25，CaO-Al_2O_3-SiO_2相图中炉渣的控制区域见图3-26。

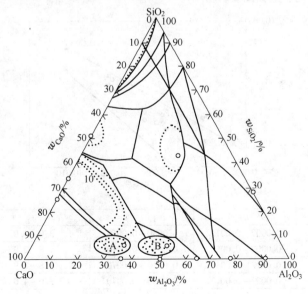

图3-25　铝镇静钢的渣系

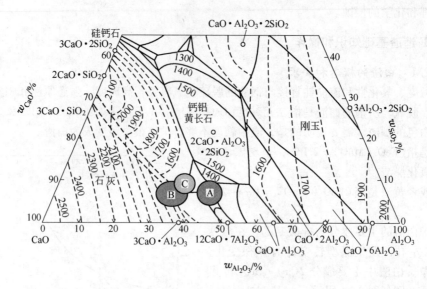

图 3-26　CaO-Al_2O_3-SiO_2 相图中炉渣的控制区域

表 3-6　一种精炼渣的成分组成（%）

铝镇静钢		硅镇静钢	
CaO	50 ~ 60	CaO	50 ~ 60
SiO_2	6 ~ 10	SiO_2	15 ~ 25
Al_2O_3	20 ~ 25	Al_2O_3	< 12
$FeO + MnO + Cr_2O_3$	< 1	$FeO + MnO + Cr_2O_3$	< 1
MgO	6 ~ 8	MgO	6 ~ 8

对于钢包精炼来说，精炼渣要求不仅有合理的化学特性，而且还要有良好的液态温度，使得渣温满足炼钢生产。精炼炉渣对于钢水的质量和浇铸过程中的顺利有重要的影响。高碳钢精炼渣成分对水口堵塞的影响如图 3-27 所示。

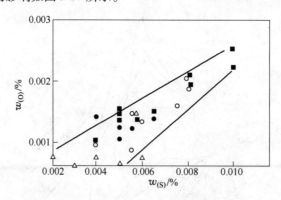

标　记	最终 $w_{[Ca]}/\%$	$w_{[Al]_s}/\%$	$w_{(CaO + CaF_2)}/w_{(Si)}$	备注
△	0.0007 ~ 0.0011	0.0030 ~ 0.0050	3.0 ~ 4.9	
○	0.0007 ~ 0.0010	0.0030 ~ 0.0070	1.8 ~ 2.9	结瘤
●	0.0012 ~ 0.0040	0.0030 ~ 0.0070	1.8 ~ 2.9	
■	0.0007 ~ 0.0015	0.0050 ~ 0.0070	3.0 ~ 4.0	

图 3-27　高碳钢精炼渣成分对水口堵塞的影响

即使渣在液态时，它也有很高的黏度，为了改善流动性，通常需要加入萤石。总的来讲，调整渣的流动性，通常是采取加入 Al_2O_3 或 CaF_2。

3.5.2.2　电石渣的形成和破坏

电石渣是电炉炼钢中采用的另一种碱性还原渣。它的成分组成范围为：CaO 55% ~ 70%，SiO_2 5% ~ 18%，CaC_2 1% ~ 4%，FeO < 0.5%。这种渣子脱氧能力强，但造渣时间长，耗电量大，钢水容易增碳，且一旦造成后要破坏成白渣也较困难。渣中含 CaC_2 2% ~ 4%，称强电石渣，冷却后呈黑色，无光泽并有白色条纹；渣中含 CaC_2 1% ~ 2%，称弱电石渣，冷却后呈灰色。电石渣放入水中，CaC_2 与水起反应，生成乙炔气（C_2H_2），具有臭味。电石渣易黏附在钢液上，不易分离上浮，从而造成钢中夹杂物。因此，出钢前必须破坏电石渣，使之变成白渣。方法是：

（1）打开炉门和炉盖的加料孔，使得炉内的还原气氛减弱。

（2）根据炉渣的流动性，适当补加石英砂、火砖或石灰。

（3）加强吹氩搅拌。

3.5.2.3　氧化渣与强电石渣的区别

电炉出钢钢水的氧含量比转炉的要高，特别是进行转炉化改造的电炉，采用超声速集束氧枪吹炼的钢种，以及配碳量偏小吹氧量过大的炉次，炉渣氧化铁含量大于 20% 以后，出钢时钢渣不容易分离，出钢带渣是难免的。精炼炉接收钢水以后，经过了一段时间的还原，炉渣存在两种可能，氧化渣被还原成为电石渣，或者氧化渣没有被还原，具体的区别方法：

（1）氧化渣中含有氧化铁很高，所以有金属光泽，而强电石渣没有金属光泽，呈暗黑色，有时还带有白色条纹。

（2）氧化渣遇水没什么现象，电石渣遇水后起反应，并分解出难闻的乙炔气体。

（3）正常电压下，电石渣从炉内冒出的烟尘浓而且带灰。

（4）氧化渣比较松，勺杆上有气孔，电石渣较致密。

（5）打开炉门观察时，如为氧化渣，炉内就较清楚，如为电石渣，炉内模糊看不清。

3.5.2.4　电石渣的形成和预防

在冶炼一些需要大量增碳的钢种，如中高碳的弹簧钢、硬线钢、轴承钢等，或者生产一些对钢种质量要求一般的建材钢时，会向钢包内加入炭粉增碳或者脱氧，使用碳化硅进行脱氧，都会引起电石渣的形成。分为以下几种情况：

（1）电炉生产大量增碳的钢种，出钢温度不合理，并且出钢没有留碳操作，进行了大量增碳，出钢过程中的石灰没有熔化，部分炭粉和石灰混杂在一起，精炼炉钢水到站以后，冶炼送电，造成了电石渣。

（2）精炼炉增碳过程中，增碳量较大，增碳前加入的石灰量较大，增碳以后，送电档位较小（一般的中高碳钢的出钢温度要求较低），加上增碳以后，精炼炉继续进行了强化扩散脱氧的操作，形成了电石渣。

（3）精炼炉冶炼任何一种钢种，采用电石还原，加入量过大，加入速度过快，形成了电石渣。

（4）精炼炉的吹氩不正常，增碳操作时，氩气没有调整到应有的较大的搅拌强度，造成增碳以后，炭粉没有和钢液充分接触吸收，进入了炉渣，送电冶炼以后形成了电石渣。

为了预防电石渣的形成，首先电炉出钢的操作上首先要求保证出钢口的出钢时间大于2min，以便于增碳操作。增碳操作时，氩气的吹搅强度要合适，保证大部分的炭粉被钢液吸收；精炼炉的增碳操作时，氩气的流量必须合理，保证炭粉加入在渣面钢液裸露处（底吹透气芯的安装位置）；石灰的加入量必须是少量多批次的加入，使用电石脱氧时，控制电石的加入速度和加入量，一般来讲，每炉次的电石加入量控制在 0.5 ~ 4kg/t，分批次加入。有时候为了缩短还原时间，采用加电石还原的方法。加电石以后，如果炉内冒出的烟尘浓，颜色发灰黑，说明炉内还原气氛很强，是电石渣；在加电石还原时，炉内温度越高，加下去的电石反应越大，火焰喷出就越激烈；反之，温度越低，加下去的电石反应就越慢，喷出的火焰也就越弱；炉渣较稀，加下去的电石首先使渣子起泡，这样电石被炉渣裹住，不能立即起反应，因此喷出的火焰就较弱。渣子黏，加下去的电石不起泡沫，而且电弧光很强，促使电石立即和炉渣起反应。所以，渣子越黏电弧光作用越强，喷出的火焰就越强，并有许多大颗粒炭一起向外喷出。这时还原操作要考虑及时调整，否则容易使炉渣过灰造成电石渣，造成操作被动。

3.5.2.5　造 $CaO\text{-}SiO_2$ 系快白渣的操作

此类白渣适合于冶炼一般以硅锰系合金进行合金化脱氧的钢种。这些钢种的质量要求一般，渣中的 SiO_2 主要来源于合金的氧化和电炉出钢带渣。造白渣的扩散脱氧剂一般采用硅铁粉、炭粉、电石或者碳化硅粉。操作步骤如下：

（1）电炉钢水到站以后，观察钢包面上炉渣的成渣情况。如果电炉出钢时加入的石灰渣料熔化得比较好，根据炉渣的具体情况，加入 0 ~ 3kg/t 的石灰，保持炉渣碱度（CaO/SiO_2）在 1.5 以上。开始送电冶炼以后，听到炉内电弧声平稳，表明石灰熔化良好，炉渣的埋弧效果较好，开始向渣面加入电石或者硅铁粉等还原剂。这些还原剂的加入，需要分 2 ~ 5 批少量多次加入。电石的加入量一般控制在 0.5 ~ 3.5kg/t。需要注意的是，如果石灰没有熔化完全，向钢包内渣面加入还原剂会产生许多干扰成分控制上的因素。所以，石灰渣料没有熔化，扩散脱氧剂的加入需要少量分批进行。

（2）钢包炉的氩气流量的大小对于造白渣影响很大。控制合理的氩气流量，避免氩气流量大，加入的扩散脱氧剂直接接触或者进入钢水，对于造渣来讲很重要。

（3）在补加合金，尤其是硅铁和硅锰合金的补加以后，要求合金加入以后 3 ~ 5min 左右，补加 0.5 ~ 2.5kg/t 的石灰。这是因为硅铁和硅锰合金中的硅一部分氧化成为二氧化硅后进入炉渣，炉渣碱度降低，不补加石灰，对于造白渣的操作不利。

（4）第一次合金化完毕取样时，除了观察炉盖上面的烟气，还应该使用粘渣棒粘渣观察。炉渣碱度较高，石灰没有完全溶解的情况下，需要短弧低压送电，合理减小氩气流量，或者加入萤石化渣，大部分炉渣溶解完全以后，向渣面加入扩散脱氧剂；如果炉渣变白，情况良好，则要求根据碱度的大小，决定补加石灰或者脱氧剂，保持白渣。否则，随着脱氧的进行，白渣会向黄渣或者黑渣转变；如果炉渣是黑渣，就需要加大扩散脱氧剂的加入数量。

（5）电炉出钢带渣较多的时候，泼渣操作对于精炼炉的造白渣特别有利；如果炉渣发干泼不了渣，那么钢水到站以后，首先进行合金化的沉淀脱氧，尤其是硅铁的加入首先进行，同时加大电石等扩散脱氧剂的加入量。并且需要勤观察，勤粘渣，决定下一步的操作。

（6）有的钢种，质量要求一般，冶炼时间和生产线的缓冲时间较多，对于成本的要求严格时，也首先使用廉价的炭粉加入炉渣进行扩散脱氧，待钢液脱氧进行到一定的程度再加入合金沉淀脱氧，以提高合金的回收率、降低成本。

3.5.2.6　造 $CaO\text{-}Al_2O_3$ 系白渣的操作

此类白渣是冶炼低硅低碳的铝镇静钢使用的 LF 炉的钢渣，钢渣中 SiO_2 的含量要求严格，原因前面已有叙述。

造这类白渣，要求电炉出钢严格控制带渣量，避免电炉氧化渣进入钢包。电炉出钢时使用合成渣、石灰、电石等脱氧，脱氧的同时，也能形成低熔点的炉渣，提高成渣的速度。

钢包进入 LF 炉冶炼工位的时候，取样分析成分中间的酸溶铝含量，送电的同时，根据渣况决定造渣的程序：如果炉渣流动性合适，渣量合适，可以向渣面添加诸如铝粉、铝铁、铝粒、电石粉，不含二氧化硅的合成渣进行扩散脱氧；如果炉渣碱度较低，小批量的加入石灰造渣，提高碱度，石灰熔化以后，添加脱氧剂进行造渣。

试样分析结果出来以后，将酸溶铝的量一次配至目标成分中限偏上。如钢种要求终点酸溶铝中限含量为 0.045%，此时加入铝铁的量就要保证钢中酸溶铝的含量在 0.045% ~ 0.048% 之间。这是因为冶炼此类钢种，钢中的酸溶铝含量是随着冶炼时间逐渐降低的。大量的操作实践表明，冶炼此类钢种，如果沉淀脱氧剂铝铁分几次配加，一是脱氧产物 Al_2O_3 的去除时间缩短，容易引起连铸的结瘤；二是成分不稳定，炉渣想要变白渣，操作难度较大。

沉淀脱氧进行得较好，此类白渣也就比较容易控制。

最后需要说明的是，如果电炉出钢下渣，必须进行泼渣或者扒渣处理，否则造白渣很困难，还有可能造成铝还原渣中的二氧化硅引起钢液增硅。有时候电炉下渣，炉渣凝固，泼不出，可以采用送电加热化渣以后，进行泼渣，此为明智之举。

如果是为了化渣，加入了较多的萤石，渣中的二氧化硅增加了，注意尽量不使用铝粉等强脱氧剂，使用电石、铝渣球等进行扩散脱氧，调整吹氩强度，不使用强烈搅拌，是尽量减少或者避免钢液增硅的必要手段。

3.5.2.7 造 CaO-Al₂O₃-MgO 系白渣的操作

CaO-Al₂O₃-MgO 三元系相图如图 3-28 所示。此类白渣的操作选择较为广泛，可以根据冶炼钢种的成分控制要求，选择适合冶炼钢种的扩散脱氧剂进行造渣。也有的厂家使用预熔渣或者合成渣进行造渣操作。此渣系的一些性能指标如表 3-7 所示。

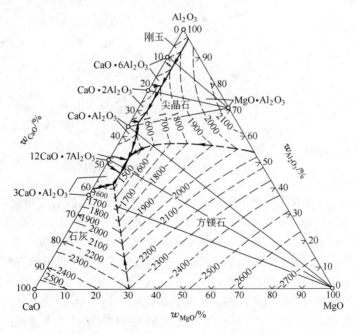

图 3-28 CaO-Al₂O₃-MgO 三元系相图

表 3-7   CaO-Al₂O₃-MgO 系白渣的部分理化性能指标

序 号	密度预测值 ρ/g·cm^{-3}	表面张力预测值 σ/mN·m^{-1}	黏度预测值 μ/Pa·s
1	2.7269	425.6976	0.4243
2	2.8179	485.8801	0.2061
3	2.7618	472.0099	0.3629
4	2.8256	520.5801	0.1624
5	2.8022	489.6367	0.3441
6	2.8027	484.4299	0.3426

3.5.2.8 造 CaO-SiO₂-Al₂O₃ 系白渣的操作

CaO-SiO₂-Al₂O₃ 渣系熔点图如图 3-29 所示。此类白渣一般应用于脱氧要求较高钢中酸熔铝含量要求不严格的钢种，如弹簧钢和 HRB400 系列。

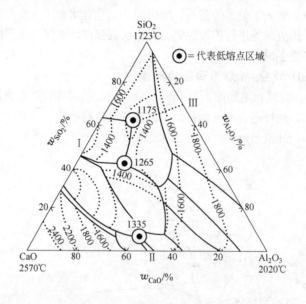

图 3-29   CaO-SiO₂-Al₂O₃ 渣系熔点图

造渣的顺序是：首先根据渣况决定是否添加石灰增加碱度，然后是钢液取样，分析成分。在送电的同时，进行扩散脱氧造渣。钢液成分分析结果出来以后，添加合金进行沉淀脱氧，根据加入的合金种类决定是否补加石灰、合成渣是维持碱度还是提高碱度。如加入硅铁和铝铁，就适当地补加一些石灰，提高碱度；如果添加了低碳锰铁等，就可以根据渣况调整，不必考虑合金氧化以后进入炉渣降低碱度的因素。

扩散脱氧剂的选择可以根据生产要求和成本要求进行选择，如造快白渣，采用强扩散脱氧剂，否则进行较慢的造渣操作。炉渣较干，可以添加火砖块化渣，或者萤石化渣，是最容易控制的渣系。表 3-8 为实际操作的渣样分析。

表 3-8 CaO-SiO$_2$-Al$_2$O$_3$ 渣系渣样的成分分析

组元 炉号	SiO$_2$	Al$_2$O$_3$	CaO	MgO	TFe	S	P$_2$O$_5$	R $(= CaO/(Al_2O_3 + SiO_2))$
1	7.39	19.35	53.11		0.9	0.56	0.009	1.99
2	7.6	16.15	56.78		2.3	0.63	0.007	2.39
3	7.98	15.03	62.57	0.95	1.61	0.62	0.008	2.72
4	11.6	14.54	54.3	0.95	1.2	0.48	0.024	2.08
5	13.4	11.88	63.62	1.75	0.91	0.54	0.024	2.52
6	12.4	12.16	65.17	1.54	0.87	0.78	0.009	2.66
7	12.6	10.27	54.6	10.08	1.15	0.49	0.013	2.39

在炉外精炼过程中，通过合理地造渣，可以达到脱硫、脱氧、脱磷甚至脱氮的目的；可以吸收钢中的夹杂物；可以控制夹杂物的形态；可以形成泡沫渣（或者称为埋弧渣）包裹电弧，提高热效率，减少耐火材料侵蚀。因此，在精炼炉工艺中要特别重视造渣。

钢包炉造渣对钢水精炼效果和提高包衬使用寿命很关键，造渣的要求如下：

（1）在电炉出钢时，造渣材料主要为石灰、萤石、火砖砂以及造白渣用的还原剂（如 SiC、电石、硅铁粉或铝粉等），其加入比例为 石灰：萤石 = （6~8）：1，出钢时向钢包中加入约占出钢钢水量 0.5%~0.8% 的石灰及相应的萤石，即正常情况下约 350~500kg 石灰和 50~70kg 萤石。在精炼开始后可根据情况适当补加石灰及萤石，但石灰加入总量应控制在钢水量的 0.8%~1.0%，并且精炼渣量一般为钢液量的 1.5%~2.0%。渣层厚度应在 70~100mm 之间，以确保良好的精炼效果。

（2）根据钢水中硫含量及成品硫的要求，可适当调整渣量，电炉加入的渣料熔清，合金熔化均匀以后开始加入渣料，分批加入石灰及预熔型合成渣。第一批加入石灰 150~300kg、预熔渣 50~150kg，处理过程再追加 1~2 批石灰，每批 50~200kg，一般等上批料熔化后再加入下一批。

（3）造渣期间，要随时观察渣的流动性，太稠则加入预熔渣，太稀则加入石灰进行调整。

（4）造还原渣（白渣）操作：对于冶炼合金含量比较高或对气体、夹杂要求比较严的钢种，为提高合金收得率或达到良好的脱气及去除夹杂物的目的，要求进行白渣操作。具体操作方法是：钢包炉初期渣形成之后，观察炉渣的颜色和流动性，向钢包内炉渣表面上撒还原剂（如 SiC、硅铁粉、电石或铝粉等）进行炉渣脱氧，使渣中 FeO 含量降至 0.8%~1% 以下并且颜色由黄色变为白色。还原剂（SiC、硅铁粉、电石、铝粉）的加入原则是少量多批次，操作期间应注意观察，白渣形成并稳定之后就可以关闭炉门并适当降低送电功率以保持白渣。

（5）通电中采用复合脱氧剂进行炉渣脱氧，采用少量多批的方法，每批约 5~10 包（2.5kg/包），加在电极附近的渣面上，而不要投入钢水裸露面或电弧下；要求全程渣面脱氧、持续白渣；LF 全程复合脱氧剂加入量控制在 150~180kg。

（6）对于铝镇静钢，通电 6~8min 左右加入铝铁或者铝锰铁。

（7）加渣料及复合脱氧剂过程中，吹氩流量控制在 150~400L/min（标态），造渣和通电中避免使用高压旁通操作。

（8）对于还原剂选择，一般原则是：对于质量要求不高的钢种（如碳素结构钢、低合金钢等），可以使用 SiC；对于质量要求比较高（如高合金钢、弹簧钢等），则应使用硅铁粉、铝粉或电石造还原渣，以提高钢水的纯净度。使用 SiC 或电石时应当特别注意，当炉渣氧化性较强时，加 SiC 的速度应当尽量缓慢，以免炉渣剧烈反应，突然大量发泡溢出钢包，造成设备损坏或伤及操作人员。

（9）在白渣操作过程中，如果出现冒黑烟的情况，要及时采取措施（如打开炉门等）破坏电石渣。

（10）在整个精炼期间应密切注意精炼渣的情况，根据情况随时补加渣料，以确保良好的精炼效果。如果炉渣返干、结块，可以适当补加部分萤石或火砖块；如果炉渣过稀，可适当补加石灰。白渣形成之后应尽量少开启炉门，以保持良好的炉内还原气氛。此时，可以通过电弧噪声判断炉内渣况。

3.6　LF 脱硫

3.6.1　脱硫反应

脱硫反应是个还原过程，$[S] + 2e = S^{2-}$，S^{2-} 再与适当的金属阳离子结合。Ca^{2+} 与 S^{2-} 的结合最牢固，它可以溶于渣中，也可以钙的化合物形式存在。生成 S^{2-} 的电子多是由 O^{2-} 提供，脱硫过程可写成：

$$[S] + O^{2-} = S^{2-} + [O] \tag{3-14}$$

如果 O^{2-} 是由氧化钙提供，则反应式为：

$$[S] + CaO = CaS + [O] \tag{3-15}$$

必须把氧活度用强氧化剂降下来，反应才会向生成硫化物的方向进行。按照此方式脱硫，必须满足的条件为：必须有还原剂存在，能给出电子；必须有能和硫结合也能生成硫化物的物质，结合后能转入铁以外的新相。如没有脱氧剂将氧从铁水中除去，脱硫反应会被阻碍。所以脱硫操作必须加入脱氧剂，如含有 Si、Mg、Al、C 的合金或者材料。脱硫能力取决于所生成的硫化物的稳定性和所用脱氧剂的还原能力。脱硫实验后的脱硫渣组成分析表明：氧化钙系、碳化钙系脱硫剂的脱硫渣单独存在的 CaS 较少，CaS 多与 SiO_2 共生；渣中主要矿物为硅酸二钙或硅酸三钙。镁基脱硫剂脱硫产物仍为 CaS，且多与 CaO、SiO_2、MgO 共生；镁多以含锰、铁的固溶体形式存在；不同组成的镁基脱硫剂脱硫渣中分别存在 $CaO \cdot Al_2O_3$、$2CaO \cdot SiO_2$；这也验证了镁、铝是起脱氧作用的热力学分析结果。热力学分析表明：在氧化钙系、碳化钙系脱硫剂中硅、碳均参与了脱氧反应，从而促进了脱硫反应的进行。镁基脱硫剂与镁单独脱硫的机理不一样，镁与石灰复合后，镁主要起脱氧作用，石灰决定着脱硫反应；热力学上这种反应机理优于镁的单独脱硫反应。铝与氧化钙复合后的脱硫剂从热力学看对脱硫反应有利，铝起脱氧作用。脱氧对脱硫的影响如图 3-30 所示。

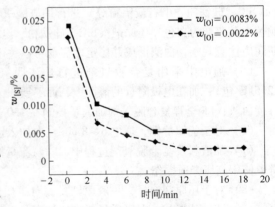

3.6.1.1　钢水中硅脱硫的机理和脱硫产物

钢水中硅含量较高时，硅在 CaO 基脱硫剂脱硫时的作用，首先是脱氧，然后才是脱硫，反应如下：

图 3-30　脱氧对脱硫的影响

$$[S] + CaO_{(1)} == CaS_{(s)} + [O] \qquad \Delta G^{\ominus} = 109916 - 31.03T \quad J/mol \qquad (3\text{-}16)$$

$$CaO_{(s)} == CaO_{(1)} \qquad \Delta G^{\ominus} = 79500 - 24.69T \quad J/mol \qquad (3\text{-}17)$$

$$SiO_{2(s)} + 2CaO_{(s)} == 2CaO \cdot SiO_{2(s)} \qquad \Delta G^{\ominus} = -118800 + 11.30T \quad J/mol \qquad (3\text{-}18)$$

$$2CaO + S + \frac{1}{2}[Si] == \frac{1}{2}(2CaO \cdot SiO_2)_{(s)} + CaS_{(s)} \qquad \Delta G^{\ominus} = -323534 + 37.795T \quad J/mol \qquad (3\text{-}19)$$

热力学计算表明，硅的氧化是容易进行的；如式 3-19 的反应在 1340℃ 左右的处理温度下，其热力学计算的自由焓仍是较大的负值，反应可以自发进行；生成热力学稳定性高的硅酸二钙，硅成为脱氧剂；由熔体的硅含量来控制氧活度。当硅含量较低时，脱硫能力有所降低。实际上，SiO_2 与 CaO 可生成 $3CaO \cdot SiO_2$ 或 $2CaO \cdot SiO_2$，这就降低了硅的活度，并使得氧的活度降低；此外，生成的 CaS 和硅酸盐产物会在粉粒外表生成一层外壳，固相扩散会阻碍硅酸盐的生成并影响脱硫。为了提高脱硫速度，必须稀释渣，使用萤石化渣或者使用合成渣脱硫剂，补加石灰或者预熔渣，增加炉渣的硫容量，提高脱硫率。

碳的脱硫作用：

$$S + CaO_{(s)} + C == CaS_{(s)} + CO_{(g)} \qquad \Delta G^{\ominus} = 75066 - 141.46T \quad J/mol \qquad (3\text{-}20)$$

如上反应在 1340℃ 左右的铁水处理温度下，其热力学计算的自由焓值为 -153109J，反应可以自发进行；这也表明碳的被氧化作用对石灰的脱硫是有益的，碳是起脱氧作用的，一方面，碳在钢中起到降低氧浓度的作用促使了脱硫反应的进行；另一方面，含碳扩散脱氧剂在钢渣中间的脱氧作用，使得脱硫的反应成为可能。

3.6.1.2 钙系脱硫剂脱硫和脱硫产物

CaO 系脱硫剂理论上的脱硫产物为 CaS；脱硫渣的显微结构分析表明：单独存在的 CaS 很少，CaS 多和 CaO、SiO_2、FeO、Al_2O_3 共生；如脱硫产物组成（摩尔分数/%）为：O 47.5，Al 2.9，Si 1.4，S 1.3，Ca 26.1，Fe 20.8。脱硫渣中的主要矿物为硅酸二钙 $2CaO \cdot SiO_2$，组成（摩尔分数/%）为：Si 4.36、Ca 28.46、O 57.18。CaC_2 系脱硫剂含少量 CaO、C 粉，其自身具有强还原性。脱硫渣分析主要是 CaS 和 CaO、SiO_2 共生。脱硫产物组成（摩尔分数/%）为：O 45.5，Si 13.3，S 3.4，Ca 37.8；其周围的渣相以硅酸三钙（$3CaO \cdot SiO_2$）为主。CaO 脱硫时，铁水中的 Si、C 将其中的 [O] 夺取，Ca^{2+} 才有可能与硫生成硫化物夹杂上浮。脱硫产物 CaS 多和 CaO、SiO_2 共生，证明 S 是发生氧化反应的。碳化钙脱硫剂的利用率高，其中 C 的夺 [O] 能力强，Ca^{2+} 容易产生，与硫反应生成 CaS，CaS 与 CaO、SiO_2 共生物中硫含量高，成渣为 C_3S，易于上浮；其脱硫能力强。

3.6.1.3 镁的脱硫反应和脱硫产物

现在已有许多厂家将脱硫剂的配方里面添加了金属镁的成分，一是利用金属镁的强脱氧作用脱氧，二是金属镁在钢液中间的反应会增加钢液的运动，为脱硫提供一定的动力学条件。

实验证明，镁基脱硫剂的脱硫产物仍然为 CaS，且主要和 CaO、SiO_2、MgO 共生；不同组成的镁基脱硫剂的脱硫产物大致相同，但其渣组成有所不同。经能谱分析，镁基脱硫剂脱硫后的渣中存在有 $CaO \cdot Al_2O_3$ 和 $2CaO \cdot SiO_2$，以及接近白色的物质 CaS。这也证明镁是参加了脱氧反应的。镁起的脱氧作用很好，反应也完全，但其周围含硫的脱硫产物却不多，说明合成渣中镁含量的增加并不一定能对复合的镁基脱硫剂起到有效的脱硫作用。镁作为脱硫剂存在于以氧化钙为基质的合成渣中间的时候，镁以蒸气或在钢水中的溶质形式参加的反应为：

$$Mg_{(g)} + S + CaO_{(s)} === CaS_{(s)} + MgO_{(s)} \quad \Delta G^{\ominus}_{1340℃} = -214350J \quad (3-21)$$

$$Mg + S === MgS_{(s)} \qquad\qquad\qquad \Delta G^{\ominus}_{1340℃} = -69060J \quad (3-22)$$

$$Mg + S + CaO_{(s)} === CaS_{(s)} + MgO_{(s)} \quad \Delta G^{\ominus}_{1340℃} = -148110J \quad (3-23)$$

按照有关学者的计算，镁脱硫反应无论是以气体形式参加，还是以钢水中的溶质形式参加，在 1340℃ 时，有氧化钙参与的反应式 3-21 的自由焓比反应式 3-22、式 3-23 的自由焓的负值大，这表明热力学条件反应式 3-22、式 3-23 的可能性大于反应式 3-21、式 3-22，石灰参与了脱硫过程。当镁进入铁液中时，蒸发产生气泡，提供了用某些固体料喷射时不可能得到的动力学条件，既增加了反应剂的面积，又增加了铁液的搅拌。从反应式 3-23 来看，镁事实上为氧化反应。

$$Mg + \frac{1}{2}O_{2(g)} === MgO_{(s)} \quad \Delta G^{\ominus}_{12} = -600900 + 107.57T \quad J/mol \quad (3-24)$$

$$Mg + \frac{1}{2}S_{2(g)} === MgS_{(s)} \quad \Delta G^{\ominus}_{13} = -539700 + 193.05T \quad J/mol \quad (3-25)$$

按照式 3-24、式 3-25 计算，1340℃ 时反应式 3-24 的自由焓比反应式 3-25 的自由焓的负值大，这表明热力学条件反应式 3-24 的可能性大于反应式 3-25，Mg 的氧化反应在热力学上优先于脱硫反应，对脱氧反应有利；脱硫的最终产物应该生成硫化钙和氧化镁；而氧化镁又很容易与铁形成固溶体。

3.6.1.4　铝的脱硫反应

当脱硫剂中含铝时，首先考虑的是铝的脱氧作用。与镁、硅类似，存在的反应为：

$$2Al + \frac{3}{2}O_{2(g)} === Al_2O_{3(s)} \qquad\qquad \Delta G^{\ominus} = -1687200 + 326.81T \quad J/mol \quad (3-26)$$

$$Al_2O_{3(s)} + CaO_{(s)} === CaO \cdot Al_2O_{3(s)} \qquad \Delta G^{\ominus} = -18000 + 18.83T \quad J/mol \quad (3-27)$$

$$4CaO_{(s)} + 3S + 2Al === CaO \cdot Al_2O_{3(s)} + 3CaS_{(s)} \quad \Delta G^{\ominus} = -1136952 + 178.48T \quad J/mol \quad (3-28)$$

对于采用铝脱氧的钢水，脱硫反应可以表示为：

$$3(CaO) + 2[Al] + 3[S] === (Al_2O_3) + 3(CaS) \quad \Delta G^{\ominus} = -RT\ln\frac{a^3_{(CaS)}a_{(Al_2O_3)}}{a^3_{(CaO)}a^2_{[Al]}a^3_{[S]}} \quad (3-29)$$

$$K = \frac{a^3_{(CaS)}a_{(Al_2O_3)}}{a^3_{(CaO)}[Al]^2[S]^3} \quad (3-30)$$

按照式 3-26~式 3-28 计算，1340℃ 时，反应的自由焓负值大，表明热力学条件铝的氧化反应是最有利的，反应可能性最大；脱硫的最终产物生成硫化钙和铝酸钙。

3.6.1.5　硫容量和硫的分配系数

为了表示炉渣脱氧能力的大小，冶金工作者采用了硫容量和硫的分配系数两个概念。硫容量又分渣—气硫容量和渣—钢硫容量。炉渣脱除气相中硫的能力为渣—气硫容量，其值可根据下列渣—气的平衡反应式来测量：

$$\frac{1}{2}S_2 + (O^{2-}) === (S^{2-}) + \frac{1}{2}O_2 \quad C_S = (S)\left(\frac{p_{O_2}}{p_{S_2}}\right)^{\frac{1}{2}} \quad (3-31)$$

炉渣脱除钢液中硫的能力可用渣—钢硫容量来表征，其值可根据下列渣—钢间的平衡反应来测量：

$$[S] + (O^{2-}) === (S^{2-}) + [O] \quad C_S = (S)\frac{a_{[O]}}{a_{[S]}} \quad (3-32)$$

除此之外，炉渣脱除钢液中硫的能力还可用渣—钢间硫的分配系数式来表征，良好的精炼炉白渣的硫分配系数可以达到 250 以上：

$$L_S = \frac{(\%S)}{[\%S]} \tag{3-33}$$

硫的分配系数与碱度的关系如图 3-31 所示。

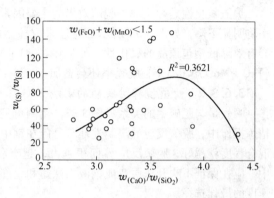

图 3-31 硫的分配系数与碱度的关系

3.6.2 脱硫速度和脱硫率

在炉外精炼操作中，由于钢水含硫量较低，脱硫是钢液脱氧过程伴随的反应，没有了以氧化钙为基质的炉渣，脱硫实际上很难进行，所以可以认为渣钢间的脱硫反应是影响脱硫操作的限制环节，而渣钢间脱硫反应的限制环节是硫在钢水的传质情况（即忽略化学反应等的影响），由此可将脱硫速度表示为：

$$\frac{d[\%S]}{dt} = -k\frac{F}{V}\left([\%S] - \frac{(\%S)}{L_S}\right) \tag{3-34}$$

$$k = 500\left(D_S \frac{Q}{F}\right)^{\frac{1}{2}} \tag{3-35}$$

式中，F 为平静时的渣—钢界面积，m^2；V 为钢水体积，m^3；k 为表观脱硫速度常数，m/s；D_S 为钢水中硫的扩散系数，m^2/s；L_S 为 t 时刻硫在渣—钢间的分配系数；Q 为在温度 T 和压力 p 下通过界面的实际气体流量，m^3/s；$(\%S)$ 为渣中硫含量，%；$[\%S]$ 为钢中硫含量，%。

当反应过程中 L_S 变化足够小，且忽略进入气相的硫量时，则脱硫率可表示为：

$$\eta_S = \frac{[\%S]_0 - [\%S]_{终}}{[\%S]_0} \tag{3-36}$$

令无因次参数为：

$$\lambda = L_S \frac{W_s}{W}$$

λ 为渣、钢成分和渣量的函数，它是硫分配系数 L_S 和吨钢渣量的乘积。并令搅拌条件函数为：

$$B = k\frac{F}{V}t$$

由此得：

$$\eta_S = \frac{1 - \exp[-B(1 + 1/\lambda)]}{1 + 1/\lambda} \tag{3-37}$$

从以上公式可以清楚地看出，影响脱硫率的关键因素是炉渣的性质和数量以及搅拌能量。为了提高脱硫率，应首先从改进炉渣成分和增大渣量着手；在操作过程中从增大吹气量，加强搅拌着手。喷射冶金的实践证明，恰当地选择炉渣成分（参数 λ）和足够的搅拌能量（参数

B）可使脱硫率达到 80% ~ 90% 。

3.6.3　LF 脱硫影响因素分析

3.6.3.1　炉渣氧化性对脱硫的影响

炉渣氧化性是影响炉渣脱硫效果的主要因素。当渣中 FeO 和 MnO 含量大于 1% 时，脱硫效率将明显下降，如图 3-32 所示。通过采取控制电炉下渣量，钢包渣添加还原剂改质等措施，会有效降低钢包顶渣的氧化性，使渣中（FeO + MnO） < 1% ，就会有明显的脱硫效果。炉渣中（FeO + MnO） < 0.5% ，脱硫率还会增加。

3.6.3.2　吹氩搅拌对脱硫的影响

吹氩量与脱硫率的关系见图 3-33 。由图可见，吹氩量增大，脱硫率提高。这是由于在炉外精炼操作中，脱硫反应的限制性环节是硫在钢中的传质。供氩量越大，钢水搅拌越强烈，钢渣混合程度就越好，脱硫反应界面积越大，越有利于脱硫反应动力学条件的改善。但实际生产中，应在保证不吹开渣层造成钢液面裸露和允许温降的范围内适当加大吹氩量。这是提高脱硫速度的最佳选择。

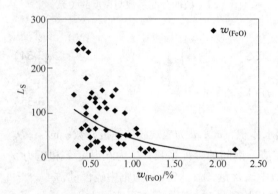

图 3-32　炉渣中 $w_{(FeO)}$ 与 L_S 之间的关系

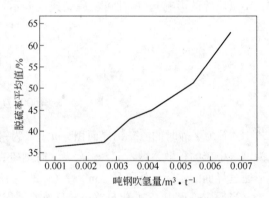

图 3-33　70t LF 吹氩量与脱硫率的关系

3.6.3.3　出钢温度对脱硫的影响

随着钢液温度的提高，脱硫率将会增大，见图 3-34 。这是由于脱硫反应是吸热反应，高温有利于传质反应的进行，并且随着温度的提高，LF 的成渣速度加快，改善了炉渣的流动性，对改善钢渣界面硫的传质系数有利。

3.6.3.4　电炉出钢硫含量对精炼炉脱硫的影响

精炼炉冶炼低硫钢，炼钢使用原材料的含硫量将会影响脱硫的具体操作，而且在工艺装备条件一定的情况下，还决定着冶炼时间结束时，钢液硫含量的多少。如果废钢铁料带入的硫含量过高，电炉出钢的硫含量很高，精炼炉到站以后，硫含量最高的达到 0.090% 以上，这对于精炼炉的脱硫操作难度将会增加，所以在强化冶炼脱硫的同时，还应该控制废钢铁料带入电炉的硫含量的范围，以优化操作。

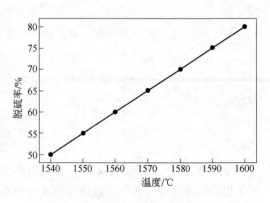

图 3-34　炼钢温度与脱硫率的关系

当硫在渣钢间的分配系数一定时，钢液的含硫量取决于炉料的含硫量和渣量，它们之间的关系如下：

$$w_{(\Sigma S)} = w_{[S]} + w_{(S)}Q \tag{3-38}$$

式中，$w_{(\Sigma S)}$ 为废钢铁料带入熔池的总硫量，%；$w_{[S]}$ 为钢液内硫的质量分数，%；$w_{(S)}$ 为炉渣含硫的质量分数，%；Q 为渣量，kg。

将 $w_{(S)} = L_S w_{[S]}$ 代入上式可得：

$$w_{[S]} = w_{(\Sigma S)} / (1 + L_S Q) \tag{3-39}$$

由此可以看出，钢液中的硫含量与炉料中的硫含量成正比，所以降低炉料的硫含量是控制硫含量的有效手段之一。初始硫含量对脱硫的影响见图3-35。

由图可见，初始硫含量增大，终点硫含量升高。因此，要获得超低硫钢，必须严格控制钢水初始硫含量。

3.6.3.5 预熔精炼渣的脱硫效果

预熔渣的组成有利于加入以后快速熔化。预熔精炼渣的成渣速度比传统精炼渣快5min以上，可有效减少LF化渣和升温时间，并且预熔渣的组成会使炉渣的流动性较好，有利于增加钢渣之间的接触面积，促进脱硫反应的进行（图3-36）。并且预熔渣中 CaF_2 含量降低，使LF耐火材料侵蚀明显减轻。使用预熔渣还可有效降低LF的生产成本。

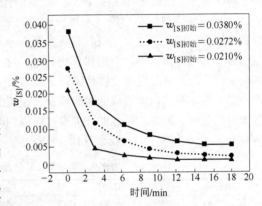

图3-35 初始硫含量对脱硫的影响

3.6.3.6 渣量的控制

脱硫剂加入量对脱硫的影响如图3-37所示。从冶金效果讲，加大渣量不仅有利于精炼渣脱氧及吸附夹杂物效果的改善，而且大渣量对脱硫有利。这是由于当熔渣组成一定时，增加渣量，有利于稀释渣中脱硫产物的浓度，有利于脱硫的化学反应的移动，所以加大渣量有利于脱硫，合理的渣量应该在 7~15kg/t。

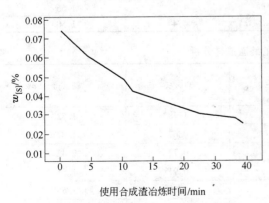

图3-36 使用合成渣脱硫的冶炼时间和
钢中硫含量的变化关系

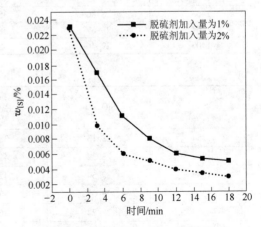

图3-37 脱硫剂加入量对脱硫的影响

3.6.4   70t 电炉—LF 生产线的脱硫操作和工艺改进

在电炉—LF 工序的生产过程中，由电炉提供粗炼钢水。电炉的脱硫能力很小，笔者统计的结果是平均脱硫率小于 10%，所以在电炉冶炼期间主要是调整钢中 [P]、[C] 的化学成分以及气体的含量，温度合适后出钢。脱硫的任务在电炉出钢过程中利用吹氩搅拌使钢渣混冲，通过"渣洗"的手段脱除一部分，其余的在精炼炉的冶炼过程中脱除。其中"渣洗"手段主要是在出钢合金化过程中，随出钢的钢流加入 400～800kg/炉的石灰、萤石和精炼渣，可以脱除 0～50% 的硫。渣洗效果的脱硫率主要取决于电炉出钢下渣量的多少，当电炉的下渣量大于 2.5kg/t 钢时，脱硫率小于 20%，下渣量小于 2.5kg/t 钢时，脱硫率在 20%～50% 之间。电炉出钢后把钢水吊至精炼炉进行冶炼，其中电炉出钢后，钢包内钢水的温度保持在钢液的液相线以上 40℃ 左右。钢水到达精炼炉后，脱硫的操作主要是加入石灰后，分批加入电石或者精炼渣（也可叫精炼剂）造白渣（精炼渣的成分见表 3-9，与电炉出钢过程中使用的精炼渣一样），以造白渣为脱硫的主要手段，石灰和萤石分 1～3 批加入，吹氩的气体流量控制以气体吹开透气砖上方的渣面，钢液微微裸露为标准，在合金化时适量增大流量，石灰的加入量在 80～300kg/炉。操作中出现的矛盾是脱硫速度慢，采用大量的电石扩散脱氧引起钢水的成分 [C] 的控制不好掌握，白渣形成的时间较长，脱硫的速度不高。在此种操作模式下，如果精炼炉的处理时间足够，脱硫和精炼的任务也可以得到圆满的解决，反映此阶段的初渣渣样和终点渣样分析如表 3-10 和表 3-11 所示。初渣渣样在第一次合金化后取样，终点渣样在出钢前取样。

表 3-9   电炉和 LF 使用精炼渣的主要成分（%）

SiO$_2$	Al$_2$O$_3$	CaO	MgO	添加剂
<10	<30	>45	<3	<12

表 3-10   精炼炉的初渣渣样分析

炉号 \ 组元	SiO$_2$/%	CaO/%	TFe/%	碱度（CaO/SiO$_2$）
1254	26.58	38.78	0.99	1.65
1388	26.14	37.41	1.84	1.60
1389	25.27	36.75	1.47	1.79
1394	27.73	34.35	1.96	1.43
1403	28.86	36.78	1.17	1.50
1404	28.67	38.46	1.45	1.55
1405	29.46	38.23	1.44	1.50

表 3-11   精炼炉的终渣渣样分析

炉号 \ 组元	SiO$_2$/%	CaO/%	TFe/%	碱度
1254	28.13	38.21	1.78	1.52
1388	23.32	41.68	0.67	1.97
1389	20.54	42.96	0.72	2.42
1394	29.07	39.93	0.91	1.53
1403	28.24	36.88	0.76	1.55
1404	26.9	40.92	0.69	1.78
1405	26.03	39.66	0.92	1.77

随着电炉和连铸产能水平的提高，要求精炼时间缩短在 20～30min，将［S］由最高0.09%降至0.04%以下，部分低合金钢（如 30 号钢）要求精炼结束后［S］在 0.015%以下，为了提高脱硫效率，做了以下的改进，思路和方法对于读者会有所帮助：

（1）强化电炉的出钢操作。基于脱氧反应伴随着脱硫反应的这一特点，考虑到电炉氧化渣中氧化铁的质量分数较高（在 20%左右），首先加强了电炉出钢时对于氧化渣下渣量的控制，在出钢口使用到中后期，进行修补出钢口的操作。通过修补出钢口，下渣量可控制在 2.5kg/t以下，同时鼓励电炉终点碳的优化控制，根据不同钢种的碳含量的要求，确定终点碳，留碳操作，减少电炉钢水过氧化（指钢中的［C］＜0.10%）的炉次，并且根据电炉终点碳的含量，将炉后的合成渣加入量由原来的 50kg/炉做随机增加，最多达到 250kg/炉，在电炉炉后合金化的过程中可脱去 20%～50%的硫，有效地缓解了精炼的脱硫压力。合成渣加入量、石灰加入量与脱硫的跟踪统计见表 3-12。

表 3-12 合成渣加入量、石灰加入量与脱硫的关系

炉号 内容	01	02	03	04	05	06	07	08
电炉终点［S］/%	0.087	0.063	0.074	0.066	0.089	0.069	0.057	0.088
电炉终点温度/℃	1630	1620	1630	1610	1625	1625	1610	1640
电炉终点［C］/%	0.056	0.068	0.045	0.078	0.08	0.056	0.068	0.086
石灰加入量/kg	400	450	450	400	400	400	400	400
合成渣加入量/kg	250	250	150	110	80	100	150	250
出钢带渣量/kg	＜100	＜100	＜100	＜100	＜100	120	120	很少
脱硫率/%	44	17	48	13	9	23	24	56

（2）合理地控制电炉出钢温度的控制。由于石灰在电炉和 LF 的溶解方式存在着差异，温度过低不利于钢渣的传质和促进渣料的溶解，温度过高钢液在电炉出钢过程中溶解吸收氧的能力增加，而且精炼开始后送电化渣的时间不容易控制，容易引起精炼炉高温出钢，违反工艺制度。经过 3 年的回归统计，我们得出了电炉的最佳出钢温度在 1580～1630℃之间，精炼炉钢水的初炼温度在 1540～1560℃之间，对于脱硫的操作最为有利。这样冶炼普通钢时，可以充分利用送电升温的同时化渣操作，在冶炼优质合金钢时，可以大功率化渣后根据出钢温度要求（这类钢的出钢温度要求在 1580℃左右），选择不同的小功率送电档位，缓慢升温或者保温操作，不会引起工艺的温度制度与控制成分的操作产生大的矛盾。表 3-13 为精炼炉初炼温度与脱硫时间的统计分析。冶炼钢种为 HRB400，表中数据为在相同的钢种、出钢量相差小于 3t、脱硫率同为 61%的 100 炉的统计结果。

表 3-13 LF 初炼温度与脱硫时间的统计

温度/℃	处理时间/min	温度/℃	处理时间/min
1500～1520	28～45	1540～1560	15～33
1520～1540	25～36	1560～1580	15～35

（3）增加了精炼炉的渣量。由于增大了渣量，相应地增加了炉渣的硫容量，降低了渣中氧化铁的含量，在同比条件下，使用相同的还原剂，增加了渣量的炉渣更容易形成白渣，从而提

高了快白渣的成渣速度。在操作时，待精炼温度到 1540℃ 以上时，根据电炉出钢时的终点硫含量，少量分多批次地加入石灰保证炉渣碱度达到 1.5 ~ 2.8 之间，碱度对脱硫率的影响如图 3-38 所示。同时我们根据反复实践证实：炉渣碱度不宜过大，最佳的炉渣碱度在 1.8 ~ 2.5 之间。炉渣碱度大于 2.5 以后，石灰的溶解速度将会明显下降，而且炉渣黏度增加，阻碍精炼过程的钢渣间的传质反应，不利于快速脱硫，也影响了精炼结束后的喂丝操作。此外，保持此范围的碱度，是炉渣吸收夹杂物的最佳碱度选择之一。

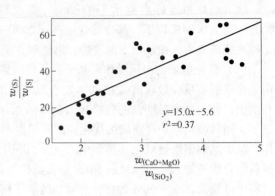

$$y = 15.0x - 5.6$$
$$r^2 = 0.37$$

图 3-38　碱度对脱硫率的影响

（4）合理地控制合金化元素。在低合金钢里，在成分的范围内提高强化脱硫元素的含量，可以在强化沉淀脱氧的同时达到脱硫的目的。在普钢里主要指 Si，随着冶炼的进行，钢中的 [Si] 氧化进入渣中形成（SiO_2），引起了炉渣碱度的普遍下降，所以在硫高的炉次，将 [Si] 的含量控制在比正常范围中限高 0.01% ~ 0.03% 左右，保持炉渣碱度，将会提高脱氧的能力，从而相应地提高了脱硫的效率，我们冶炼 30 号钢时（[S] ≤ 0.015%），将成分中的 [Si] 按中限偏上 0.01% ~ 0.03% 进行控制，结果比以往脱硫的速度有了明显的增加。冶炼低合金优质钢 30 号钢脱硫时成分的控制与脱硫率的统计见表 3-14。

表 3-14　LF 脱硫操作的效果对比

炉　号	初始 [S] 含量 /%	终点成分 /%					脱硫率 /%	冶炼时间 /min
		Si	Mn	P	C	S		
5136	0.058	0.20	0.65	0.013	0.29	0.011	81	41
5137	0.056	0.19	0.66	0.013	0.29	0.018	68	40
5138	0.045	0.19	0.66	0.011	0.29	0.009	89	40
5139	0.039	0.18	0.62	0.011	0.28	0.011	72	33
5140	0.064	0.21	0.65	0.008	0.28	0.009	86	40
5141	0.052	0.19	0.60	0.011	0.28	0.007	86	34
5142	0.061	0.20	0.59	0.012	0.28	0.008	87	37
5143	0.047	0.19	0.60	0.018	0.30	0.008	83	36
5144	0.055	0.20	0.58	0.013	0.30	0.008	85	40
5145	0.043	0.20	0.59	0.010	0.28	0.009	79	40

（5）增加搅拌强度。由于强搅拌引起的乳化现象将会增加钢渣反应的界面，提高反应的传质速度。我们进行脱硫操作时氩气流量由正常冶炼时的 60 ~ 120L/min 提高到 180 ~ 280L/min。实际操作中，调节氩气流量使钢水在钢包内剧烈运动，达到沸腾状态但不溢出钢包为准，以扩大钢渣的反应界面和促进钢渣间硫的传质速度。为了防止电极接触钢液增碳，此时的操作停电，升起电极。

强搅拌时间根据冶炼钢种当时具体的 [S] 含量和成品钢 [S] 含量的要求维持在 4 ~ 10min 左右。在冶炼优质钢的时候，为了防止强搅拌时间过长，引起钢液吸氮现象的加剧，可适当降低强搅拌的强度和搅拌时间。搅拌时机控制在合金化后，加入的石灰、萤石完全溶解，炉渣进行扩散脱氧后，炉渣变为黄渣或白渣时进行。实践表明，这种强搅拌强化了钢—渣—气三相间的乳化现象的产生，极大地提高了钢渣界面的反应速度，在碱度合适为一定值时，对于脱硫的影响是最重要的因素，在强搅拌条件下，相同碱度的炉渣在这种强搅拌的条件下可以提高脱硫速度10%～40%。在冶炼低合金钢的时候，这一点尤为突出和重要，我们在冶炼低硫硬线钢30号钢时，得到了充分的验证。当然，这种强烈的搅拌持续5min左右，白渣就会变为黄渣甚至黑渣，此时，脱硫速度迅速下降，有时接近零，这时需要将氩气搅拌的强度恢复到正常，补加小批量的渣料，送电化渣，造白渣，然后重复进行强搅拌，效果会很明显的。

上述操作在脱硫的同时会产生几种负面的影响：卷渣、吸气增氮、钢水侵蚀电极增碳和含碳的还原剂增碳。操作实践证明，由于增大了吹氩的强度，炉体内将会出现微负压，增氮现象的增加量比正常冶炼不多于20%，最为关键的是如果脱硫时间长，连铸的钢水断了，此炉钢水将继续在精炼炉处理，不仅增氮，而且成本的增加将无法接受。

强搅拌时将会比正常冶炼时多增碳0.005%～0.04%，可以通过成分控制时将钢包内的原始碳控制在成分要求下限以下0.01%～0.04%左右，以消除强搅拌带来的增碳现象。强搅拌和普通搅拌条件下脱硫的效果对比见表3-15。

表 3-15　不同搅拌条件下的脱硫效果的对比

碱度(R)	脱硫率/%		冶炼时间/min
	6～120L/min	180～280L/min	
1.4～1.5	31.5～47	41～54	38.5
1.5～1.8	36～55	39～62	41
1.8～2.0	39～70	55～73	40.5
2.0～2.5	45～71	48～71	27.5
2.5～2.8	38～67	41～64	32.5

注：此表统计炉数共100炉，每组20炉，碱度为二元碱度。

所以电炉生产线 LF 脱硫的关键在于：

（1）控制好电炉初炼钢水的氧含量与下渣量是为精炼快速脱硫创造有利条件的最重要的环节。

（2）快速脱硫时炉渣的碱度控制在1.5～2.8之间较为合适，最佳碱度在1.8～2.5之间，碱度大于2.8后炉渣流动性的下降会影响脱硫的效率。

（3）钢中硅含量是明显影响脱硫反应的主要合金元素。

（4）增加吹氩强度进行钢渣间的强搅拌是提高脱硫的重要手段，在合适的碱度下可以大幅度提高脱硫的平均速度。

（5）LF炉出钢以后的白渣，连铸浇铸完毕以后，白渣的硫容量仍然很大，目前有厂家介绍将白渣倒入下一炉电炉刚出钢的钢包内，在LF精炼时，一是节约了渣料，二是节约了化渣的电耗，三是白渣覆盖以后，钢包内的脱硫时间缩短，效果显著，并且可以连续循环3炉以后，待炉渣中间的硫容量接近饱和时，再倒掉。此方法笔者跟踪本厂的试验认为，效果很好，不失为提高脱硫效率的好方法之一。

3.7　LF 成分控制

精炼炉成分的控制对于电炉有一定的要求主要如下：

（1）电炉冶炼结束出钢过程中严格禁止下渣，以防止成分波动范围大、脱氧困难等现象的发生，增加冶炼成本。

（2）高合金钢种（合金含量不低于5%），出钢过程中应加入合金量的50%~75%。

（3）LF 第一次取样的成分，即电炉工序成分，应符合表3-16 的要求。

表 3-16　LF 第一次取样成分要求

钢种目标成分元素	电炉工序成分	
	上　限	下　限
C≤0.10%（低碳钢）	目标成分下限	目标成分下限 – 0.04%
0.10% < C≤0.25%（中碳钢）	目标成分下限	目标成分下限 – 0.05%
C > 0.25%（高碳钢）	目标成分下限	目标成分下限 – 0.010%
Si	目标成分下限 – 0.02%	目标成分下限 – 0.15%
Mn	目标成分下限	目标成分下限 – 0.20%
Cr	目标成分下限	目标成分下限 – 0.15%
Al	≤目标成分上限 + 0.02%	目标成分下限
P	小于钢种成分 – 0.005%	目标成分下限
S	小于钢种成分上限 + 0.03%	无要求

精炼炉成分的控制一般分为粗调和微调，粗调1 次，微调1~3 次。

粗调：钢水到站以后，炉渣熔清化好，合金熔化均匀；吹氩搅拌至少在3min 后，测温钢水温度在液相线温度以上45℃取样；精炼炉测温取样分析以后，根据钢水中的成分，对于主要元素进行粗调，将它们的成分范围控制在成分下限的 – 0.05% 左右。

微调：在还原渣形成后进行，合金收得率高，易于命中目标，这时候将化学成分分为1~3 次调整好。由于这类调整成分范围较小，所以叫做微调。取样的试样要求确认试样无渣无气孔无冒涨。

合金加入的基本原则如下：

（1）合金元素加入钢包炉内，加入量要合适，保证熔化迅速，成分均匀，回收率高。

（2）合金元素和氧的亲和力比氧和铁的亲和力小时，这些合金可在电炉出钢期完全加入，如 Ni、Cu、W、Mo。

（3）某些合金元素和氧的亲和力比氧和铁的亲和力大时，这些合金可部分在电炉出钢期加入，少量在精炼期加入，如 Cr、Mn、V、Si；

（4）某些合金元素和氧的亲和力比氧和铁的亲和力大得多时，这些合金元素必须在脱氧良好的情况下加入，如 Ti、B、Ca；

（5）常用合金元素和氧的亲和力的顺序由弱到强的顺序如下：

Ag、Cu、Ni、Co、W、Mo、Fe、Nb、Cr、Mn、V、Si、Ti、B、Zr、Al、Mg、Ca

3.8　LF 精炼操作实例

实际生产中精炼炉的操作过程见图3-39。

3.8.1　LF 精炼准备

LF 精炼准备的基本操作包括：

（1）冶炼前的设备检查。冶炼开始前从主控室计算机监视画面或从其他有关方面全面了

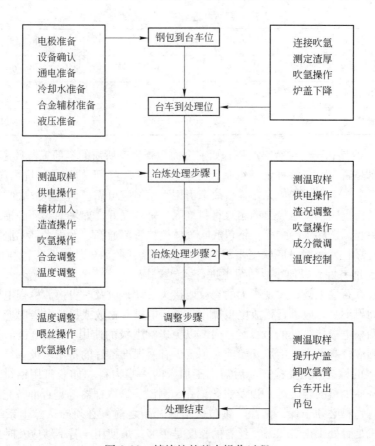

图 3-39　精炼炉的基本操作过程

解并检查钢包炉电气系统、液压系统、气动系统、冷却水系统、除尘系统、散状料系统以及检测仪表系统等系统的设备运行状况，应确认上述系统运转正常；燃气(氧气、氮气、氩气及压缩空气等)系统、冷却水和其他介质温度、压力及流量正常；炉盖及电极升降、钢包车以及炉门、喂丝孔和加料孔启闭、喂丝机等设备完好且可正常工作。发现问题或故障及时处理或通知有关人员尽快处理，否则不允许开炉。一座150t 精炼炉的检查主要项目如表 3-17 和表 3-18 所示。

表 3-17　一座 150t 钢包炉冶炼时正常的水冷系统的参数

冷却部位	入口温度 /℃	出口温度 /℃	报警温度 /℃	入口流速 /m³·h⁻¹	出口流速 /m³·h⁻¹	报警流速 /m³·h⁻¹	入口压力 /MPa	出口压力 /MPa
炉　盖	38.5	56.5	70	120	120	150	0.4	0.2
变压器	38.5	45.5		28	28		0.4	0.2
电极横臂	38.5	45.5		5.5	5.5	4	0.4	0.2
夹持器	38.5	45.5		11	11	8	0.4	0.2
电　缆	38.5	45.5	60	4	4	5	0.4	0.2
电缆支撑	38.5	45.5		6	6	4	0.4	0.2
二次导体	38.5	45.5		8	8	6	0.4	0.2

表 3-18 氩气和压缩空气系统的参数

系统名称	压力/MPa	流速(标态)/$m^3 \cdot h^{-1}$
底吹氩系统	1.2~3.0	0~36
高压旁通	3.0	
压缩空气	0.5~0.6	21

(2) 生产工器具和安全检查。冶炼开始前全面检查生产所需的全部工器具是否齐全、状态是否良好、数量是否充足,各种记录纸是否齐全。检查钢包车下的炉坑,坑内应干燥、清洁、无积水。钢包车事故牵引机构应完好,事故牵引用钢丝绳应可靠。钢包事故底吹搅拌用长胶皮管准备好。认真检查钢包炉电极孔的耐火材料绝缘环是否完好,如果绝缘环破损或太薄,则应及时更换,以免起弧击穿水冷炉盖。钢包底吹气体搅拌管路通畅、无积水、无泄漏且与钢包连接的快速接头可靠、无泄漏。底吹氩事故打开用高压氮气瓶内气体充足,减压阀前压力大于 5MPa。备用钢包准备好,以便事故情况下进行倒包操作。

冶炼前应检查石墨电极,发现有大的裂纹或接头松动,应及时更换。检查电极长度是否足够一炉使用,如果不足,应进行松放电极操作或更换电极。松放或接长电极时应注意,严禁将电极夹头夹在两根电极接头处的白线区域内,以免影响电极的使用。3 根电极的头部应处于一个平面上,否则应将其墩齐。冶炼开始前必须至少有两根准备好的备用电极。

(3) 原材料的检查。主要检查炉后需人工加入的一些物料(如脱氧用铝饼、增碳剂、还原剂等及其他一些少量的合金等)以及炭化稻壳、测温头、取样器等是否准备充足,测温枪是否准备好。所有物料必须干燥、洁净。钢包炉精炼开始之前,必须确认除尘系统处于工作状态。检查喂丝机是否处于正常状态,丝卷的长度是否够一炉使用,若不够应及时进行更换。

(4) 工艺检查:

1) 冶炼开始前必须完全掌握所炼钢种的技术条件。

2) 认真阅读并掌握相应的钢包炉炼钢分钢种工艺指导卡所规定的工艺控制参数和冶炼要求。

3) 检查原辅材料、合金的准备情况,了解各种原料及合金的理化指标及使用要求。

4) 了解出钢钢包的状况,如果是新钢包、冷钢包或凉钢包,精炼时间必须大于 45min,同时可以提高出钢温度 10~15℃。

5) 确认电炉出钢正常、出钢过程中底吹搅拌正常,连铸系统设备完好且具备开机条件。

6) 认真阅读由调度站传来的生产作业计划以及交接班记录,明确冶炼计划及生产节奏控制要求。

3.8.2 LF 精炼操作

无论与哪一种精炼炉组合,LF 炉的造渣、温度控制、脱氧对下道工序都会产生影响。

3.8.2.1 吹氩控制

吹氩控制包括:

(1) 电炉出完钢后,由出钢钢包车将钢包运到精炼跨,待钢包车在吊包位停稳后,装包工应立即停止对该钢包的底吹搅拌,拔下快速接头,同时指挥行车将钢包吊至精炼钢包车上,并立即接通搅拌气体进行搅拌。

(2) 精炼期间必须全过程进行底吹气体搅拌,正常情况下,搅拌强度以透气塞上方钢液表面的熔渣微微隆起且钢液表面不露出为宜。一座 70～100t 钢包炉的搅拌气体的具体流量可参照表 3-19。

表 3-19 70～100t 钢包炉的搅拌气体流量

项 目	启动搅拌	加合金量/kg			加重合金	正常加热
		>200	50～200	<50		
流量/L·min^{-1}	150～300	80～200	60～200	50～150	80～200	50～150
时间/min	1～3	3～5	2～10	1～15	5～20	全过程

(3) 根据钢种的质量要求，精炼期间的底吹气体可以是氩气或者氮气。原则上对于普通钢种（如碳素结构钢和低合金钢）可以使用氮气搅拌；对于特殊钢种使用氩气搅拌，分钢种工艺指导卡为此做了具体要求。

(4) 在使用氮气搅拌精炼时，若精炼时间超过 15min，15min 后必须将搅拌气体切换成氩气，以确保钢的质量。

(5) 如果气体搅拌启动后，没有发现钢水搅拌运动或搅拌运动不足，可增加气体流量，如果发现气体流量增加不明显或搅拌运动仍然不足，则可判定底吹透气塞堵塞。此时可以启动透气塞事故打开程序，用高压氮气对透气塞进行吹扫。吹扫时严禁任何人员停留钢包车附近，以免钢水突然飞溅造成事故。如果进行该操作后透气塞仍然不能打开，则必须进行倒包操作。严禁无底吹搅拌进行精炼操作。

(6) 吹氩搅拌正常后，开动钢包车，将钢包运送至精炼工位。钢包就位后放下炉盖，然后开始送电加热进行化渣及合金均匀化工作。一般情况下加热 8～10min，渣化好后取全分析样并测温；如果出钢过程中加入的有重金属或难熔合金，必须在送电精炼 15min 以后方可取样。原则上钢包炉取样时应确保钢水温度高于对应钢种液相线温度 45℃以上。

3.8.2.2 钢水成分控制

钢水成分控制包括：

(1) 合金成分控制。待取样分析结果出来后，根据分析结果调整成分。合金收得率见表 3-20，一些特殊合金的成分见表 3-21。

表 3-20 合金收得率

合金名称	收得率/%	合金名称	收得率/%
高碳锰铁	98～100	钼 铁	100
低碳锰铁	98～100	镍 铁	100
高碳铬铁	95～100	铌 铁	100
低碳铬铁	95～100	钨 铁	100
硅 铁	65～95	钛 铁	40～70
增碳剂	90～95	铝	40～75

表 3-21　一些特殊合金的成分

名　称	牌　号	化学成分/%							粒度/mm	筛下物/%
		主要成分	C	Mn	Si	P	S	其他		
钼　铁	FeMo60S10	Mo≥60	≤0.15		≤2.0	≤0.05	≤0.10	Cu≤0.5	10~50	≤5
硼　铁	FeB20-A	B 18.0~20.0	≤0.35		≤4.0	≤0.05	≤0.01	Al≤0.5	10~50	≤5
钒　铁	FeV50-A	V≥50.0	≤0.40	≤0.5	≤2.0	≤0.07	≤0.04	Al≤0.5	10~50	≤5
钛　铁	LCFeTi70	Ti 68.0~72.0	≤0.30	≤2.5	≤0.5	≤0.04	≤0.03	Cu≤0.4	10~50	≤5
铌　铁	BXFeNb	Nb+Ta≥63.0	≤0.15		≤2.0	≤0.12	≤0.10	Ta≤0.4	10~40	≤5
钨　铁	FeW80-C	W 75.0~85.0	≤0.40	≤0.50	≤0.70	≤0.05	≤0.08	Pb≤0.05	≤10	
镍　铁	FeNi	Ni 45±1.0				≤0.03	≤0.03	Cu≤3.0	10~50	≤3
磷　铁	FeP24	P 23.0~26.0	≤1.0		≤2.0	≤3.0		≤0.5	10~50	≤5
氮锰合金	MnN	Mn 75.0~80.0	≤0.5		≤3.5	≤0.3	≤0.02	N 4.0~6.0	10~50	≤3
硫　铁	FeS	S≥22.0	≤0.03	≤0.08		≤0.03		Fe 余量	10~50	≤3

（2）在补加合金时必须考虑合金中其他元素对钢液成分的影响。如加入高碳锰铁和高碳铬铁时要考虑带入的碳量，使用高铝（Al>1.2%）硅铁或硅铁加入量较大时要考虑钢水中铝含量的升高，喂 Ca-Si 时要考虑增硅量，喂钛丝或加 FeTi 时也要考虑增硅量。

（3）碳含量控制。考虑到从钢包炉出钢至连铸浇铸成成品的过程中，有 0.01%~0.03% 的过程增碳，因此原则上钢包炉应将出钢时的碳含量控制在规格中、下限。增碳操作时应适当增大底吹搅拌强度，以确保炭粉的溶解吸收。严禁将电极插入钢水中进行增碳。如果冶炼时间比较长，在进行增碳操作时还应注意石墨电极、还原剂（如 SiC、电石等）等的增碳作用。

（4）硫含量控制。脱硫是钢包精炼的一项重要的任务。脱硫的一个重要手段是造白渣，同时提高炉渣的碱度（$R=(CaO+MgO)/SiO_2=3~4$）。如果钢水中硫含量太高，可以考虑加大渣量（石灰总加入量大于钢水量的 1.0%）、提高萤石的配入量（石灰∶萤石=（4~5）∶1）以及加强搅拌强度（搅拌气体流量高出正常 20%~30%）。

（5）为了稳定连铸的浇铸工艺以及钢材的性能，在同一个中间包连浇期间，应尽量控制使各炉次间的化学成分保持稳定一致。

3.8.2.3　供电制度的控制

精炼期间的供电情况对于包衬寿命及精炼电耗有极大的影响。整个精炼期间的供电要求有：

（1）钢包精炼炉 15 个供电档位中，1~5 档为快速提温档，5~10 档位慢速提温档，10~15 档为保温档。应根据需要选用适当的档位，以确保适当的升温速度。

（2）钢包到达精炼炉后，首先进行化渣提温操作。化渣时应采用低电压、大电流供电，以避免电弧对钢包寿命的影响。

（3）炉渣化好后应适当采用长弧操作，以进行快速提温，尽快将温度提升到目标要求温度。但整个提温精炼期间应尽可能以中档送电。送电的同时应根据实际情况适当补加渣料，以确保做到埋弧冶炼，从而减少包衬的侵蚀和钢液的吸气。

（4）如果钢水等待时间较长，钢液表面的炉渣已经结壳，为了确保顺利起弧，在进行送电操作之前应当首先将电极下的渣面打开，以确保电极可以接触到钢水顺利起弧。

（5）如果炉渣并未结壳，但还是启弧困难，可以向炉渣面上撒少量的炭粉或 SiC 粉，以达到顺利启弧的目的。

（6）如果有两包钢水在精炼炉进行精炼处理，则在送电时应注意，尽量以大功率送电，确保两包钢水都不致冻结。

（7）如果精炼钢水中碳含量比较高，为了避免碳成分出格，送电操作应尽量避免使用保温档，用大功率、长弧供电操作，以减少电极增碳。

（8）在钢包炉进行还原操作时，为确保适当的白渣保持时间，应尽量采用低档送电，以保持白渣，达到脱氧、去硫的精炼目的。

3.8.2.4 温度控制

温度控制是钢包精炼的一项重要的操作内容，其对保证连铸顺利连浇是至关重要的。温度控制包括：

（1）应严格控制电炉出钢温度，确保钢包炉精炼的整个过程升温控制在 50～80℃。电炉出钢温度具体见各钢种工艺指导卡。

（2）对于服役中期且出钢前烘烤良好的钢包，当使用中档供电时，钢水的升温速度大致为 1.5～4.5℃/min。

（3）对于不同钢种的钢水，钢包炉的出钢温度具体见各钢种工艺指导卡。在冬季和新钢包时，出钢温度可提高 10℃。出钢温度必须控制在规定要求的 ±5℃ 范围之内，严禁出高温钢。

（4）冶炼结束后，发现钢水温度超过规定的范围，应进行温度调整。如果温度偏低，应重新送电提温直至达到规定的范围；如果温度偏高且偏差在 +10℃ 以内，可以通过底吹搅拌降温，但应注意搅拌强度不得过大，以免钢水二次氧化或卷渣，以渣面微微隆起而且钢水不外露为宜，两个透气塞的底吹气体流量均控制在 40～80L/min，此时钢包中钢水的降温速度约为 0.5℃/min。

（5）如果在喂丝前进行测温，应当考虑喂丝操作会造成约 2～10℃ 的钢水温降。

（6）如果钢包炉冶炼用的钢包是冷钢包、新钢包或结有包底的钢包，则精炼时间必须大于 60min，以确保钢包内钢水温度均匀、包内结的冷钢熔化，从而避免连铸浇铸过程中钢水温降过大。

3.8.2.5 测温取样

测温操作：

（1）钢包炉测温是用快速热电偶进行，使用前应当确认热电偶干燥、测温枪完好。测温点应避开底吹搅拌区域，同时要插入一定深度，以避免测温数据不准。

（2）测温操作时必须停电，同时将电极升起距钢液面 500mm 以上。测温时应密切注意温度显示仪表上的温度变化情况，一旦温度值稳定之后，应立即将测温枪拔出钢液，以免烧坏测温枪。

（3）测温时应注意安全，进行测温操作时，操作工应站在炉门侧面，以防炉内塌料或钢水沸腾溅出烫伤。严禁正对炉门进行测温取样操作。

取样操作：

（1）钢包炉冶炼期间钢包取样是用取样枪进行的，钢包炉使用的取样器为不脱氧型取样器，使用前应确认取样器是干燥的。

（2）取样时取样器的插入位置应在底吹氩搅拌区域，取样枪要有一定的插入深度，具体要求见表 3-22。

表 3-22　测温取样的控制要求

探头种类	插入时间/s	插入深度/mm
热电偶	5~7	450~550
定氧仪	5~10	450~550
不脱氧取样器	5~10	450~550

（3）原则上应在合金加入后至少送电冶炼 3~10min 后方可进行取样操作，对于加入一些难熔合金（如钼铁等），应在合金加入后送电冶炼 15min 以后方可进行取样操作。

（4）测温时应注意安全，进行测温操作时，操作工应站在炉门侧面，以防炉内塌料或钢水沸腾溅出烫伤。严禁正对炉门进行测温取样操作。

（5）取样结束打开取样器时，必须用专用钳夹进行，禁止将取样器乱磕引起烫伤事故。

（6）取样时应注意安全。进行测温操作时，操作工应站在炉门侧面，以防炉内塌料或钢水沸腾溅出烫伤。严禁正对炉门进行测温取样操作。

3.8.2.6　喂丝操作

WF（wire feeding）是 20 世纪 80 年代初发展起来的炉外精炼手段。它的核心就是借助于喂丝机将比较轻、易氧化、易挥发的合金元素制成包芯线或实心线快速输入钢液。在钢液深处熔化溶解，从而达到脱氧、脱硫、改变夹杂物形态、成分微调等冶金目的。

这种冶金技术可使如 Al、Ca、Ti、B 及稀土等元素提高收得率、成分命中率，大幅度节约贵重金属元素加入量，降低精炼费用。为保证钢液的进一步脱氧、进行夹杂物变性处理以达到改善钢水流动性的目的或对某种成分进行精细调整时，钢包炉精炼结束之前应喂入合金包芯线、铝丝或其他金属线，具体使用种类及使用量见分钢种工艺指导卡。喂丝机械和各种丝线的规格和要求如表 3-23~表 3-28 所示。

表 3-23　喂丝机的主要技术参数

流　数		2	
喂丝速度/m·min^{-1}		5~350	
导管垂直运动行程/mm		0.8~200	
适用丝线	包芯线	5~20mm	
	实心线	5~15mm	

表 3-24　铝丝的化学成分和技术要求

化学成分/%		技术要求	说　明
Al	Cu	直径 10mm，允许偏差 ±0.3mm，每 1km 接头个数不超过 5 个，单卷重量 500~1000kg/卷	铝丝选用圆形、内抽头方式，内径 ϕ700~900mm，外径 ϕ1200~1500mm，同时要求去油污、防潮、防雨淋
≥98	≤0.05		

表 3-25　金属钙—铁包芯线技术要求

直径/mm		钢板厚度/mm	芯粉质量/g·m^{-1}	每 1km 接头个数	单卷重量/kg·卷$^{-1}$
公称尺寸	允许偏差				
13	+0.8，-0.0	0.4±0.02	≥206	2	2200

表 3-26 金属钙—铁包芯线成分要求

牌 号	化学成分/%	
	Ca	Fe
Ca-X	≥35.0	≤65.0

表 3-27 炭粉包芯线技术要求

直径/mm		钢板厚度/mm	芯粉质量/g·m⁻¹	每1km接头个数	单卷重量/kg·卷⁻¹
公称尺寸	允许偏差				
13	±0.6	0.30~0.40	140~150	≤2	800±20

表 3-28 炭粉包芯线成分要求

化学成分/%	C	S	N	H	水 分
	≥98.0	≤0.35	≤0.5	≤0.4	≤0.2

喂丝的要求主要有：

（1）必须严格控制喂丝时间，正常情况下，精炼钢水成分合格后，在确认出钢前5min进行喂丝操作，喂丝操作时必须停止供电。

（2）启动喂丝机之前，先将钢包炉盖的喂丝孔门打开，将喂丝导管放下，然后启动喂丝机进行喂丝操作。喂丝速度应控制在180~300m/min。

（3）喂丝时保持钢液底吹搅拌，喂完后继续搅拌3~10min，达到均匀去除夹杂物的目的。此时应采用弱搅拌，避免钢水的二次氧化。

（4）一炉钢需要同时喂入Al和Ca-Si丝时，应先喂Al丝，隔3min之后再喂Ca-Si丝。

（5）当需要更换丝卷或续接包芯线时，必须先停电，然后打开通往喂丝平台的安全门，然后进行工作。严禁在钢包炉通电冶炼期间到喂丝平台进行操作。当有人在喂丝平台工作时，严禁送电操作。

3.8.2.7 除尘系统操作

除尘系统操作的要求主要有：

（1）钢包炉冶炼开始之前，应确认除尘主风机处于正常运行状态，然后启动钢包炉除尘增压风机。

（2）钢包炉冶炼过程中应保证炉内处于微正压状态，即从电极孔处有少量烟气溢出。

（3）在冶炼过程中应密切注意电极孔处烟气的状况，随时调节增压风机入口调节风门，以达到微正压操作的目的。但为了确保良好的工作环境，严禁将风门关小使大量烟气逸出污染环境。

（4）如果钢包炉停炉30min以上时，应通知除尘操作工停止钢包炉增压风机的运转。

3.8.2.8 加料操作

加料操作的要求主要有：

（1）钢包炉补加物料可以通过合金加料系统自动进行或通过钢包炉炉门手工进行。

（2）当补加量比较大（单种物料补加量大于40kg）且所需补加的物料存放在合金料仓时，可以使用合金加料系统自动加料。在进行加料操作前，应当首先将所需补加的物料放入称量料斗中并称量好，然后打开炉盖上的加料孔，在计算机上启动加料程序开始加料。加料结束后，应立即将加料孔关闭，以免高温烟气损坏加料皮带。

（3）当补加量比较小（单种物料补加量小于 40kg）或所需补加的物料在合金料仓中没有储备时，可以通过钢包炉炉门进行补加操作。加料时应停电，加入位置应在吹氩搅拌区。在进行增碳操作时，必须停止供电，同时适当增大吹氩搅拌强度，以确保炭粉的吸收。

（4）各种不同物料的补加时间，分钢种工艺指导卡中要有具体的要求，如果没有具体要求，原则上渣料应当在精炼开始或精炼前期进行；主要合金的补加应在取样结果返回后进行；对于一些极易氧化的合金，如 FeB、FeV、FeTi 等，则应在出钢之前进行补加；加入铝铁、硼铁或者钛铁以后必须在 15min 以内出钢。

（5）使用合金料仓加料操作之后，如果发现钢水成分与预期目标出入较大时，应检查加料系统、合金称量系统是否工作正常，加料孔是否堵塞，合金成分是否有误，应及时将问题反馈至电炉炼钢工，采取相应的措施。同时通知有关人员进行处理。

3.8.2.9 倒包操作

下列原因之一可进行倒包操作：

（1）钢包包壁见红，或渣线部位熔损严重；

（2）常规元素高出规格上限，造成成分超标；

（3）有害元素超标；

（4）连铸在事故状态返回的注余钢水量过大，单独冶炼钢水不足，兑加一包太多时；

（5）钢包底吹氩失败；

（6）其他造成钢包无法继续使用的原因。

倒包处理的操作要点：

（1）进行倒包处理时，应事先与当班调度、电炉炼钢工及装包工联系好，以协调生产节奏并做好有关的准备工作。

（2）倒包前应确认倒包用的钢包已准备好，并将准备好的空钢包放置在指定的倒包位置上，然后将准备好的事故搅拌用长胶皮管与准备好的空钢包连接好，并打开底吹搅拌气体（一般情况下应将底吹旁通打开，以确保透气塞不被堵塞），确保倒包期间可进行良好的底吹搅拌。

（3）在进行倒包之前，如果条件允许的话，应将钢水温度升高至 1600℃ 左右，以避免倒包过程中温降过大造成新钢包冻结。

（4）倒包之前，应确保盛有钢水的钢包包口清洁、无冷钢渣，以避免倒包过程中钢水散流严重，损坏其他设备。

（5）倒包操作期间，应有专人指挥操作，严禁任何人员进入倒包作业区间；如果行车操作工遥控操作行车时，行车操作工应站在精炼炉喂丝平台或连铸浇铸平台上进行操作。操作位置应视线良好，并且周围无障碍，可完全看清指挥人员的手势。

（6）倒包开始后，应将钢包提升至空钢包上沿以上，包口对准空钢包，然后缓慢提升副钩。倒包操作要缓慢并且应注意观察钢流的情况，尽量减少钢水的飞溅。一旦发现钢流散流或飞溅严重时，应立即停止小钩的倾翻提升操作或立即将小钩下降，以停止钢水的流出。

（7）倒包操作结束后，应快速将空钢包放在装包工指定的位置，然后立即将盛有钢水的钢包吊运到精炼炉操作工指定的钢包车上。同时，倒包结束后，精炼炉操作工应观察钢包内钢水的搅拌情况，适当调整底吹搅拌的气体流量。

（8）倒包后的钢包到达精炼位后，应立即用大功率送电以快速提温，避免钢包内钢水冻结。

3.8.2.10　出钢操作

出钢操作的要点主要有：

（1）出钢前应与值班调度或连铸当班组长取得联系，再次确认具体的出钢时间。钢水在连铸钢包回转台上的待浇时间不得超过 5min。

（2）出钢前 5min 与行车联系，做好所有的准备工作。

（3）当钢水成分合适、温度达到规定要求，并且最后一批合金加入 5～10min 之后出钢为宜。

（4）停止供电、包盖升起之后，将钢包车开至吊包位，停止钢包底吹搅拌，拔下快速接头。

（5）吊包前，向包内加入保温剂（炭化稻壳等）进行钢包保温，减少钢液温度损失。

3.8.2.11　电极更换操作

电极更换操作的要点主要有：

（1）在更换电极前，必须首先将隔离开关断开，然后将操作台选择至炉前操作台。更换电极操作时操作工必须在炉前操作台上进行操作。

（2）指挥行车将用小钩将夹在电极横臂上的电极挂上，行车操作时应注意，小钩升降要尽量缓慢，以免造成电极横臂或电极螺纹损坏。

（3）确认行车将电极挂稳以后，打开电极夹头。确认电极夹头已经完全打开之后，缓慢提升电极直至电极高于电极横臂 1m 以上，然后行车将电极吊运至电极接长位，将其夹持在电极接长位以便进行接长操作。操作时行车操作工应与冶炼操作工密切配合，在电极横臂运动及行车起吊的过程中，必须始终保持电极夹头处于打开位置。电极吊离电极夹持器以后可以将电极夹持器打到夹持位置。

（4）将准备好的电极吊到电极横臂上方，电极头部对准电极夹头，打开电极夹头，缓慢降低电极。待电极头露出电极夹头下方 20cm 以后，提升电极横臂至最高位。

（5）缓慢降低电极，直至电极夹头位于最上面一根电极的上下两道白线之间。然后用电极夹头将电极夹紧。将行车小钩稍稍降低一些，确认电极已经被夹紧。

（6）将炉盖提升到最高位，看电极端头是否处于炉盖下沿以内，以免钢包车开动时将电极折断。确认无误后可以将行车小钩松开。

（7）用电极对齐装置，将三根电极墩齐。

（8）夹持电极时应注意，电极夹头必须夹在最上面一根电极上下两道白线之间，并严禁将夹持器夹在电极接缝处。

（9）更换电极时应严格遵守有关的安全操作规程，电极吊运过程中，严禁任何人在电极吊运路线附近逗留。

3.8.2.12　电极松放操作

电极松放操作的要点主要有：

（1）在松放电极前，必须首先将隔离开关断开，然后将操作台选择至炉前操作台。电极松放操作时操作工必须在炉前操作台上进行操作。

（2）指挥行车将用小钩将夹在电极横臂上的电极挂上，行车操作时应注意，小钩升降要尽量缓慢，以免造成电极横臂或电极螺纹损坏。

（3）确认行车将电极挂稳以后，打开电极夹头。确认电极夹头已经完全打开之后，缓慢提升电极横臂直至达到足够的长度为止。

（4）用电极夹头将电极夹紧。将行车小钩稍稍降低一些，确认电极已经被夹紧。

（5）将炉盖提升到最高位，看电极端头是否处于炉盖下沿以内，以免钢包车开出时将电极折断。确认无误后可以将行车小钩松开。

（6）可用钢包车上专用电极松放、墩齐装置对电极进行松放。

（7）夹持电极时应注意，电极夹头必须夹在最上面一根电极上下两道白线之间，并严禁将夹持器夹在电极接缝处。

3.8.2.13　电极接长操作

电极的主要性能指标如表 3-29 所示。

表 3-29　精炼炉电极的主要性能指标（ϕ450mm）

序号	项目	本体参数	接头参数	序号	项目	本体参数	接头参数
1	电流容量/kA	48 ~ 50		9	线（热）膨胀系数 （100 ~ 600℃）/℃$^{-1}$	≤1.4 × 10^{-6}	≤1.5 × 10^{-6}
2	灰分/%	≤0.2		10	固定碳含量/%	99.8	
3	真密度/g·cm^{-3}	2.20 ~ 2.25		11	标称直径/mm	457	241.3
4	体积密度/g·cm^{-3}	1.65 ~ 1.75	1.75 ~ 1.80	12	直径公差/mm	±2	
5	气孔率/%	20 ~ 30		13	长度/mm	≥1800	304.8
6	弯曲强度/MPa	10 ~ 15	20 ~ 24	14	长度公差/mm	+75，−100	
7	杨氏模量/GPa	9 ~ 13	13 ~ 18	15	电流密度/A·cm^{-2}	≥28	
8	电阻率/mΩ·m	4.5 ~ 5.5	4.0 ~ 5.0				

电极接长操作的要点主要有：

（1）将电极接长位旧电极的电极吊具卸下，用压缩空气将新电极的接头螺纹及螺丝头吹扫干净，然后将螺丝头旋进电极内，水平将吊具套装在电极上。将袋装增碳剂或沙子放在电极接头下面，以保护电极端面及电极接头。

（2）确认电极吊具已经连接牢靠后，缓慢提升吊钩，将电极吊起并运送至电极接长站处。起吊及运送电极时应注意保护电极接头和端面。

（3）将人工拧紧电极用扳手套在新电极上，然后将上下电极对准且保持垂直，用压缩空气将电极端面和螺纹上的杂物吹扫干净。

（4）确认上下电极同心以后，缓慢降低电极，直至上下电极端面之间相距约 40mm 时停止下降，再次用压缩空气吹扫电极接缝。

（5）轻轻转动电极，确认螺纹已经啮合之后，继续转动电极，直至无法转动为止。

（6）松开电极夹持器，将接好的电极吊运到电极存放位。

3.9　LF 常见事故的预防与处理

3.9.1　LF 常见事故的处理

3.9.1.1　电极折断

电极折断的处理：

（1）如果冶炼过程中发生电极折断，应立即停止供电操作，将隔离开关断开，将控制台选择至炉前操作台。在处理事故时，操作工只能在炉前控制台进行操作。

（2）如果折断的电极较短，在钢包盖以下或浮在钢液面上，为减少增碳，应立即将电极臂和钢包盖提起，将钢包车开出精炼位，然后用行车将断电极夹出。

（3）如果折断的电极比较长，端头在钢包盖以上，应立即提升电极和钢包盖，然后用钢丝绳将断电极绑住，然后用行车将断电极提起。提升时应注意，不要损坏电极横臂或其他设备。

（4）如果用行车可以将折断的电极吊走，则将其吊走；如果无法完全吊出，则应将电极提升到钢包车可以开出为止（电极头高于钢包上沿或钢包吊耳），立即将钢包车开出。然后将折断的电极放在钢包车或车下事故坑内。

（5）电极折断之后，如果电极掉入钢包内，应取样分析碳含量，以避免碳成分出格。

3.9.1.2　钢包穿

钢包穿的处理：

（1）钢包炉冶炼过程中应认真注意钢包包衬情况，如果发现钢包包壁发红，应立即停止冶炼，然后进行倒包处理。

（2）如果钢包在精炼过程中包壁穿包，应立即停止冶炼同时将钢包车开出，用行车将钢包吊离精炼工位，进行倒包操作或将钢水直接倒进渣盘内。

（3）如果钢包在精炼过程中间包底穿钢，应立即停止冶炼，将钢包车开至吊包位。此时严禁行车吊运钢包，以免损坏其他设备。将钢包内的钢水放入钢包车下事故坑内。

3.9.1.3　钢包精炼炉水冷件漏水

钢包精炼炉水冷件漏水的危害有：

（1）影响钢的质量。水冷件漏水后，漏出的水进入熔池遇热蒸发为水汽，就会增加水汽的分压。炉气中水蒸气的分压越大，钢液中氢含量越高。钢中含氢量高是造成钢材白点等冶金缺陷的主要原因。

（2）影响还原和精炼气氛。水冷件漏水会恶化脱氧效果，影响精炼的气氛，无法造好精炼还原渣，导致浇铸时冒涨或产生钢坯的皮下气泡。

（3）对安全生产构成严重威胁。水冷件漏水后漏出的水如果被钢液或炉渣覆盖，则在高温下会迅速被蒸发为气体，其体积急剧膨胀而产生爆炸，对人身安全和设备安全构成极大的威胁。

钢包精炼炉水冷件漏水的主要征兆有：

（1）烟气里阵发性地出现黄绿色。

（2）渣面上会出现小斑点或者发黑的小颗粒。

（3）还原渣难以造白，渣色变化极大。

3.9.2　LF 常见事故案例分析

3.9.2.1　案例 1：成分偏析

事故经过：冶炼 50 号钢，因为炉前出钢时碳为 0.08%，炉后加入 230kg 炭粉。根据以往冶炼高碳钢的经验，到精炼炉后先送电 10min 后取钢包第一个试样分析，此炉钢包 1 的分析成分为：Si 0.11%；Mn 0.43%；P 0.010%；C 0.30%；S 0.039%；Al 0.003%。渣况反应良好，从 Si、Mn 的成分看炉后出钢，并未下渣。加入了 100kg 炭粉、加入 216kg 锰铁和 123kg 硅铁后，因为根据前两炉增碳情况，保守估计碳会来到 0.50%，接着送电 12min 后取钢包 2 的分析成分为：Si 0.21%；Mn 0.63%；P 0.010%；C 0.48%；S 0.021%；Al 0.005%。取样时渣子表面已无炭粉，表明碳的回收比较稳定，上连铸时又增加了 20kg 炭粉，取成品分析为：Si 0.22%；Mn 0.62%；P 0.010%；C 0.47%；S 0.015%；Al 0.005%。发现碳低于 50 号钢的内控标准下限 0.49%，后改判为 45 号钢。后连铸浇铸到 70t 时又取了成品分析以做参考，发现碳成分偏析较大，一共打了四个点，有四个结果，且偏差较大，其中两个结果在内控标准范围内。

事故原因：炼钢工考虑问题不周全，钢水还原不充分，造成碳回收不稳定是事故的主要原因。造成此碳偏析的原因，首先由于电炉钢水过氧化，而此钢种所加合金较少，钢水脱氧不充分，炉后所加炭粉回收不稳定，到精炼后，取样后球拍样砂眼和裂纹较多，造成化验报告碳成分偏析较大，根据前几炉冶炼的情况就发现，在精炼炉增碳，所增的碳要比预计的高 $1.5 \sim 2$ 倍，碳的波动较大，增碳操作不容易控制。其次取样的合格率较低，一个钢包样和成品样要重复取 3 次以上，才有 1 个样子能勉强做出结果，造成冶炼时间紧张，无法再次取样确认。

预防措施：

(1) 电炉采用留碳操作降低钢水氧化性，减少增碳剂的加入量，确保碳回收稳定；

(2) 冶炼时精心操作，到精炼的钢水先送电 10min 后在进行取样操作，以保证碳具有代表性；

(3) 在精炼钢水上连铸前如不紧张应再次取样以保证所上钢水碳的准确；

(4) 增碳操作时应少量，分多次增，以避免大量增碳所造成碳的不稳或超出标准上限。

3.9.2.2　案例2：成品钛元素超标

事故经过：钢包吊到精炼位，由于硫高且钢水过氧化，渣子特稀，因此补加了 200kg 石灰，取钢包第二个试样时炉前工反映渣子稀，又补加 150kg 石灰，成分分析传来硫 0.051%，又补加 200kg 石灰送电，取钢包 3 分析硫 0.037%。出钢前加 70kg 钛铁喂丝，钢包车开出，发现渣子返干又加钛铁 10kg。计算钛应在 0.018%，成品钛为 0.007%。

事故原因：

(1) 炼钢工未考虑到炉渣量大、返干且过氧化对钛的回收影响是事故的主要原因；

(2) 钛铁的加入方式不正确是事故的间接原因；

(3) 操作不精心，发现炉渣返干没有及时调整也是事故的间接原因。

预防措施：

(1) 计算钛铁加入量时充分考虑到影响钛合金回收的各种因素，炉渣的流动性、氧化性、加入量、温度、合金的颗粒度、钢水的重量和氧化性等；

(2) 钛铁应从炉门吹氩上方加入；

(3) 冶炼时精心操作，保证炉渣具有良好的流动性和还原性。

3.9.2.3　案例3：成品钛元素超标

事故经过：冶炼钢种为 20MnSi1，钢包包龄为 34 炉，出至 4 层砖位，出钢量大约为 80t，电炉出钢没有下渣，冶炼时间为 31min。取样分析成分见表 3-30。

表 3-30　取样分析 （%）

元　素	Si	Mn	P	C	S	Al	Ti	T 值
GB1	0.25	0.84	0.012	0.13	0.036	0.003	0.003	
GB2	0.28	0.95	0.012	0.196	0.026	0.003	0.004	
CP	0.27	0.97	0.011	0.23	0.014	0.006	0.007	0.44

事故原因：根据钢包 1 硅的成分算出电炉出钢 Si 的回收率为 80%，说明钢水没有过氧化，冶炼过程中并没有异常现象。取样时粘渣为黄白色，出钢时残余 Ti = 0.004%，因为前三炉的残余 Ti 也为 0.004%，说明残余 Ti 稳定，回收率按 50% 计算，加入 50kg FeTi，氩气搅拌正常，成品 Ti 应为 0.013%，实际成品 Ti 为 0.007%。

防范措施：

（1）根据冶炼渣况，来判断 FeTi 的回收；

（2）加入 FeTi 注意检查粒度小于 5mm 的 FeTi 含量是否较多；

（3）注意残余 Ti 的变化。

3.9.2.4　案例 4：电极折断事故

事故经过：某班组在接班时，刚好是检修后开机第一炉，当行车工将钢包吊到 1 号钢包车位已吹氩时，炉前工在试着开动钢包车，发现变频无法启动，于是错误地判断是变频器故障，而忽视了钢包炉盖还处于下限位，属于连锁限制。结果在未请开炉工确认的情况下，也未进一步观察确认，主观地打开钢包车旁路，手动将钢包车向加热位开动，而在这一过程中也没有注意到包盖所处的位置，钢包车撞向包盖，从而导致折断三根电极的责任性断电极事故。

事故原因：

（1）炉前工在发现设备异常而自己又没有通知炼钢工和维护人员，违章操作是事故的主要原因；

（2）炉前工忽略了连锁条件在整个生产中对设备和安全的关键作用，自己在对设备不完全了解，缺乏对综合故障的分析能力是事故的间接原因；

（3）操作工在冶炼过程中麻痹大意，精神不够集中，在进行手动操作时，没有时刻关注包盖所处的位置情况和钢包车的行进情况也是事故的间接原因；

（4）检修后对设备的检查与确认没有做到位也是事故的间接原因。

预防措施：钢包车的旁路开关只允许在检修时使用，正常生产时不允许使用旁路开钢包车，钢包车变频开不动时及时通知电钳工检查设备，确认故障原因，避免类似事故再次发生；加强对冶炼前设备即时状况的检查力度与确认力度。

3.9.2.5　案例 5：穿钢包事故

事故经过：某夜班冶炼 05000789 炉，当钢包样 2 来时，刚称 53kg Fe-Si、35kg Si-Mn 时，2 号合金称量秤坏无数字，显示 E2、E3，合金加入炉中后上钢水。此时炉前要合金出钢，仪表工赶到修理，20 多分钟后未排除故障，电炉必须出钢，此时精炼手动放合金、石灰、氟石，硅锰显示超过 1100kg。7：48 电炉出钢。05D000790 炉吊到精炼位，7：54 取钢包 1，温度 1521℃。8：10 钢包成分到精炼，仪表工仍未修好 2 号合金秤。为了争取连上 05D000790 炉钢水，手动逐步少量加合金、石灰，钢包 2 来时准备加合金增碳，精炼炉合金操作台突然无法控制，电工检查大约 20min 左右故障排除，此时 05D000789 炉已上连铸 54min，无法再连上。9：40左右，仪表工换完 2 号秤传感器，通知用手动试加合金，调度通知 10：00 开机，加完合金 2min 取钢包 4，成分回来补加合金，二次增碳，取钢包 5，准备上钢水。钢包 5 来后，Fe-Si 要加 20kg，手动点了一下 7 号料仓振动给料机 Fe-Si 下了 72kg。精炼和原料人员从合金料斗捡了 20kgFe-Si 加入钢包中，准备增碳，加 Fe-Ti，喂丝上钢水，此时钢包穿，钢包车开出倒包处理。轨道粘冷钢处理，电炉停炉 155min，连铸热停 200min。

事故原因：

（1）钢包已到使用后期，精炼时间长未进行倒包处理导致钢包穿是事故的主要原因；

（2）合金秤故障导致冶炼时间长是事故的间接原因；

（3）事故状态下处理问题的方法不到位是事故的间接原因。

防范措施：

（1）加强对钢包使用的安全监控，后期钢包在精炼冶炼大于 1 小时必须进行倒包处理；

（2）加强对事故预防和处理的培训，提高处理事故的能力。

3.9.2.6　案例 6：穿钢包事故

事故经过：由于连铸机故障，延误开机 4 小时，调度协调说马上可以开机，炼钢工在了解了钢包炉龄以后，认为低档送电保温，不会出事，结果在冶炼 3 小时以后，造成钢包包底穿钢。

事故原因：该钢包接近 34 炉炉役，包底耐火材料损失严重，冶炼时间长是事故的主要原因。

预防措施：

（1）包龄较长的钢包不能够做开机第一炉；

（2）炉衬不好的钢包，冶炼时间长（超过 2h）要倒包操作；

（3）及时加强沟通和钢包的维护。

3.9.2.7　案例 7：电极折断事故

事故经过：由于精炼炉机械故障，造成电炉出钢以后等待精炼冶炼的时间过长，超过了 90min，钢包表面结渣，炼钢工未能够处理，在精炼具备冶炼条件以后就开进钢包加热位置，送电冶炼时，由于渣壳凝固导电性差，造成两根电极送电时折断，处理 50min，处理结束以后，将钢包开出钢包加热位，进行包面渣壳的吹氧处理，渣壳在电极极心圆附近出现熔化以后开进送电，正常冶炼。

事故原因：炉渣结壳以后，炉渣没有导电能力，炼钢工强行送电是造成事故的主要原因。

预防措施：炉渣结壳以后，必须做烧氧处理或者破坏渣壳的操作处理以后才能够冶炼，送电时必须仔细小心。

3.9.2.8　案例 8：渣面结壳折断电极事故

冶炼开机第一炉，由于备包时间过长，渣面结壳严重，开至冶炼位后，氩气较小，炼钢工手动下降电极压开渣面后，打开旁路氩气，氩气较大，此时进行送电，导致 B、C 电极折断。

事故原因：

（1）炼钢工违章作业下降电极压渣壳是导致此次事故的主要原因。

（2）没有按照精炼工艺制度处理渣面结壳是此次事故的次要原因。

预防措施：

（1）渣面结壳禁止使用电极下压渣面，必须使用旁路加大氩气搅拌力度，使钢水翻至渣面以上，加一定量的电石增加电导率，调整氩气流量至正常，使用小档位、小弧流送电。

（2）氩气搅拌不能够冲破结壳的钢渣，可以采用烧氧的方法烧开渣面。

3.9.2.9　案例 9：透气芯穿钢水事故

事故经过：110t 电炉冶炼低碳冷轧类钢种，用三个钢包进行周转，20：35 时 25 号钢包经过连铸浇完钢后下至装包平台，将两个透气芯分别烧开后，随即将钢包上至钢包车准备出钢，21：20 出钢，出钢后钢包车行至吹氩站过程中，有人发现 25 号钢包下部有钢水漏出，吹氩站人员立即将钢包车开出，进行倒包处理，避免了事故扩大。

25 号钢包倒包后，经检查发现漏钢部位处于 25 号钢包下透气砖与座砖之间 11 点方向，将透气砖换下后，经检测长度为 240mm，但未发现有异常情况。

25 号钢包龄为 91 炉，小修后用到第 20 炉，透气芯寿命 20 炉次。

原因分析：经分析，可能是在安装透气芯时，装配火泥料搅拌不匀造成事故的发生，与此同时，装包组长未进行有效的监管所致。

预防措施：安装透气芯的时候，务必检查使用的火泥的搅拌情况，冬季防止冻结，夏季防止返干出现夹砂现象。

3.9.2.10 案例10：渣线穿事故

案例一：70t电炉冶炼HRB335，为了提高产量，炉前炼钢工将70t电炉装入了98t废钢和铁水，为了多出钢水，炼钢工要求将一个服役时间较长的老炉衬的钢包准备给电炉出钢，装包工装好钢包以后，电炉出钢，钢水出到了离钢包包沿以下3层砖的区域，出钢温度成分正常。精炼炉接钢以后，由于钢水量大，精炼炉升温缓慢，配加的合金次数较多，冶炼时间达到65min，冶炼接近终点的时候，钢包的渣线穿钢。由于发现及时，炉前工及时断电升起钢包盖，开出钢包车，紧急吊出钢包，待钢水不流时，将钢包吊运到连铸工序浇铸。

事后分析原因认为，钢水出得太多，冶炼时间过长，是造成这次事故的主要原因，从此做了硬性的规定，即电炉钢水出钢过满，超过了渣线以上，必须将多余的钢水泼出，方可继续冶炼。

案例二：70t电炉冶炼普钢，由于炉前炼钢工技术欠缺，电炉内废钢没有完全熔化出钢，造成钢包内钢水只有45t，精炼炉勉强能够送电冶炼（钢液面太低，电极的下降限位勉强到达了钢液面起弧），加上此炉下渣，精炼炉冶炼到第45min，钢包中间部位发红，少量钢渣穿出，此炉钢水被迫泼到另外的钢包内。

事后分析认为，此炉钢水温度偏低，钢水偏少，精炼炉送电冶炼的成分和温度不好控制，电弧埋弧情况不好，加上钢包包衬情况较差，钢包炉役次数达到58次，渣线下移，钢渣对于包衬的侵蚀严重，是造成这次事故的主要原因。

通过此次事故，厂里做了规定，凡是包况不好的钢包，冶炼时间超过60min，就要考虑倒包作业，老炉衬的钢包严禁作为开机第一炉，避免冶炼时间延长引起钢包穿钢的事故。

4 VD 处理操作工艺

VD（Vacuum Degassing）处理工艺具有如下功能：

（1）有效地脱气（减少钢中的氢、氮含量）。

（2）脱氧（通过 $C + [O] = CO$ 反应去除钢中的氧）。

（3）通过碱性顶渣与钢水的充分反应脱硫。

（4）通过合金微调及吹氩控制钢液的化学成分和温度。

（5）通过吹氩、脱氧产生的 CO 和 Ar 气泡，使得夹杂物附着在气泡上，使夹杂物聚集并上浮。

4.1 VD 处理前的要求

VD 处理前的要求包括：

（1）处理前必须测温取样，温度控制要充分考虑整个处理过程的温降；

（2）除 Ti、B、Al、Ca 等元素外，其余合金元素的成分要在 LF 调整好；

（3）在 LF 完成造渣任务，渣量、还原性及流动性都要满足 VD 罐的处理要求；

（4）钢包自由空间要保持在 800～1000mm 以上；

（5）对于生产低氮钢种和低硫的钢种，VD 前铝要控制在上限；

（6）进 VD 前，钢中锰、硅、铬含量应在目标中限，因为以上元素 VD 处理过程中根据钢种不同出现氧化或者还原现象；

（7）进入 VD 前，钢包渣不宜过黏，否则加少量萤石、预熔渣稀释；

（8）底吹氩不良的钢包严禁进入 VD 处理。

4.2 VD 处理操作

4.2.1 真空度的时间控制

高真空保持时间按表 4-1 控制。

表 4-1 高真空保持时间

目标氮含量/%	最短高真空保持时间/min	目标氮含量/%	最短高真空保持时间/min
≥0.0090	5～10	≥0.0060	18
≥0.0080	13	≥0.0050	20
≥0.0065	15	≥0.0040	23

真空度的时间控制还包括：

（1）对于有特殊要求的钢种，如超低硫、低氮和氢等，可根据原始含量适当延长高真空保持时间；

（2）对于高碳钢，可在表 4-1 要求的基础上适当缩短高真空保持时间；

（3）对于高铬钢，可在表 4-1 要求的基础上适当延长高真空保持时间；

（4）应严格按分钢种制造标准执行高真空保持时间；

（5）高真空保持时间未达到 9min 的炉次，通知调度，输入工艺路径异常代码。

4.2.2 处理过程的吹氩控制

处理过程的吹氩控制包括：

（1）开始抽气时，氩流量调至 100L/min（标态）；

（2）真空室压力不大于 180kPa 时，调节氩气流量至 200L/min（标态）；

（3）真空度达到 90kPa 时，氩气流量调至 300L/min（标态）；

（4）真空度小于 2.5kPa 时，氩气流量调至 400L/min（标态）；

（5）抽真空初期注意观察渣面情况，若有溢渣，当即退泵；

（6）整个过程中，观察钢液面，使钢液面裸露逐渐由 300mm 增大到 500mm；

（7）真空度达到 500Pa 时，尽量大吹氩量以增大钢液裸露面，有利于抑制溢渣；

（8）处理周期结束，温度达到目标值后，破真空前氩气流量调至 200L/min（标态）；

（9）真空盖打开前，氩气流量调至 80L/min（标态），以不裸露钢液为准。

4.2.3 温度控制

经 VD 处理的钢种，LF 处理终点温度应考虑以下因素：

$$T = C_s \Delta t_s + C_v \Delta t_v + C_w \Delta t_w + \sum_{i=1}^{n} C_i \Delta m_i + T_d$$

式中，T 为 LF 处理终点温度；Δt_s 为运送、等待时间；C_s 为运送、等待温降系数；C_v 为真空处理期间温降系数；Δt_v 为真空处理时间；C_w 为喂丝期间温降系数；Δt_w 为喂丝时间；C_i 为各种合金温降系数；Δm_i 为各种合金加入量；T_d 为钢包回转台温度。

温度的控制包括：

（1）VD 工位等待温降速度为 0.5℃/min。搅拌及抽真空期间，温降按 1.5～1.7℃/min 计算。

（2）合金料及渣料对温降的影响。

（3）如果 LF 终点温度偏高，VD 可适当延长处理时间。

（4）禁止 VD 结束后通过大氩量搅拌来进行温度调节。若需降温调节温度，必要时可重新进行 VD 的短时间抽气。

（5）如果加入少量的 Al、FeTi、FeB 时，可忽略合金加入对于温度的影响。如果加入各种合金较多时，每加入 100kg 引起的温降可按表 4-2 数值计算。

表 4-2 每加入 100kg 合金引起的温降

材　料	温降值/℃	材　料	温降值/℃
炭　粉	4.018	FeCr	1.827
FeMn	1.475	FeTi	0.836

（6）严禁处理结束后大流量吹氩搅拌降温。

（7）VD 处理结束前必须保证钢水有充分镇静时间，以确保夹杂物的上浮去除。镇静时间是指所有成分调整结束（包括补铝和钙处理）后透气砖的氩气流量均低于 180L/min、不吹破渣面且渣面略微波动条件下所保持的时间。

（8）分钢种镇静时间要求可参考冶炼工艺标准。

4.2.4　成分控制

成分控制包括：

（1）VD 处理的钢种达到高真空 10min 之后可进行合金微调,处理结束 5min 前合金加入完毕。

（2）VD 处理的钢种如需加入 Ti、B 等易氧化合金的钢种，则应该推迟合金微调的时间至高真空结束前 3min 进行。

（3）合金加入量的计算方法：

$$合金加入量 = \frac{钢水量(kg) \times (目标成分 - 实际成分)}{合金含量 \times 回收率}$$

合金元素回收率按表 4-3 计算。

表 4-3　合金元素回收率

元　素	回收率/%	元　素	回收率/%
Fe-Mn	100	Fe-Cr	100
Fe-Si	98	Fe-Ti	75
C	95	Al	75
Fe-B	75		

4.2.5　真空设备的操作

真空设备的启动操作流程如表 4-4 所示。手动操作时，如未达到各级泵要求范围，严禁启动下一级真空泵。

表 4-4　启动操作流程

第一阶段			第二阶段		
描　述	阀符号	开关状态	描　述	阀符号	开关状态
蒸汽控制阀	SC-V1	开	蒸汽阀	SE5a-V1	开
3 级泵排泄阀	SE3-V2	关	蒸汽阀	SE5c-V1	开①
进水主阀	W1-V1	开	蒸汽阀	SE5d-V1	开
排水入口阀	W1-V2	关	真空阀	SE5a-V2	开
冷凝器	C1-V1	关	真空阀	SE5c-V2	开①
热井风扇	BT-Al	启动	真空阀	SE5d-V2	开①
第三阶段			第四阶段		
描　述	阀符号	开关状态	描　述	阀符号	开关状态
4a 蒸汽阀	SE4a-V1	开	3 级蒸汽阀	SE3-V1	开
4b 蒸汽阀	SE4b-V1	开①	冷凝器	C2b-V1	关
5b 蒸汽阀	SE5b-V1	开①	冷凝器	AC-V1	关
5b 真空阀	SE5b-V2	开			
第五阶段			第六阶段		
描　述	阀符号	开关状态	描　述	阀符号	开关状态
2 级蒸汽阀	CET-N1	开	1 级蒸汽阀	CFV-2	开

①仅适用于高抽气能力。

当真空处理结束或因事故停止操作时，脱气处理的真空压力必须回到大气压时，向 VD 罐内充氮气，减少 CO 和空气混合发生爆炸的可能性。

自动破空模式的操作：

（1）当泵运行停止，所有的阀回到初始位置；

（2）真空主阀切断，氮气阀打开；

（3）一段预设定时间后，空气入口阀打开；

（4）向 VD 充氮过程中，如氮气罐的压力小于最小阈值，则事故线打开（氮来自事故瓶）。

（5）手动破空模式，任意时候，都可进行事故充氮。

4.2.6 蓄热器的操作

蓄热器（ACC）是将间断性波动的汽源变成较稳定的输出，或为减小对管网的冲击，保持连续满负荷运行的供热设备。表 4-5 为一座 150t VD 罐 ACC 的参数。

表 4-5 一座 150t VD 罐 ACC 的参数

序 号	项 目	参 数	序 号	项 目	参 数
1	公称容积/m³	100	5	报警压力/MPa	1.0
2	最大工作压力/MPa	3.9	6	满水容积/m³	108
3	正常工作压力/MPa	1.2 ~ 3.6	7	最高工作温度/℃	260
4	放散压力/MPa	3.9	8	尺寸/mm	3000 × 16000

蓄热器的操作包括：

（1）启动前准备。检查蓄热器筒各部件内部状况，气密性试验完毕，检查人孔密封，向蓄热器注入运行用水，加到占筒体容积的 50% ~ 60%。

（2）蓄热器充热。设备加热升温，控制加热速度 50 ~ 60℃/h，以减少热应力和噪声。注意水击噪声和筒体振动情况。如有，则减慢升温速度。

（3）蓄热器放热。向系统供蒸汽，达到蓄热器中压力和水位的动态平衡。

4.2.7 脱氢、脱氧工艺

一般认为，真空条件下，脱氢速度主要受液相的传质速度控制，故由此得出氢含量随时间 $t_{有效}$ 的变化关系式：

$$\ln([\%H]/[\%H]_0) = kt_{有效}$$

式中，$[\%H]$ 为钢液内部气体氢含量；$[\%H]_0$ 为原始钢液内部氢含量；k 为表观传质系数。

吹氩流量的控制对于脱氢的影响很大。脱氢过程中增加钢液的比表面积可以使钢中的氢降低。采用加强钢液搅拌的方法，使钢液与真空接触的界面不断更新，可起到扩大比表面积的作用。因此，在真空处理时都采用吹气搅拌或电磁搅拌的方法。其中，吹气搅拌的效果更好。这是因为氩气通过钢液时，溶解于钢中的气体会以气体分子的形式进入氩气泡中。氩气泡相当于一个个微小的真空室，进入氩气泡的氢气会随着气泡的上浮而逸出钢液。增加氩气用量，能够降低钢中氢。但是，吹炼过程中吹氩量受到工艺本身的局限较多。钢厂真空脱气采用真空钢包炉，真空脱气对钢包自由空间（也叫净空高度）要求为 500 ~ 1000mm。脱气过程中如果吹氩量过大，会造成渣面上涨及大量喷溅，甚至有时吹氩侧钢渣溢出钢包。因此，吹氩量控制在一定的范围内。搅拌强度弱，真空处理时间长；吹氩时间强，真空处理时间可以相应的缩短。真空处理时间和钢中氢含量的关系见图 4-1，真空处理的渣量和脱氢率的关系见图 4-2。

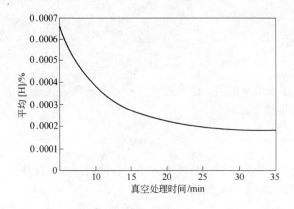

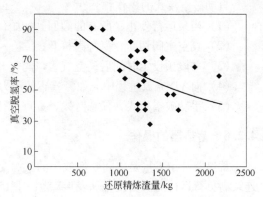

图 4-1　真空处理时间和钢中
氢含量变化的关系图

图 4-2　真空处理的渣量和
脱氢率的关系

VD 脱氧的关键在于：

（1）钢水进入真空室以前，要进行充分的脱氧，即白渣状态下才能够进入真空室处理，以减少真空处理时间。

（2）真空处理时间和脱氧率存在着线性关系。需要说明的是，高真空条件下，真空时间越长，脱氧率越高。低真空条件下，处理时间增加，脱氧率增加的不明显，有时候会出现氧化量增加的现象。

（3）合理的吹氩控制可以增加脱氧率。

（4）真空处理温度适当提高，有利于脱氧率的提高。

（5）钢中酸溶铝的量越高，钢中氧含量越低。

以上的关系分别见图 4-3 ~ 图 4-7。

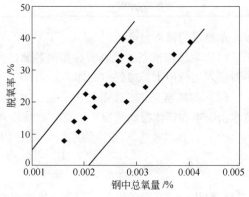

图 4-3　进入真空时钢中总氧量对脱氧率的影响

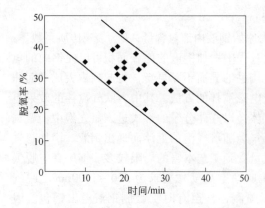

图 4-4　真空条件下真空保持时间对脱氧的影响

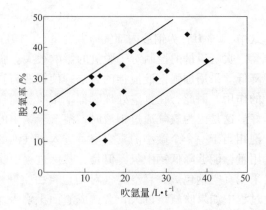

图 4-5　吹氩量对脱氧率的影响

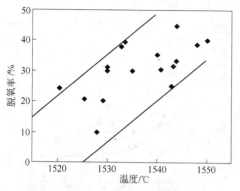

图 4-6 破真空温度对脱氧率的影响

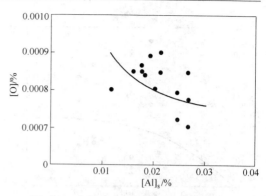

图 4-7 成品酸溶铝与钢中氧含量的关系

4.3 低氮钢生产的 VD 处理控制要点

LF 处理过程控制：

（1）由于 LF 过程的增氮量与电耗有关，因此应采取措施降低电耗以减少增氮量，如保持较高的 LF 初始温度（减少出钢后的等待时间）、炉渣具有良好的埋弧效果等。

（2）良好的吹氩对抑制 LF 过程增氮具有重要作用。大流量吹氩甚至在常压下也可能产生脱氮效果，但前提条件是钢水具有低的硫含量，同时应保持 LF 炉内良好的还原性气氛（如关闭各操作孔及炉门、保持微正压等）。但应注意，在通电过程中不能采用大流量吹氩，因为这反而有可能加剧钢液面的吸氮。

（3）LF 过程中除控制增氮量外，最重要的任务是将钢水中的硫脱至尽量低的水平，这是因为硫含量的高低与 VD 脱氮率关系很密切。对于超低硫钢，要求 LF 结束时硫含量小于 0.004%。

VD 处理过程控制要点：

（1）必须严格执行分钢种制造标准中对高真空保持时间的规定。因为真空保持时间越长，钢水氮含量越低，所以应有足够的真空保持时间以使脱氮过程能够充分进行，但通常在真空保持时间超过 22min 后脱氮效果便不再明显。

（2）真空度对于脱氮有着明显的影响，真空度越高，脱氮率越高。

（3）吹氩总量对脱氮率有一定的影响，但影响量级较小。另外，适当的吹氩模式对脱氮率影响明显，应在 VD 前期采用大流量吹氩，保证裸露足够的钢液面，处理后期可适当降低吹氩流量，如高真空时间超过 12min 以后。

（4）脱氮率与钢中含碳量有明显的关系，通常碳量越高则脱氮率越高。

（5）脱氮率的高低与钢中硫含量高度相关，尽量降低钢中硫含量是获得高的 VD 脱氮率的关键（VD 初始硫含量最好应降至 0.004% 以下）。

（6）钢中含有钒元素的钢种，脱氮率有一定的范围，因为钒与氮可以生成钒氮化合物。

（7）精炼结束后的喂丝过程也会导致一定的增氮量。提高喂丝速度有利于降低增氮量，但应注意过快的钙喂入速度会导致钢液面的激烈沸腾乃至喷溅。规定喂丝速度为 220～300m/min。

以上的关系分别见图 4-8～图 4-12。

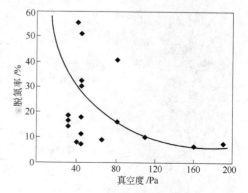

图 4-8 真空度和脱氮率的关系

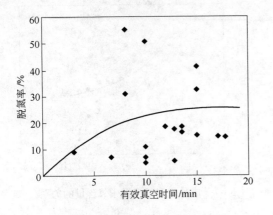

图 4-9　有效真空时间和脱氮率的关系

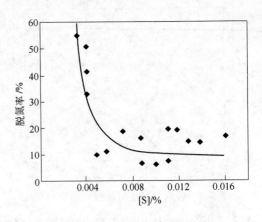

图 4-10　钢中硫含量和脱氮率的关系

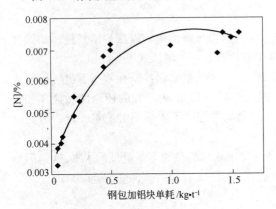

图 4-11　钢包加铝量和脱氮的关系

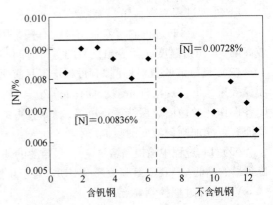

图 4-12　钢中钒含量和钢中氮含量的影响

4.4　VD 操作内容控制

一座直流电炉生产线的 VD 操作如图 4-13 所示。

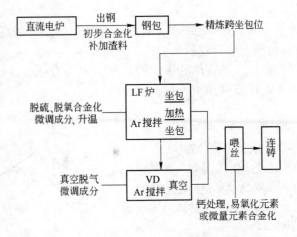

图 4-13　一座直流电炉生产线的 VD 操作顺序

4.4.1　VD 作业前的准备确认

VD 作业前的准备确认主要是通过计算机画面来进行的，主要检查工作内容有：

（1）主泵和循环泵的确认。

（2）液压过滤器和液压油液位确认。

（3）加热器的确认，主要检查两个加热器的状态。

（4）确认液压系统的操作方式。

（5）各个液压阀和压力表的确认。

（6）调出 HMI"设备冷却水形成画面"，检查确认进水口的压力、温度和流量。

（7）调出 HMI"冷凝水状态画面"，检查冷凝水进口压力、温度、流量。进入此画面的子画面，在子画面上检查每个冷凝器阀位的状态、冷凝水出口的温度。

（8）调出 HMI"热井状态画面"，按相应的画面检查热井液位、返送泵状态。

（9）调出 HMI"蒸汽蓄能器画面"。检查入口蒸汽的流量、温度、压力，蓄能器里的蒸汽压力等内容。

（10）调出 HMI"真空破空系统画面"，检查氮气压力、各个阀的位置和状态。

（11）调出 HMI"设备管理系统画面"，检查真空泵系统各阀的状态。

（12）调出 HMI"铁合金处理画面"，检查确认合金上料系统料位显示，按"细节"按钮，检查确认各皮带及电机状态。

（13）调出 HMI"气体搅拌画面"，检查确认底吹氩系统所有管路的压力、阀的位置。

（14）检查确认 VD 罐盖密封圈完好无损，水槽内无残物。

（15）检查确认 VD 罐盖台车行程内无异物。

（16）检查确认 VD 窥视玻璃清晰，摄像头系统工作的状态。

（17）检查确认测温取样系统工作正常，接插件良好，探头种类备足。

（18）各种人工材料包括少量合金、炭粉、保温剂等数量备足。

（19）检查确认定氢仪系统现场盘的操作及切换开关、指示灯、按钮。

（20）检查确认 VD 罐盖加料孔有无钢渣粘结情况。

（21）处理前确认加料孔氮封打开。

（22）检查备用 CaSi 丝与当前丝连接完好。

4.4.2　送汽操作和停汽操作

送汽操作和停汽操作：

（1）确认蒸汽管路疏水器旁通阀开，疏水器管路前手动阀关（即疏水阀关）。

（2）确认能源中心蒸汽进入使用点。

（3）确认蒸汽管路疏水器旁通管出蒸汽后，关闭旁通阀，打开疏水阀。

（4）旁通阀以出水量适中为标准，以防后期蒸汽流量过大喷溅伤人，损害设备。

（5）停汽操作

（6）确认能源中心蒸汽停。

（7）打开疏水器旁通阀，关闭疏水阀，防止停汽后管道积水。

（8）旁通阀开度调至合适。

4.4.3　ACC 相关操作

ACC 送汽和加压操作：

（1）确认 ACC 蒸汽管路疏水器旁通微开，疏水器关闭。微开蓄能器主放散阀。

（2）确认 ACC 水位到达标准位置。确认到 VD 的旁通手动阀及流量调节阀关闭。

（3）全部打开管路的手动阀，开启管路主手动阀。

（4）控制蒸汽主调节阀开度，最终将开度调到 100%，开启中央蒸汽切断阀。

（5）确认放出蒸汽后，关闭疏水器旁通阀，打开疏水阀。关闭蓄能器主放散阀。

（6）根据蓄能罐进汽情况，调节流量阀、压力阀开度，至全开。

（7）当罐内蒸汽压力大于 0.2MPa 时，将主调节、流量、压力控制阀操作模式切换为自动方式。

ACC 停汽和卸压操作：

（1）关闭管路主手动阀，打开疏水器旁通阀，开度合适。

（2）打开罐上全部放散阀，进行卸压至要求范围。

ACC 补水操作：

（1）在 HMI 上将 ACC 进水调节阀、除氧水箱液位调节阀切换到自动状态。

（2）当 ACC 罐内液位低于标准时，ACC 进水调节阀自动开启，送水泵自动工作。

（3）当 ACC 罐内液位达到标准时，ACC 进水调节阀自动关闭，送水泵自动停止。

（4）当除氧水箱液位低于标准时，除氧水箱液位调节阀自动开启，纯水泵自动工作。

（5）当除氧水箱液位达到标准时，除氧水箱液位调节阀自动关闭，纯水泵自动停止。

ACC 放水操作：

（1）在 HMI 上将 ACC 放水调节阀，冷凝水箱调节阀切换到自动状态。

（2）当 ACC 罐内液位高于标准时，ACC 放水调节阀自动开启。

（3）当 ACC 罐内液位达到标准时，ACC 进水调节阀自动关闭。

（4）当冷凝水箱温度高于标准时，冷凝水箱调节阀自动开启，纯水泵自动工作。

（5）当冷凝水箱温度达到标准时，冷凝水箱调节阀自动关闭，纯水泵自动停止。

4.4.4　低压蒸汽操作

低压蒸汽操作：

（1）微打开减压系统疏水旁通阀，慢慢打开进蒸汽手动主阀。

（2）旁通阀出蒸汽后，关闭旁通阀，打开疏水阀器。

（3）手动调节低压蒸汽主调节阀压力，正常后，切换到自动方式。

4.4.5　钢包接卸吹氩管就位作业

钢包接卸吹氩管就位作业：

（1）指挥行车将钢包缓慢降至接装吹氩管位置，指挥行车暂停。

（2）下降时观察软管有无挂在罐壁上或被压住，若有及时解决。

（3）接装两根吹氩管接头，确认接装良好。

（4）指挥行车平稳降至 VD 罐位。

（5）指挥行车脱钩上升，并离开 VD 罐位。

（6）与主操联络主控盘上按 1 号和 2 号吹氩阀钮，确认自动吹氩接头处无泄漏。

（7）确认吹氩情况正常，可以进行以后作业。

4.4.6 VD 加盖作业

VD 加盖作业：分为盖车待机→脱气位作业（主控室自动）和盖车待机→脱气位作业（现场手动）两种模式

自动模式：在连锁条件满足的时候，执行自动模式，连锁条件包括：确认盖车"待机位"、盖"上限位"，主控盘信号正常。"手动控制"指示灯亮。确认"喂丝机在待机位"、"合金旋转溜槽在待机位"、液压系统工作正常。自动模式下，真空罐车开向脱气工作位，接近工作位置时减速定位，定位限位给出信号以后，罐盖下降至下限位。

现场操作模式：按主控盘上罐密封圈冷却水"开"键指示灯亮，并确认现场 VD 罐密封圈周围被水盖住。按住"前移"键，"前移"键开始闪烁，"后移"和"待机位"键灯由亮变灭，现场盖台车开始移动。确认盖台车移动，到达脱气位减速限位时减速，台车到脱气位停止，主控盘上"脱气位"和"前移"键灯亮，放开"前移"键。按"盖下降"键，"盖下降"键闪烁，"盖上升"灯灭，现场盖开始下降。确认下降停止"盖下降"灯由闪烁变亮。按主控盘罐密封圈冷却水"闭"键，"闭"灯亮。若移动过程中需停止，放开"前移"键，则台车停止动作。如需再到脱气位，步骤同前步操作及确认。

作业结束以后，盖车脱气→待机位作业（主控室自动）、盖车脱气→待机位作业（现场手动），作业顺序和以上相反，步骤分步完成。

4.4.7 抽气及破真空作业

抽气及破真空作业

（1）按照破真空要求，降低吹氩流量，在 HMI 上确认 VD 罐恢复至大气压。

（2）打开主控盘罐密封圈冷却水"开"键，灯亮，并确认 VD 罐密封圈周围被水盖住。

（3）按住"盖上升"键，"待机位"指示灯闪烁，"盖下降"键灯由亮变灭，现场盖开始上升。

（4）确认盖上升停止，主控盘上"盖上升"灯由闪烁变亮。按住"后移"键指示灯闪烁，盖台车开始移动，"脱气位"、"前移"灯灭。

（5）确认盖台车移动，到达待机位减速位时自动减速，到待机位停止。"待机位""后移"键亮，放开"后移"键。

（6）若在作业过程中需停止，放开"后移"键，台车停止动作如需再到待机位，作业步骤前面的操作及确认一样。

4.5 VD 处理常见事故的预防

VD 罐处理过程中的常见事故是钢渣的喷溅。在真空脱气处理的最初阶段是钢液大量放气的阶段，此时如果氩流量过大、抽气速度太快而马上进入较高真空度下脱气，特别是蒸汽喷射泵开始启动的 2～5min 内，钢液的放气量很大，则渣层会上溢或喷渣酿成事故。容易产生喷渣的另一个原因是渣的温度较低。渣的熔点高，流动性差，在渣层上部产生结壳，则在放气过程中受到渣层压抑，上下压差越来越大，最终造成喷渣现象。

预防措施主要有：

（1）精炼炉处理过程中，要使炉渣尽可能地被还原变白，应尽可能降低钢中的含氧量，以减少在真空脱气时的钢液排气量。

（2）合理地设计蒸汽喷射泵的操作真空度，尽可能适应钢液内气体浓度呈指数衰减的变化规律。

（3）采用计算机控制的尾气反馈充气控制环节。在摸清某钢种钢液大量放气的真空度规律后，可预先设定阀口开口度，到此真空度时自动充入定量的尾气，以控制抽气速度。

（4）在操作台上设置人工干涉按钮，若观察到渣线上涨异常，可立即进行人工充气，抑制真空度的进一步降低。

（5）改善渣的流动性，降低渣熔点，使渣层的透气性改善变得容易放气。

5 RH精炼操作工艺

5.1 RH精炼过程描述

电炉的出钢温度是有限的,并且电炉钢水的氢、氮含量较高,RH在电炉生产线上的配置是:首先是电炉出钢过程中进行粗脱氧,LF炉进行成分调整和脱硫、脱氧,升温,补偿RH处理过程中的热损失,然后RH进行进一步的脱气、脱氧和脱硫,微调成分以后,钢水上连铸机工序浇铸。在电炉出钢温度较高的情况下,也可以先在RH进行脱氧、脱气,然后钢水过LF脱氧、脱硫,进行成分和温度的终点调整后,钢水上连铸工序浇铸。大量的实践证明,LF + RH工艺和RH + LF工艺各有所长,各有侧重。

LF + RH复合精炼过程是首先利用LF将钢水升温,利用LF的搅拌和渣精炼功能进行还原精炼,使钢水脱硫和预脱氧。然后将钢水送入RH中进行脱氢和二次脱氧。这样的处理不仅大大提高了钢水的清洁度,而且能将钢水的温度调整到连铸需要的温度,为多流连铸和多炉连浇提供了保证。日本大量生产特殊钢的生产线上,EAF + LF + RH + CC法占有主要地位。其流程如图5-1所示。

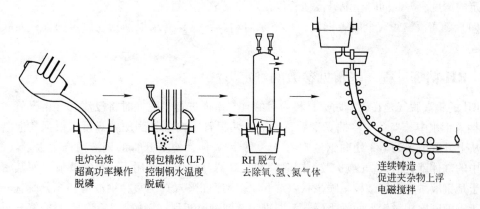

电炉冶炼　　　钢包精炼(LF)　　RH脱气　　　　　连续铸造
超高功率操作　控制钢水温度　　去除氧、氢、氮气体　促进夹杂物上浮
脱磷　　　　　脱硫　　　　　　　　　　　　　　　电磁搅拌

图 5-1　EAF + LF + RH + CC 生产线示意图

LF + RH 的冶金功能可以满足:

(1) 脱气:可使钢中氢含量低于0.0001%,使钢中的氮含量低于0.001%。

(2) 脱氧:经 LF + RH 处理的钢水,钢中的总氧量已可达0.0005%,一般为0.002%以下。

(3) 脱硫:向 RH 中喷吹合成渣可使钢水中的硫含量低于0.0003%。

(4) 成分微调:RH 处理后的钢水进行成分微调,可以获得准确的调整精度。

(5) 加热:采用化学加热(主要使用铝热法)对钢水加热,以满足后续精炼和连铸的需要。这种功能仅在 LF 故障状态下进行,否则钢水的质量将会下降。

RH 处理根据钢种要求不同,可分为轻处理模式、中间处理模式、深脱碳处理模式和特殊处理模式。不同的 RH 处理模式相应的钢种如下:

（1）轻处理模式。针对钢种以低碳铝镇静钢为主，钢种主要特点是碳含量较低（0.02% ~ 0.06%）、硅含量低（≤0.03%），代表钢种有部分低碳汽车板、深冲钢、冷轧板、SS400 等。处理特点是：真空度要求较低，一般控制在 6 ~ 7kPa 左右；处理时间短，一般处理时间小于 15min，环流气体流量控制较低。

（2）中间处理模式。与轻处理基本差不多，要求钢水碳成分一般在 0.01% ~ 0.03%，电炉或者转炉过来的钢水必须是带氧钢（目的是脱碳）。适用钢种为对氢不敏感，但使用条件较为严格，如不含铬和镍的耐候钢、低等级管线钢、强度级别不太高的管线钢等，代表钢种如 DI 材（易拉罐）、X65、SM490 等。

（3）深脱碳处理模式。针对钢种为超低碳钢，代表钢种为 IF 钢，即无间隙原子钢。工艺特点是：真空度高，达到 65Pa 以下；要求处理的钢水为不经过脱氧的钢，氧含量控制在 0.04% ~ 0.08% 之间，碳含量小于 0.05%，氮含量较低；处理时间长，脱碳时间大于 15min，冶炼时间大于 30min；对环流气体的控制较为严格。

（4）特殊处理。主要是针对硅钢为主的一种处理方式，其实质是对深脱碳处理后的钢水进行硅、铝的合金化处理及钢水纯净化的处理。

精炼处理过程为：

（1）LF 脱氧升温处理，钢包车开出 LF 精炼炉加热位。

（2）待处理钢水包由行车吊运至 RH 钢包台车上，钢包台车开到位于真空槽下方的处理位置，由人工判定钢液面高度，进行测温、取样、定氧等操作。

（3）顶升钢包车至预定高度。钢包车被液压缸再次顶升，将真空槽的浸渍管浸入钢水并到预定的深度。与此同时，上升浸渍管以预定的流量吹入氩气。

（4）随着浸渍管完全浸入钢液，真空泵启动。各级真空泵根据预先设定的抽气曲线进行工作。

5.2　RH 精炼过程一些常见参数的确定方法

RH 的钢液脱气是在砌有耐火材料内衬的真空室内进行。脱气时将浸渍管（上升管、下降管）插入钢水中，当真空室抽真空后，钢液从两根管子内上升到压差高度。根据气泡泵的原理，从上升管下部约 1/3 处向钢液吹入 Ar 等驱动气体，使上升管的钢液内产生大量气泡核，钢液中的气体就会向 Ar 气泡扩散，同时气泡在高温与低压的作用下，迅速膨胀，使其密度下降。于是钢液溅成极细微粒呈喷泉状以约 5m/s 的速度喷入真空室，钢液得到充分脱气。脱气后由于钢液密度相对较大而沿下降管流回钢包。即钢液实现：钢包—上升管—真空室—下降管—钢包的连续循环处理过程。RH 精炼钢水的效果和脱气时间、抽真空的情况等因素有关，所以了解这些参数对于操作很重要。

5.2.1　脱气时间的控制

为保证精炼效果，脱气时间必须得到保证，主要取决于钢液温度和温降速度：

$$\tau_{处} = \Delta T_{\text{C}}/\bar{v}_{\text{t}} \tag{5-1}$$

式中，$\tau_{处}$ 为脱气时间；ΔT_{C} 为处理过程允许温降；$\bar{v}_{\text{t}}$ 为处理过程平均温降速度，℃/min。

若已知钢种在处理过程中的温降速度和要求的处理时间，则精炼炉可确定所需的出钢温度；反之，根据钢水的温度，可以确定处理时间。

5.2.2　循环次数的控制

循环次数是指通过真空室钢液量与处理容量之比，其表达式为：

$$u = Wt/V \tag{5-2}$$

式中，u 为循环因素，次；t 为循环时间，min；W 为环流量，t/min；V 为钢液总量，t。

脱气过程中钢液中气体浓度可由下式表示：

$$\overline{C}_t = C_e + m'(C_0 - C_e)^{-\frac{1}{m'}\cdot\frac{W}{V}\cdot t} \tag{5-3}$$

式中，$\overline{C}_t$ 为脱气 t 时间后钢液中气体平均浓度；C_e 为脱气终了时气体浓度；C_0 为钢液中原始气体浓度；t 为脱气时间，min；V 为钢包容量，t；W 为环流量，t/min；m' 为混合系数，其值在 $0 \sim 1$ 之间变化。

当脱气后钢液几乎不与未脱气钢液混合，钢液的脱气速度几乎不变，此时钢液经一次循环可以达到脱气要求时，$m' \rightarrow 0$。

当脱气后钢立即与未脱气钢液完全混合，钢包内的钢液是均匀的。钢液中气体的浓度缓慢下降；脱气速度仅取决于环流量时，$m' \rightarrow 1$。

当脱气后钢液与未脱气钢液缓慢混合时，$0 < m' < 1$。

综上所述，钢液的混合情况是控制钢液脱气速度的重要环节之一。通常为了获得好的脱气效果，可将循环次数选在 $3 \sim 5$。

5.2.3　环流量的控制

RH 的环流量是指单位时间通过上升管（或下降管）的钢液量，其值可由下式表示：

$$Q = 3.8 \times 10^{-3} D_u D_d^{1.1} G^{0.31} H^{0.5} \tag{5-4}$$

式中，Q 为环流量，t/min；D_u 为上升管直径，cm；D_d 为下降管直径，cm；G 为上升管中氩气流量，L/min；H 为吹入气体深度，cm。

由上式可见，适当增加气体流量可增加环流量。当钢中氧含量很高时，真空下的碳氧反应会导致钢液环流量的降低。环流效果的水模仿真示意图如图 5-2 所示。

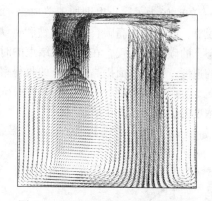

5.2.4　钢水提升高度

提升高度可用下式表示：

$$h = \frac{p_0 - p}{\rho g} \tag{5-5}$$

图 5-2　RH 环流效果的仿真示意图

式中，h 为提升高度，m；p_0 为大气压，1.01×10^5 Pa；p 为真空槽内压力，Pa；g 为重力加速度，9.8m/s^2；ρ 为钢水密度，取 7.0×10^3 kg/m^3。

顶枪向钢液吹氧时，一定要保证 h_0 高度，以防止烧损槽底耐火材料，因此在操作时，浸渍管要保证足够的浸渍深度并配以合理的真空度。

环流气体一般选择 Ar，当冶炼钢种对于钢中氮含量无要求，或有特殊要求（钢中要求有一定含量的氮）时，可用 N$_2$ 作环流气。用 N$_2$ 用环流气处理 $15 \sim 20$min，一般增[N]0.002% ~0.003%（轻处理时）。所有对于氢含量要求较严格的钢种，为防止钢坯的质量缺陷，原则上用

Ar 作环流气。

5.3　RH 真空处理的冶金功能

5.3.1　脱氧

在工业上常用的脱氧剂中，只有碳元素在与钢液中的氧相互作用时，生成的脱氧产物是气体氧化物，不溶于液态金属而排出。其反应为：

$$[C] + x[O] \Longrightarrow CO_x$$

$$K_C = \frac{p_{CO_x}}{[\%C][\%O]^x} \qquad (5-6)$$

在一定温度下，降低气相的压力自然会降低 $[\%C][\%O]^x$ 的浓度积，碳的脱氧能力随 $[\%C][\%O]^x$ 的浓度积数值的降低而增加。在 1600℃ 的一氧化碳气氛下，$[\%C][\%O]^x =$ 0.0020～0.0025，而在 133Pa 的真空气氛下，此浓度积的数值在 0.00002～0.00008 之间，即在真空下碳的脱氧能力几乎增加了 100 倍。很多研究资料表明：真空条件下，碳的脱氧能力很强。当真空度为 10^4Pa 时，碳的脱氧能力超过了硅的脱氧能力；当真空度为 10^2Pa 时，碳的脱氧能力超过了铝的脱氧能力。并且在真空中当脱氧产物一氧化碳从钢液中猛烈逸出时，会促使钢中溶解的氢和氮分离出来并迅速地排出钢液。某厂测定的利用碳脱氧的实测结果如图 5-3 所示。

在真空条件下，由于碳氧反应非常激烈，产生的 CO 气体很快被抽走，因此，RH 真空脱气的脱氧效果比较好，一般经过 RH 真空处理的钢水，全氧含量可保持在 0.002%～0.005%，特别好的炉次还能低于这个含量。电炉生产线的钢种特点是中高碳钢为主，在不留碳操作时，钢中的氧浓度在 0.03%～0.1%，电炉出钢钢水不做特殊的脱氧，即不添加铝和硅的脱氧剂（有的时候为了防止出钢加碳造成钢水沸腾，也添加少量的硅合金脱氧），只是添加炭粉进行脱氧，或者添加高碳合金（锰铁和铬铁等）进行脱氧，钢水到达 RH 以后，利用 RH 的真空状态下的碳脱氧脱气，在碳脱氧结束的时候，添加铝铁或者合金合金化脱氧，一方面提高了脱氧的速度，另一方面提高了合金的收得率，节约了成本。这种工艺需要电炉出钢有足够的温度。

生产铝镇静钢的时候，在自然脱碳结束的时候，添加铝铁进行终点脱氧。加铝量和钢中氧浓度的关系如图 5-4 所示。

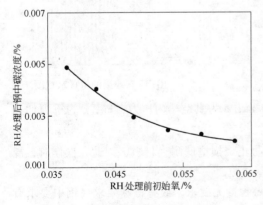

图 5-3　RH 处理氧浓度和处理后
钢中碳浓度的关系

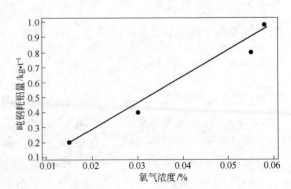

图 5-4　RH 处理过程中加铝量
和氧浓度的对应关系

5.3.2　脱氢

RH 真空脱气装置的脱气效率很高。对于完全脱氧的钢水，其脱氢率可不小于 60%，而未完全脱氧钢水，脱氢率可不小于 70%。初始氢含量为 0.00025% ~ 0.00028% 时，脱氢效率为 47% ~ 60%，最低氢含量降至 0.0001%，可保证低氢钢生产的要求。脱氢效率在一定真空度下取决于钢水的循环次数。一般情况下，脱气 15 ~ 20min，可将钢水中原始含量降到 0.0002% 以下，这些原理在理论部分有描述，在此不再叙述。

表 5-1 为武钢在 RH-KTB 处理前和 RH 终点取样，钢水氢含量测定结果。一座 RH 处理过程中，真空度、处理时间和钢中氢含量的对应关系如图 5-5 所示。

表 5-1　武钢 80t RH 处理前后钢中氢含量的对比

RH 处理	处理前	处理后
[H]/%	0.00025 ~ 0.00028	0.0001 ~ 0.00015

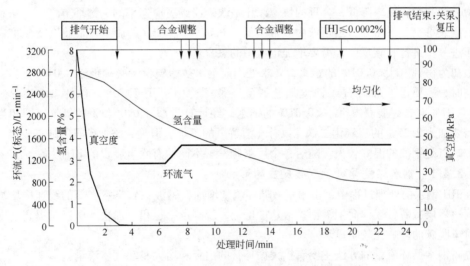

图 5-5　RH-KTB 处理的氢含量随处理过程的变化

5.3.3　脱氮

由于钢中的氮的溶解度是氢的 15 倍，且硫和氧影响脱氮速率，因此，RH 真空脱气的脱氮效果不明显，通常效率为 0 ~ 10%。甚至还有增氮的现象。有脱氮效果的炉次仅占 10%，处理后钢中氮含量低于 0.002%。低氮条件下 RH 脱氮作用不大，RH 处理过程中主要考虑的是抑制钢水从炉气吸氮。武钢 80t RH 处理前后钢水中间的氮含量变化如表 5-2 所示。

表 5-2　RH 处理前后 [N] 含量平均值（20 炉）

RH 处理	处理前	处理后	变化
[N]/%	0.00156	0.00185	0.00029

5.3.4　脱碳

RH 最主要的功能是脱碳，金属中的氧和渣中的 FeO 用于脱碳，经过 RH 处理可将钢中的碳降到 20ppm 以下。

在脱碳反应进行时，仅当形成的 CO 气泡的 p_{CO} 大于或等于其所受的外压时，气泡才能形成。即：

$$p_{CO} \geqslant p_{(g)} + (\rho_m H_m + \rho_s H_s)g + \frac{2\sigma}{r} \tag{5-7}$$

式中，p_{CO} 为气泡内的分压，或与之平衡的外压，Pa；$p_{(g)}$ 为炉气的压力，Pa；ρ_m，ρ_s 分别为钢液和熔渣的密度，kg/m^3；H_m，H_s 分别为钢液层和熔渣层的厚度，m；σ 为钢液的表面张力，N/m；r 为气泡的半径，m；g 为自由落体加速度，$9.81 m/s^2$。

但对一定的 p_{CO}（与钢中 [C][O] 有关），上式右边后 3 项之和越小，则脱碳反应越易进行。在真空下，只能使 p_{CO} 减小，而当 p_{CO} 减小到一定值后，这时真空度的进一步提高，也不能再提高脱碳速率。所以，一般真空脱碳，仅需采用 10 ~ 0.2kPa 的压力即可。在初期的快速减压也可以加速脱碳。研究表明，在初期快速减压可加速 RH 脱碳速率，在中后期保持如此高真空度也是有利于脱碳的。高速排气可保持真空室超低碳区域内化学反应的驱动力，降低气泡形成压力，抑制脱碳速率降低，合理的快速减压是改善脱碳反应速率的关键环节之一。从真空条件下的碳氧平衡关系可知，当钢液中氧含量低于 0.02% 时，RH 的脱碳反应将会受到抑制，此时为了进一步进行脱碳反应，需要增加钢液中的氧含量。

最初为得到 [C] < 0.01% 的钢水，要求处理前钢水初始碳含量必须低于 0.04%。当初始含碳量高时，需要通过加矿石或铁皮加速脱碳。某厂曾引进用于 70t 钢包的 RH 装置，初始 [C] = 0.07% 时，想要获得 [C] < 0.01% 的钢水，经计算需添加 0.0675% 的氧气，即相当于每吨钢需要加入 2.25% 的三氧化二铁，以补充溶解氧的不足。但是，添加矿石的缺点较多，最为明显的缺点是钢液的温降较大。随后各个厂家研发了不同的有吹氧装置的 RH 设备。

5.3.4.1　钢水环流量对于脱碳反应的影响

在 RH 钢水的处理过程中，由于钢液循环流量增加，钢液在真空室底部的线速度增加，使钢流的边界层减薄，气体向钢液面扩散速度增加，脱碳速率也相应加快。所以，提高钢水循环流量对于脱碳的影响比较明显。

提高钢水循环流量的方法主要有扩大循环管的内径和增大驱动气体流量：

（1）扩大循环管内径。增大插入管内径，即增大了插入管的截面积，增大了循环流量。即使在同样的驱动气体流量的情况下，由于 CO 气体向气泡中的扩散作用，可以容纳和产生更多的气泡，增大了循环管上升区的相界面，同时也使喷溅到真空室的钢液增加，增大了钢液乳化区的相界面，使脱碳速度加快。插入管的内径越大，脱碳速率越大。在条件允许的情况下，应尽可能地增大插入管内径，增大循环流量，促进脱碳反应进行。

（2）加大驱动气体流量。驱动气体是 RH 的钢液循环的动力源，驱动气体量的大小直接影响钢液循环状态和脱碳等冶金反应。在较大的驱动 Ar 气流量下，由于湍流作用，在上升管内瞬间产生大量气泡核，钢液中的气体逐渐向 Ar 气泡内扩散，气泡在高温、低压作用下，体积成百倍地增加，以致钢液像喷泉似的向真空室上空喷去，将钢液喷成雨滴状，使脱气表面积大大增加，从而加快脱碳速率。

基于以上的考虑，日本发明了三腿浸渍管的 RH 用于镍基不锈钢和铬系不锈钢，成为不锈钢冶炼的新方法。

向钢水中吹氧，氧气的供给乃是高碳含量领域内控制反应过程的有效方法。RH 的脱碳操作，主要是在使用过程中必须注意初期快速减压到吹氧压力，缩短高碳区钢水脱碳时间，保证在中后期真空度较高、吹氩量较大下有足够自然脱碳时间,将低碳区的碳降至更低范围。但是,如果在氧气过剩情况下,受碳扩散控制的超低碳领域再继续供给氧气不仅没有意义,氧气还会迅速被吸收到钢水内,对喷溅液滴小直径化并没有好处。另外,过剩的溶解氧是一种表面活性元素,它将阻碍发生 CO 的化学反应。所以在极低碳区,从多功能顶枪吹入氩气是促进脱碳反应最好的方法。

5.3.4.2 RH 脱碳注意的一些问题

RH 脱碳的方式主要有两种,即自然脱碳和强制脱碳两种。

自然脱碳就是钢中溶解氧在 0.02% 左右,在一定的真空条件下,钢液中的碳和氧进行反应的脱碳方式。现代 RH 的先行加碳处理,就是在转炉或者电炉出钢钢水过氧化以后,钢中的氧浓度较高,出钢时进行弱脱氧操作,增碳以后,在 RH 工位抽真空,利用碳氧反应达到脱氧的目的。

强制脱碳是指钢包中碳含量高于目标成分,钢中游离氧的浓度低于 0.02%,仅仅依靠真空条件下的自然脱碳,已经不能够将钢包中的碳降低到目标成分中限的时候,需要进行强制吹氧脱碳。利用强制脱碳的原理,RH 配加合金时,可以利用大量廉价的高碳合金来降低成本。或者向钢液加碳以后,进行强制脱碳,达到进一步脱除钢中气体的目的。

强制脱碳主要适用于:炼钢炉炉后未添加 Al 及其他易氧化合金元素的低碳铝镇静钢;炼钢炉炉后未添加 Si、Al 及其他易氧化合金元素的非高碳钢。

自然脱碳和强制脱碳的脱碳效率对比如图 5-6 所示。

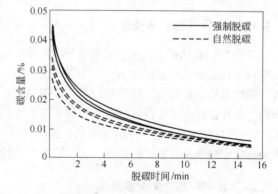

图 5-6 RH 自然脱碳和强制脱碳的脱碳效率对比

5.3.4.3 脱碳需要氧气的计算

RH 脱碳反应所需要的氧气(m³)计算方法可以简单地表示为:

$$Q = \left(933 \times \frac{\Delta C}{\mu} + 0.07\right)W \tag{5-8}$$

其中:

ΔC = 钢包中钢水的碳含量 + 合金带入钢水的碳含量 -(目标成分中限 + RH 自然降碳量)

式中,μ 为氧气的利用率,通常 $\mu = 0.75 \sim 0.95$;W 为钢水量,t。

5.3.4.4 强制吹氧脱碳的关键环节

强制吹氧脱碳需要注意的问题主要有:

(1)吹氧流量不宜太大,一般为 $800 \sim 2400 m^3/h$,应视碳氧反应激烈程度而定,避免碳氧反应过激。吹氧脱碳的最佳时机是钢液环流开始以后,脱碳效果较好。

(2)脱碳时控制真空度在 8900Pa 左右。

(3)脱碳时环流气流量控制在中等水平,脱碳结束环流气流量提高到较高的流量水平。

(4)脱碳结束后 $2 \sim 3min$ 测温,测 $T[O]$,再脱氧合金化,并要遵循合金添加的一般原则。

图 5-7 为 RH 处理过程中碳含量随时间的变化关系。

RH 处理前钢中碳含量和处理以后钢中的碳含量关系如图 5-8 所示。

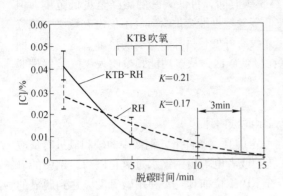

图 5-7 RH 处理过程碳含量的变化　　　　图 5-8 RH 处理前后碳含量的变化

5.4 RH 用氧技术

5.4.1 RH-O 真空吹氧技术

1969 年，德国蒂森钢铁公司开发了 RH 顶吹氧技术，第一次用水冷氧枪从真空室顶部向真空室内循环着的钢水表面吹氧。其目的是将电炉或转炉的精炼任务转移到 RH 中来，强制脱碳，缩短真空处理周期，降低脱碳过程中铬的氧化损失。在工业生产中，RH-O 真空吹氧技术用的是单孔拉瓦尔喷头，氧枪由顶部插入真空室。经 RH-O 真空吹氧处理后，可以将碳含量为 0.045% 的初始钢水，经 12min 脱碳后，得到 [C] <0.005% 的钢水。但是由于吹氧时喷溅严重，致使真空室结瘤及氧枪粘钢严重，所以 RH-O 真空吹氧技术未能得到发展。

5.4.2 RH-OB 真空侧吹氧技术

根据 VOD 生产不锈钢的原理，1972 年新日铁室兰厂开发了 RH-OB 真空侧吹氧技术。吹氧枪是由 OB 枪本体、供氧控制系统组成。OB 枪本体是双层套管，内层在吹氧时通入氧气，非吹氧状态就通入氩气或氮气（见图 5-9）。

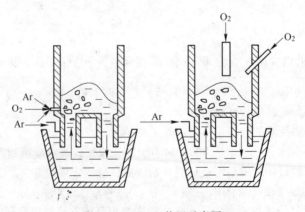

图 5-9 RH-OB 装置示意图

RH-OB 真空侧吹氧技术主要具有以下的特点：
（1）根据钢包温度、钢水总氧量及初始碳的不同情况，采用新开发的强制降碳、加铝升温或不吹氧降碳等三种处理模式，过程温降仅为 20℃，是不吹氧降碳时的一半，降低了转炉出钢温度，减轻了转炉负荷。

不足的是，对 RH-OB 处理去除钢中夹杂物的研究，明确了钢中氧化物夹杂含量与 RH 循环时间的一级反应式，也明确了经 RH 处理、加铝脱氧合金化后，循环时间必须大于 7min，才能有效地把钢中大部分氧化物夹杂去掉，使其含量达到 0.008% 以下。经 RH-OB 处理的钢水，夹杂物不仅多，而且尺寸较大，在连铸中间包内发现有直径为 $30\sim45\mu m$ 的夹杂物。必须进行一次轻处理（循环时间大于 10min）才能去除由于升温产生的大型夹杂物。所以，对高质量钢，应慎用 RH-OB 升温处理。这也限制了 RH-OB 的钢水进站处理温度。

（2）RH-OB 真空侧吹氧技术在处理过程中，由于饱含循环氩气的钢液进入真空室后，再遇到侧吹氧枪吹入的氧气，伴随着气泡的破裂和激烈的碳氧反应，就产生剧烈的钢液飞溅。在真空室槽壁上黏附着大量冷钢，严重影响下一炉精炼的钢种质量。更换下部槽后清理槽壁上的冷钢用人工切割，劳动强度大，工作安全性差。

（3）RH-OB 的喷嘴要埋入钢液中，为了防止喷嘴堵塞和冷却喷嘴，需要吹氩（氮）保护，真空泵能力要加大约 20%。RH-OB 的喷嘴寿命低，下部槽寿命维持在 150 炉左右，作业率很低，影响了作业率。

（4）耐火材料易损坏、消耗高。

近年来新建 RH 装置已不采用 OB 结构，而是向顶枪吹氧及多功能化的方向发展。

5.4.3 RH 顶枪吹氧及多功能化

RH 顶枪分两大类：

（1）只顶吹氧气，如 RH-KTB、RH-TB。

（2）既能顶吹氧气，同时能顶吹煤气、天然气及粉剂，如 RH-BTB、RH-MESID、RH-KTB/B、RH-MFB。

四种多功能顶枪性能比较如表 5-3 所示。

表 5-3 四种多功能顶枪性能比较

公 司	BSEE	MESO	KSC	NSC
形 式	BTB	MESID	KTB/B	MFB
功 能	吹氧、喷粉、吹燃气	吹氧、喷粉、吹燃气	吹氧、吹燃气	吹氧、吹气、喷粉
喷粉载气	Ar	Ar		O_2
枪体结构	五套管	五套管	三套管	四套管
二次燃烧	有	无	有	无

顶枪多功能化的优势主要有：

（1）简化了真空槽体及横移台车的结构。

（2）减少了钢水温降和真空槽壁粘冷钢，减少了漏气点。

（3）顶枪在真空槽内上部位置，通过喷吹燃气，真空槽内加热温度更均匀，具备烧嘴加热及切割冷钢的功能，取消了真空槽中部的斜插加热烧嘴。

（4）顶枪的强制脱碳，可以给炼钢炉出钢的碳范围放宽，避免炼钢炉钢水过氧化（超低碳钢出钢碳含量可提高到 0.06%）。利用 CO 的二次燃烧获得温度补偿，槽内表面温度可达到 1450℃ 左右。

（5）采用焦炉煤气或者天然气做燃料，减少了废气排放量，减轻了真空泵负荷，能够获得高真空度。同时，减少了清除真空槽内结冷钢的工序。

5.4.3.1　RH-KTB 真空顶吹氧技术

为减少真空处理过程的温降，1986 年日本川崎制铁株式会社开发了 RH 真空顶吹氧技术，简称 RH-KTB 法，即在 RH 真空处理装置上安装可升降的顶吹水冷单孔拉瓦尔氧枪，如图 5-10 所示。在脱碳反应受氧气供给速率支配的沸腾处理前半期，向真空槽内的钢水液面吹入氧气，

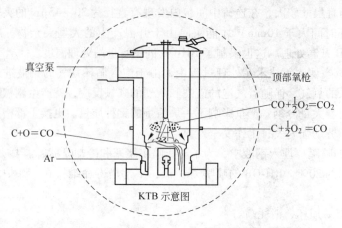

真空泵

顶部氧枪

$CO+\frac{1}{2}O_2=CO_2$

$C+\frac{1}{2}O_2=CO$

C+O=CO

Ar

KTB 示意图

图 5-10　RH-KTB 示意图

增大氧气供给量，因而可在 [O] 较低的水平下大大加速脱碳。在 [C] >0.03% 的高碳浓度区，KTB 法的脱碳速率常数 k_C =0.35，比常规 RH 法大；在 [C] >0.01% 的范围内，主要由吹氧来控制脱碳反应，脱碳速度随着 [O] 的增加而增加；而在 [C] ≤0.01% 下，吹氧的意义就不大了。因此，使用 RH-KTB 法，出钢钢水碳含量可由 0.03% 提高到 0.05%。在吹氧快速脱碳的同时，对真空室内产生的 CO 炉气进行二次燃烧：

$$CO + \frac{1}{2}O_2 \Longrightarrow CO_2$$

$$\Delta H_{CO_2} = 3.94kJ/kg(CO) \tag{5-9}$$

KTB 脱碳的同时，依靠二次燃烧提供的热量补偿精炼过程中的温度损失。因此，采用 KTB 法的出钢温度比传统 RH 法平均可以降低 26.3℃。

据有关资料介绍，RH-KTB 真空顶吹氧技术最主要的工艺特点是：

（1）不需额外添加热源（如铝、硅等），成本低；

（2）不需延长处理时间，生产作业率高；

（3）热效率高，在吹氧脱碳期的前 10min 内，炉气中含 CO_2 量高达 60.5%（而普通 RH 仅为 3.5%）。RH-KTB 法可以在高碳低氧位区脱碳，使整个精炼过程在低氧位下进行。

5.4.3.2　RH-MFB 真空多功能氧枪

为了提高转炉出钢碳和降低钢水氧含量，并可加热真空室和进行钢水温度补偿，1998 年 8 月新日铁公司广畑制铁所建成第一台 RH 多功能枪设备，简称 RH-MFB，如图 5-11 所示。

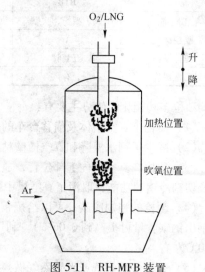

O_2/LNG

升

降

加热位置

吹氧位置

Ar

图 5-11　RH-MFB 装置

RH-MFB 法的主要功能是在真空状态下吹氧强脱碳、铝化学加热钢水，在大气状态下吹氧气、天然气燃烧加热烘烤真空室及清除真空室内壁形成的结瘤物，真空状态下吹天然气、氧气燃烧加热钢水及防止真空室顶部形成结瘤物。MFB 氧枪是四层钢管组成，中心管吹氧气，环缝输入天然气（LNG）或焦炉煤气（COG），外管间通冷却水，如图5-12所示。

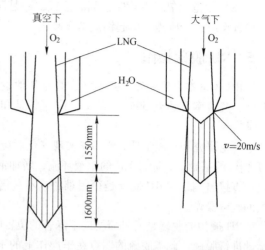

图 5-12　MFB 氧枪的结构和燃烧状态的示意图

在真空状态下，由于射流和火焰的长度得到了延长，因此，MFB 枪在真空处理过程中可在较高枪位下进行吹氧脱碳、Al 加热或燃烧煤气加热真空室，防止处理过程中结瘤物的形成。攀钢在 1997 年 11 月建成投产 RH-MFB 真空处理装置，在试生产期间测试了该装置所具备的各种冶金功能。RH-MFB 真空处理装置的主要工艺参数见表5-4。

表 5-4　攀钢 RH-MFB 真空处理装置的技术参数

RH 型式	单室上动式	RH 型式	单室上动式
每次处理钢水量/t	131	极限真空度/Pa	30
钢包自由净空/mm	300 ~ 500	抽气时间/min	≤4(90kPa ~ 150Pa)
处理超低碳钢时间/min	28	真空系统泄漏率/kg·h⁻¹	≤25(20℃时)
低碳铝镇静钢处理时间/min	16	钢水循环速率/t·min⁻¹	50 ~ 70
高耐候钢及低合金钢处理时间/min	22	真空室总高/mm	10650
真空泵抽气能力/kg·h⁻¹	550(66.6Pa,20℃)	插入管内径/mm	450
	1300(1300Pa,20℃)	真空室砌砖后内径/mm	1700
	2800(8000Pa,20℃)	枪加热真空室的加热速度/℃·h⁻¹	≥60
	3500(13300Pa,20℃)		

5.4.3.3　多功能顶枪的枪位控制

一种多功能顶枪的参数如表5-5所示。

表 5-5　一种多功能顶枪的参数

项　目	参　数	项　目	参　数
正常工作吹氧流量(标态)/m³·h⁻¹	1200	槽内待机位置/mm	1860
工作压力/MPa	1.0	气体切换位置(允许吹氧位置)/mm	4810
枪高(离槽底)/mm	4500 ~ 5000	O_2 吹炼位置①/mm	5300
槽内待机上限位置/mm	1680	O_2 吹炼位置②/mm	5850

多功能顶枪的枪位控制主要基于以下原因：

（1）槽内的待机烘烤位置，主要是出于烘烤真空槽的目的。

（2）顶枪吹氧或者喷吹粉剂的位置，一是防止氧枪的位置过低，吹损耐火材料，二是防止脱碳反应过于剧烈，引起钢液的飞溅剧烈。

5.5　RH 脱硫操作

RH 体系本身脱硫效果并不好，但与其他设备连接，如 RH-PB、RH 顶枪喷粉，情况就会改变，脱硫率可达到 50% ~ 75%。这主要是和 RH 处理过程中的炉渣是氧化性较强的黑渣有关。

理论研究和实践证明，在 RH 实现气化脱硫的可能性不存在。LF + RH 的脱硫，是建立在 LF 白渣的基础上，通过 RH 的钢液环流，增加钢渣反应的接触面积，实现进一步脱硫的目的。电炉直接出钢，在 RH 脱硫是很困难的，不过借助于一些特殊的手段，RH 工位也可以实现钢液的脱硫操作。

RH 最初的脱硫是通过喷枪向下降管的位置喷吹脱硫粉剂或者合成渣，利用钢包内钢液的运动进行脱硫。此类脱硫的弱点在于操作上的不可靠，一是堵塞喷枪，二是喷枪的寿命较低，还有脱硫操作的位置也会影响精炼的效果。

为了冶炼超低硫深冲钢，RH 采用了水冷顶枪喷粉，即 RH-PTB 法。其反应机理如图 5-13 所示。喷吹的粉剂进入熔池后，极大地扩大了颗粒与钢液之间的反应界面面积，从而加速脱硫反应，降低钢中硫含量。用 RH-PTB 法喷粉时，喷粉速度为 100 ~ 130kg/min，约喷吹 10min。当 $CaO\text{-}CaF_2$ 粉剂用量为 5kg/t 时，可使钢中硫含量降到 0.005% 以下。

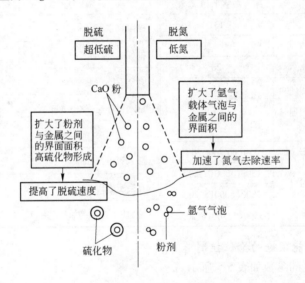

图 5-13　RH-PTB 反应机理

5.5.1　脱硫剂渣系的确定

根据各主要渣系的硫容量情况，用于钢液脱硫的可选渣系主要有：$CaO\text{-}CaF_2$ 渣系、$CaO\text{-}CaF_2\text{-}Al_2O_3$ 渣系、$CaO\text{-}SiO_2\text{-}Al_2O_3$ 渣系。

$CaO\text{-}CaF_2$ 渣系具有最高脱硫能力，因此在相同脱硫任务下脱硫剂耗量最低。该类渣目前主要用于 RH 内脱硫处理及钢液脱磷。单从脱硫角度考虑，CaF_2 含量在 40% 左右为最佳组成，此时硫的分配比约为 170 ~ 180。试验表明，该渣系配入 5% 的 Al_2O_3 会提高脱硫率，但含量不能高于 10%。考虑到渣剂对耐火材料寿命的影响，一般在 CaO-CaF$_2$ 渣系渣中加入 10% ~ 15% MgO（质量分数），以减缓对于耐火材料的侵蚀。

CaO-CaF$_2$-Al$_2$O$_3$ 渣系的硫容量比 CaO-CaF$_2$ 的低。该渣系的组成在 CaO ≥ 50%、CaF$_2$ > 20%、Al$_2$O$_3$ < 25% 的范围，特别是 CaO 30% ~ 60%，CaF$_2$ 45% ~ 55%，Al$_2$O$_3$ < 10% 范围为脱硫最佳组成范围内。

CaO-SiO$_2$-Al$_2$O$_3$ 渣系是人们研究最多、应用最广的一个基本渣系，广泛应用于 LF、VOD、VAD 等炉外精炼过程。在 RH 处理过程脱硫时，更多地把它作为较理想的顶渣渣系。

该组成渣适宜作铝脱氧钢的精炼渣。较高硫容量的渣组成集中在 CaO 60% ~ 65%，Al$_2$O$_3$ 25% ~ 30%，SiO$_2$ < 10%（质量分数），此时 CaO 近饱和，L_s = 200 ~ 300。

RH 处理脱硫选择时机很关键。不论喷吹哪一种脱硫剂，钢中 T[O] 也对脱硫的效果影响很大。即使是喷吹 CaO-CaF$_2$ 脱硫，也必须以优化顶渣成分及钢、渣充分脱氧为前提。脱硫应在 T[O] 降至 0.005% 以下时进行。

5.5.2 RH 处理脱硫操作

炉渣的控制及炉渣改性处理

为实现高的脱硫率，必须降低钢水中氧的浓度，这就要求脱氧先于脱硫进行。首先，电炉出钢控制下渣，出钢时采用较强的脱氧工艺，利用电炉出钢的过程中良好的动力学条件，争取脱除一部分硫，减轻 RH 的脱硫压力。电炉出钢以后，处理得当，中高碳钢炉渣即可变为黄渣甚至白渣；处理不好，电炉出钢带渣或者下渣，这就要求从工艺上采取措施降低渣中氧化铁和氧化锰。这种情况下，一是泼渣处理，即电炉钢水由行车吊起，将钢包内的电炉渣倒出；二是炉渣改性处理。在 LF 工位升温进行温度补偿的同时，造好白渣脱硫，在钢水离开 LF 处理工位，保持白渣，到达 RH 工位处理时，RH 进行正常的轻处理操作，脱硫的效果也很理想。

炉渣的改性处理是改变顶渣渣系，由 CaO-SiO$_2$-FeO 渣系转变为 CaO-SiO$_2$-Al$_2$O$_3$ 或 CaO-CaF$_2$-Al$_2$O$_3$ 渣系，以增加渣中硫容量。即还原炉渣，减少渣中的氧化铁的含量。

5.6 RH 温度控制

RH 处理过程中的温度损失主要有以下几个方面：

（1）RH 抽真空以后，烟气带走的显热。

（2）RH 耐火材料升温需要钢液的部分热量。

（3）RH 表面的热损失。

（4）钢包钢水的热散失，包括渣面的辐射、钢包壁的对流等。

（5）合金化过程的热损失。

一座典型的 RH 处理过程中的温度损失情况如图 5-14 所示。

由图可见，KTB 操作使温降速率减缓，吹氧结束时钢水的温降值仅 3℃，表明顶吹氧产生的燃烧热量用于对钢水热补偿，达到 13℃ 以上。因此，可降低出钢温度。RH 的温度不足，主要通过铝热法或者硅热法来进行温度的补偿，即

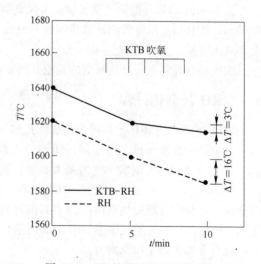

图 5-14 RH 处理过程的温度变化

通过向钢水中添加铝或硅，通过吹氧氧化放热促使钢液升温。

铝热法升温基础知识：经测定，每吨钢添加 1kg 铝，吹氧以后钢水温度上升 30℃ 以上，升温速度为 3℃/min 以上，氧气利用率为 65% 以上，热效率达 80%。

采用铝升温法的吹氧氧耗的计算可以根据公式推算得出，计算值在考虑了吹氧效率以后，和实践是相当吻合的。计算过程如下：

$$2[Al] + 3[O] === (Al_2O_3)$$

氧化 1kg 纯铝需要的氧气，转化为标准状态下的氧，可以得出氧化 1kg 纯铝需要的氧气（m³）为：

$$Q_{氧气量} = \frac{5.6}{9\mu\phi}$$

式中，μ 为氧气的利用率，在 0.6~0.75 之间；ϕ 为工业氧气的纯度，为 98%~99.5%。

同样，对于硅热法，加入 1kg 的硅铁，需要的氧气（m³）为：

$$Q_{氧气量} = \frac{5.6\alpha}{7\mu\phi}$$

式中，α 为硅铁中硅的含量，对于 75% 硅铁，$\alpha = 75\%$。

已脱氧钢顶枪升温要点：

(1) 为防止钢水的过氧化及防止真空槽耐火材料的过度熔损，顶枪之前的加铝量（铝硅镇静钢加 Al 和 FeSi），应确保顶枪结束后钢中的 Al（铝硅镇静钢是 Al 和 Si）在目标中限值左右。

(2) 顶枪吹氧时，为尽量减少钢水的飞溅，环流气流量不宜过大，以保证环流量和真空槽钢液的高度即可。

(3) 顶枪吹氧时，真空度控制在 5kPa 以上，但不能过高（建议 5~7kPa），以防止飞溅剧烈。

(4) 顶枪结束后，轻处理钢真空度控制在 3.5~6.7kPa，本处理控制在 0.25kPa 以上。

(5) 为使夹杂物充分上浮，顶枪结束后至处理终了的搅拌时间须确保在 8min 以上。

(6) 顶枪升温，氧的利用率为 75%~92%。

未脱氧钢 KTB 升温的注意事项：未脱氧钢在实施 KTB 升温前，首先加 Al（铝镇静钢加 Al 和 FeSi；成品铝上限极低的硅镇静钢加 FeSi），确保脱氧后再进行 KTB，以防止钢水的过度氧化和减少飞溅。

吹氧控制等要点同已脱氧钢的顶枪升温要点一致。

5.7 RH 合金化过程

RH 的合金是从 RH 上部的合金加料孔加入的，合金加入孔的位置选定主要基于：(1) 加入的合金避免被吸入排气管中间，能够加入到真空室底部的中间或者偏向于上升管的一侧；(2) 位置的高度高于钢水飞溅的最大高度，防止加料孔被堵塞。所以，RH 的加料孔一般有：(1) 上部加入法，这是以前众多 RH 的选择；(2) 采用电极加热的 RH，采用侧面加入，防止合金加入过程中打断加热电极；(3) 目前开发了多功能顶枪的 RH，选择从抽气孔对面的侧壁加入。合金加料系统的三维图如图 5-15 所示。

铁合金加入顺序和原则为：

(1) 一般先加 Al 或 Si 脱氧，以避免其他合金元素因氧化而引起的浪费。

（2）Mn、Cr、V、Nb 在 Al（或 Si）脱氧后加入，特别应注意 Si 脱氧钢种（不能用 Al 脱氧），因 Mn、Si 要生成 Mn-Si 化合物，此时 Mn 要在脱氧终了后加入。

（3）与氧有很强亲和力的元素，如 Ti、B、Ce、Zr，在脱氧终了后加入，以避免合金回收率下降。

（4）加入脱氧钢水中的碳应和其他高密度合金一起加入，或在此之前尽早加入。若需碳脱氧，则应小批量多批投入，以避免太强烈的碳氧反应。

铁合金加入时期不同，颗粒较小的容易被真空抽走进入排气管道，颗粒过大不容易溶解。所以，规定验收合金的粒度如表 5-6 所示。常用铁合金的收得率如表 5-7 所示。

图 5-15　RH 真空加料装置示意图

表 5-6　常见合金的理化指标要求

元　素	合金名称	主要成分/%	颗粒度/mm
C	增碳剂	C > 95	5 ~ 15
Si	硅　铁	Si = 70 ~ 75	10 ~ 50
Mn	锰　铁	Mn = 60 ~ 95	10 ~ 50
Al	铝　铁	Al > 49	10 ~ 50
Ti	钛　铁	Ti > 31	10 ~ 50
Nb	铌　铁	Nb > 63	10 ~ 50
Cr	铬　铁	Cr	10 ~ 50
V	钒　铁	V > 56	10 ~ 50
Al	铝　粒	Al > 99	5 ~ 10

表 5-7　常用铁合金收得率

合金名称	RH 收得率/%	合金名称	RH 收得率/%
高碳 FeMn	90	FeV	100
低碳 FeMn	95	FeTi	75
FeSi	90	FeB	70 ~ 80
增碳剂	95	FeNb	95
BAl	75 ~ 85	FeMo	100
高碳 FeCr	100	Ni 板	100
低碳 FeCr	100	Cu 板	100
中碳 FeCr	100	FeP	95

合金的加入速度是根据钢水的循环速度决定的。在合金添加的时候，为了使钢液的循环速度达到最大，吹氩流量力争处于较大的状态。合金加入速度超过了某一个临界值，有可能引起钢水凝固，导致浸渍管内正常钢水循环的停止。所以，合金的加入速度有一定的限制。为了使

钢液的成分均匀，以及合金化以后脱氧产物的上浮，在铁合金加入结束以后，需要 2.5~5min 的纯脱气循环使钢水的成分和温度均匀化。误操作引起的合金一次加入过量以后，需要进一步增加环流气体的流量，增加钢水循环次数，来消除负面影响。

环流量为 100t/min 时的合金添加最大速度如表 5-8 所示。

表 5-8　环流量为 100t/min 时的合金添加最大速度

合金种类	最大的添加速度/kg·min^{-1}	合金种类	最大的添加速度/kg·min^{-1}
硅　铁	900	铝　粒	600
高碳锰铁	810	钛　铁	450
炭　粉	150		

5.8　RH 的喂丝操作

喂丝是指借助喂丝机将比较轻、易氧化、易挥发的合金元素制成包芯线快速输入钢液，在钢液深处溶解，从而达到脱氧、脱硫、改变夹杂物的形态，实现成分微调等冶金目的。喂丝有利于提高元素收得率、成分命中率，大幅度降低贵重合金元素加入量，降低冶炼成本费用。

喂丝要点包括：

（1）CaSi 线以 Ca 收得率 10%~15% 进行计算；Al 线收得率：铝镇静钢以 75%~80% 计算，采用铝硅脱氧的钢以 95% 计算；炭粉包芯线收得率以 100% 计算。

（2）喂丝期间钢水采用弱搅拌，以钢水不裸露为准；喂丝结束后的搅拌时间，普通钢大于 3min，优质钢大于 5min。

（3）喂 CaSi 线需考虑钢水的增硅量。

（4）喂 CaSi 线后，原则上不许再进行升温处理或添加其他合金。如喂丝后发现成分和温度异常需再次升温或调整成分时，等精炼升温或调整成分后根据实际状况进行重新补喂操作。

（5）喂丝速度为：

铝　线	100~150m/min
硅钙线	150~200m/min
其他线	100~250m/min

（6）多炉连铸的第一炉或单炉浇铸时，可适当增加喂入量的 10%~15%。

（7）喂丝过程温降约 10~12℃。

5.9　RH 精炼操作控制

5.9.1　RH 精炼操作步骤

RH 操作对设备的要求较严格，在设备条件满足的情况下，工艺的操作实现自动化作业，操作难度低于 LF 的作业。RH 处理钢水的实际过程可以分为以下几步：

（1）待处理钢包由行车吊运至 RH 钢包台车上，钢包台车开到真空槽下部的处理位置后，人工判定钢水液面的高度。

（2）观察钢渣的情况。钢渣结壳，需要破渣作业，或者转 LF 化渣以后，再行处理。

（3）根据人工判定钢水液面高度，钢包被液压缸顶升，使真空槽的浸渍管浸入钢水到预定的深度（在现场有操作台）。同时，上升浸渍管以预定的流速喷吹氩气。随着浸渍管完全浸入钢液，真空泵启动。各级真空泵根据预先的抽气曲线进行工作。真空泵的投入和抽气特性如图 5-16 所示。

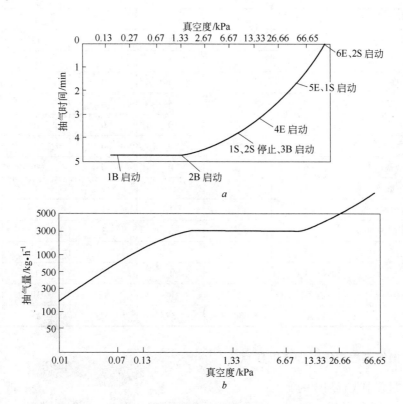

图 5-16 真空泵的投入和抽气特性曲线

（4）进行测温、取样、定氧操作（在钢包内浸渍管旁边的空隙处进行）。

（5）真空脱氢处理，将在规定时间及规定低压条件下持续进行循环脱气操作，以达到氢含量的目标值。

（6）真空脱碳处理（低碳或超低碳等级钢水），循环脱气将持续一定时间，以获得碳含量的目标值。

（7）在脱碳过程中，钢水中的碳和氧反应形成一氧化碳通过真空泵排出。如钢中氧含量不够，可通过顶枪吹氧提供氧气。脱碳结束时，钢水通过加铝进行脱氧。

（8）钢水脱氧后，合金料通过真空料斗加入真空槽。以上（5）~（8）的操作，可以通过摄像头传回的画面进行监控、修正或者指导作业。

（9）对钢水进行测温、定氧和确定化学成分。

（10）钢水处理完毕时，真空泵系统依次关闭，真空槽复压，重新处于大气压状态。

处理完毕后，钢包下降，上升浸渍管，自动改吹氩为吹氮吹扫一段时间。

钢包台车开出，钢包底吹氩弱搅拌，进行喂丝操作。喂丝操作结束以后，卸掉吹氩管，行车把钢包吊运至连铸钢包回转台进行浇铸。

一座 120t RH 的处理时间如表 5-9 所示。

表 5-9　一些钢种 RH 的处理时间（min）

钢　种	IF 钢	容器钢	管线钢	耐候钢	优质碳素钢	高强钢
钢包车入	2	2	2	2	2	2
钢包上升	1	1	1	1	1	1
测温、打开真空主阀	1	1	1	1	1	1
脱气（脱碳）	18	15	20	18	12	15
测温取样	1	1	1	1	1	1
等　样	3	3	3	3	3	3
成分调整	5	5	5	5	5	5
测温取样	1	0	0	0	0	0
等　样	3.0	0	0	0	0	0
成分微调	(6)	0	0	0	0	0
钢包下降	1	1	1	1	1	1
台车到加保温剂位置	1	1	1	1	1	1
喂丝吹氩、保温剂加入	3	3	3	3	3	3
弱吹氩	5		5			
钢包台开出	1	1	1	1	1	1
合计（分）（单线）	52	36	44	37	31	34
合计（分）（双工位）	41	30	33	31	25	28

5.9.2　RH 操作过程中先行加碳的要点

RH 操作过程中先行加碳的要点：

（1）加碳一般每隔 10s 加入一次，每次按照钢水增碳 0.01% ~ 0.04% 计算加入的炭粉量，钢中溶解氧较高时，加入速度可稍快些。

（2）真空度 6.7 ~ 26.6kPa，当 [O] > 0.02% 时，真空度要求低于 13.3kPa，过高则碳氧反应过于强烈，过低则有逆流。

（3）加碳结束应马上提高真空度至 6.7kPa 左右。

5.9.3　RH 轻处理

轻处理是指在 6.7 ~ 26.6kPa 的低真空度下对钢水温度、成分进行调整的处理。轻处理不能达到去除钢水中氢、氮的目的，能部分去除钢水中的氧。在 RH 设备能力有余时，适当提高转炉吹炼低碳钢时的吹止碳，利用 RH 轻处理时将碳降到目标成分有利于降低终渣氧化铁含量，减少炉衬侵蚀，并有提高吹止时的残渣量、提高铁合金的收得率等好处。通常轻处理时间为 20min，处理过程温降为 20 ~ 30℃。

RH 轻处理模式如图 5-17 所示。

5.9.4　RH 本处理

本处理是在高真空度下（真空槽内压低于 133Pa）以去除钢水中的氢、氮、氧为目的的处理工艺。本处理时通常要在高真空度下，使钢水经过 5 ~ 8 次以上的循环。然后经合金微调后

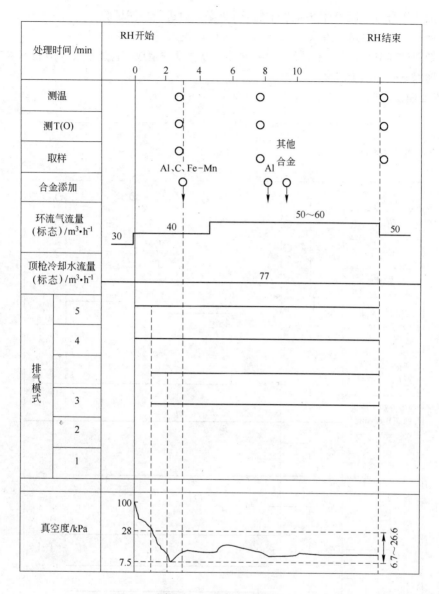

图 5-17　RH 轻处理模式

结束处理。通常经过本处理后，钢水[H]≤0.0002%，温降约30~35℃（大型 RH 设备），根据最终钢水含碳量不同，[O]波动在0.003%~0.005%之间。本处理总处理周期通常在30min以上。

本处理要点：

（1）出钢用钢包应已连续使用5次以上，且出钢时耐火材料表面温度应在1000℃左右。

（2）钢包成分在目标成分中下限（Al 及特殊合金例外），钢包温度为目标管理温度+10~-5℃，不可到-10℃以上。

（3）钢包中应尽量无电炉渣（渣厚小于100mm），保护渣要干燥无水分。

（4）真空槽和浸渍管使用3次以上，浸渍管压入后处理一炉以上，方可进行本处理。

（5）浸渍管喷补所用材料应尽量使其不增氢。

（6）确认符合真空度条件方可进行本处理，必要时进行检漏试验。

（7）处理时，全泵迅速投入，1A 泵应在 4min 内投入。

（8）处理过程中不允许出现任何由于槽体冷却水管泄漏造成钢包进水或 KTB 枪漏水的现象。

（9）确保铁合金的干燥度。

RH 本处理模式如图 5-18 所示。

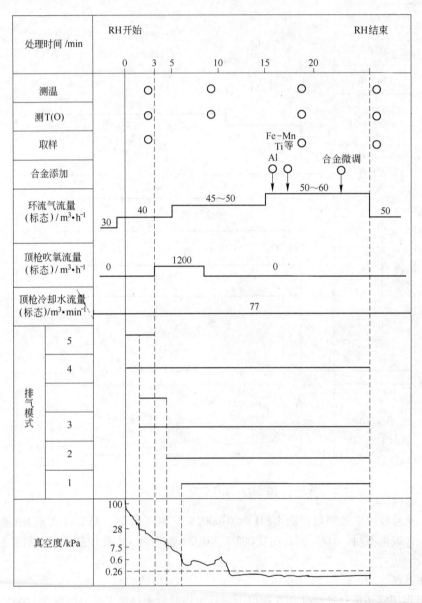

图 5-18　RH 本处理模式

5.10　RH 处理过程中冷钢的形成和去除

RH 处理过程中，从上升管吹入的氩气形成大量的气泡，气泡受热不断膨胀并带动钢水上升，当气泡进入真空室后，由于压差使气泡破裂，在破裂的瞬间将钢液击碎形成无数小液滴，在此过程中虽然完成了 RH 的各种脱气反应，但同时部分液滴吸附于真空槽壁，经数炉堆积后，就在槽内形成了所谓的"冷钢"，或称"钢瘤"，如图 5-19 所示。

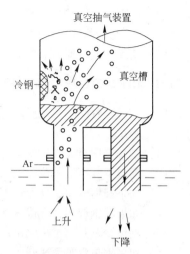

由此可见，冷钢伴随 RH 钢液环流而生，是 RH 处理的孪生产物。

影响冷钢形成的外来因素可概括为：

（1）槽壁耐火材料的温度较低，黏结冷钢；

（2）钢中氧含量 T[O]（即处理沸腾钢或镇静钢）；

（3）钢中含碳量、处理时真空度控制（包括抽气速率）、环流气流量大小、OB 吹氧情况；

（4）合金加料引起的沸腾和飞溅（特别是加碳中而引起的处理中断或大沸腾）。

图 5-19　RH 处理过程中的
冷钢形成机理

20 世纪 80 年代末以来，各国冶金工作者提出了多种方法来避免或消除伴随处理而引起的冷钢堆积，迄今此问题已基本解决，所使用的主要方法有：

（1）使用预加热设备，在处理前将槽壁温度加热至纯铁熔点 1534℃ 以上，使飞溅的钢水碰到耐火材料后，仍以液态返回至熔池。目前使用的高效预热枪及 MFB 真空槽顶枪即可达到此要求。

（2）利用脱碳过程中产生的一氧化碳气体的二次燃烧或通过外界的煤气加热提高槽温，以减少或避免冷钢的黏结。这方面成功的如 KTB 顶枪及 MFB 顶枪，在处理过程中的加热对避免上部冷钢的堆积十分有效。

（3）处理间隙过程中通过加热保温，消除已形成的冷钢。

减少槽内冷钢黏附的措施：

（1）根据钢水条件和处理目的的不同，采用合理的真空度。

（2）实施 KTB 或者 MFB 时，控制好枪高和真空度，尽量减少飞溅。

（3）尽量避免槽的交替使用，最大限度地确保槽的连续使用，以保持较高的槽温。

（4）使用中的槽，在等待时间超过 20min 时，要及时进行吹天然气烘烤。

（5）长时间不用的槽或修补槽，使用前要进行吹天然气烘烤，使槽温（槽内壁温度）高于 1000℃。

（6）尽量缩短去除冷钢时间和浸渍管修补时间。

5.11　RH 处理过程中的常见事故处理

5.11.1　RH 处理过程中吸渣

RH 处理过程中的吸渣事故主要由以下原因产生的：

（1）钢包带渣较多，或者钢渣较稀呈现泡沫化状态。

（2）钢包内钢液面较低，浸渍管插入以后，浸渍管插入深度不足。

处理方法主要有：

（1）紧急复压至大气压；

（2）钢包下降至下限位，钢包开出，钢水转泼渣处理或者 LF 处理；

（3）立即移开真空槽至待机位；

（4）检查气体冷却器、排气口伸缩节、排气口密封圈有无损坏，槽体上合金加入口、顶枪孔、ITV 孔是否封掉；

（5）清除排气口伸缩节内渣钢。

5.11.2　RH 处理过程中钢包穿漏钢

RH 真空处理过程中，钢包穿钢，对于钢包车采用液压顶起的 RH 来讲，是一种较严重的事故。处理方法主要有：

（1）紧急复压至大气压状态；

（2）钢包下降至下限位，确认钢水漏出的位置和大小；

（3）如果漏钢较少，立即将钢包开出至吊包位，联系行车将钢包吊离至事故包上；

（4）如果漏钢较多，等待钢水流完后烧割冷钢；

（5）钢包台车开出至吊包位；

（6）如果钢包台车无法开动，指挥行车将钢包台车拉出。

这种事故的预防主要是加强钢包服役情况的跟踪管理。

5.11.3　RH 顶枪漏水

RH 顶枪漏水分为处理过程中的漏水和非处理过程中的漏水。

处理中出现漏水现象：

（1）顶枪差流量大报警，若顶枪在工作中，自动上升到达槽内待机位；

（2）真空度急速上升；

（3）通过 ITV 观察槽内情况异常。

应急处理方法：

（1）紧急复压至大气压、通知维修；

（2）立即到现场将顶枪上升到上限位；

（3）检查顶枪漏水情况；

（4）若漏水严重，关闭顶枪冷却水进口阀和出口阀。

非处理中出现漏水现象：

（1）顶枪差流量大报警，若顶枪在工作中，自动上升到槽内待机位；

（2）通过 ITV 观察槽内情况异常。

处理方法主要有：

（1）立即到现场将顶枪上升到上限位，通知维修；

（2）检查顶枪漏水情况；

（3）若漏水严重，关闭顶枪冷却水进口阀和出口阀。

5.11.4　RH 处理过程中槽体法兰大量漏水

RH 处理过程中槽体法兰大量漏水的处理方法为：

（1）确认槽体法兰漏水的部位和大小；

（2）通知无关人员立即撤离至安全区域；

（3）严禁钢包升降作业；

（4）严禁复压；

（5）将有关漏水的进水阀和出水阀阀门关闭；

（6）所有人员经远离可能发生爆炸区域的安全通道撤离至安全区域；

（7）等待钢包中积水自然蒸发，蒸发完毕后复压；

（8）钢包下降至下限位，移槽至待机位修理，换槽处理。

5.11.5　RH 工位不能处理钢水的情况

在处理过程中凡发生下列情况之一，则将钢包迅速拉出转 LF 或 LATS 处理：

（1）处理前温度低于目标处理前下限温度，或处理时温度低于处理后目标温度；

（2）重大故障或故障不易排除；

（3）渣过厚或处理过程中渣严重发泡；

（4）钢水过浅，钢包净空高不能满足处理要求。

6 AOD、VOD 和 VAD 精炼操作工艺

6.1 AOD 精炼操作工艺

目前工业生产中应用的不锈钢精炼方法很多，但就精炼炉炉型而言，可分为钢包型精炼设备（VOD、SS-VOD、VOD-PB 等）和转炉型精炼设备（AOD（OTB）、CLU、VODC 和 VCR 等）两大类，而 RH-OB、RH-KTB、RH-KPB 等可看作 RH 真空处理功能的扩展。不锈钢生产方法的统计如表 6-1 所示。

表 6-1 不锈钢生产方法的统计

冶炼方法	占不锈钢总产量的比例/%	冶炼方法	占不锈钢总产量的比例/%
AOD	≥65	电 炉	—
转炉/VOD	14～19	其他转炉(CLU、ASM、SFR 等)	4～6.5
VOD	5.5～6		

AOD（Argon Oxygen Decarburization）氩氧脱碳过程具有一系列显著优点，所以自第一台 AOD 炉于 1968 年建成并投产以来，该工艺在世界范围内获得了越来越广泛的应用和发展，已成为生产不锈钢的主要方法。目前，全世界 75% 以上的不锈钢是用该法生产的。

6.1.1 AOD 工艺简介

AOD 工艺流程的实体照片如图 6-1 和图 6-2 所示。

图 6-1 AOD 兑加母液

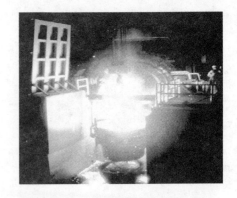

图 6-2 AOD 出钢

AOD 炉的容量从 1t 到 180t，几乎可以生产所有牌号的不锈钢。但是，由于去氢比较困难，不宜生产大锻件的钢锭，对 [C]+[N]<0.02% 的超纯铁素体钢也不能生产。氩氧吹炼炉 AOD 主要和电炉双联操作，炉料先在电炉中熔化，同时将 Cr、Ni 等元素含量调整到钢的控制规格内，而碳含量一般配至 1.0% 以下，这样可大量使用廉价的高碳铬铁和不锈钢车屑等。炉料熔

化后就升温，当温度提升到1600～1650℃范围时，进行换渣脱硫。然后将钢液通过钢包转移到AOD中吹炼。电炉在和氩氧炉双联时，只是一个熔化、升温工具。一座80t AOD炉中生产304不锈钢技术经济指标如表6-2所示。

表6-2 一座80t AOD炉中生产304不锈钢技术经济指标

名　称	指　标		名　称	指　标	
	典　型	最　好		典　型	最　好
氩气/m³·t⁻¹	12	9	还原用硅/kg·t⁻¹	8～9	6
氮气/m³·t⁻¹	9～11	9	兑钢至出钢时间/min	50～80	40
氧气/m³·t⁻¹	25～32	—	总铬收得率(EAF/AOD)/%	96～97	99.5
石灰/kg·t⁻¹	50～60	42	总锰收得率(EAF/AOD)/%	88	95
萤石/kg·t⁻¹	3	2	总金属收得率(EAF/AOD)/%	95	97
铝/kg·t⁻¹	2	1			

不锈钢冶炼的关键之一是快速脱碳保铬。最初的AOD是由底吹风口（也叫喷嘴）进行吹氧吹氩，目前的AOD是由顶枪和炉底（有的是侧壁）风口复合吹炼的，工艺和复吹转炉接近。使用有顶枪的AOD冶炼工艺（KCB-S工艺），比普通AOD（无顶枪）工艺可缩短脱碳时间44%，二者的比较结果如图6-3所示。

一种AOD底吹风口如图6-4所示。

具有顶枪的AOD脱碳速度得到了明显提高，炉料的结构也会得到优化。这样在高碳区的时候，使用顶枪和底吹风口，可以极大地提高脱碳反应速度。在脱碳过程中，通过风口吹入1/3～1/5的Ar/O₂混合气体和通过顶枪吹入100%的氧。顶枪吹氧工艺有"硬吹"和"软吹"两种：

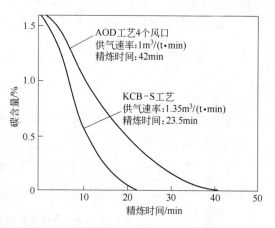

图6-3 无顶枪AOD与有"硬吹"顶枪AOD脱碳比较

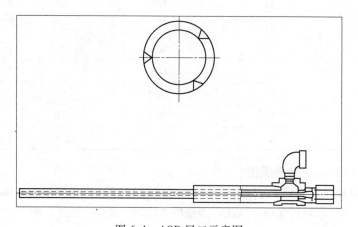

图6-4 AOD风口示意图

（1）"硬吹"就是通过顶枪吹入的氧 100% 同熔池反应；

（2）"软吹"就是通过顶枪吹入的氧，约 60% 同熔池反应，40% 在熔池上部空间将 CO 燃烧成 CO_2 放热。"软吹"工艺缩短脱碳时间是"硬吹"的 70%，但是能产生二次燃烧热并传递给熔池，能减少升温使用硅的消耗、增加废钢用量并降低电炉出钢温度。

6.1.2　AOD 脱碳分析与计算模型

6.1.2.1　AOD 脱碳分析

当钢水中含铬 18%、温度为 1705℃时，与铬平衡的碳因 CO 分压不同而不同。CO 分压为 0.01MPa 时，[C] = 0.05%；CO 分压为 0.1MPa 时，[C] = 0.5%。因此，用 Ar 或者 N_2 降低一氧化碳的分压就可以达到降碳保铬的目的，而无需提高温度。动力学研究认为，脱碳还与碳和三氧化二铬的传递速度有关，特别是钢中碳含量高时，脱碳已不单是三氧化二铬来完成，这时脱碳所需的氧主要由吹入的氧气供给。因此，AOD 供气方式已由最初的 O_2：Ar(N_2) 由 3：1、1：1、1：2、1：3 而发展为高碳区主气路供纯氧及多台阶式供气方式。当采用智能炼钢时，供气是连续的变化曲线。李正邦和薛正良的研究认为，不锈钢液的深脱碳在惰性气体稀释条件下或在真空状态下进行，根据脱碳保铬的热力学条件，可得到如下关系：

$$\lg p_{CO} = 8.035 - \frac{12150}{T} + 0.23[C] - 0.0238[Cr] + 0.012[Ni] + \lg[C] - 0.75\lg[Cr]$$

$$(6-1)$$

在稀释法中，碳氧反应生成的分压决定于吹入氩氧混合气体的 O_2/Ar 体积比：

$$\frac{O_2}{Ar} = \frac{n_{O_2}}{n_{Ar}} = \frac{0.5 n_{CO}}{n_{Ar}} = \frac{0.5 p_{CO}}{1 - p_{CO}} \qquad (6-2)$$

计算得到的 CO 分压和理论氩氧比的关系如表 6-3 所示。

表 6-3　理论计算的临界 p_{CO} 和 O_2/Ar

[C]/%	1650℃		1700℃	
	p_{CO}/kPa	O_2/Ar	p_{CO}/kPa	O_2/Ar
0.25	71	1.17：1	101.325	
0.20	55	1：1.67	80	1.88：1
0.15	41	1：3	58	1：1.5
0.10	26	1：5.7	38	1：3.36
0.05	13	1：13.9	18	1：9
0.03	7.6	1：24.8	11	1：16.5
0.01	2.5	1：79.4	3.6	1：53.6
0.005	1.2	1：160.6	1.8	1：110.4

6.1.2.2　AOD 脱碳数学模型

在分析 AOD 底吹风口脱碳过程中，比较合理的是 Fruehan 的数学模型。他的理论认为，脱碳吹入的氧气在风口附近首先将铬氧化成为铬的氧化物，铬的氧化物在随气泡上浮的过程中被碳还原，如图 6-5 所示。

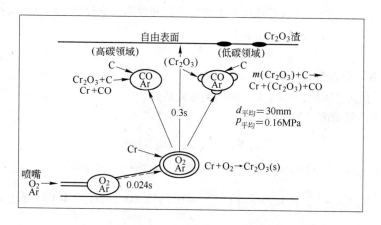

图 6-5　Fruehan 的 AOD 脱碳数学模型示意图

在高碳区的脱碳速度是由供氧强度决定的，在低碳区的脱碳速度是由碳向气泡表面的扩散速度决定的，可以表示为：

高碳区：

$$\frac{d[\%C]}{dt} = -2 \times 10^{-2} \times \frac{M_C N_{O_2}}{W_m} \tag{6-3}$$

低碳区：

$$\frac{d[\%C]}{dt} = -\alpha([\%C] - [\%C]_e) \tag{6-4}$$

式中，[C%] 为熔池中间的碳含量；N_{O_2} 为氧气流量 m^3/min；M_C 为碳的原子量；W_m 为钢水的重量，t；$[\%C]_e$ 为气泡界面上平衡时的碳的浓度；α 为表观反应的脱碳常数，可以表示为：

$$\alpha = F k_C \rho / W_m \tag{6-5}$$

式中，F 为反应截面积；k_C 为脱碳反应速度常数；ρ 为钢液密度。

当低碳区的碳低于 0.15% 时，气泡界面上平衡时的碳的浓度低于 0.01%，对于低碳区的脱碳模型进行积分，可以得到：

$$\ln([\%C]/[\%C]_0) = -\alpha t \tag{6-6}$$

式中，[%C] 为熔池内的吹炼前的碳浓度。

有顶枪吹炼的脱碳过程和转炉的吹炼过程机理相似，示意图如图 6-6 所示。即氧气冲击熔池以后，氧气吸附在冲击的凹坑表面上，有的氧化了铬，有的氧化了铁，或者其他的元素，然后它们成为了炉渣，或者向熔池内传质进行间接的脱碳反应，这与转炉的脱碳行为一致。

6.1.3　AOD 脱氮数学模型

AOD 过程中的脱氮分为脱碳阶段的脱碳反应引起的脱氮和精炼后期强吹氩的脱氮两个方面。钢液的脱氮是伴随着

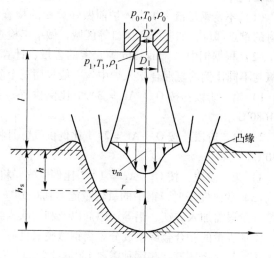

图 6-6　AOD 顶枪脱碳的吹炼机理

脱碳过程进行的，一般情况下脱氮速度由液相侧传质和界面反应控制，脱氮速度可表达为：

$$-\frac{d[N]}{dt} = k\frac{A}{V}([N] - [N]_I) \tag{6-7}$$

式中，$[N]$，$[N]_I$ 分别为时间 t 时钢液中氮浓度和气液界面上氮的浓度，% ；A，V 分别为气液界面面积，cm^2 和钢液体积，cm^3 ；k 为液相侧传质系数，cm^3/s。

气液界面上的氮浓度 $[N]_I$ 按 Sievert 定律为：

$$[N]_I = \sqrt{p_{N_2}} \times [N]_e \tag{6-8}$$

式中，$[N]_e$ 为 $p_{N_2} = 101.325kPa$ 时钢液中平衡氮含量，可按下式计算：

$$\lg[N]_e = -\frac{188}{T} - 1.25 - \left\{\left(\frac{3280}{T} - 0.75\right) \times (0.13[C] + 0.047[Si] + \right.$$

$$\left. 0.01[Ni] - 0.01[Mo] - 0.023[Mn] - 0.045[Cr]\right\} \tag{6-9}$$

当 $t = 0$ 时，钢液初始氮为 $[N]_0$，对脱氮速度的表达式积分得：

$$[N] = [N]_I + ([N]_0 - [N]_I)e^{-k\frac{A}{V}t} \tag{6-10}$$

可见，当 $[N]_0$ 一定时，钢中氮主要取决于 $[N]_I$、A 和 k。

气液界面上氮浓度 $[N]_I$ 除与钢水成分和温度有关外，主要决定于体系真空度和脱碳速度。吹氧速率高，脱碳速度就大，由于脱碳的强烈沸腾和产生的 CO 的载体作用，气泡中的 N_2 分压就低，因而 $[N]_I$ 就低。底吹氩强搅拌也具有同样的作用。此外，在[C] < 0.1% 时，为避免铬氧化，必须降低吹氧流量，这时 CO 气泡中的脱氮已不再重要，而主要决定于底吹氩搅拌强度。低碳区强烈的底吹氩搅拌不仅增加了反应面积 A，而且液相侧氮的扩散阻力减小，k 值增大，因此 SS-VOD、VCR 等具有精炼超低碳、氮不锈钢的能力。

6.1.4　AOD 精炼操作

AOD 的操作类似于转炉，工艺过程在于实时掌握不同阶段的供气操作，主要过程分为以下几步：

（1）不锈钢母液入炉，入炉前做好炉衬的检查和维护。由于不锈钢的吹炼温度高，所以炉衬的重点部位，如渣线和风口等区域，做重点检查。

（2）根据钢中 C、Si、Mn 等元素的含量，计算出氧化这些元素所需的氧量，然后分阶段把氧与不同比例的氩混合吹入炉中。一般只用三个阶段就可满足要求：

1）第一阶段：按 $O_2 : Ar = 3 : 1$ 比例供气，且将碳降低到 0.20% 左右，这时的温度约为 1680℃。

2）第二阶段：按 $O_2 : Ar = 2 : 1$ 比例供气，且将碳降低到 0.10% 左右，这时的温度可高达 1740℃。

3）第三阶段：按 $O_2 : Ar = 1 : 2$ 比例供气，将碳降到所需要的极限。

（3）脱碳完毕时，钢中的氧含量能达到 0.14%，并有 2% 左右的铬被氧化进入渣中，因此在精炼阶段需加入硅铁、铝等还原剂以及利用吹入纯氩搅拌进行脱氧。最后，根据快速分析结果，添加少量的铁合金调整成分。当钢液脱氧良好，且温度和成分完全符合要求即可出钢到钢包上连铸工序浇铸。有些钢种需要 LF 继续处理，有些需要继续喷粉深脱硫，然后上连铸或者模铸工序浇铸。

脱碳反应的进程判断方法：脱碳反应除了经验的判断，碳火的燃烧形貌，还可以从炉气的组成变化进行诊断。在冶炼前期，吹氧时硅、锰等元素首先氧化，炉气的火焰淡黄色，飘摇无力，炉气中间的一氧化碳的含量较低，说明脱碳反应没有开始；当以上首先氧化的元素氧化接近终点的时候，脱碳反应开始，炉气中间的一氧化碳含量上升，此时应该适时地增加顶枪的吹氧强度进行快速脱碳；进行到 15~25min 的时候，达到最高的浓度峰值（CO 含量在 45% 以上），然后下降，说明脱碳反应到了低碳反应区，此时应该降低供氧强度，增加底吹氩气的强度，促进熔池内碳的扩散传质脱碳。AOD 冶炼过程中烟气各个组元浓度变化随冶炼时间的关系如图 6-7 所示。

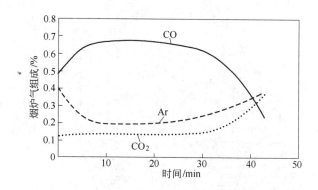

图 6-7　烟气各个组元浓度的变化随冶炼时间的关系

6.1.5　AOD 工艺的发展

6.1.5.1　AOD-VCR 技术

传统的 AOD 精炼不锈钢存在以下缺点：

（1）随钢中碳含量降低，铬的氧化明显增加；

（2）[C] 浓度很低的精炼阶段，虽然继续吹氩可降低 p_{CO}，但是继续脱碳受到限制。因此，有的公司对 AOD 进行改造，充分利用 AOD 强力搅拌作用，同时附加真空功能，这种不锈钢精炼技术称为 VCR（即 Vacuum Converter Refiner），如图 6-8 所示。

VCR 配有高排气能力的真空设备，一台蒸汽喷射泵和 4 台水环泵，顶部设有可移式真空盖，可实现 AOD-VCR 精炼工艺。精炼不锈钢工艺分两个阶段：第一阶段为 AOD 精炼阶段，在大气压下通过底部风口向熔池吹 O_2-Ar（或 N_2）混合气体，Ar 流量（标态）为 48~52m³/min（70t AOD）直至钢水含碳达到 0.1%；第二阶段为 VCR 阶段，当 [C]≤0.1% 时，停止吹氧，扣上真空罩，在 19.998~26.664kPa 的真空下通过底部风口往熔池中吹惰性气体 Ar（或 N_2），流量（标态）为 20~30m³/min（70t VCR）。在真空作用下依靠溶解氧和渣中化合氧进一步脱碳，熔池温度下降 50~70℃。这种工艺兼顾了 AOD 和 VOD 的长处。

6.1.5.2　AOD 的全铁水冶炼技术

与 AOD 双联的三步法和两步法生产不锈钢，通常会因为电炉的能力和故障限制了 AOD 的产能。宝钢不锈钢分公司的 AOD 全铁水冶炼铁素体不锈钢的工艺，不仅提高了产能，并且减少了电炉对于生产线的限制，降低了电耗，对于钢中残余元素 Cu、Zn、Pb 的控制也比较容易，是一项较为前沿的技术。

AOD 的全铁水冶炼技术，是指将脱磷铁水直接兑入 AOD，吹氧脱碳到一定的程度，钢液

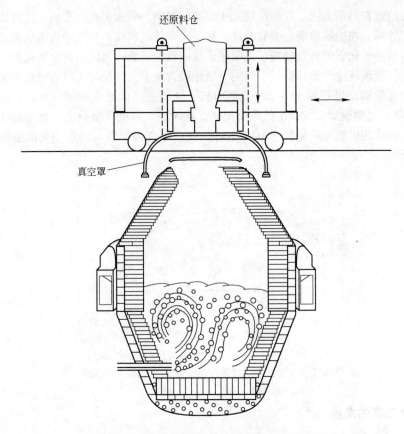

图 6-8　一种带有抽真空装置的 AOD 精炼炉

的温度升高以后，加入铬铁进行合金化，然后脱碳，最后将碳脱到合适的程度，加入硅铁还原钢中的氧化铬，然后将钢水与炉渣一起出到钢包，进行钢渣混冲而进一步还原，经过扒渣以后进入 VOD 处理，或者直接在 AOD 直接将碳脱到目标成分，出钢到钢包，经过精炼炉 LF 或者 LTS（即 Ladle Treatment Station，钢包处理站，可调温、喂丝，有的还可喷粉脱硫等）处理。工艺流程如下：

（1）脱磷（脱硫）铁水→AOD→VOD/LTS→连铸；

（2）脱磷铁水→AOD→LF/LTS→连铸。

AOD 全铁水冶炼的吹炼初期，钢液中不存在铬，和普通转炉的吹炼一样，钢液中的硅、锰氧化结束以后，碳火出现，开始脱碳反应，提高熔池的温度到 1660℃左右。铁水温度较低，为了提高熔池温度，配加低硫焦炭和硅铁作为温度补偿的手段。硅铁加入引起的渣量增加问题，可以通过还原以后的全部倒渣的方式进行脱硫。出钢过程的脱硫本来就是热力学和动力学条件最好的时机之一。

熔池温度到 1660℃左右，在主吹阶段以 1~2.5t/min 的速度连续向熔池加入铬铁。实践表明，铬铁加入速度低于 2.0t/min 的时候，脱碳保铬的过程进行得比较顺利。

加入铬铁以后，熔池的温度有所下降，AOD 存在的铬碳竞争氧化的现象出现，此时根据钢种调整氧气与氩气的比例，达到稀释炉气 p_{CO} 的目的，实现脱碳保铬。脱碳保铬时氧气和氩气的比例，对于 410S 不锈钢为 30∶90，对于 430 不锈钢为 25∶95。

顶枪脱碳时，氧枪高度设定为 2500mm；但氧流量为 100~140m³/min，标准为 120m³/min。

6.2 VOD 精炼操作工艺

6.2.1 VOD 工艺简介

VOD（Vacuum Oxygen Decarburization）真空吹氧脱碳工艺是采用真空设备降低脱碳反应的 CO 分压从而提高脱碳效率的不锈钢冶炼工艺，一般作为两步法或三步法工艺过程的继续脱碳和合金化工艺。VOD 的主要优点是通过控制真空度的大小，脱碳保铬的效果明显，脱碳以后用于还原渣中氧化铬的还原剂用量较少，加上在钢包冶炼，脱氧效果好，炼成以后，钢水的氮含量低，特别适合于冶炼超低氮不锈钢；缺点是生产率较低，脱硫效果差。现代真空转炉则是 VOD 的一种改进。VOD 处理的工艺流程基本为以下形式：

（1）电炉（出钢槽出钢）→VOD 脱碳精炼→连铸或模铸。

（2）电炉（出钢槽出钢）→LF 调整成分→VOD 脱碳精炼→连铸或模铸。国内大连钢厂的不锈钢工艺就采用了这种工艺流程。

（3）电炉粗炼高铬钢水→经过转炉预先脱磷脱碳→半钢钢包除渣→VOD→连铸。

（4）电炉粗炼高铬钢水 + 转炉预脱硫脱碳的半钢→LF 粗调成分→VOD→连铸。

现在的钢厂设计通常采用双工位的设计，典型的是电炉 + 转炉 + LF + VOD(VD) + 连铸的生产方式。不锈钢利润空间较大的时候，电炉和转炉、LF 炉配合冶炼半钢或者一般的不锈钢，超低碳不锈钢经过 VOD 处理冶炼；碳钢的利润空间较大的时候，转炉和 LF 炉配合生产碳钢，高质量的碳钢经过 VOD 处理，只是抽真空精炼，但不吹氧，生产高品质的碳钢。国内某一个大型设计院设计的不锈钢/碳钢生产线工艺流程图如图 6-9 所示。

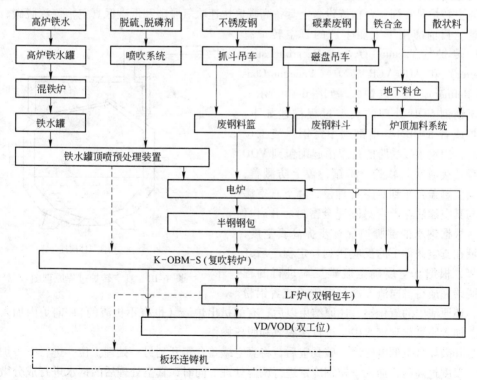

注：图中虚线表示碳钢路线

图 6-9 一座现代化 VOD 生产流程示意图

　　传统的 VOD 是钢包加防溅盖的钢包型真空冶炼工艺，真空转炉则是转炉型式的，只不过能够抽真空罢了。在设备的工作周期中，转炉可倾斜转动 360°，以适应各种工作位置的需要。每个位置都能实现一个具体的操作功能，例如：预热位置是在钢液倒进转炉前，要求耐火炉衬和钢液的温度均等；装料位置允许将钢液从输送钢包中倒进转炉内；吹氧位置可使氧气和热量得到最佳分布和最佳吹氧效果；测温和取样位置为操作人员提供在活动平台上测温和取样的绝好位置；浇铸位置可使浇铸钢流保持稳定；转炉不工作时只需将其停留在倒空和维修位置，此位置的转炉被全部倒空，且节省转炉的热量。

　　真空炉盖被悬吊在能遥控升降的钢结构上。转炉内装满料后炉盖下降到转炉上，真空管道可靠就位。炉盖降下来时，固定在炉盖上的真空排气管和真空管道相连接，在转炉炉盖还配备了自动操作的用于容器密封圈的热辐射挡板。提升起炉盖时，热辐射挡板会自动移动就位，防止密封圈受到热辐射。热辐射挡板的机械机构包括几个角钢扇形体和 1 个摇杆装置，起吊动作一发生，挡板就转动到保护位置。

　　炉盖中央有 1 个真空密封的通孔，由此通入氧枪。氧气由 1 个独立系统供应。氧枪安装在炉盖上，并和可调节的氧枪滑杆相连接。滑杆由 1 台带有链轮和链驱动机构的齿轮电机驱动，氧枪位置可控，确保氧枪与钢液表面的固定或可调节的距离。氧枪可在炉盖的氧枪通孔上升降，升降操作既可通过主操作台来控制，也可现场操作。氧气供给系统用于 VOD 生产过程中钢液的吹氧及化学加热的过程中（VOH）。供给方式是选择电脑上的"手动"或"自动"的控件和相应的操作来实现，氧气的压力、流量等数据也将在电脑上显示。当选择自动操作时，氧气供给量能由人工通过上位机预先设定，从而达到根据熔化物量多少自动释放。当选择手动时，可通过操作人员在控制室或现场随机控制。

　　真空转炉是在同一台精炼设备上具备高碳区快速吹氧脱碳和低碳区真空精炼深脱碳、脱氮的功能。目前应用于工业生产的真空转炉有 VODC 转炉（Vacuum Oxygen Decarburization Converter）和 AOD-VCR 转炉（Vacuum Converter Refiner）。真空转炉原理如图 6-10 所示。

　　不锈钢 VOD 处理的典型过程描述如下：从电炉或者 K-OBM-S 出钢到不锈钢扒渣工位扒渣后，用钢水接受跨的行车吊起钢包到 VOD 真空罐，接通吹氩软管，坐罐，盖上防溅盖，开动真空罐盖台车到真空处理位，降下真空罐盖到与真空罐法兰上密封圈完全密封。开启真空阀，根据钢水的沸腾情况逐步提高真空度，在钢液在真空条件下的反应达到一定程度后开始吹氧，根据真空度确定脱碳反应进行的程度。脱碳完成后，向渣面添加硅铁粉或者铝粉

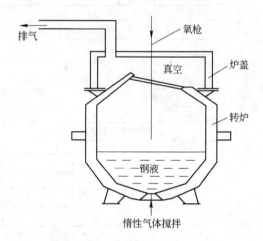

图 6-10　真空转炉过程原理图

脱氧，还原渣中的氧化铬，还原结束以后，有的扒出炉渣（也有不扒渣的），向炉内加入石灰渣料，加入脱氧剂到钢水中，进行深脱氧和脱硫操作。

　　打开破坏真空的电磁阀，破真空后，将真空罐盖台车开到另一处理工位，进行下一炉钢的处理。温度过高的，加入不锈钢冷钢进行调温处理。同时，真空处理后的钢水进行成分微调和喂丝操作。然后用行车将钢包吊起，取下吹氩软管，吊钢包到连铸机回转台上浇铸或者模铸。

　　在真空处理的整个过程中均进行钢包底吹氩。

双工位 VOD 具有较强的脱碳能力。VOD 可提高铬的收得率，脱除钢水中的有害气体和提高钢水的纯净度，同时还可以开发超低碳、超低氮不锈钢等钢种，提高不锈钢产品档次。

6.2.2 电炉 + VOD 生产时的电炉操作要点

不锈钢合金成分高，冷料比大，从钢种的物料平衡及热平衡分析结果来看，热量不足的矛盾比较突出。300 系列 Cr-Ni 系不锈钢，当用 FeNi 为原料时，热量不足率大于 20%。即使用 Ni 粒为原料，热量不足率也大于 10%。400 系列 Cr 系不锈钢，热量不足率为 5% ~ 8%。由于冶炼 304 以上高合金牌号品种热不足率很高，补热用焦炭量大，势必延长冶炼周期，增加转炉及后步工序的脱硫负担，因此冶炼高合金不锈钢在转炉前工序设置电炉为宜。

只有合理选择冶炼不锈钢的电炉炉型，才能确保正常生产、连续和经济运行，保证最终产品具有良好的市场竞争力，达到优质、稳定、高效和低成本。

冶炼不锈钢的电炉不采用留钢留渣操作，出钢过程钢渣混出，以使钢水和渣中铬进一步还原，提高铬收得率。传统出钢槽和偏心炉底出钢比较，采用不留钢和不留渣操作，钢渣混出，充分搅拌，钢渣同时出尽，出钢口的维护也比较简单，因此不锈钢冶炼用传统出钢槽为宜。生产不锈钢母液的电炉如图 6-11 所示。

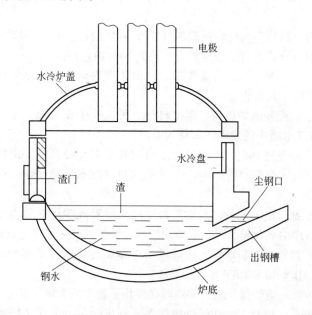

图 6-11　生产不锈钢母液的电炉

不锈钢半钢母液含铬高，熔渣导热性差、黏度高、流动性差，电炉渣层薄，熔渣发泡能力差，为了尽量提高电炉的电效率和寿命，采用较低二次电压、较大电流的短电弧供电制度。

电炉配合 VOD 生产时，电炉工艺也和普碳钢生产线的电炉操作有所区别，主要体现在以下的内容：

（1）配料。电炉的原料为脱磷铁水、不锈钢废钢和其他固态合金炉料。

废钢配料间主要用于储存废钢及铁合金，并完成配料作业。配料间设置的废钢坑总面积约 500 ~ 1200m²，共 6 ~ 10 个料坑。废钢、铁合金按类别存放，本厂返回及外购废钢也分类储存。

废钢配料间设置 2 ~ 4 部行车（磁盘或液压抓斗），进行废钢、高碳铬铁等配料作业。废钢料篮车运料篮至散状料加料系统加石灰后，运至配料间配料。用抓斗或电磁盘将不锈钢废钢和铁合金分层装入废钢料篮，反复 2~3 次，直到满足配料单配料要求。废钢料篮容积根据电炉的装入量和加料次数决定。配完料后，废钢料篮车运料篮至电炉跨，用行车将料加入电炉。废钢料篮车带有称重系统，料篮车称重信号在配料间散状料加料系统大屏幕显示，并将配料称量后的有关物料种类和重量信息传输给电炉操作室的二级计算机。

电炉设置两套铁合金及散状料加料系统，即炉顶加料和料篮加料系统。

（2）炉顶加料系统。电炉使用的铁合金及散状料有高碳铬铁合金、镍铁合金（FeNi25）、硅铁合金（FeSi75）、石灰、白云石、萤石等。铁合金及散状料用自卸汽车卸入地面料仓，然后由单斗提升机输送到电炉散状料系统的 8~12 个高位料仓中。

炉顶加料程序为：高位料仓→电磁振动给料机→称量斗→可逆皮带输送机→溜管→称量料斗→旋转给料机 – 受料斗→溜管→电炉第五孔。

不加料时，第五孔用压缩空气或氮气密封以防火焰外溢。散状料配料、加料由设在电弧炉操作室的 PLC 控制。当投错料时，事故料由事故料溜管返回地面料槽。

（3）料篮加料系统。配料时，通过料篮加料系统将电炉冶炼用的部分石灰和造渣料直接加入料篮。料篮加料系统设 3 个高位料仓，主要用于储存石灰和焦炭等。该加料系统的上料系统和转炉散状料系统共用，即转炉地下料仓中的原料通过皮带通廊（一条皮带）输送到料篮加料系统高位料仓。

料篮加料程序为：料篮车运行到料篮加料位置→高位料仓→电磁振动给料机→带称量斗可逆皮带输送机→中间料斗和溜管→按全炉石灰量的 50% 加入料篮。

（4）加废钢及合金。废钢及铁合金配好后，由废钢料篮车运入电炉跨，旋开炉盖用加料行车吊起废钢料篮将废钢及铁合金加入电炉。

（5）加脱磷铁水。旋开电炉炉盖，用加料行车吊运脱磷铁水罐车上的铁水罐，以每分钟约 10~15t 的速度将铁水罐中的脱磷铁水兑入电炉。

（6）吹氧。为了避免铬氧化，不锈钢冶炼对吹氧要求比较严格。采用自耗式炭氧枪向电弧炉中吹氧，一般氧气工作压力约 0.8MPa，平均流量（标态）约 650m³/h。电炉耗氧量约 4~8m³/t 母液。

（7）喷粉。在全部通电时间内，采用喷粉枪向渣层喷入少量硅铁合金粉，也有的喷吹发泡剂炭粉，还原炉渣中的氧化铬，可以有效地埋弧、保护炉衬和保护电极减少氧化损失。

（8）取样测温。炉料熔清后取样，通过风动送样装置将试样送至炉前快速分析室，分析数据分别返回电炉操作室和 K-OBM-S 转炉操作室。

钢水测温数据传输到电炉操作室，并同时在操作平台上的大屏幕显示。

（9）出钢。出钢前，钢包车由在线烘烤位置开到出钢位，完成还原操作及测温取样后出钢，电炉设有短出钢槽，最大出钢倾角 38°，渣钢混出，出钢完毕，电炉复位。钢水（母液）全部出至半钢母液罐中，为了减少车间各类罐数量，半钢母液罐和转炉兑铁水罐共用。在烘烤和出钢位置均设有限位开关。

（10）出渣。不锈钢冶炼过程中从炉门流渣量很少，炉门流渣热泼在地面上，经洒水冷却后用铲车外运到弃渣场。洒水产生的蒸汽由蒸汽抽排汽系统排放。

（11）扒渣。盛有电炉母液的母液罐，由电炉炉下钢包车（带电子称重系统）运至转炉加料跨，用加料行车吊到扒渣机进行扒渣，扒渣后的母液用行车吊起兑入 K-OBM-S 转炉冶炼。钢包车称重信号传输到电炉操作室和 K-OBM-S 操作室。电炉母液渣扒到专用渣罐中，用行车吊到过跨车上运送到炉渣跨，在炉渣跨用炉渣跨行车将渣罐中的渣倒入渣槽中，冷却后运往弃渣场。

6.2.3　VOD 精炼操作

一座 VOD 的工艺结构示意图如图 6-12 所示。

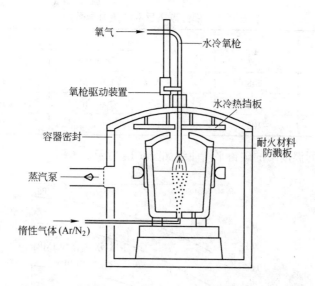

图 6-12　VOD 工艺结构示意图

6.2.3.1　VOD 处理前的钢包除渣

一般出钢带渣量正常的钢包不需要除渣；VOD 处理钢水之前，渣厚不小于 75mm，也就是 16.5kg/t，才能进行 VOD 处理。除渣有专门的扒渣机，也有的采用人工扒渣。专用的扒渣机和铁水脱硫渣的扒渣机原理相同，可以调整扒渣的频率和扒渣的位置。人工扒渣采用焊接的一次性扒渣耙子。现场除渣的钢包实体照片如图 6-13 所示。

图 6-13　除渣的钢包

6.2.3.2　VOD 处理过程的理论分析

VOD 脱碳的处理过程分为四步：

（1）在低压真空状态下吹氧脱碳。炼钢温度下，脱碳反应的产物是 CO，其反应可以表述为：

$$[C] + [O] \Longrightarrow \{CO\}$$

$$\lg K_C = \lg\left(\frac{a_{[C]}a_{[O]}}{p_{CO}}\right) = \frac{A}{T} + B \tag{6-11}$$

目前对于以上的碳氧平衡的研究，因为考虑的角度不同，计算方法的不同，所以研究结果也不同。但是可以肯定的是，铬元素在钢中的大量存在，对于碳氧活度的影响较大，导致了碳氧平衡常数也发生了较大的变化，不同的计算结果如表 6-4 所示。

表 6-4　部分碳氧反应的热力学数据

研究结果给出者	A	B	K		
			1500℃	1600℃	1700℃
J. Chipman	-2480	-1.327	1.9×10^{-3}	2.2×10^{-3}	2.61×10^{-3}
S. Marshall	-1860	-1.643	2.0×10^{-3}	2.3×10^{-3}	2.59×10^{-3}
E. T. Turkdogan	-1056	-2.131	1.9×10^{-3}	2.0×10^{-3}	2.06×10^{-3}

均压条件下不同温度下的碳铬平衡曲线如图 6-14 所示。

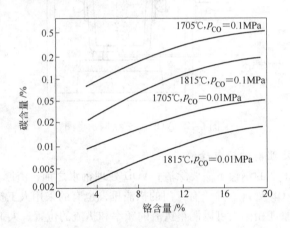

图 6-14　碳铬均压平衡曲线

在 0.1MPa 下，含铬钢液中的 [C][O] 浓度积如表 6-5 所示。

表 6-5　含铬钢液中的 [C][O] 浓度积　(0.1MPa)

[%Cr] ＼ 温度/℃	1500	1600	1700	1800	1900
0	1.86	2.0	2.18	2.32	2.45
1	2.15	2.3	2.5	2.65	2.82
2	2.45	2.63	2.87	3.05	3.22
5	3.72	4.0	4.36	4.64	4.9
10	7.42	8.0	8.7	9.2	9.8
15	13.3	14.2	15.5	16.6	17.5
20	23.00	25.00	25.00	29.00	31.00

可以看出，在等温和等量的氧含量下，钢中铬含量大于 15% 时，钢中碳含量比普通的碳钢高 7 倍以上，所以不锈钢液的脱碳比普通钢困难。

由于 VOD 是在真空状态下进行脱碳的，碳含量高，氧化脱碳反应以后，对于抽真空和其他操作不利，加上 VOD 是冶炼低碳和超低碳不锈钢的，所以对 VOD 进站的半钢钢水碳含量有限制，一般在 0.2% ~0.6% 之间。温度较高时，碳含量偏低一些；温度较低时，碳含量可偏高一些。对于经过转炉吹炼的半钢，则要求温度高一些。

VOD 抽真空和吹氧初期，主要氧化铝、钛、硅、锰、铬等元素。其中，对于铬的氧化产物，可能是 $FeCr_2O_4$ 或 $Fe_{0.67}Cr_{2.23}O_4$；在高铬的情况下，可以认为是 Cr_3O_4 或 Cr_2O_3。待铝、钛、硅、锰、铬氧化到一定的程度，熔池温度升高以后，钢液中同时存在碳和铬的时候，化学反应表现为竞争氧化。部分 Fe-Cr-O 系反应平衡的主要结果如表 6-6 所示。碳铬选择性氧化的平衡关系表示为：

$$3[C] + (Cr_2O_3) \Longleftrightarrow 2[Cr] + 3\{CO\}$$

$$\lg K = \lg \frac{f_{Cr}^2 [\%Cr]^2 p_{CO}^3}{f_C^3 [C]^3 a_{Cr_2O_3}} = \frac{38840}{T} + 24.954 \tag{6-12}$$

表 6-6 部分 Fe-Cr-O 系反应平衡的主要结果

研究者	反应方程式和条件	平衡常数
H. M. Chen & J. Chipman	$(Cr_2O_3) = 2[Cr] + 3[O]$ 1595℃，$[Cr]\% > 5.5$	$[\%Cr]^2 a_{[O]}^3 = 1.45 \times 10^{-4}$
A. M. C & Mapnh	$[CrO] + (Cr_2O_3) = 3[Cr] + 4[O]$ 1625 ~ 1710℃，$[Cr] > 10$	$\lg \frac{[\%Cr]^3 a_{[O]}^4}{a_{[CrO]}} = -\frac{83350}{T} + 41.28$
E. T. Turkdogan	$(Cr_2O_3) = 2[Cr] + 3[O]$ 高铬，1565℃、1600℃、1650℃	$\lg[\%Cr]^2 a_{[O]}^3 = -\frac{36980}{T} + 15.508$

转炉和电炉的脱碳行为是分为直接脱碳和间接脱碳两种。直接脱碳是氧气和碳直接反应，其实这一部分很少；间接脱碳是氧气和铁反应，氧化铁再与碳反应，这是电炉炼钢和转炉炼钢的最主要的脱碳行为。

大量的研究表明，VOD 顶枪吹氧时，氧气在冲击区首先生成铬的氧化物，然后铬的氧化物进入熔池和碳反应，发生间接脱碳。VOD 脱碳过程中，脱碳反应主要分为高碳区和低碳区。反应速度取决于碳向反应区域的传质，高碳区的碳浓度较高，脱碳反应较快，而低碳区较慢。高碳区获得较快脱碳速度的方法是提高合理的供氧强度。国外的学者通过试验手段检测到：高碳区钢液中悬浮的氧化铬含量较少，低碳区有较大尺寸的氧化铬，含量明显增加，说明了以上不锈钢 VOD 法的脱碳反应机理。反应的示意图如图 6-15 所示。

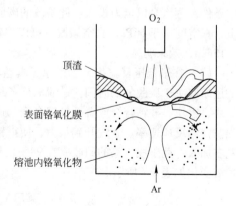

图 6-15 顶枪脱碳的 VOD 脱碳反应机理

不论是高碳区还是低碳区，铬氧化碳的反应可以简单描述为：

$$O_2 \rightarrow Cr_2O_3 \xrightarrow{[C]} CO \tag{6-13}$$

有学者经过计算，得到了以下的定量关系（计算条件是钢液中铬含量为 18%，镍含量为 9%）：

$$lgp_{CO} = \frac{1}{3}\left(-\frac{33840}{T} + 24.954\right) - 1.2078 + 0.2713[\%C] + lg[\%C] \qquad (6-14)$$

由此可以计算出任意的温度下，铬氧化碳达到平衡时的钢中碳的浓度，以及产物一氧化碳分压之间的关系。

可以看到，提高初炼钢水的温度，降低一氧化碳的分压，增加搅拌气体的流量，稀释一氧化碳的分压，有利于脱碳反应的进行。

所以迅速抽真空，吹氧，到铝、硅、锰、铬氧化到一定的程度，熔池温度上升，这段时间为 5~15min。脱碳反应开始，吹氧的模式转入主吹氧模式。例如，一座 90t 的 VOD，钢包一到真空罐里，压力就调节到 20~26.7kPa，氧枪的氧流量控制在 25m³/min。

吹氧开始以后，动态工艺控制系统连续监控气体成分。碳含量和脱碳率可以通过调节氧流量、氧枪高度、容器真空压力和氩气流量来控制。通过能量平衡和估计碳含量可以估计吹炼终点。此时为了提高脱碳速度，氩气流量一般增加到 0.01~0.2m³/(t·min)，控制以底吹搅拌良好为宜，提高主氧吹氧的流量，原则是熔池反应活跃、氧气射流造成的飞溅不宜过大。此时，炉气分析仪会检测到炉气中一氧化碳分压、废气温度、废气产生数量，操作工也可以从屏幕上看到脱碳反应开始的征兆。

VOD 的脱碳速度不超过 0.02%/min，一座 VOD 脱碳的时间和钢中氧含量的关系如图6-16所示。

（2）在最低压真空状态下沸腾。当废气温度下降以后，或者仪表的氧浓度差较低趋于零时，说明此时的脱碳反应进入了低碳反应区，即通常所说的碳脱氧期，顶枪吹氧结束。

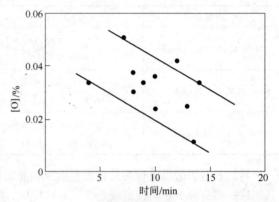

图 6-16　一座 VOD 脱碳的时间和钢中氧含量的关系

此阶段的氩气流量一般控制在 0.05~0.25m³/(t·min)，即最强烈的搅拌，保持最高的真空条件，蒸汽泵以全力投入。此阶段的碳脱氧原理和 RH 碳脱氧原理相近。当温度在 1650℃ 以上，真空度小于 66Pa，真空碳脱氧可以将钢中的碳脱至 0.01% 以下。这一阶段的时间控制在 5~15min，效果明显。

（3）在最低压真空状态下还原。真空状态下的碳脱氧，可以还原 0.2%~0.6% 的铬。铬的还原取决于碳脱氧的时间。碳脱氧任务结束以后，向渣面加入铝粉、硅铁粉，向钢中加入硅铁块、铝块、硅钙合金或者硅钙钡合金，进行还原。此时，真空压力再次降低到 13.3kPa 来加强搅拌和反应速率。氩气开到最大，使得钢渣反应加快，以提高反应速率。钛铁在出钢前 5min 左右加入。此阶段铬的回收率在 98%，钛的回收率在 75%~80%，某厂 VOD 精炼过程中的炉渣变化如表6-7所示。

表 6-7　某厂 VOD 精炼过程中的炉渣变化

项　目	SiO₂	Al₂O₃	FeO	MnO₂	TiO₂	CaO	Cr₂O₃	碱度
钢包半钢	29.7	12.04	0.98	9.21	2.55	21.8	7.57	0.74
最低真空碳脱氧	20.24	11.34	2.33	5.72	9.54	1.27	5.87	0.29
还原以后	31.96	16.51	0.59	7.18	4.89	1.93	17.94	0.56

（4）大气压下，调节钢水成分和温度。还原一结束，压力恢复到大气压，打开真空罐。铬的回收率一般超过99%，而镍的回收率接近100%。

最后一步，在大气压下真空罐里调整温度和成分，加入铁合金和一些冷却（与冶炼钢种成分相近）用的废钢。需要时，对还原后的钢水进行温度调节。这时需要加废钢，使用行车吊起废钢在距钢液面尽可能低的位置加入，可以加入大块废钢和小废钢。

6.2.3.3 影响 VOD 脱碳的因素

影响 VOD 脱碳的因素主要有：

（1）真空度和搅拌气体。不锈钢液的深脱碳在惰性气体稀释条件下或在真空状态下进行，根据脱碳保铬的热力学条件，可得到如下关系：

$$\lg p_{CO} = 8.035 - \frac{12150}{T} + 0.23[C] - 0.0238[Cr] + 0.012[Ni] + \lg[C] - 0.75\lg[Cr]$$

$$(6-15)$$

在真空条件下，VOD 中 CO 分压主要取决于体系的真空度（kPa）：

$$p_{CO} = 0.122 p_V + 1.2 p_{CO} = 0.122 p_V + 1.2 \qquad (6-16)$$

式中，p_V 为真空度。按 VOD 钢包典型的操作程序，在相应的 [C] 范围内，p_V 平均为 3 ~ 5kPa，相应的 CO 分压可达到 1.6 ~ 2.0kPa，可达到的碳含量为 0.01% ~ 0.005%；而用稀释法吹炼时，必须长时间大流量纯氩吹炼才能达到如此低的碳含量。

式 6-16 所表示的 CO 分压与真空度之间的经验关系是普通 VOD 钢包的表达式。在普通 VOD 中，底吹氩搅拌的作用主要是使钢水成分及温度均匀化，因此其吹氩流量只有 100 ~ 300L/min。在强搅拌 VOD（即 SS-VOD）钢包上，透气砖数量增加到 3 ~ 4 块后底吹氩流量可以增加到 1000 ~ 1200L/min，相应地可达到的极限 [C] 大大降低，如图 6-17 所示。

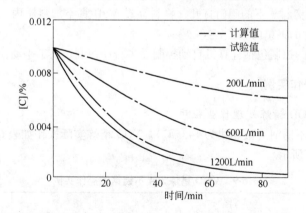

图 6-17 底吹氩流量对 VOD 低碳区脱碳的影响

（2）温度。脱碳保铬的平衡温度在 1470 ~ 1529℃，所以一般 VOD 的开吹温度在 1550 ~ 1650℃，温度越高，脱碳反应越快，也有利于深脱碳的进行。

为了尽快提高脱碳反应，入站的钢水温度较低时，可以在钢水中间添加部分的铝块和硅铁，利用化学热使得钢水的温度升高，然后进入脱碳反应。

脱碳反应每脱碳 0.10% 左右，钢水的升温范围为 10 ~ 15℃。

VOD 处理不锈钢到站成分如表 6-8 所示。

表 6-8　VOD 处理不锈钢到站成分一览表

钢　种		温度/℃	钢水成分/%							
			C	Si	Mn	P	S	Cr	Ni	Cu
1Cr13	到站	1630~1640	0.35~0.45	≤0.15	0.5	≤0.025	≤0.012	11.5~12.3		
	出站	1570~1580	0.10~0.15	≤1	≤1	≤0.03	≤0.01	12.0~13.0		
321	到站	1630~1640	0.25~0.30	≤0.15	1.25	≤0.025	≤0.012	17.3	8.8~9.2	
	出站	1530~1540	≤0.06	0.4~0.8	1.0~1.5	≤0.03	≤0.01	17~18	9~10	
308	到站	1630~1640	0.20~0.30	≤0.15	1.65~1.75	≤0.025	≤0.012	19.5~19.8	9.6~9.8	
	出站	1540~1560	≤0.05	≤0.35	1.5~2.2	≤0.03	≤0.01	19.5~20.3	9.6~10.5	
308L	到站	1630~1640	0.20~0.30	≤0.15	1.65~1.75	≤0.025	≤0.012	19.5~19.8	9.8~10.2	
	出站	1540~1560	≤0.025	≤0.35	1.5~2.2	≤0.03	≤0.01	19.5~20.3	10.1~11.0	
304	到站	1630~1640	0.2~0.3	≤0.15	1.2~1.3	≤0.025	≤0.012	17.1~17.4	8.1~9.4	
	出站	1550~1565	0.04~0.06	0.4~0.8	1.0~1.8	≤0.035	≤0.02	17~18	8.0~9.5	
304HC	到站	1630~1640	0.2~0.3	≤0.15	1.6~1.4	≤0.03	≤0.012	17.1~17.4	8.1~8.4	2.5~2.6
	出站	1540~1550	≤0.06	0.4~0.8	1.2~1.8	≤0.035	≤0.020	17.0~18.0	8.0~9.0	2.0~3.0
304ES	到站	1630~1640	0.2~0.3	≤0.15	2.5~2.7	≤0.03	≤0.012	16.1~16.4	6.1~6.4	2.5~2.6
	出站	1540~1550	≤0.06	0.4~0.8	2.4~3.0	≤0.035	≤0.020	16.0~17.0	6.0~7.0	2.0~3.0

6.2.3.4　VOD 的真空合金加料

当 VOD 铁合金配料时，系统根据 VOD 操作室发出的指令，高位料仓调速振动给料机便将相应物料给入称量料斗内，达到预先设定的量后，通过称量料斗下的振动给料机将物料排到下边的皮带机上，经过皮带机的转运，并通过三通分料器将物料运至 VOD 炉旁料斗中暂存。当 VOD 需要加料时，炉旁料斗下的闸门打开，物料溜进 VOD 真空加料罐内，通过真空加料罐将铁合金进入 VOD 处理的钢包内。

铁合金加料系统的控制包括计算机自动控制、半自动控制、人工手动控制三种方式。

6.2.4　VOD 精炼操作实例

6.2.4.1　90t VOD 精炼处理作业程序

精炼钢种为 304 不锈钢（液相线为 1455℃）。VOD 精炼实际操作如表 6-9 所示，取样分析的参考成分如表 6-10 所示。

表 6-9　VOD 精炼 304 不锈钢的操作实例

时刻(min)	项　目	消　耗	温度/℃
0	钢包进入		
0	氩气		
1	测温/取样		1630
4	开泵		
6	吹氧		
7	分析结果		
24	停氧	5.3m³/t(标态)	

时刻(min)	项 目	消 耗	温度/℃
38	$p < 133.3$Pa		
39	$p = 40$kPa		
40	测温/取样		1670
41	加料:		
	FeSi 粉渣面还原	5kg/t	
	FeSi 合金	3kg/t	
	石 灰	16kg/t	
	萤 石	4kg/t	
51	破真空		
52	测温/取样		1630
54	提 盖		
56	分析结果		
62	加料:		
	高碳铬铁	2.2kg/t	$\Delta T \approx 21$℃
	低碳铬铁	3.0kg/t	
	SiMn	3.5kg/t	
	FeSi	1.7kg/t	
	Ni	3.1kg/t	
71	测温/取样		1565

表 6-10 取样分析的参考成分（%）

成 分	C	Si	Mn	Cr	Ni	Ti	N
取样 1	0.19	0.15	1.50	18.2	8.0	残量	<500
取样 2	0.020	0.33	1.3	18.1	8.0	残量	<350
取样 3	0.035	0.55	1.5	18.20	8.2	残量	<350

6.2.4.2 电炉生产 1Cr18Ni9Ti 的 VOD 精炼工艺

以下是 5t 电炉生产 1Cr18Ni9Ti 的 VOD 精炼工艺。

电炉配料要求：C≈1.2%；P≤0.03%；Cr 18.5%～19.2%；Ni 9.6%～10.6%。炉料熔清 90% 以上时吹氧助熔。全熔后加 FeSi 5kg，取样。温度高于 1555℃ 时，扒渣，吹氧，脱碳、脱硅。当温度达到 1700℃ 时，停吹氧，取样。加入石灰 300～500kg。按每吨钢硅铁 3～5kg、铝 2kg、一定量的电石或炭粉加入炉中进行还原。当钢水温度为 1680～1700℃ 时出钢，此时钢水成分为：C 0.4%～0.6%；Si ≤ 0.4%；Cr 18.5%～19.0%；Ni 9.5%～10.0%；S 0.05%；P 0.03%。

VOD 采用 16t 钢包直接接受钢水，钢包烘烤温度高于 800℃，新包要烘烤 24h 以上。电炉出钢后要扒渣，扒渣后加入石灰 50kg。将钢包吊入真空罐，就位后接通钢包底部的吹氩管，按照 20L/min 流量吹氩 2～3min。将真空罐车从准备位置开进钢水处理位置。盖好真空罐盖。开动 6a、6b 真空泵，或者启动 6a、6b + 5a、5b 真空泵，使真空度保持在 20kPa。下降氧枪吹氧，枪位高度约 1100mm。供氧及供氩参数如表 6-11 所示。

表 6-11　15t VOD 供氧、供氩参数

精炼阶段	氧气压力/Pa	氧气流量/$m^3 \cdot h^{-1}$	氩气压力/Pa	氩气流量/$L \cdot min^{-1}$
吹氧前期	6×10^5	约450	0.5×10^5	20 ~ 30
吹氧后期	4×10^5	约350	0.2×10^5	30 ~ 40

吹氧后期，增开 4a、4b 真空泵，真空度约控制在 8kPa。当氧浓差电势降至零位时，停止吹氧。按照程序开 3 号、4 号、5 号泵。提高真空度，进行真空脱气。脱气过程中，把氩气流量加大到 45 ~ 50L/min，在高真空度下保持 5 ~ 10min。加入 SiMn 6 ~ 10kg/t、SiFe 2 ~ 3kg/t、Al 1 ~ 2kg/t、石灰 20kg/t、萤石 5kg/t。当钢水温度达到 1620 ~ 1650℃时，停止吹氩破真空，提升真空罐盖，测温，取样，吊包浇铸。

钢中氮、氢、氧含量的控制如下：

成分/%	[N]	[H]	T[O]
电炉	0.018 ~ 0.029	0.0008 ~ 0.0012	0.005 ~ 0.012
VOD	0.013 ~ 0.023	0.0002 ~ 0.0004	0.003 ~ 0.0081

需要说明的是，有时候 VOD 脱碳反应的因素较多；一次沸腾以后碳还高，需要再次吹氧沸腾的时候，钢包的安全性检查很重要。

6.3　VAD 精炼操作工艺

VAD（Vacuum Arc Degassing）精炼工艺如图 6-18 所示。

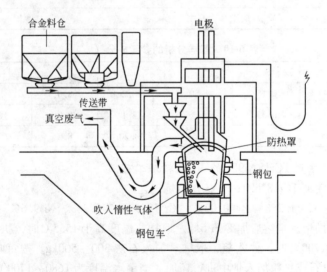

图 6-18　VAD 示意图

在很多情况下，电炉出钢钢水温度已经满足精炼的需要，此时钢水不需要加热，只进行真空吹氩搅拌即可。如果温度不够，可以进行像 LF 一样的电弧加热。这样的工艺有人称为 VD 工艺，也有人称之为 VArD，意为真空吹氩搅拌脱气。

大冶钢厂 60t VAD 工艺如下：

（1）要求蒸汽压力达 800kPa，温度大于 175℃。

（2）氩气压力为 600 ~ 800kPa。

（3）钢包进入精炼罐以前测定钢水温度和渣层厚度。其中，GCr15 钢大于 1580℃；G20CrNi2MoA 钢大于 1630℃；渣层厚度小于 150mm。根据测温情况决定精炼时间。

（4）钢包进入精炼罐后吹氩搅拌 2 ~ 3min，取全样分析。

（5）盖好真空盖，抽真空。按照以下流量进行吹氩搅拌：

	真空度/kPa	氩气流量/L·min^{-1}
入罐		80 ~ 120
预真空	100 ~ 45	120
粗真空	45 ~ 10	40 ~ 80
一般真空	10 ~ 1	20 ~ 50
高真空	1	10 ~ 20
低真空加合金	15	120 ~ 150
真空下合金化	0.08 ~ 0.15	40 ~ 100

各类钢精炼时按照以下真空度和真空时间要求：

钢 种	压力/Pa	真空保持时间/min
高碳铬轴承钢	< 1300	5 ~ 10
渗碳钢	< 665	15
其他钢种	< 2600	5 ~ 10

（6）精炼结束取决于钢水温度：高碳轴承钢时 1490 ~ 1510℃；C < 0.20% 时 1560 ~ 1580℃。

（7）如果钢水温度不能满足上述要求，进行真空下电弧加热，加热温度按照以下公式控制：

$$加热时间 = （要求温度 - 入罐温度）/ 加热速度$$

中高碳钢加热至 1590 ~ 1610℃，碳低于 0.20% 的加热至 1630 ~ 1650℃。

（8）加热时的真空度和流量控制：加热时真空度一般控制在 26kPa，氩气流量控制在 50 ~ 70L/min。

通过以上精炼过程，可以使轴承钢的总氧量达到 0.0008% ~ 0.0015%。

7 精炼过程中夹杂物的变性处理与去除

7.1 脱氧与钢中夹杂物

电炉炼钢过程中，在钢凝固时溶解在钢中的氧将以氧化物的形式析出。为减少有害夹杂物的数量，浇铸前必须尽可能地降低钢中的氧含量。从经济方面考虑，通常采用与氧亲和力强的脱氧剂进行脱氧。为得到洁净钢，必须满足以下条件：

（1）脱氧时，钢中的夹杂物含量必须尽可能低；

（2）脱氧剂与氧的亲和力必须尽可能高，这样即使脱氧剂加入量很小，钢中的残余氧含量也很少；

（3）脱氧产物必须易于快速从钢水中去除；

（4）脱氧后，必须防止钢水进一步氧化。

当采用锰、硅脱氧剂脱氧时（钢中锰和硅含量约为 0.5% 和 0.3%），1600℃钢中仍残留一部分溶解氧与脱氧剂。在随后的冷却、凝固过程中，形成的氧化物只有一部分能被去除。因此，优质钢采用锰、硅脱氧剂脱氧时，即使最初形成的所有氧化物都被彻底去除，到钢水完全凝固时，钢中仍残留有 0.016% 的夹杂物。而加入 0.03% 铝时，夹杂物含量可降至 0.006%。加入不同脱氧剂后钢中总氧量的变化见图 7-1。

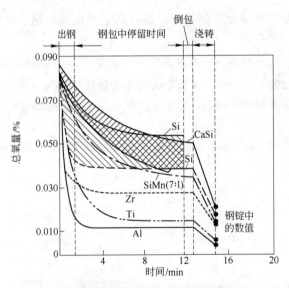

图 7-1　加入不同脱氧剂后钢中总氧量的变化

7.1.1 金属铝脱氧

由于金属铝的脱氧速度快、能力强，普遍应用于炉外精炼过程中。但是，使用金属铝脱氧也存在着一些问题，即残留在钢水和钢材中的脱氧产物 Al_2O_3 夹杂，对于生产的顺利进行和钢材性能的影响比较大，主要表现在：

（1）Al_2O_3 颗粒在炼钢温度范围内时，是边缘较锋利、有棱角的固体物质。这种物质很容易在中间包水口处聚集，堵塞水口，造成连铸停浇，生产中断。图 7-2 为呈现串链条状的 Al_2O_3 夹杂的光学显微照片。

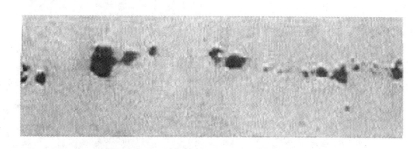

图 7-2　呈现串链条状的 Al_2O_3 夹杂的光学显微照片

（2）Al_2O_3 夹杂对弹簧钢和硬线钢的加工性能有着致命的影响，是精加工过程中影响钢材拉拔性能的主要原因。目前生产硬线钢丝的技术关键是解决钢丝拉拔断裂的问题，其核心是控制钢中夹杂物，严格避免出现富 Al_2O_3 的脆性夹杂物，其中包括 LF 炉内渣洗精炼工艺和无铝脱氧工艺，控制钢中 T[O]≤0.003%；采用夹杂物变性技术与保护浇铸技术。

（3）铝脱氧的反应产物及残留在钢中的铝会引起耐热钢的蠕变脆性，降低钢的高温强度。

（4）氧化铝还是结构钢中疲劳裂纹的形核核心，尤其会降低轴承钢、重轨钢和车轮钢的疲劳抗力。

（5）铝脱氧的反应产物和残留在钢中的铝会引起耐热钢的蠕变脆性，致使钢的高温强度降低，并导致轴承钢、钢轨钢和车轮钢疲劳性能的恶化。

由于 Al_2O_3 颗粒和 CaO 反应后会形成液态的球状钙—铝氧化物颗粒。这种物质易于流动，经过水口时不会堵塞。钙处理就是在金属熔池中加入含钙的合金进行精炼。加入钙的形式有喂 CaSi 线、加入含钙合金或者弹射加入硅钙弹丸。采取这种措施的目的就是为了提高可浇性或者为了提高钢的力学性能，例如提高钢材的各向异性和疲劳强度、拉拔性能等。

金属铝脱氧的化学反应方程式以及热力学条件在精炼理论一节已有了介绍。

钢液中加铝块或喂铝丝后，在氩气搅拌下，钢液中形成大型簇状 Al_2O_3 夹杂，有些是树枝状的，有些是针状的。通过钢液裸露面而产生的再氧化，可使树枝状 Al_2O_3 长大。这些夹杂物在铝加入钢中 4min 内，有 75%~85% 从钢液中浮出。比尼奥塞克（Thomas H. Bieniosek）等研究表明，出钢时用铝脱氧，出钢后氩气搅拌 6min，分析全铝和酸溶铝，两者差别不大，说明出钢时的脱氧产物完全排出。钢包加入铝后，对钢包内钢液不同位置、不同时间取样，在上部 1.5m 以上，钢液中的 Al_2O_3 在 3min 内即可达到均匀分布。钢包站处理完后，从距钢渣界面不同位置取样分析钢液中的全氧及 Al_2O_3 在晶相结构都没有区别，也表明 Al_2O_3 夹杂在钢液在几分钟内即可达到均匀分布。铝加入量的不同，铝回收率浮动很大，如图 7-3 所示。非镇静钢和半镇静钢

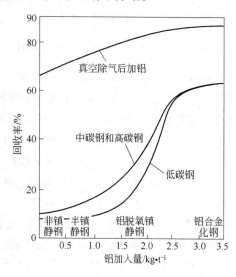

图 7-3　铝加入量对其回收率的影响

加入的少量铝由于氧化，回收率几乎为零。铝含量为0.03% ~ 0.08%的镇静钢、低碳钢的铝回收率约为25%，而中碳钢和高碳钢的铝回收率稍高一些。使用铝脱氧时，钢中的酸溶铝含量与溶解氧之间的关系见图7-4；酸溶铝的控制和钢中夹杂物总量之间的关系见图7-5。

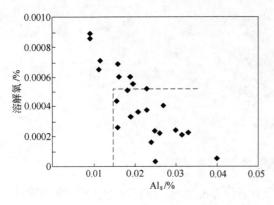

图7-4　钢中的酸溶铝含量和溶解氧之间的关系　　　图7-5　钢中酸溶铝含量的控制和钢中夹杂物总量之间的关系

7.1.2　钙及含钙合金脱氧

钙的沸点很低约1491℃，据Schurmann的研究，钙蒸气压p_{Ca}与温度的关系如下：

$$\lg p_{Ca} = 4.55 - \frac{8026}{T} \tag{7-1}$$

1600℃的$p_{Ca} \approx 0.187$MPa。在炼钢温度下，钙很难溶解在铁液内。但在含有其他元素，如硅、碳、铝等条件下，钙在铁中的溶解度大大提高。因此，为了对铝氧化物进行变性处理，加入的是硅钙及其他含钙的合金，同样喂入含钙的丝线也是根据以上道理制作的。

钙是很强的脱氧剂，加入钢液后很快转为蒸气，在上浮过程中脱氧，反应如下：

$$Ca_{(g)} + [O] \Longrightarrow (CaO) \qquad \lg\frac{p_{Ca}[O]f_O f_{Ca}}{a_{CaO}} = -\frac{34680}{T} + 10.035 \tag{7-2}$$

在1600℃时的脱氧常数$K_{Ca} = 3.3 \times 10^{-9}$。另外，溶解进入钢液的钙也与氧发生直接反应：

$$[Ca] + [O] \Longrightarrow (CaO) \qquad \lg\frac{[Ca][O]f_O f_{Ca}}{a_{CaO}} = -\frac{33865}{T} + 7.620 \tag{7-3}$$

在1600℃时的脱氧常数$\lg K_{[Ca]} = -10.46$。当钢液$[Ca] = 8.25 \times 10^{-7}$%时，则钢液的氧含量$[O] = 1.16 \times 10^{-7}$%，脱氧效果很好。钙也是很强的脱硫剂，生成CaS。根据反应自由能的变化，钙加入钢液后首先降低钢的氧含量至某一浓度，之后再与硫反应。这一平衡的氧硫浓度可由下式求出：

$$Ca_{(g)} + [S] \Longrightarrow (CaS)_{(s)} \qquad \Delta G^{\ominus}_{Ca\text{-}S} = -136380 + 40.94T \tag{7-4}$$

$$Ca_{(g)} + [O] \Longrightarrow (CaO)_{(s)} \qquad \Delta G^{\ominus}_{Ca\text{-}O} = -158660 + 45.91T \tag{7-5}$$

当然，如果钢液的硫含量比较高，钙有可能同时与氧硫发生作用。所生成的反应产物中（CaS、CaO·2Al$_2$O$_3$、12CaO·7Al$_2$O$_3$），铝和硫的含量取决于钢液的硫和铝的含量。当钢液的硫和铝含量比较高时，只能生成熔点较高的CaO·2Al$_2$O$_3$，只有当铝和硫含量都低于12CaO·7Al$_2$O$_3$平衡线时，才会有完全液态的夹杂物出现。需要指出的是，如果CaS不是以纯物质存在，而是在MnS中产生时，则CaS的活度降低，CaS-MnS夹杂物也可能在铝硫含量特定的条件下产生。

在炉外精炼过程中，处理钢液最常用的材料是硅钙合金、硅钙钡合金、硅铝钡合金等，此外，预熔的铝酸钙熔剂、Mg-CaO、CaC_2 以及上述各种合成渣材料，也用于不同要求和不同条件的钢水处理。

7.2　夹杂物的去除与水口堵塞

7.2.1　夹杂物去除机理

钢液中夹杂物主要靠聚集上浮入渣去除，而不是林兹考格（N. Lindskog）认为的大部分由钢包壁吸附。对于自由氧接近 0.04% 的钢液用铝脱氧，如果铝是以一批的方式加入钢液中，主要形成珊瑚 Al_2O_3 簇，这些簇状物很容易浮出进入渣中，只有少量紧密簇状物和单个 Al_2O_3 粒子滞留在钢液中，其尺寸小于 $30\mu m$。如果以两批的方式加入，靠近 Al_2O_3 粒子，有一些板形的 Al_2O_3 出现，其尺寸为 $5\sim20\mu m$。所以，加入铝时应尽可能快地一批加入，以减少有害的 Al_2O_3 夹杂。出钢时加铝脱氧，能形成较大尺寸的 Al_2O_3 夹杂。夹杂物尺寸越大，碰撞结合力越大，有利于增大夹杂物对气泡的附着力，从而有利于夹杂物的去除。夹杂物尺寸和上浮时间的关系见图 7-6。

在流动的钢液中，夹杂物颗粒容易碰撞而凝并成大颗粒。液态的夹杂物凝并后成为较大液滴；固态的 Al_2O_3 夹杂和钢液间的润湿角大于 $90°$，碰撞后能够相互黏附，在钢液静压力和高温作用下，很快烧结成珊瑚状的群落，尺寸达 $100\mu m$ 以上，甚至还要大得多。所以，颗粒的碰撞凝并是夹杂物去除的重要形式。颗粒的碰撞有四种方式：

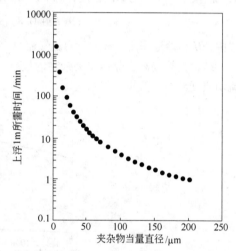

图 7-6　夹杂物当量直径和上浮时间的关系

（1）布朗碰撞。颗粒极小的夹杂物（小于 $10\mu m$），在钢液中做无规则的热运动（布朗运动）而产生碰撞。颗粒直径大（$10\mu m$ 以上）的夹杂物，布朗碰撞的频率很小。因此，中间包内夹杂物碰撞属于布朗碰撞的类型很少。

（2）斯托克斯碰撞。颗粒上浮速度与其大小有关。大颗粒上浮速度大，在上浮时可能追上较小的颗粒而与之碰撞成为更大颗粒，因而上浮速度更大，更容易捕获其他颗粒。在中间包内，斯托克斯碰撞是夹杂物凝并去除的重要形式之一。

（3）速度梯度碰撞。颗粒沿流线轨迹运动，高速流线上的颗粒将追上低速流线上的颗粒，只要两颗粒的距离不超过它们的半径之和，颗粒将发生碰撞。这种碰撞和流场速度有关，当流场速度梯度不够大时，梯度碰撞不是主要的方式。但在某些速度场有急剧变化的部位，梯度碰撞是可能的。

（4）湍流碰撞。湍流中由于速度的脉动作用于颗粒，促使它们相互碰撞。考察颗粒 i 周围为 $R = r_i + r_j$ 的区域，R 称为冲突半径；当颗粒 j 进入半径为 R 的球体表面，就可能由于脉动速度而与 i 碰撞。湍流碰撞是夹杂物颗粒凝并长大的重要形式。不同形式的碰撞均可导致新颗粒生成。

碰撞本身不能去除夹杂物，但可促进夹杂物上浮和黏附去除。向钢中加入 Ca 或者加入 CaO 基的合成渣，使 Al_2O_3 夹杂转变为含高 CaO（$CaO\geqslant50\%$）的钙铝酸盐，如形成 12CaO ·

$7Al_2O_3$，其熔点为 1455℃，在钢液中为液态，容易上浮，可提高钢的洁净度。即使部分 $12CaO \cdot 7Al_2O_3$ 夹杂仍残留在钢中，由于它的硬度比 Al_2O_3 低，且为球状，对钢的危害较小。

7.2.2　吹氩对夹杂物去除的影响

关于钢包底吹氩去除夹杂物，有关学者建立了夹杂物去除和总氧含量之间的关系，他们把钢包分为三个区：上浮区、吸附区和混合区，认为钢包底吹氩的过程中，钢液中夹杂物形态的氧，主要通过上升的气泡群流股带到钢液面进入渣相中而被去除。定量关系为：

$$\ln\left(\frac{a_i}{a_i^0}\right) = \frac{\eta_i}{W_m}\rho v_H \tau \tag{7-6}$$

式中，a_i 为终了夹杂率或总氧含量，%；a_i^0 为初始夹杂率或总氧含量，%；η_i 为过滤或吸附率；W_m 为钢液质量，t；ρ 为钢液密度，t/m^3；τ 为吹氩时间，s；v_H 为气泡群的上升速度，m/s，表示为：

$$v_H = 1.9(H + 0.8)\left[\ln(1 + H/1.48)\right]^{0.5}(Q_R^0)0.381 \tag{7-7}$$

式中，H 为熔池深度，m；Q_R^0 为氩气流量（标态），m^3/s。

结论是要提高去除钢中夹杂物的效率，就应在一定范围内增加底吹氩气的流量。钢液循环流动速度和氩气流量的关系见图 7-7。

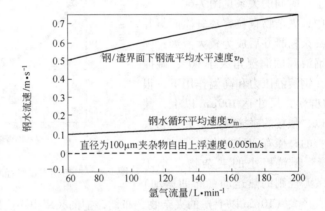

图 7-7　钢液循环流动速度和氩气流量的关系

许多研究证明，在熔池吹氩搅拌条件下，尤其在低氧含量范围，钢液存在再氧化问题，其供氧源是包衬材料、顶渣以及裸露的大气。其脱氧速率可表示为：

$$\frac{dTO}{d\tau} = N_{O^+} - N_{O^-} \tag{7-8}$$

由式 7-8 推导得：

$$\frac{dTO}{d\tau} = (TO_e - TO) r_0 F/V \tag{7-9}$$

式中，N_{O^+}，N_{O^-} 分别为钢液总的吸氧速度和脱氧速度；TO_e 为时间 $\tau \to \infty$ 时，钢液中的全氧量；r_0 为夹杂物的平均排出速度；F 为钢液的总面积；V 为钢液体积。

现在理论界普遍认为，在精炼后期，钢液的全氧量主要取决于夹杂物的排出程度，即夹杂物的排出速度是影响整个脱氧速度的决定性因素。

日本学者二村直至在研究 LF、RH 脱氧过程中，在炉渣为主要氧源的条件下，假定脱氧和再氧化均为一级反应，将脱氧速度表示为：

$$\frac{dTO}{d\tau} = K_{脱} TO - (k_{再} ((TO_{渣平} - TO_{钢平})/k_{脱}) + k_{重} /k_{脱} + TO_{钢平}) \tag{7-10}$$

式中，$TO_{渣平}$，$TO_{钢平}$ 分别为与渣及钢液平衡的氧量；$k_{脱}$ 为脱氧速度常数；$k_{重}$ 为钢液中铝的重氧化速度常数；$k_{再}$ 为再氧化速度常数。

7.2.3 水口堵塞机理

通过对中间包水口堵塞物分析发现：主要是高熔点的氧化物，以 αAl_2O_3（$T_f = 2000℃$）为主，并混有 $MgO \cdot Al_2O_3$ 尖晶石以及 $CaO \cdot Al_2O_3$ 为主的化合物，有时也伴有 CaS 夹杂物。Al_2O_3 夹杂在炼钢温度下为固态，析出形状多为不规则或棱角状 Al_2O_3。这些堵塞物由于组分不同，表现出的颜色也各不相同，有灰白色、黄绿色、微蓝透黄色、灰黑等色；形状也表现为致密的岩相或者为蜂窝状等。

对于 Al_2O_3 夹杂在水口内壁上附着的原因，普遍认为：钢水流经水口时，水口横断面上钢水流速呈抛物线分布，靠近水口壁附近流速很低，促使固体的 Al_2O_3 夹杂沉积在水口壁上，逐渐长大，直至堵塞水口。

钢水中 Al_2O_3 夹杂来源主要有：

(1) 出钢过程用铝以及含铝的金属脱氧剂脱氧，生成的脱氧产物 Al_2O_3 未完全排出而残留在钢中；

(2) 钢水中的溶解铝与水口内壁上的 SiO_2 发生氧化还原反应而产生的 Al_2O_3 附着于水口壁上；

(3) 水口内吸入空气中的氧与钢水中的铝发生氧化反应生成的 Al_2O_3；

(4) 钢水流经水口，温度降低使钢水中间氧的溶解度降低，析出自由氧，Al-O 平衡关系被破坏，析出的氧与钢水中的铝继续反应生成 Al_2O_3。

7.3 钙处理对夹杂物的变性作用

7.3.1 钙处理基本原理

经过精炼炉精炼的钢水，溶解氧和夹杂物含量都有大幅度降低，但是还有部分夹杂物停留在钢液中，有些是高熔点的固态化合物。这些高熔点的固态化合物，有些成为钢坯中的刚性夹杂物，降低了钢材的使用性能，有些会成为堵塞中间包水口的组成物质。

在装备一般的短流程生产线，钢中氧含量如果不够低，钢液在浇铸过程中，随着温度的降低，钢中溶解氧的析出是必然的结果，钢中的合金溶质元素随着温度的降低，溶质元素将会析出，析出的氧和合金元素就会起反应，生成新的氧化物或者其他的化合物，也会成为夹杂物；并且钢水中的合金元素与空气中的氧、炉渣、耐火材料中的氧化物也能够发生化学反应，生成新的氧化物相而污染钢水，影响钢坯的质量和中间包水口的堵塞。严重的时候，钢包水口也有结瘤的现象。表 7-1 为蔡开科教授对夹杂物与水口堵塞物成分的统计分析。

表 7-1 对夹杂物与水口堵塞物成分的统计分析

组 元	Al_2O_3	SiO_2	FeO	Na_2O	CaO
水口堵塞物	92.26	3.65	3.54	0.16	0.62
夹杂物 a	90.93	2.24	3.92		0.38
夹杂物 b	93.60	1.62			0.26
夹杂物 c	94.81	2.21	2.43		2.3

此外，冶炼某些钢种，加入的合金中其他元素的含量也比较多，如冶炼 60Si2Mn，加入的硅铁中含有钙元素，如果没有经过处理，在连铸浇铸的时候，就有可能造成连铸使用的铝炭质水口的侵蚀加快，塞棒侵蚀速度快，浇铸几炉以后就关不住，导致连铸机的停机。其中的主要原因是：

钢水中的 Ca 与钢水中的 Al_2O_3 和 SiO_2 反应：

$$2[Ca] + SiO_2 \longrightarrow 2CaO + [Si] \tag{7-11}$$

$$3[Ca] + Al_2O_3 \longrightarrow 3CaO + 2[Al] \tag{7-12}$$

生成的氧化钙再与耐火材料中间的三氧化二铝、二氧化硅反应：

$$mSiO_2 + nCaO \longrightarrow nCaO \cdot mSiO_2 (n > 1; m > 1) \tag{7-13}$$

$$SiO_2 + 2CaO + Al_2O_3 \longrightarrow 2CaO \cdot SiO_2 \cdot Al_2O_3 \tag{7-14}$$

$$12CaO + 7Al_2O_3 \longrightarrow 12CaO \cdot 7Al_2O_3 \tag{7-15}$$

$2CaO \cdot SiO_2 \cdot Al_2O_3$ 的熔点只有 1539℃，$12CaO \cdot 7Al_2O_3$ 的熔点更加低，只有 1455℃，这些低熔点的化合物在钢液浇铸温度范围以内，转变为液相的可能性很大，生成液相以后随钢流不断地流失，造成连铸铝炭质的水口或者钢包水口扩径，酿成事故。

这就要求浇铸钙处理钢的时候，一方面注意钢液中的钙铝比，另一方面也不宜使用铝炭质的水口。

以上问题的解决，都需要调整钢液成分，将固相夹杂物转变为液相夹杂物上浮去除，或者使其不堵塞水口。处理方法得当，还可以将刚性夹杂物转变为塑性夹杂物，降低夹杂物对钢材的质量影响。所以，钢水的洁净化和钙处理技术也比较重要。

钙以及含钙合金不仅能够脱氧，而且脱氧产物可改变钢液内 Al_2O_3 的性状。对于普通的铝镇静钢，由热力学看，加入的钙很容易形成 $CaO \cdot 2Al_2O_3$ 型夹杂物，随着 CaO 不断增加而改变为 $CaO \cdot Al_2O_3$，最后形成富 CaO 的低熔点的铝酸钙夹杂物。由于 $12CaO \cdot 7Al_2O_3 (C_{12}A_7)$ 的熔点最低（1455℃），而且密度也小（$2.83g/cm^3$），在钢液中易于上浮排除。向铝脱氧的钢液加入钙并控制加入量，就能够改变铝氧化物夹杂的性状，改善钢液的浇铸性能和钢的质量。实际生产中，含铝钢水钙处理的目标就是要将 Al_2O_3 夹杂尽可能地变性为低熔点的 $C_{12}A_7$ 球状夹杂或近似于 $C_{12}A_7$ 的低熔点复合钙铝酸盐而去除，希望留在钢中的夹杂物尽可能少，尺寸尽可能小。这样对提高铸坯质量和顺利浇铸有利。

钙处理一般包括出钢过程加入含钙的金属合金脱氧，精炼炉出钢前喂入含钙的丝线等手段。此外，含 CaO 和 Al_2O_3 的合成渣对于钢中 Al_2O_3 的变性处理、促进夹杂物上浮都有利。氧化物夹杂的变形能力决定于氧化物夹杂的组成。

含铝型钢水钙处理时，钢中铝一定，随着向钢水加入含钙合金或者喂入含钙丝线时，钙不断增加，会导致 Al 从 Al_2O_3 夹杂物中置换出来，夹杂物中钙也不断增加，Al_2O_3 夹杂将发生如下变化过程：$Al_2O_3 \rightarrow CaO \cdot 6Al_2O_3 \rightarrow CaO \cdot 2Al_2O_3 \rightarrow CaO \cdot Al_2O_3 \rightarrow 12CaO \cdot 7Al_2O_3 \rightarrow 3CaO \cdot Al_2O_3$，其熔点逐渐下降，以形成 $12CaO \cdot 7Al_2O_3$ 熔点最低（$T_f = 1455$℃）。$CaO-Al_2O_3$ 系的 5 个中间相及其物理性质见表 7-2。

表 7-2　CaO-Al$_2$O$_3$ 系的 5 个中间相及其物理性质

钙铝酸盐	化学式简写	化学组成(w)/%		熔点/℃	显微硬度/kg·mm^{-2}
		CaO	Al$_2$O$_3$		
3CaO·Al$_2$O$_3$	C$_3$A	62	38	1535	
12CaO·7Al$_2$O$_3$	C$_{12}$A$_7$	48	52	1455	
CaO·Al$_2$O$_3$	CA	35	65	1605	930
CaO·2Al$_2$O$_3$	CA$_2$	22	78	约1750	1100
CaO·6Al$_2$O$_3$	CA$_6$	8	92	约1850	2200
Al$_2$O$_3$		0	100	约2000	3000~4000

需要指出的是，钢中存在的钙铝酸盐并不是以上述几个稳定的钙铝酸盐相中的某一相单独存在，而常常是一个夹杂物中同时存在两个或两个以上的稳定相，处于一个稳定相向另一个稳定相转变的过程中，因而夹杂物的 Ca/Al 也就介于某两个稳定相对应的钙铝比 Ca/Al 之间。此外，在低含钙量的钢中出现富钙的钙铝酸盐夹杂（CA、C$_{12}$A$_7$、C$_3$A），而含钙量高的钢中也出现了少量的低钙钙铝酸盐。这说明在钙处理的过程中，微观来看钢中的夹杂物和钙的分布是不均匀的，在低钙含量的钢水中存在着一些富钙的微小区域，少量的高钙低熔点的钙铝酸盐即在此小区域内形成；反之，高钙含量的钢水中也存在着低钙的微小区域，从而形成个别的低钙钙铝酸盐，甚至存在未经变性的 Al$_2$O$_3$ 颗粒。

天津天钢公司的刘立英工程师的研究认为，喂丝处理后的钢锭，经初轧开坯后取样，发现有部分铝酸盐、硅酸盐夹杂物变性成为球状的含钙复合夹杂物。图 7-8a 所示夹杂物为硅铝酸钙复合夹杂。此外，有一部分硫化物在喂 Si-Ca 线后变为复合型的"包裹"夹杂，如图 7-8b 所示。轧后钢样中的心部为钙铝酸盐夹杂已变性；而外围包裹着 MnS 夹杂的复合物。这种"包裹"型复合夹杂物，在钢坯的轧制过程中抑制了 MnS 的压缩伸长。

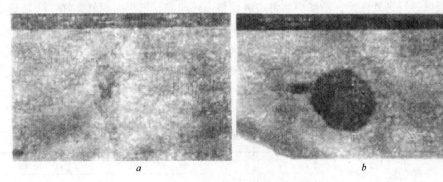

图 7-8　含钙复合夹杂物的照片
a—外围包裹 MnS 的钙铝酸盐夹杂；b—铝酸盐、硅酸盐球状含钙复合夹杂

另外，钢中少量存在的来源于各种途径的其他氧化物，如 MgO、SiO$_2$ 等，也和钙铝酸盐相聚集形成各种复杂的氧化物夹杂，如 CaO·Al$_2$O$_3$·2SiO$_2$、3CaO·Al$_2$O$_3$·3SiO$_2$ 等。这些复杂的氧化物又可能和硫化物相复合，形成更为复杂的氧硫复合夹杂物。因此，钢中最后存在的夹杂物多为以钙铝酸盐为主要成分，同时含有少量其他氧化物或硫化物的复合夹杂物。

7.3.2　钙处理对钙量的基本要求

由于钙与氧和硫具有很强的亲和力，如果钢水中有硫或氧的话，钙就会与它们反应生成氧化物和硫化物存在钢水中。

加入到钢水中的钙的量要满足 0.9～3.2 倍的氧化铝的量，这样才能使钙在钢水温度范围内产生液态的钙铝化合物。加入的钙太少的话，反应会不充分，氧化铝固体夹杂物仍然大量存在。

加入钙过量，又会发生反应 $Ca + S \rightarrow CaS$，生成的 CaS 属于高熔点（2450℃）物质，像 Al_2O_3 一样也会堵塞水口。所以，为了避免 CaS 的形成，在钙处理之前，需要采取相应的方法将硫脱至一个较低的合理水平，一般要求在 0.018% 以下，这一点是非常重要的。

S-Al 平衡曲线和 S-Ca 平衡曲线见图 7-9 和图 7-10。

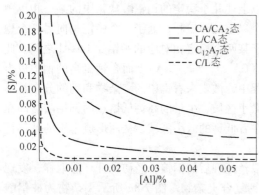

图 7-9　1873K 时 S-Al 平衡曲线

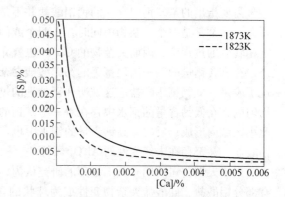

图 7-10　1873K 和 1823K 的 S-Ca 平衡曲线

7.3.3　喂丝过程中钢中夹杂物尺寸的变化

钢水喂丝进行钙处理前，精炼炉要将炉渣调整为还原渣，钢水的脱氧良好，吹氩量不能太大，炉渣的黏度合适，渣层不能太厚，避免喂丝时候丝线穿不透钢渣而不能进入钢液内部，同时喂丝速度要合理，不能够太慢，也不能够太快。影响钙回收率的主要因素有喂丝速度、喂丝长度、喂丝前钢水温度和钢水的成分。较低的喂丝速度和较大的喂丝量有利于钙回收率的提高。钢中锰和铝的存在有利于钙回收率的提高。

喂丝处理的丝线常见的成分见表 7-3 和表 7-4。

表 7-3　金属钙—铁包芯线成分要求

牌　号	化学成分/%	
	Ca	Fe
Ca-3	≥35.0	≤65.0

表 7-4　CaSi 包芯线成分要求

牌　号	化学成分/%						
	Ca	Si	C	Al	P	S	水　分
Ca26Si60	≥25.5	≥50.0	≤0.8	≤2.4	≤0.04	≤0.06	≤0.5

国内学者做过喂丝钙处理的实验，实验表明：在喂丝处理以后，夹杂物中钙铝比随钢中钙铝比变化的趋势见图 7-11。

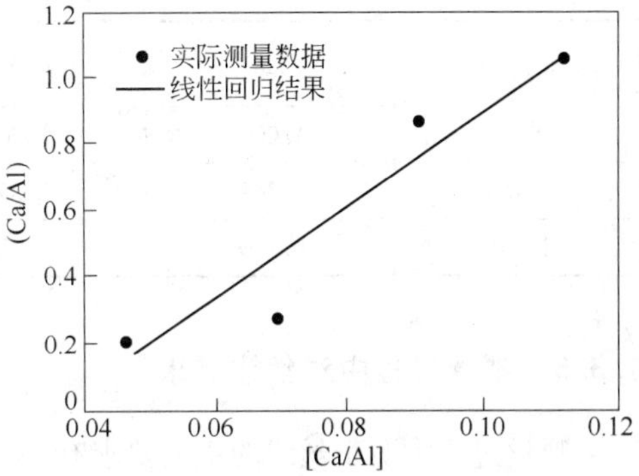

在喂 CaSi 丝前后，各工艺点的夹杂物尺寸变化表现为：

（1）在喂丝试验的条件下，从喂丝前、喂丝后、中间包到连铸坯的各工艺点处的钢样中，夹杂物尺寸基本在 20μm 以下，小颗粒的夹杂物占绝大多数，1~3μm 的夹杂物占 60 以上，平均为 81.45%；大于 5μm 的夹杂物仅占 1.45%~12.5%，平均 4.27%。

（2）钢中钙铝比高的炉次，钢中 10~20μm 的夹杂物消失。

图 7-11　喂丝后夹杂物中钙铝比随钢中
钙铝比变化的趋势

（3）喂丝前后相比，具有较高钙铝比的炉次，其连铸坯中各个尺寸级别的夹杂物数量都有较大幅度的降低。而对钢中钙铝比较低的炉次，连铸坯中大于 3μm 的夹杂物数量与喂丝前相比有不同程度的增加或相近。

（4）喂丝后随着钢中钙铝比的增加，连铸坯中 1~3μm 的小颗粒夹杂物比例有增加趋势，而较大颗粒的夹杂物，特别是大于 5μm 的夹杂物比例下降趋势明显。

（5）从连铸坯中夹杂物的绝对数量来看，随着钢中钙铝比的增加，大于 5μm 的夹杂物数量逐渐减少。

根据以上的实验分析，在铝镇静钢中喂入含钙丝，理想的目标是将 Al_2O_3 夹杂全部变性成为低熔点的 $C_{12}A_7$ 球状夹杂物，但在实际的生产中这几乎是难以实现的，所能做到的是将大部分的尤其是大颗粒的 Al_2O_3 类夹杂转变为主要成分接近 $C_{12}A_7$ 的低熔点复合钙铝酸盐，使保留在钢中的 Al_2O_3 类夹杂或低熔点钙铝酸盐数量尽可能少，尺寸尽可能小，将其对钢的质量和浇铸性能的不良影响控制在很小的程度内。需要指出的是，喂丝后最低钢中钙铝比的确定在实际生产中有着重要的现实意义，它是预报和控制喂丝工艺的基础。

7.3.4　铝、钙含量的控制及对钢水浇铸性的影响

水口堵塞主要是由于高熔点的 Al_2O_3 黏附在水口壁上造成的。向铝镇静钢中喂含钙丝对钢液进行钙处理的主要目的是：将铝脱氧而产生的高熔点的脆性 Al_2O_3 夹杂物变性成为含钙量较高的低熔点钙铝酸盐夹杂（如 $12CaO \cdot 7Al_2O_3$），同时减少钢中有害的沿晶界分布的 II 类硫化物的数量，改变其组成和性质，从而有利于洁净钢水，改善钢质量，解决浇铸过程中的水口堵塞问题。含铝钢水钙处理时，可以使高熔点单体 Al_2O_3（2000℃熔化）转化为低熔点的 $C_{12}A_7$（$12CaO \cdot 7Al_2O_3$，1455℃熔化），且在浇铸温度下保持液态。但加入钙要有一合适范围，加入量太少，不足以将 Al_2O_3 转化为 $C_{12}A_7$；过多又会生成 CaS（$T_f = 2500$℃），CaS 如同 Al_2O_3 一样也会使水口堵塞，且钢水中钙高会发生水口侵蚀问题。因此，高铝型钢水钙处理时，控制适当的 Ca/Al 十分关键。钢中钙含量过高，在生产中表现出来的是连铸中间包塞棒趋势较快，产生关不住的现象。一般的，Ca/Al > 0.09 对于改善钢水在连铸的可浇铸性和夹杂物的变性处理都有利。1600℃时，不同平衡状态下 $a_{Al_2O_3}$ 和 a_{CaO} 之间的关系见表 7-5。

表 7-5　1600℃时不同平衡态下的 $a_{Al_2O_3}$ 和 a_{CaO}

铝酸钙	a_{CaO}	$a_{Al_2O_3}$	铝酸钙	a_{CaO}	$a_{Al_2O_3}$
C/L	1.000	0.017	CA/CA$_2$	0.100	0.414
C$_{12}$A$_7$	0.340	0.064	CA$_2$/CA$_6$	0.043	0.637
L/CA	0.150	0.275	CA$_6$/A	0.003	1.000

7.3.5　喂丝过程中对丝线要求

喂丝过程中对于丝线的主要要求有：

（1）用合金包芯线排线方式为内抽式。

（2）合金包芯线应干燥、清洁、包覆牢固、不漏粉、不开缝，表面光洁、无油污，断线率小于 0.2%。

（3）圆形截面合金包芯线外径最小 $\phi8mm$，最大 $\phi18mm$。

（4）矩形截面合金包芯线最大外形尺寸：$18mm \times 16mm$。

（5）碳线或铝线等金属线最大外径：$\phi13mm$。

喂丝过程的操作要点有：

（1）喂丝以前，炉渣和钢水必须脱氧良好，炉渣在白渣状态下。

（2）喂丝时炉渣的黏度要合适，以便于丝线能够穿透渣层加入钢水中。

（3）钢包中喂入钙，需保证喂入的钙丝能够抵达底部钢水位置。

（4）在采用喂丝加入钙的方式时，丝线的直径和喂入的速度必须满足丝线被熔化释放出钙蒸气之前已达到了钢包的底部。

（5）喂丝的速度一般控制在 $20 \sim 400m/min$（可调）。

7.3.6　钙处理效果

钙处理的效果主要有：

（1）钢水经喂 CaSi 丝处理后，钢中的铝酸盐类夹杂物得到了不同程度的变性。喂丝后夹杂物中的钙铝比随喂丝后钢中钙铝比的增加呈线性增大的趋势。

（2）钙处理的铝镇静钢连铸坯中，$1 \sim 3\mu m$ 的小颗粒夹杂物为绝大多数，大于 $5\mu m$ 的夹杂物只占很小一部分（5% 以下），几乎没有大于 $20\mu m$ 的夹杂物。

（3）高的钙铝比有利于夹杂物的减少，特别是有利于大于 $5\mu m$ 的夹杂物数量及其所占比例的下降。当喂丝后钙铝比大于 0.09 时，连铸坯中各个尺寸级别的夹杂物数量都有较大幅度的下降，没有发现 $10\mu m$ 以上的大颗粒夹杂物。

（4）试验条件下，喂丝处理后，钢中钙铝比对钢中夹杂物球化率的变化影响很大。随着钢中钙铝比的增大，喂丝后比喂丝前钢中夹杂物球化率提高的幅度加大。

（5）在铝镇静钢中喂入 CaSi 丝，理想的目标是将 Al_2O_3 夹杂全部变性成为低熔点的 $C_{12}A_7$，实际生产中只能将 Al_2O_3 转变为成分接近 $C_{12}A_7$ 的低熔点复合钙铝酸盐。

（6）当喂丝后钢中的钙铝比达到 0.09 以上时，钢中的 Al_2O_3 类夹杂物能获得良好变性，钢中综合夹杂物指数显著下降，钢的洁净度得到改善。

高钙铝比连铸坯中夹杂物数量与喂丝前的比较见图 7-12。

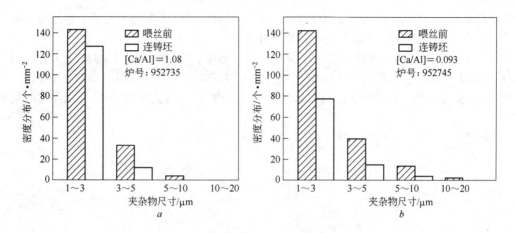

图 7-12 高钙铝比连铸坯中夹杂物数量与喂丝前的比较

7.3.7 钙处理实际操作要点

7.3.7.1 低碳铝镇静钢的钙处理

蔡开科教授的资料表明，某厂立弯式铸机（250mm × 1300mm）浇铸低碳铝镇静钢（$[Al]_s = 0.02\% \sim 0.04\%$），连浇 6 炉后，浸入式水口内部堵塞物厚度达 11mm。从水口壁横断面切取试样，如图 7-13 所示，可分为三层结构：

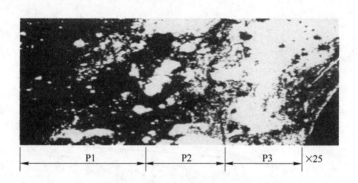

图 7-13 水口结瘤物的剖面结构示意图

P1—原砖层；P2—过渡层；P3—堵塞物层

（1）原砖层。

（2）过渡层。有肉眼可见的缝隙，由铁和烧结的颗粒将内壁和堵塞物烧结在一起。

（3）堵塞物层。为白色粉末，十分松软，可用手抠下，其内有大小不等的铁珠。水口结瘤物的主要成分如表 7-6 所示。

表 7-6 水口结瘤物的主要成分

组元/%	Al_2O_3	SiO_2	FeO	Na_2O	Cr_2O_3	CaO	ZrO_2	S
P1 原砖层	36.82	51.69	7.39	0.72	1.42	0.51	0.47	0.97
P2 过渡层	43.85	22.69	31.15	0.41	0.95	0.22	0.36	0.36
P3 堵塞物层	92.26	3.65	3.54	0.16	0	0.62	0	0.03

　　由表可知，对于铝镇静钢，水口堵塞物主要为 Al_2O_3。为了减轻这种危害，经过喂钙铁线进行钙处理，可以起到对于钢液中固相的变性处理。

　　有时候铝镇静钢经钙处理以后，还会发生水口堵塞，水口内壁堵塞物有 Al_2O_3、$CaO \cdot Al_2O_3$、$Al_2O_3 \cdot MgO$ 和 CaS。沉积物组成 MgO：4.7%，Al_2O_3：33%，CaO：41.8%，S：20.5%，主要是钙处理不充分会形成 CA、CA_2，高熔点的铝酸钙、镁铝尖晶石以及 CaS 堵塞水口。

　　铝镇静钢中钙铝平衡简图如图 7-14 和图 7-15 所示。

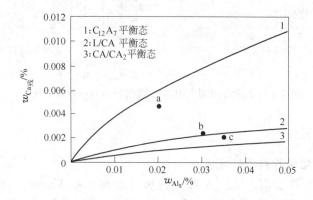

图 7-14　1600℃时钢液的残钙量和钢中酸溶铝含量之间的关系

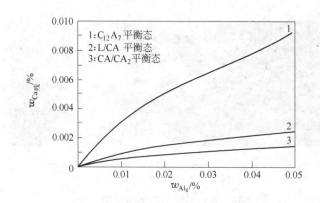

图 7-15　1550℃时钢液的残钙量和钢中酸溶铝之间的关系

　　氧化铝夹杂的变性过程为：$Al_2O_3 \rightarrow CA_6 \rightarrow CA_2 \rightarrow CA \rightarrow CA_{x液态}$（$x < 1$）。由于 CA 的熔点为1605℃，可以认为 L/CA 平衡态所对应的曲线是形成液态铝酸钙盐的开始，即该曲线以上的区域为液态的铝酸钙区域。从图 7-14 和图 7-15 中可以看出，含量相同的酸溶铝，随着温度的降低，形成液态铝酸钙所需要的残余钙含量越低，形成液态夹杂物也就越容易。但是，在变性反应结束的时候，夹杂物表面往往会有硫化钙的生成，包裹住夹杂物，阻碍了钢液中的钙向夹杂物内扩散。如果夹杂物在高温下变性时，钙含量不足，不能够形成液态夹杂物，那么在低温下，即使钢液中间的钙含量增加到合适的浓度，固态夹杂物转变成为液态夹杂物也会比较困难。有的厂家在钙处理的时候，尽可能在高温条件下，就将钙处理进行充分。

　　铝镇静钢的酸溶铝含量一般为 0.02% ~ 0.08%，内控成分在 0.015% ~ 0.06% 之间，所以在 1873K（1600℃）下，钢中的酸溶铝含量在 0.02% ~ 0.05% 之间，钙处理过程中的钙含量为

0.0016% ~ 0.0029%。

A　铝镇静钢钙处理的操作失败实例

冶炼 SPHC 钢种，电炉出钢量为 115t，出钢以后，钢包第一个试样分析，钢水中间的硫高达 0.055%，成品要求硫含量低于 0.02%。由于此炉是连铸浇铸的第七炉，留给 LF 炉的处理时间只有 40min，以匹配连铸的浇铸速度。LF 炉很快调整成分和温度，但是硫高，白渣条件下脱硫困难，取样五次，钢包硫含量仍然在 0.025%。此时，连铸前面的钢包已经浇铸结束了，只等此炉钢水连浇。炼钢工无奈之下，采用了喂丝脱硫的方法，喂入了 400m 的钙铁线脱硫，此时钢中酸溶铝含量为 0.033%。喂丝以后，硫含量达到了目标成分上限 0.02%。钢水没有按照规定软吹氩气镇静，直接上连铸。此时由于连铸降拉速等钢水，中间包钢水液面较低，温度也偏低，此炉钢水浇铸了 60t 的时候，连铸结瘤停机，此时温度合适，经过解剖水口的堵塞物，得知为外表以硫化钙为主的复杂岩相化合物。

夹杂物中 MgO 来源包括：

(1) 电炉 EBT 填料中的氧化镁进入钢包；

(2) 脱氧剂中含有少量的 Mg；

(3) 包衬中 MgO 被 C 还原生成 Mg，进入钢液被二次氧化，生成 MgO。

钢水中镁含量一般为 0.001% 左右。在 LF、VD 中形成 $Al_2O_3 \cdot MgO$ 尖晶石，Mg 降低了铝酸盐($CaO \cdot Al_2O_3$)中的 Al_2O_3，使 CaO 活度升高形成 CaS。这样就形成高熔点的 $Al_2O_3 \cdot MgO \cdot CaS$，造成水口堵塞。

因此，低碳铝镇静钢钙处理中形成的夹杂物必须充分考虑 Al-Ca-O-S 元素之间的平衡关系，钙与钢中氧、硫和 Al_2O_3 同时发生反应的关系。例如，钙处理后生成铝酸钙($12CaO \cdot 7Al_2O_3$)可以防止堵水口，但是生成的 CaS 是结瘤堵塞水口的主要物质。钙处理以前，需要将钢中的硫脱到一定程度，以不生成 CaS。反应的方程式如下：

$$(CaO) + \frac{2}{3}[Al] + [S] \Longrightarrow (CaS) + \frac{1}{3}(Al_2O_3) \tag{7-16}$$

表 7-7 为钢中生成 CaS 时的 [Ca]、[S] 水平。如 1550℃、[S] = 0.020% 时，钢中 [Ca] 超过 0.0005% 就可能有 CaS 析出。

表 7-7　钢中生成 CaS 时的 [Ca]、[S] 水平

元　素	温度/℃	浓度/%				
S	1550 ~ 1600	0.005	0.010	0.015	0.020	0.025
Ca	1600	0.0055	0.0027	0.0020	0.0017	0.0014
	1550	0.0023	0.0015	0.0010	0.0005	0.0004

在钢水中的钙不容易检测的时候，也可由 [Al]-[S] 平衡来判断 CaS 的析出，两者的平衡浓度关系如表 7-8 和图 7-16 所示。

表 7-8　钢中 [Al]-[S] 平衡浓度关系

元　素	温度/℃	浓度/%				
Al	1550 ~ 1600	0.02	0.03	0.04	0.05	0.06
S	1600	0.031	0.023	0.019	0.016	0.015
	1550	0.017	0.011	0.010	0.009	0.009

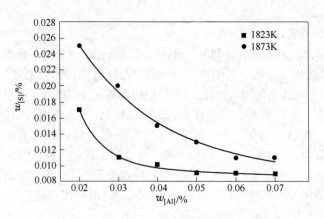

图 7-16　钢液中间的[Al]-[S]平衡关系

硫含量超过不同温度下的平衡浓度，就会析出 CaS。例如，1550℃，[Al]$_s$ > 0.06% [S] > 0.009%，CaS 就会析出。所以，对于低碳铝镇静钢，钢中 [Al]$_s$ = 0.02% ~ 0.04%，[S] = 0.01% ~ 0.02%，CaS 析出较少；实践生产中，对于低碳铝镇静钢，S = 0.01% ~ 0.02% 时，水口堵塞主要是由于 Al$_2$O$_3$ 所引起的，而不是由 CaS 所致。

钙处理铝镇静钢，钢中 Ca/S 比对硫化物夹杂影响如表 7-9 所示。

表 7-9　钢中 Ca/S 比对硫化物夹杂影响

Ca/S 比	夹杂物核心	外　壳
0 ~ 0.2	Al$_2$O$_3$	MnS（Al 脱氧）
0.2 ~ 0.5	mCaO·nAl$_2$O$_3$	MnS
0.5 ~ 0.7	mCaO·nAl$_2$O$_3$	(Ca, Mn)S
1 ~ 2	mCaO·nAl$_2$O$_3$	CaS

注：控制钙处理钢中合适 Ca/S 比以防止 CaS 析出结瘤。

铝镇静钢的钙处理基本特点为：

(1) 对低碳铝镇静钢，加铝量大，钢中 [Al]$_s$ 较高（0.03% ~ 0.05%），采用重钙处理，即保持钢液中间的钙含量达到一个合适的水平，在温度较高的范围，生成以液态铝酸钙盐为主的化合物。

(2) 钙处理过程中判断钢水中 Al$_2$O$_3$ 能够球化的指标：Ca/Al > 0.14；Ca/T[O] = 0.7 ~ 1.2；如果钢液钙处理不充分，钢中钙含量较低，中间包钢水中钙含量为 0.0008% ~ 0.0012% 就会浇铸不畅，发生结瘤堵塞水口的现象。也就是说，钢水中固态铝酸钙夹杂增加，导致水口堵塞。生成 12CaO·7Al$_2$O$_3$ 的理论成分：CaO 48%，Al$_2$O$_3$ 52%，CaO/Al$_2$O$_3$ = 0.92。

(3) 钙处理时，钢中钙含量取决于钢水中氧、铝、硫含量以及喂丝中的钙量和喂丝速度等，这要求在钙处理以前，需要进行较为充分的脱氧、脱硫。钙处理以后，需要有一定的软吹时间，保证钢液内部的夹杂物上浮。

B　铝镇静钢钙处理的操作成功实例

冶炼汽车轮毂钢，转炉出钢量 120t。出钢以后，钢包第一个试样分析，钢水中硫含量为 0.035%，成品要求硫含量低于 0.015%。由于此炉是连铸浇铸的第 4 炉，留给 LF 炉的处理时间充足。但是，由于电炉出钢效果不好，钢包带渣，泼渣没有成功。LF 炉调整成分的节奏较慢，冶炼 60min 以后，钢中酸溶铝和锰含量才调整到位，但是此时硫高。出钢前 5min，脱硫任务才结束，此时钢中的酸溶铝含量已经损失到了中下限，连铸的钢水已经浇铸完毕了。炼钢工喂入了钙铁线，比正常情况下多喂了 100m，喂丝以后，没有达到足够的软吹时间，钢水就不得不上连铸工序浇铸了。考虑到软吹效果不好，并且此炉钢的铝收得率较低、钢中的三氧化二铝夹杂多的特点，炼钢工在此炉钢水浇铸一半时，向连铸机中间包人工喂丝 50m，避免了结瘤事故。该炉的轧制情况显示，钢种的深冲性能正常，夹杂物抽查的电镜扫描属于正常。此炉的钙处理成功操作就是在准确掌握了钙处理的特点的基础上进行的，从而避免了结瘤。

实际上，钙处理不合理，严重的时候立竿见影，不严重的时候，是连续几炉的积累才导致结瘤的。

处理低碳低硫钢的钙处理基本原则参考如下：

（1）进行钢水钙处理时，钢中 CaO 与 Al_2O_3 比值应合适，Al_2O_3 含量应为 43% ~ 58%。

（2）钢水钙处理应控制钢水 [S] < 0.010%。

（3）喂钙线前钢水应进行充分弱搅拌，保证 Al_2O_3 夹杂物充分上浮去除，钢水 T[O] < 0.005%。

（4）进行钢水钙处理前应降低钢渣的氧化性，渣中 FeO + MnO 应控制在 5% 以下。

（5）钢水调铝应尽早进行，并在喂钙前充分搅拌钢水，去除夹杂物，喂钙后不适合补铝操作。

（6）喂钙处理后应避免钢水与大气接触，防止造成钢水二次氧化。

C 钙处理造成结瘤的事故案例

事故经过：冶炼钢种为 SPHC，为开机第一炉，电炉出钢过氧化（C < 0.045%），精炼炉第一次取样 C 0.05%，Al 0.007%，终点 Al 0.037%，过程补加铝铁 290kg，上钢水前补加铝铁 40kg，总计补加铝铁 330kg，喂钙铁线 100m，软吹 6min，开机后浇铸到 90t 结瘤断连铸。此炉精炼共计冶炼 135min。

经过分析，结瘤的主要原因为：

（1）铝铁加入时间过晚，过程炉渣较黏，三氧化二铝夹杂过多。

（2）电炉钢水过氧化，精炼操作不规范，渣况控制不良。

这也说明了精炼炉的钙处理技术是有一定基础的，电炉提供的钢水质量太差，钙处理技术的作用就被弱化了。

7.3.7.2 硅镇静钢的钙处理

对于中高碳 Si-Mn 脱氧钢未加 Al 脱氧，钢水中 Al_s 很低（0.003%），也发生水口堵塞现象。

主要原因是：

（1）铁合金中，尤其是 SiFe 中含有残余 Al、Ca 等元素，生成了高熔点的铝酸钙夹杂（$CaO \cdot 2Al_2O_3$、$CaO \cdot 6Al_2O_3$）和 $Al_2O_3 \cdot MgO$ 尖晶石，导致水口堵塞。

（2）如 Mn/Si 低，生成 SiO_2 为主的固态夹杂物，则产生水口堵塞。钢中锰硅比对析出的脱氧产物的影响如图 7-17 所示。

（3）对于高碳硅镇静钢，不用 Al 脱氧，靠 LF 炉造白渣脱氧以得到 T[O] < 0.002%。在 LF 炉还原精炼气氛和低[O]（[O] < 0.0015%）条件下，电炉渣下渣、EBT 填料或 MgO-C 砖中释放出 Mg 形成 $MgO \cdot Al_2O_3$，也会堵塞水口。LF 炉白渣精炼时间越长，$MgO \cdot Al_2O_3$ 形成的多，堵水口严重。

采取的措施为：

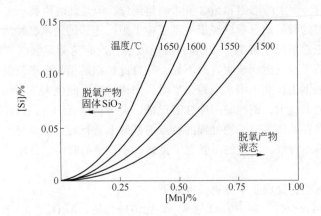

图 7-17　钢中锰硅比对析出的脱氧产物的影响

（1）采用合适的钙铝比，根据钢中的铝含量，决定喂丝处理的量，能得到 12CaO·7Al₂O₃，熔点为 1455℃，在钢水呈液态，能上浮且不堵水口。

（2）白渣精炼时间不应太长。

（3）LF 顶渣加扩散脱氧剂不应过量。

（4）石灰加入不要过量，保持合适碱度，吸收 MgO。

对于硅含量较高的钢种，钢中钙含量较高，如果不采用喂铝线处理的方式，钢中的钙析出氧化以后，将会和铝炭质塞棒中间的三氧化二铝反应，生成低熔点的铝酸钙，随着钢流的冲刷，就会产生塞棒关不住的事故。所以，在钢中钙含量较高的时候，需要喂入铝线或者加入铝铁等，保持钢中的 Al/Ca 在 0.85～1.1 左右，是防止塞棒侵蚀过快的有效方法。

A　硅镇静钢的钙处理实例 1

冶炼 HRB400 钢，电炉出钢量 75t，电炉出钢下渣，大量的钢渣进入钢包，泼渣以后，钢包内仍然有许多的氧化渣，加入的硅铁回收率远远低于正常水平。成分调整完毕以后，钢中酸溶铝含量很低，硅铁中带入的酸溶铝几乎氧化完了（硅铁含铝量 0.9%），出钢前，加入 65kg 的钛铁（5.1% 的含铝量），炼钢工按照工艺规程，喂丝 50m（硅钙线）。软吹以后上连铸工序浇铸，连铸水口出现结瘤现象。炼钢工此时携带了 100m 的硅钙线到连铸的中间包喂丝，喂丝以后，情况好转。

这次的钙处理，就是在 LF 工位没有考虑到钢水中的三氧化二铝夹杂较多，喂丝量没有调整造成的。其实，在冶炼 HRB400 的时候，钢水脱氧情况良好，基本上不要钙处理连铸也没有发生过结瘤的事故。

B　硅镇静钢的钙处理实例 2

冶炼弹簧钢 60Si2Mn 钢种，电炉出钢量 75t，电炉留碳操作，钢水的氧含量较低，冶炼的记录如下：

20 点 07 分：钢包到达 2 号钢包车位置。

20 点 08 分：接通氩气搅拌正常；测温 $T = 1544℃$。

20 点 10 分：送电，加入石灰 100kg，中等氩气搅拌进行混匀成分的作业。

20 点 17 分：停电取样。取样后继续送电。

20 点 22 分：化验结果（Si 1.1%，Mn 0.46%，C 0.48%，S 0.026%，P 0.004%）传回，调整氩气进行强烈搅拌，同时加入硅铁 500kg，高碳锰铁 250kg，增碳剂炭粉 60kg。

20 点 28 分：氩气强烈搅拌持续 5min 以后恢复正常搅拌状态，同时送电。

20 点 36 分：停电取样，$T = 1533℃$。

20 点 38 分：送电，成分传回以后微调一次成分。

20 点 43 分：停电测温，$T = 1540℃$，喂硅钙线 150m。

20 点 48 分：氩气软吹搅拌 5min，$T = 1538℃$，出钢，上连铸浇铸。

类似的冶炼操作，冶炼了 3 炉钢以后，连铸塞棒关不住，导致停机。事后分析发现，使用的高钙硅铁（含钙 4.8%）造成硅铁合金化以后，钢中钙含量就达到了 0.0028%，炼钢工又喂丝处理，增加了钢中氧化钙和钙的含量，造成了铝炭质塞棒被析出的钙氧化以后，侵蚀较快。

随后根据钙处理的原理，将冶炼弹簧钢时采用低钙硅铁合金化，并且不喂丝处理，在没有低钙硅铁的时候，钢中钙含量偏高时，加入 80kg 左右的铝铁，增加钢中酸溶铝含量，解决了以上的问题。

7.4 稀土元素的变性作用

稀土元素位于元素周期表中的 III$_A$ 族，原子序数为 57～71。自然界中稀土元素铈 Ce、镧 La、镨 Pr 和钕 Nd 约占稀土元素总量的 75% 以上。稀土元素的性质都很类似，熔点低，沸点高，密度大，与氧硫氮等元素有很大的亲和力。与其他元素的氧化物硫化物比较，稀土氧化物硫化物的密度较大（5～6g/cm³），在炼钢温度下都呈固态。

稀土元素加入钢液以后，产生如下反应：

$$2[RE] + 3[O] \rightleftharpoons RE_2O_3 \qquad K_0 = [RE]^2[O]^3 \qquad (7-17)$$

$$2[RE] + 3[S] \rightleftharpoons RE_2S_3 \qquad K_S = [RE]^2[S]^3 \qquad (7-18)$$

$$2[RE] + 2[O] + [S] \rightleftharpoons RE_2O_2S \qquad K_{OS} = [RE]^2[O]^2[S] \qquad (7-19)$$

Janke 等研究结果表明：

$$[\%RE]^2[\%O] = 9.4 \times 10^{-18}$$

在 1600℃ 时的相互作用系数 $e_O^{Ce} = -670$，$e_O^{La} = -552$。这说明稀土元素是比铝还强的脱氧剂。由形成 CeS 和 Ce$_2$O$_2$S 的热力学计算，可以得到 $[\%Ce][\%S] = 1.2 \times 10^{-4}$，$[\%Ce]^2[\%O]^2[\%S] = 4 \times 10^{-16}$。CeS、Ce$_3S_4$ 和 Ce$_2$S$_3$ 的生成自由能分别为 -364650J/mol、-420240 J/mol 和 -442680J/mol，可见稀土元素是很强的脱硫剂。

钢液初始的氧硫含量，决定了稀土元素加入后所能生成的产物。上述反应的反应常数 K_0、K_S 和 K_{OS} 在 1600℃ 的值分别为 10^{-5}、10^{-10} 和 $10^{-13.3 \sim -15}$。计算表明，生成的产物与钢液初始氧硫含量的关系见表 7-10。

表 7-10 用稀土元素脱氧脱硫的产物与钢中原始氧硫含量的关系

产　　物	稀土氧化物	稀土氧硫化物	稀土硫化物
[S]/[O]	<10	10～100	>100

在实际生产中，稀土合金最常用于控制硫化物的形态。热力学计算表明，当钢中 [%Mn]/[%S] >2 时，虽然脱氧良好，锰与硫的含量也正常，仍然会生成 MnS 夹杂。它的熔点低，热轧时会在轧制方向形成带状夹杂物，并极大地降低钢的横向力学性能，如延展性和消除产生裂纹倾向的限度都将大大降低。硫化锰也使钢对氢裂纹的敏感性增加。因此，应该消除钢中的 MnS 夹杂。研究指出，加入适量的稀土合金在钢的凝固过程中生成稀土氧硫化物，如 RE$_2$O$_2$S，

它们呈细小而分散的球状夹杂物，在热加工时不会变形，消除了硫化锰的有害作用。为了充分控制硫化物的形态，K. Sambongi 等研究指出，钢中稀土元素与硫的含量之比 $[\%RE]/[\%S]$ 应该大于3。另外，稀土夹杂物的密度大（约 $5 \sim 6g/cm^3$），接近于铁，不易上浮；稀土夹杂物熔点高，在炼钢温度下呈固态，很可能在中间包的水口处凝集使之结瘤。因此，使用稀土合金的量应该适当，避免在钢锭底部倒锥偏析严重以及使连铸操作产生结瘤的操作事故，其临界值 K_{RE} 不应该超过 4×10^{-4}。在一般情况下，硫含量应该低于 0.01%，并且尽量减少稀土元素的用量。工业化生产使用稀土元素的实践证明，按照此含量关系就可以有效地用稀土元素控制硫化物的形态。稀土元素夹杂物的性状随 $[\%RE]/[\%S]$ 比值的变化大体如表 7-11 所示。

表 7-11　稀土夹杂物的性状与钢中硫、稀土含量的关系

$\dfrac{[\%RE]}{[\%S]}$	夹杂物组成	夹杂物性状
0	MnS	带状、细长条状，可塑
<0.5	REMnS	条状，塑性较小
0.5~1	RE_2O_2S 5% + MnO 50%	纺锤形、球状，塑性更差
1~3	RE_2S_3、RE_3S_4	多边形或球状，无塑性
>3	RES	不规则的点串状，无塑性

由于稀土和钢中的硫和氧有极强的亲和力，可以生成稀土氧化物或稀土硫氧化物，钢中加入稀土元素后，有净化钢液并使夹杂物变性的作用。对加稀土钢和不加稀土钢进行试验，取样分析表明，钢中加入稀土后，钢中夹杂物大部分已球化，而未加稀土的钢中夹杂物绝大部分以长条状沿轧制方向分布。同时，加稀土的钢的力学性能有不同程度的提高，其中强度提高 2.6%，塑性提高 13.3%，常温横向冲击提高 35.4% ~ 40.7%。

20 世纪 70 年代，随着我国稀土在钢铁生产中应用的研究和推广，对弹簧钢进行稀土处理改变硫化物，特别是钢中高硬度的刚玉（Al_2O_3）夹杂物的形态、性质和分布，对提高 60Si2Mn、55SiMnVB 等弹簧钢疲劳寿命有明显效果。稀土使弹簧钢夹杂物变性的主要作用，被认为是钢中高硬度的棱角状 Al_2O_3 转变成了硬度较低的稀土铝酸盐（$REAl_{11}O_{18}$、$REAlO_3$）、稀土氧硫化合物（RE_2O_2S、$REAlO_2S$ 等）。

S. Malm 系统地研究了各种稀土夹杂物的变性能力，指出稀土铝酸盐 $REAl_{11}O_{18}$ 和 $REAlO_3$ 的性质与 Al_2O_3 十分相似，在钢中呈细串链状分布，无塑性的稀土铝酸盐夹杂物细颗粒呈串链状或单独存在，或与 MnS 一起构成复合夹杂物；稀土铝氧硫化物 RE_2O_2S 通常具有一定的变形能力（呈半塑性），且颗粒较稀土铝酸盐大，也呈串链状出现；含硅的稀土铝氧化合物 $RE(Al,Si)_{11}O_{18}$、$RE(Al,Si)O_3$ 具有较好的变形能力。由此可见，稀土的应用在一定程度上对脆性的 Al_2O_3 起了变性作用，改善了弹簧钢的疲劳性能，这充分说明夹杂物性质对弹簧疲劳寿命有着重大影响。用稀土使夹杂物变性的不足之处是，各类稀土铝氧化物的密度大、熔点高，夹杂物不易上浮，浇钢时常堵塞水口。此外，稀土与各种耐火材料都能起化学反应，侵蚀钢包内衬，稀土的加入方法也不尽合理。因此，用稀土来控制弹簧钢夹杂物形态的作用是十分有限的。

此外，李洪春等人介绍在济钢使用稀土处理含钛钢水以后，在改善连铸的可浇铸性以及提高钢水的脱氧效果方面取得了满意的效果。

7.5　钡合金对钢脱氧及夹杂物变性影响

近年来，含钡合金在炼钢脱氧工艺中得到越来越广泛的应用。钡为碱土金属，从其热力学

数据可知，它具有很强的脱氧、脱硫能力。一些常用脱氧剂与碱土金属钙、钡、镁的物理性质对比如表 7-12 所示。

表 7-12　常用脱氧剂及碱土金属的物理性质

元　素	相对原子量	原子半径 /nm	质量浓度 /g·cm⁻³	熔点 /℃	沸点 /℃	溶解度 /%	平衡 [O]	备　注
Mg	24.13	0.160	1.74	650	1057 ~ 1157	0.100	2.14×10^{-5}	
Ca	40.08	0.196	1.55	838	1440 ~ 1511	0.023	3.24×10^{-7}	
Sr	87.62	0.213	2.60	770	1280	0.026	9.51×10^{-7}	
Ba	137.3	0.225	3.50	729	1849 ~ 1898	0.020	1.54×10^{-6}	
Al	26.98	0.143	2.70	760	2327	互溶	1.96×10^{-4}	[Al] = 0.03%
Si	28.05	0.134	2.33	1440	2630	互溶	1.22×10^{-2}	[Si] = 0.2%
Mn	54.94	0.129	7.46	1244	2150	互溶	5×10^{-2}	[Mn] = 0.5%

从表中可以看出，钡的沸点比钙、镁高，而蒸气压和溶解度比钙、镁低。在一般情况下，含钡合金的密度大于含钙、铝的合金，这有利于提高其收得率。但是，由于钡的原子量较大，在加入量相同的情况下，参加反应的钡原子数要少于钙和铝。从常用的脱氧元素的热力学数据可知，钡的脱氧能力仅次于钙，而远大于铝。因此，当采用分别含有相同摩尔数的钡和铝的含钡合金和铝基合金进行脱氧时，使用含钡合金脱氧能够获得更低的氧含量。

使用铝钡进行复合脱氧，其反应可表示如下：

$$2[Al] + [Ba] + 4[O] = BaO \cdot Al_2O_3 \qquad lgK = 82713/T - 25.09 \qquad (7\text{-}20)$$

$$12[Al] + [Ba] + 19[O] = BaO \cdot 6Al_2O_3 \qquad lgK = 390394/T - 120.354 \qquad (7\text{-}21)$$

$$2[Al] + 3[Ba] + 6[O] = 3BaO \cdot Al_2O_3 \qquad lgK = 11529/T - 35.52 \qquad (7\text{-}22)$$

在 1873K 时，对铝钡复合脱氧生成上述产物时的氧与脱氧元素的关系进行推导，得出如下关系式：

$$lgN_O = -\frac{1}{2}lgN_{Al} - \frac{1}{4}lgN_{Ba} - 7.43 \qquad (7\text{-}23)$$

$$lgN_O = -\frac{12}{19}lgN_{Al} - \frac{1}{19}lgN_{Ba} - 7.27 \qquad (7\text{-}24)$$

$$lgN_O = -\frac{1}{3}lgN_{Al} - \frac{1}{2}lgN_{Ba} - 7.54 \qquad (7\text{-}25)$$

理论和实践表明，钡含量较高的情况下，钡直接参与脱氧，铝不起作用，只有钡含量降到一个很小的数值时，铝才能起到脱氧作用。在实际生产中，钡在钢中溶解度很难达到理想的脱氧浓度。

硅钡复合脱氧反应可表示为：

$$[Ba] + [Si] + 3[O] = BaO \cdot SiO_2 \qquad lgK = 50584/T - 17.665 \qquad (7\text{-}26)$$

$$2[Ba] + [Si] + 4[O] = 2BaO \cdot SiO_2 \qquad lgK = 74962/T - 25.98 \qquad (7\text{-}27)$$

在 1873K 时，对硅钡复合脱氧生成上述产物时的氧与脱氧元素的关系分别进行推导，得出如下关系式：

$$\lg N_O = -\frac{1}{3}\lg N_{Si} - \frac{1}{3}\lg N_{Ba} - 5.93 \tag{7-28}$$

$$\lg N_O = -\frac{1}{4}\lg N_{Si} - \frac{1}{2}\lg N_{Ba} - 6.58 \tag{7-29}$$

关于含钡合金脱氧机理问题，含钡合金加入到钢液中时，由于钡在钢液中的溶解度极低，只在初期生成极少量的氧化钡。脱氧剂中的其他脱氧元素均参与脱氧反应，首先生成各自的脱氧产物，再聚集、长大，生成复合脱氧产物。由于钡的原子量大，生成的脱氧产物半径较大，因而与其他脱氧产物的碰撞、长大形成复合脱氧产物的几率较高，同时其复合脱氧产物的半径也较大。由动力学可知，夹杂物上浮速度与夹杂物的半径成正比，因而含钡合金的脱氧产物上浮速度较快，冶炼终点的夹杂物数量必然减少，这也是钢水采用含钡合金脱氧以后含钡的复合夹杂物较少的主要原因。另外，由于钡的加入能够降低钙的蒸气压，使钙在钢液中的溶解度上升，从而提高了钙的脱氧和球化夹杂物的能力，因而含钡、钙的合金具有较高的脱氧和夹杂物变质作用。含钡复合合金脱氧剂用于钢液脱氧，可获得较低的氧含量，其脱氧产物易于上浮且速度很快，钢中的夹杂物基本呈球形，分布均匀。

钡对 Al_2O_3 进行变性处理的反应式可表示如下：

$$3[Ba] + Al_2O_{3(s)} = 3BaO_{(s)} + 2[Al] \qquad K = 1.10 \times 10^{-8} \tag{7-30}$$

该反应在处理钢液温度范围内（平衡温度为 1748K）自发进行，生成的 BaO 可与钢中的 Al_2O_3 反应生成 $BaO \cdot Al_2O_3$、$3BaO \cdot Al_2O_3$ 等化合物，在此基础上可以进一步生成低熔点的化合物。各种复合夹杂物的熔点如表 7-13 所示。

表 7-13　钡铝酸盐的性质

化 合 物	$n_{BaO}/n_{Al_2O_3}$	熔点/℃
$BaO \cdot 6Al_2O_3$	0.17	1915
$BaO \cdot Al_2O_3$	1	1815
$3BaO \cdot Al_2O_3$	3	1620

由于铝脱氧产物 Al_2O_3 易导致连铸水口结瘤和影响钢的质量，硫化物易导致钢性能的各向异性。为此，通过加入钡合金对夹杂物进行变性处理以控制夹杂物的形态，经过笔者的实践证明是切实可行的经济手段之一。钡合金处理初期的复合夹杂物形态见图 7-18。

钡对硫化物夹杂变性的影响：

$$[Ba] + (S) = (BaS)_{(s)}$$

$$\Delta G^{\ominus} = -670.39 - 0.176T \tag{7-31}$$

在 1873K 时，将浓度换算成摩尔浓度并两边取对数得：

$$\lg N_S + \lg N_{Ba} - \lg N_{BaS_{(s)}} = -13.64 \tag{7-32}$$

从以上公式和实践证明，硫含量较高时，硫

图 7-18　钡合金处理初期的复合夹杂物形态

化物夹杂串易变性。在硫含量不变的情况下,随 N_{Ba} 的增加,N_{BaS} 也增加,说明钡含量高有利于硫化物夹杂物的变性。采用 Si-Ba 合金取代 Si-Al-Fe、Al 脱氧剂,其脱氧效率高,Si-Ba 合金在脱氧的同时,还能脱硫;Si-Ba 合金加入量为 2.0kg/t 时,脱硫率可达 15% 以上,从而降低了炼钢成本。

采用复合脱氧的目的不仅在于降低钢中的溶解氧,而且更重要的是将脱氧产物变性,生成液态夹杂物,并使该夹杂物与钢液具有较大的表面张力,使之容易上浮排出。对于复合脱氧而言,脱氧剂加入后可立即生成接近平衡的脱氧产物,其组成主要取决于合金成分的组成及钢液的原始脱氧情况。对于硅锰合金的研究表明,为形成液态夹杂物要求合金的 [Mn] ≥ 0.38% + 0.80[Si]。对于硅铝合金的研究表明,生成液态夹杂物要求合金的硅铝比大于 15.69。对钡合金用于钢液深度脱氧和夹杂物变性的分析及参考 $BaO-Al_2O_3$、$BaO-SiO_2$ 和 $BaO-Al_2O_3-SiO_2$ 相图的基础上得出,直接用于复合脱氧的钡合金组成为铝钡合金的 Ba/Al 比应大于 2.4;硅钡合金的 Ba/Si 比应为 1.4~4.0;硅铝钡合金的组成为:Ba 20%~35%,Al 40%~60%;Si 10%~20%。硅钙钡合金的组成为:Ba 12%~20%;Ca 10%~25%;Si 50%~65%。

7.6 合成渣的应用

一座以冶炼品种钢为主的电炉,电炉冶炼结束出钢过程中的合成渣脱氧在很大程度上和还原精炼的目的相同,控制好电炉出钢过程的脱氧,对于提高粗炼钢水的质量、提高精炼炉的缓冲能力有着明显的影响作用。合成渣对于出钢过程中的钢液能够在脱氧的同时,对钢水进行洗涤,促使夹杂物聚合长大,达到易于上浮去除的目的。电炉出钢过程中,钢渣的反应界面最大,合成渣的加入有利于炉后加入石灰的溶解,可以极大地提高钢水的脱硫率,降低脱硫的操作成本。根据钢种和质量要求的不同,在电炉出钢过程中使用不同的合成渣,能够达到冶炼成本最低、钢水质量提高的最优化。

2002 年,笔者在一条电炉—精炼炉—连铸的生产线上,利用电炉出钢渣洗脱硫的原理,最大脱硫率达到了 70% 左右,解决了因为电炉硫高,精炼炉脱硫时间长,连铸机生产被打断的难题。3 年以后,在另外的一条电炉板坯生产线上,采用留碳操作加电石和合成渣进行综合脱氧,生产的低碳铝镇静钢电炉出钢时脱硫率达 55%。笔者采用的操作方法实现了电炉出钢脱硫率超过 55%,铝的回收率达到 70%,就说明了这一点。

目前,渣洗工艺是一项流行的技术。所谓渣洗,就是把钢水通过盛有合成渣的钢包进行混冲,达到洗涤钢液的目的,被渣洗的钢液可以是还原性的,也可以是氧化性的,前者叫还原性渣洗,后者叫氧化性渣洗。氧化性渣洗炼钢时间短,成本消耗低,因而应用较为广泛。根据合成渣炼制的方式不同,渣洗工艺可分为异炉渣洗和同炉渣洗。异炉渣洗是设置有专用的炼渣炉,将配比一定的渣料炼制成具有一定温度、成分和冶金性质的液渣,出钢时钢液冲进事先盛有这种液渣的钢包内,实现渣洗。同炉渣洗是渣洗的液渣和钢液在同一座炉内炼制,并使液渣具有合成渣的成分与性质,然后通过出钢最终完成渣洗钢液的任务。除此之外,还有固体渣渣洗工艺。异炉渣洗效果比较理想,适用于许多钢种,然而工艺复杂,生产组织和调度不容易控制,而且需一台炼渣炉相配合。同炉渣洗效果不如异炉渣洗,只用于碳钢或一般低合金钢上。生产上还是应用异炉渣洗的情况较多,而通常所说的渣洗也是指异炉渣洗。钢液经渣洗后,夹杂物含量低、尺寸小且分布均匀,虽然钢中的氮含量稍有增加,但氧和氢的含量明显减少,因而能改善钢的一些力学性能及减少许多冶金缺陷,同时能提高电炉炼钢的生产率。本节所述的重点是电炉出钢过程中的固体合成渣渣洗,这种类型的渣洗,也叫合成渣脱氧,因为容易制备,便于使用,目前有很多的厂家在使用。

7.6.1　合成渣的物理化学性能

一般说来，合成渣可由 CaO、CaC_2、Al_2O_3、CaF_2、SiO_2、MgO 组合而成，还有的添加了铝粉、炭粉、Na_2CO_3 等。目前，常用的合成渣系主要是 CaO-Al_2O_3 碱性渣系，化学成分大致为：CaO 50% ~55%；Al_2O_3 40% ~45%；SiO_2≤5%；C≤0.10%；FeO<1%。在 CaO-Al_2O_3 合成渣中，CaO 的含量很高，CaO 是合成渣中用于达到冶金反应目的的化合物，其他化合物多是为了调整成分、降低熔点而加入。FeO 的含量较低，对钢液的脱氧、脱硫有利。除此之外，这种渣的熔点较低，一般波动在 1350~1450℃之间，当 Al_2O_3 的含量为 40%~50%时最低。随着温度的改变，这种熔渣的黏度变化也较小。当炉渣的受热温度为 1560~1700℃时，黏度约为0.12~0.32Pa·s；当温度为 1500~1600℃时，黏度与电炉的一般白渣相同，当温度低于1550℃时仍保持良好的流动性；这种熔渣与钢液间的界面张力较大，容易携带夹杂物分离上浮。但当渣中 SiO_2 和 FeO 的含量增加时，将会降低熔渣的脱硫能力。添加 SiO_2 的目的是为了炉渣的溶解，SiO_2 的含量不超过5%，合成渣对脱硫的影响明显。合成渣是为达到一定的冶金效果而按一定成分配制的专用渣料。冶炼一般钢种使用的合成渣是以电石为基础，添加部分的铝矾土或者铝灰、炭粉、萤石、轻烧白云石粉制成；在冶炼低合金铝镇静钢时，使用矿热炉生产的专用合成渣。

目前使用最为广泛的是预熔精炼渣 $12CaO·7Al_2O_3$ 型渣，它的化学组成及质量分数见表7-14；$12CaO·7Al_2O_3$ 精炼渣是近几年发展起来的新型精炼渣，主要用于 LF 钢水脱硫、去除夹杂物而净化钢液的目的。从熔点、流动性等方面而言，由于它对 CaO 和 Al_2O_3 有较强的容纳能力，因而可配加大量的石灰、发泡剂等组合成具有很强脱硫能力的 LF 精炼渣，尤其适用于铝脱氧钢。

表 7-14　预熔渣 $12CaO·7Al_2O_3$ 的主要成分（%）

CaO	Al_2O_3	SiO_2	MgO	FeO
40~43	45~50	3.8~4.0	4.2~5.8	1.8~2.0

精炼渣生产主要有以下几种方法：

（1）精炼粉渣，将原料破碎加工成粉状，按要求成分配成粉料使用。

（2）烧结精炼渣，将要求成分的粉料添加黏结剂混匀后烧结成块状，破碎成颗粒状后使用。

（3）预熔精炼渣，使用化渣炉将要求成分的原料熔化成液态渣，倒出凝固后机械破碎成颗粒状后使用。

这种精炼渣的主要组成是 $12CaO·7Al_2O_3$ 化合物，本身就具有很低的熔点，渣中含有的 SiO_2、FeO、MgO 等杂质还具有降低熔点的作用；同时，由于含有较高的 Al_2O_3，对铝脱氧产物具有很高的吸附能力，因而精炼钢水时用这种渣可以配加大量的石灰，而对熔渣的流动性影响不大，从而进一步增加渣的脱硫能力。此种精炼渣系的相图中的分三角形示意图如图 7-19 所示。

7.6.2　合成渣的主要作用

使用合成渣可以达到以下效果：

（1）强化脱氧。除了脱氧剂和合成渣的作用外，在出钢过程中电石中的碳与氧反应，生

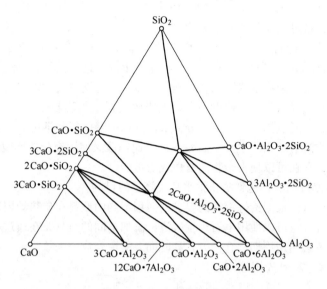

图 7-19　CaO-SiO₂-Al₂O₃ 系相图中的分三角形

成一氧化碳气泡上浮，对钢液无污染。

　　T. E. Turkdogan 的实验结果证明，对使用 CaO-Al₂O₃ 二元渣系覆盖的钢水进行铝脱氧，采用 Janke 的铝脱氧热力学数据：

$$2[Al] + 3[O] \Longrightarrow Al_2O_{3(s)} \qquad lgK = \frac{62760}{T} - 22.42 \qquad (7-33)$$

　　钢水如果只使用铝脱氧，为了在 1600℃ 左右使钢水中氧的活度降低到 4×10^{-6}，需要的溶解铝量为 0.022%，这是指钢液上部没有炉渣覆盖的情况。如果使用铝和石灰脱氧，达到同样的脱氧效果，所需的溶解铝仅为 0.0016%。为了充分发挥铝的脱氧作用，王平教授推荐使用 3 份石灰加 1 份铝进行脱氧。在同样的溶解铝条件下，随着 CaO-Al₂O₃ 二元渣中 CaO 比例的增大，钢中的溶解氧迅速降低。由上可见，钢中溶解氧活度的高低，除了取决于钢中溶解铝的含量外，还取决于脱氧产物 Al₂O₃ 的活度。如果能降低脱氧产物 Al₂O₃ 的活度，将有利于脱氧平衡向生成 Al₂O₃ 的方向移动，从而降低钢中氧的活度。CaO-Al₂O₃ 二元系可以生成 CaO·6Al₂O₃、CaO·2Al₂O₃、CaO·Al₂O₃、12CaO·7Al₂O₃、3CaO·Al₂O₃ 等复合化合物。由炉渣的共存理论可知，在由 CaO-Al₂O₃ 二元系组成的炉渣中，这些化合物都是能够存在的。由于这些复杂分子的存在，消耗了相当比例的 Al₂O₃ 用于形成复杂化合物，使 Al₂O₃ 的活度降低，促进反应向生成 Al₂O₃ 的方向移动，达到降低溶解氧的目的。

　　(2) 促使石灰渣料快速溶解。这主要是合成渣中含有促使石灰溶解的 Al₂O₃、SiO₂ 以及萤石和轻烧白云石。

　　(3) 强化脱硫。这主要通过合成渣的快速成渣以后，出钢时钢渣界面较大，在脱氧的同时来实现的。

　　在电炉生产品种钢时，采用复合脱氧剂，由于大部分的合金和脱氧剂是在出钢时加入的，能够使钢水在极短的时间内脱除大部分的氧，所以脱硫率较高。有一个前提是，如果电炉出钢下渣，在钢水及炉渣氧化性很强的条件下，加入了大量的合成渣，尽管消耗了大量的渣料，但脱硫效果不明显。加铝量的多少对 L_s 的影响极大。例如，当 (CaO) = 40% 时，[Al] = 0.01%，(%S)/[%S] = 10；当 [Al] = 0.05% 时，(%S)/[%S] ≥ 55。当 (CaO) = 50% 时，[Al] =

0.01%，(％S)/[％S]≥60；当[Al]＝0.05％时，(％S)/[％S]＝600。这个结果表明，渣成分的不同，用不同的铝量可以使脱硫有很大的差别。

（4）部分改变夹杂物的形态，加快钢中杂质的排除。合成渣中往往含有一定的脱氧产物相同的成分，由于合成渣由多种化合物组成，其熔点很低，这就使得合成渣与脱氧产物间有很小的界面张力，且可使夹杂物很快溶入合成渣。一般说来，钢中夹杂物与钢水的界面张力远大于夹杂物与合成渣间的界面张力，使得夹杂物的吸收变得更加容易。使用一定成分的合成渣，可以控制夹杂物形态。通过控制合成渣成分，来控制钢中溶解氧和钢中夹杂物成分，促进夹杂物在渣中的快速吸收溶解。当渣中 CaO 含量较高，而钢液又使用充分的铝脱氧时，钢液中就有一定的钙，这些钙的存在可以使夹杂物的变性成为可能。

（5）成渣以后覆盖钢液，达到防止钢水吸气降温的目的。

合成渣的制备，可以根据冶炼钢种的要求，使用不同的原料在矿热炉内制造。在没有矿热炉的条件下，一些合成渣可以使用电石为基础渣，添加不同的组分，在通过均混设备均混以后袋装使用。要充分考虑使用周期和仓储方式和时间，避免合成渣失效。

通常的炼钢脱氧过程是先用硅锰合金预脱氧，然后加铝终脱氧，作为脱氧产物的硅酸锰和钢水中溶解的铝之间反应生成富含 Al_2O_3 的夹杂物。在铝加入过程中，由于脱氧反应速度远大于铝在钢液中熔化和扩散的速度，故易产生局部富铝而析出较大的夹杂物颗粒。而用合成渣精炼脱氧时，钢液中不会产生局部富铝，因而析出的夹杂物成分均匀而细小。薛正良教授的研究表明，采用高碱度精炼渣精炼 SUP7 钢时，渣中的 Al_2O_3 和 CaO 不断被钢液中的 Si 还原，使钢中酸溶铝和全钙含量随反应时间延长不断增加。高碱度精炼渣对钢中酸溶铝和全钙含量的影响见图 7-20；精炼渣中 Al_2O_3 含量对钢中酸

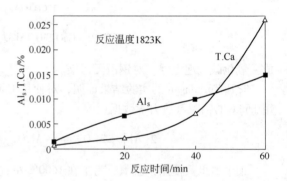

图 7-20　高碱度精炼渣对钢中酸溶铝和
全钙含量的影响关系

溶铝含量的影响见图 7-21；精炼渣中 Al_2O_3 和 MgO 含量对钢中酸溶铝含量的影响见图 7-22；精炼渣碱度对钢中全氧含量的影响见图 7-23。精炼渣碱度对钢中酸溶铝含量的影响见图 7-24。

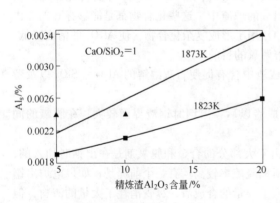

图 7-21　精炼渣中 Al_2O_3 含量对
钢中酸溶铝含量的影响

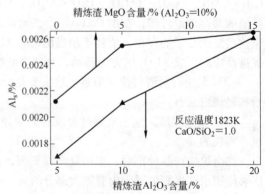

图 7-22　精炼渣中 Al_2O_3 和 MgO 含量对
钢中酸溶铝含量的影响

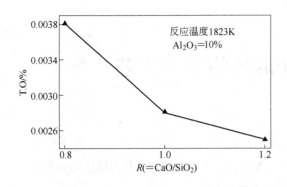

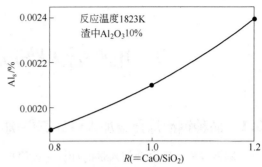

图 7-23 精炼渣碱度对钢中全氧含量的影响 　　图 7-24 精炼渣碱度对钢中酸溶铝含量的影响

7.6.3 合成渣使用量的确定

合成渣的使用要考虑冶炼钢种脱氧过程中合金化沉淀脱氧产生氧化物的种类，主要是铝的氧化物夹杂，决定使用合成渣的类型，加入量主要通过以下方法确定：

（1）计算确定。根据合成渣中的成分、合金中铝含量、含铝脱氧剂的使用量、钢水量计算产生夹杂物的数量范围，确定能够有效促使夹杂物聚合长大被吸收到渣中的合成渣加入量。

（2）实践中测试。如在冶炼过程中加入一个中限范围的数量，根据冶炼效果、铸坯的分析进行调整。

（3）根据电炉出钢碳含量、定氧的范围辅助参考使用加入量。

以下是碳素工具钢 T7 脱氧时的一种合成渣加入规定：

（1）电炉应控制出钢碳含量大于 0.30%，即要求电炉留碳操作，出钢磷含量小于 0.010%，出钢温度大于 1630℃，并保证炉内金属料熔化完全。严禁出钢下渣和带渣。

（2）出钢的增碳操作必须在出钢量达到目标值 4/5 左右时完成，防止增碳时炭粉没有被溶解吸收，浮在上方，给精炼带来困难。

（3）炉后终脱氧剂采用复合精炼剂、电石和硅钙钡合金。炉后脱氧：出钢前向钢包内加入 0.5 ~ 1kg/t 的复合精炼剂，钢水出到总出钢量的 1/5 ~ 1/6 时，先加入电石，电石的加入量按照总出钢量的 0.5 ~ 1kg/t 加入，然后再加入 0.2 ~ 1.5kg/t 的硅钙钡合金，具体加入量见表 7-15。

表 7-15　碳素工具钢 T7 电炉脱氧合金加入量方案

序 号	出钢碳含量/%	精炼剂加入量/kg·t^{-1}	电石加入量/kg·t^{-1}	硅钙钡加入量/kg·t^{-1}
1	C≥0.40	0.2 ~ 1	0 ~ 0.5	0.5
2	0.20 < C < 0.40	0.5 ~ 1	0.5 ~ 1.0	1.0
3	0.10 < C≤0.20	1 ~ 1.5	1.0 ~ 1.5	1.5
4	0.045 < C≤0.10	1.5	2	1.5 ~ 2
5	C < 0.040	1.5	2 ~ 2.5	1.5 ~ 2

8 电炉流程部分钢种的生产工艺

8.1 品种钢冶炼合金加入量计算举例

炼钢过程中铁合金加入量的计算比较简单，主要考虑以下原则使用铁合金的使用类型：

（1）成本的需要，原则上使用价格低廉的铁合金以降低冶炼的成本。

（2）脱氧的需要，要考虑合金脱氧产生的夹杂物的类型。

（3）各种合金成分上的相互影响。

（4）电炉钢水化学成分的分阶段控制，一般将成分分为两次以上进行调配。

8.1.1 低合金钢铁合金的加入量计算举例

低合金钢的生产，由于钢中合金元素的含量低，一般采用以下公式计算：

$$G = \frac{A - B}{FC} \times W \tag{8-1}$$

式中，G 为合金加入量，kg；A 为目标成分，%；B 为残余成分，%；F 为铁合金中元素的成分，%；C 为回收率，%；W 为钢液重量，kg。

例 1：冶炼 45 钢，钢水量 12t，控制锰的目标成分为 0.65%，炉中成分锰为 0.25%，锰铁的回收率为 98%，锰铁中锰含量为 65%。计算锰铁的加入量：

$$G = \frac{0.65\% - 0.25\%}{98\% \times 65\%} \times 12000 = 72.36\text{kg}$$

例 2：冶炼 HRB400 钢，钢液重量 100t，要求电炉将锰的成分控制在精炼炉到站以后目标为 1.2%，电炉出钢残余锰为 0.15%，硅的目标值为 0.55%，出钢时残余硅忽略，电炉出钢使用硅锰合金和硅铁合金化，硅锰合金中锰的回收率按照 100% 计算，硅的回收率为 80%，硅铁的回收率为 70%。硅锰合金中锰含量为 64%，硅含量为 17%，硅铁中硅的含量为 74%。计算各种合金的用量。

首先使用硅锰合金配锰，计算加入硅锰合金的量 G：

$$G = \frac{1.2\% - 0.15\%}{100\% \times 64\%} \times 100000 = 1641\text{kg}$$

然后计算 1641kg 硅锰合金带入的硅含量 P：

$$P = \frac{1641 \times 17\% \times 80\%}{100000 + 1641} \times 100\% = 0.22\%$$

最后计算硅铁的加入量 S：

$$S = \frac{0.55\% - 0.22\%}{70\% \times 74\%} \times 101641 = 647\text{kg}$$

8.1.2 单元素高合金钢的合金加入量计算举例

单元素高合金钢的合金加入量计算按照以下公式进行：

$$G = \frac{A - B}{FC - A} \times W \qquad (8\text{-}2)$$

式中，G 为合金加入量，kg；A 为目标成分，%；B 为残余成分，%；F 为铁合金中元素的成分，%；C，回收率，%；W 为钢液重量，kg。

例3：钢液量为 82t，钢液中含铬量为 0.65%，含碳量为 0.34%。现有高碳铬铁含铬量为 68%，含碳量为 7%；低碳铬铁含铬量为 62%，含碳量为 0.42%。要求控制钢液中含铬量为 1.3%，含碳量为 0.4%，铬铁的回收率按照 100% 计算。计算高碳铬铁和低碳铬铁用量。

首先从满足配碳量求出高碳铬铁的加入量 G：

$$G = \frac{0.4\% - 0.34\%}{7\% \times 100\% - 0.4} \times 82000 = 745.45$$

加入高碳铬铁后，钢液中含铬量 P 为：

$$P = \frac{82000 \times 0.65\% + 745.45 \times 68\%}{82000 + 745.45} = 1.26\%$$

低碳铬铁的加入量 S 为：

$$S = \frac{1.3\% - 1.26\%}{62\% \times 100\% - 1.3\%} \times 82745.45 = 55\text{kg}$$

需要说明的是锰铁的回收率，有些时候可以超过 100%，其主要原因是电炉下渣或者带渣以后，炉渣中的氧化锰被还原进入钢液造成的。

8.1.3 多元素高合金钢的补加系数法合金加入量计算举例

补加系数法的计算原理：根据多元素高合金在钢中的合金占有量以及各个元素的补加系数，首先计算出各个合金的初期加入量，然后对于初加合金总量按照各个元素补加系数计算各个合金补加量，最后得出各个合金的加入总量。补加系数法的计算分为 6 步：

（1）求出钢量：出钢量 = 装入量×收得率。现代电炉的钢水收得率为 91%～95%。

（2）求加入合金料的初步用量和初步总用量。

（3）求合金料的比分，即把化学成分规格含量，换算成相应合金料占有的百分数：

$$\text{合金料占有量} \% = \frac{\text{规格控制成分} \%}{\text{合金料成分} \%} \times 100\%$$

（4）求纯钢液比分和补加系数：

$$\text{铁合金的补加系数} = \frac{\text{合金料占有量} \%}{\text{纯钢液占有量} \%} \times 100\%$$

$$\text{纯钢液占有量} = 100\% - \text{各项合金占有量之和}$$

（5）求补加量，利用单元素低合金钢的计算公式求出各种铁合金的补加量。

（6）求出合金料用量及总和。

例4：冶炼 W18Cr4V 高速工具钢，装入量为 120t，钢铁料收得率按照 90% 计算，合金收得率全部按 100% 计算。求各种合金的用量。其他数据如下：

成分/%	控制成分/%	现有成分/%	Fe-W 成分/%	Fe-Cr 成分/%	Fe-V 成分/%
W	18.2～19	17.6	80		
Cr	4.2	3.3		70	
V	1.2	0.6			42

（1）求出钢量：

$$出钢量 = 120000 \times 90\% = 108000kg$$

（2）求合金料的初步用量：

$$Fe\text{-}W = \frac{18.2\% - 17.6\%}{80\%} \times 108000 = 810kg$$

$$Fe\text{-}Cr = \frac{4.2\% - 3.3\%}{70\%} \times 108000 = 1389kg$$

$$Fe\text{-}V = \frac{1.2\% - 0.6\%}{42\%} \times 108000 = 1543kg$$

$$合金料初步总用量 = 810 + 1389 + 1543 = 3742kg$$

（3）求合金料比分：

$$Fe\text{-}W = \frac{18.2\%}{80\%} \times 100\% = 22.8\%$$

$$Fe\text{-}Cr = \frac{4.2\%}{70\%} \times 100\% = 6\%$$

$$Fe\text{-}V = \frac{1.2\%}{42\%} \times 100\% = 2.9\%$$

$$纯钢液占有量 = 100\% - (22.8\% + 6\% + 2.9\%) = 68.3\%$$

（4）求补加系数，即纯钢液的合金成分占有量：

$$Fe\text{-}W = \frac{22.8\%}{68.3\%} = 0.334$$

$$Fe\text{-}Cr = \frac{6\%}{68.3\%} \times 100\% = 0.088$$

$$Fe\text{-}V = \frac{2.9\%}{68.3\%} = 0.043$$

（5）求补加合金料的量：

$$Fe\text{-}W = 3742 \times 0.334 = 1250kg$$

$$Fe\text{-}Cr = 3742 \times 0.088 = 329kg$$

$$Fe\text{-}V = 3742 \times 0.043 = 161kg$$

合计：　　　　　　　　　　$$1250 + 329 + 161 = 1740kg$$

最终钢水量：　　　　　　　$$108000 + 1740 = 109740kg$$

求各个合金料的总加入量：

$$Fe\text{-}W = 1250 + 810 = 2060kg$$

$$Fe\text{-}Cr = 329 + 1389 = 1718kg$$

$$Fe\text{-}V = 161 + 1543 = 1704kg$$

验算：

$$钢水中 w\% = \frac{108000 \times 17.6\% + 2060 \times 80\%}{109740} \times 100\% = 18.8\%$$

8.1.4 合金加入量的方程式联合计算法举例

这种方法简单易行，主要利用方程组来求解。

例5：钢液量为15t，钢水中的铬元素含量为10%，含碳量为0.20%，现有高碳铬铁含铬量为65%，含碳量为7%，低碳铬铁含铬量为62%，含碳量为0.40%。要求钢液中含铬量为13%，含碳量为0.4%，求高碳铬铁和低碳铬铁的用量。

设加入高碳铬铁 $x$kg，低碳铬铁 $y$kg。

$$x \times 65\% + y \times 62\% = 15000 \times (13\% - 10\%) + (x + y) \times 13\%$$

$$x \times 7\% + y \times 0.40\% = 15000 \times (0.4\% - 0.2\%) + (x + y) \times 0.4\%$$

由以上两个方程解得：$x = 454.5$，$y = 436.04$。

8.1.5 合金加入量的影响计算举例

8.1.5.1 利用计算成分与实际成分的偏差校核钢水的量

很多时候，在出钢车称量装置不正常、钢水回收率不正常的情况下，可以使用合金加入以后成分的变化，主要是计算成分和实际的成分来校对钢水量，这种方法误差较大，仅供参考。参考的合金回收率要求稳定，通常采用锰铁作为参考。主要原理如下：

（1）计算铁合金加入量：

$$G = \frac{k}{FC} \times W \tag{8-3}$$

式中，G 为计算的合金加入量，kg；k 为计算加入合金以后的成分变化，k = 目标成分 - 残余成分；F 为铁合金中元素的成分，%；C 为回收率，%；W 为计算的钢液重量，kg。

（2）按照计算的铁合金加入以后引起的成分变化为：

$$G = \frac{m}{FC} \times T \tag{8-4}$$

式中，m 为合金加入以后合金元素成分的实际变化值，%；T 为实际的钢液重量，kg。

由于合金加入量一定，所以式8-3和式8-4两式相等，可得：

$$T = \frac{k}{m} \times W$$

例6：钢液量为5000kg，钢液含锰量为0.25%，加锰铁计算钢液含锰量为0.5%，实际分析含锰量为0.45%。求实际钢液量。

$$T = \frac{0.5\% - 0.25\%}{0.45\% - 0.25\%} \times 5000 = 6250\text{kg}$$

8.1.5.2 根据钢液中间的合金成分含量计算钢液的氧浓度

例7：用SiMn复合脱氧剂脱氧时，1600℃钢液的平衡 $w_{[Mn]} = 0.76\%$，$w_{[Si]} = 0.19\%$。计算钢液的平衡氧浓度。

由于脱氧后钢液中 $w_{[Mn]}/w_{[Si]} = 4$，故脱氧产物是不为 SiO_2 饱和的硅酸盐熔体。

$$[Mn] + [O] \Longrightarrow (MnO) \quad \lg K_{Mn}^{\ominus} = \frac{14450}{T} - 6.43$$

$$K_{Mn}^{\ominus} = \frac{a_{MnO}}{f_{Mn} w_{[Mn]} w_{[O]}} \qquad w_{[O]} = \frac{a_{MnO}}{f_{Mn} w_{[Mn]} K_{Mn}^{\ominus}}$$

$K_{Mn}^{\ominus}$：

$$\lg K_{Mn}^{\ominus} = \frac{14450}{1873} - 6.43 = 1.285 \quad K_{Mn}^{\ominus} = 19.27$$

a_{MnO}：　　　由 $[Si] + 2(MnO) \Longrightarrow 2[Mn] + (SiO_2)$ 有：

$$\lg K_{Si-Mn}^{\ominus} = \frac{1510}{T} + 1.27$$

$$K_{Si-Mn}^{\ominus} = \frac{f_{Mn}^2 w_{[Mn]}^2 a_{SiO_2}}{f_{Si} w_{[Si]} a_{MnO}^2} \qquad \frac{a_{SiO_2}}{a_{MnO}^2} = \frac{K_{Si-Mn}^{\ominus} f_{Si} w_{[Si]}}{f_{Mn}^2 w_{[Mn]}^2}$$

由 $\lg f_{Mn} = e_{Mn}^{Mn} w_{[Mn]} + e_{Mn}^C w_{[C]} + e_{Mn}^{Si} w_{[Si]} = 0 \times 0.76 + (-0.07) \times 0.33 + 0 \times 0.19 = -0.0231$，

得：

$$f_{Mn} = 0.948$$

由 $\lg f_{Si} = e_{Si}^{Si} w_{[Mn]} + e_{Si}^C w_{[C]} + e_{Si}^{Mn} w_{[Mn]} = 0.11 \times 0.19 + 0.18 \times 0.33 + 0.002 \times 0.76 = 0.082$，

得：

$$f_{Si} = 1.21$$

$$\lg K_{Si-Mn}^{\ominus} = \frac{1510}{1873} + 1.27 = 2.08 \quad K_{Si-Mn}^{\ominus} = 119.18$$

故：　　　　$$\frac{a_{SiO_2}}{a_{MnO}^2} = \frac{119.18 \times 1.21 \times 0.19}{0.948^2 \times 0.76^2} = 52.79$$

得：　　　　$$a_{MnO} = 0.12$$

故：　　　　$$w_{[O]} = \frac{a_{MnO}}{f_{Mn} w_{[Mn]} K_{Mn}^{\ominus}} = \frac{0.12}{0.948 \times 0.76 \times 19.27} = 0.0086\%$$

8.1.5.3　夹杂物析出量的计算

例8： 为使用 FeSi 脱氧的钢液氧的质量分数从 0.01% 下降到 0.0001%，需加入多少铝？温度为 1600℃，当用 Al 脱氧的钢液冷却到 1500℃时，能析出多少 Al_2O_3 夹杂？

（1）加入的铝量。脱氧加入的铝量是使钢液中的 $w_{[O]}$ 降到规定值，及与钢液中残存氧平衡的 $w_{[Al]}$ 所需的铝量之和。

除去钢液中 $w_{[O]} = 0.01\% - 0.0001\% = 0.0099\%$ 所需铝量，按铝的脱氧反应的化学计量关系计算：

$$2[Al] + 3[O] \Longrightarrow (Al_2O_3)_{(s)}$$

$$2M_{Al} \frac{w_{[O]}}{3M_O} = \frac{2 \times 27 \times 0.0099}{3 \times 16} = 0.011\%$$

与残存 $w_{[O]} = 0.0001\%$ 平衡的铝量：

$$K_{Al}' = w_{[Al]}^2 w_{[O]}^3 \qquad w_{[Al]} = \sqrt{K_{Al}'/w_{[O]}^3}$$

$$\lg K_{Al}^{\ominus} = \frac{63655}{1873} - 20.58 = 13.41 \quad K_{Al}' = 1/K_{Al}^{\ominus} = 3.89 \times 10^{-14}$$

故：　　　　$$w_{[Al]} = \sqrt{3.89 \times 10^{-14}/0.0001^3} = 0.197\%$$

应加入的 Al 量 = 0.011% + 0.197% = 2.08kg/t

（2）钢液温度从 1600℃下降到 1500℃析出的 Al_2O_3 量。

设 x 为脱氧生成 Al_2O_3 的铝量（%），则钢中由此 Al 量除去的氧量为 $\frac{3 \times 16}{2 \times 27} x = 0.889x$，在

1500℃平衡时，钢内的铝氧积为：

$$K'_{Al} = (0.197 - x)^2 (0.0001 - 0.889x)^3$$

$$\lg K^\ominus_{Al} = \frac{63655}{1773} - 20.58 = 15.32 \quad K'_{Al} = 1/K^\ominus_{Al} = 4.76 \times 10^{-16}$$

故：

$$(0.197 - x)^2 (0.0001 - 0.889x)^3 = 4.76 \times 10^{-16}$$

用计算机求解：$x = 8.66 \times 10^{-5}\%$

冷却过程中，因 K'_{Al} 减小，钢中溶解氧再次脱氧形成的 Al_2O_3 夹杂为：

$$w_{(Al_2O_3)} = 8.66 \times 10^{-5} \times \frac{102}{2 \times 27} = 1.64 \times 10^{-4}\%$$

例9： 为使 1600℃ 时钢液的 $w_{[O]}$ 从 0.05% 下降到 0.012%，而脱氧终了时钢液的 $w_{[Mn]} = 0.6\%$，$w_{[Si]} = 0.12\%$，计算需加入的锰铁（$w_{[Mn]} = 75\%$）及硅铁（$w_{[Si]} = 65\%$）量。

脱氧产物由 MnO-SiO_2 组成，为使脱氧产物是液态硅酸盐，选取 $w_{[Mn]}/w_{[Si]} = 4.2$，于是用于脱氧的 Mn 及 Si 的浓度之间存在着下列关系：

$$w_{[Mn]} = 4.2 w_{[Si]}$$

钢液的总氧量是 Si 及 Mn 两者脱氧量的总和，即：

总的脱氧量 = Si 的脱氧量 + Mn 的脱氧量

即：

$$\frac{32}{28} \times w_{[Si]} + \frac{16}{55} \times w_{[Mn]} = 0.05 - 0.012 = 0.038$$

代入 $w_{[Mn]} = 4.2 w_{[Si]}$，得：

$$1.14 w_{[Si]} + 0.29 \times 4.2 w_{[Si]} = 0.038$$

解方程得：

$$w_{[Si]} = 0.016\%, \quad w_{[Mn]} = 0.067\%$$

将上述值分别加上脱氧后各自的平衡浓度，即为脱氧元素的浓度：

应加入的硅的质量分数 = 0.12% + 0.016% = 0.136%

应加入的锰的质量分数 = 0.6% + 0.067% = 0.667%

相应地，应加入：

$$硅铁（w_{[Si]} = 65\%）= \frac{0.136}{100} \times 10^3 \times \frac{1}{0.65} = 2.1 kg/t$$

$$锰铁（w_{[Mn]} = 75\%）= \frac{0.667}{100} \times 10^3 \times \frac{1}{0.75} = 8.9 kg/t$$

8.2 现代电炉冶炼品种钢时的工艺准备

在电炉的生产过程中，要根据电炉生产的特点编制工艺路线。不经过强化脱氮工艺的电炉钢，一般的氮含量在 0.070% ~ 0.18%，是生产非调质钢和高强度螺纹钢的最佳生产线；采用新铁料和高配碳技术，可以生产出低氮低氧的中高碳钢；利用废钢中残余元素生产抽油杆钢还可以节省合金的消耗。根据生产计划做好工艺准备是生产品种钢的关键环节。

8.2.1 工艺作业卡

首先要编制好供冶炼参考的工艺作业卡。工艺作业卡根据电炉的公称容量，分为以下几个方面：

（1）给出冶炼钢种的国标化学成分的控制范围，以及客户要求的范围或者内控范围。推荐成分控制的最佳值。一般情况下，为了消除化验和检测手段的不同带来的争议，以及取得成本上的节约，企业都有自己的内控标准，该标准大多数把国标成分的中限范围作为最佳的控制范围。

（2）表明钢种的用途、执行的技术标准、钢质代号、工艺路线。

（3）给出液相温度、电炉的出钢温度、精炼炉的出钢温度、吹氩制度。

（4）给出其他的特殊说明。

（5）计算出不同工位的合金加入量。

表 8-1 为电炉冶炼弹簧钢的工艺作业卡。

表 8-1　电炉冶炼弹簧钢工艺作业卡示例

钢种		55SiMnVB	技术标准		GB 1222—84		用　途		汽车用弹簧钢	
钢质代号						工艺路线			EAF—LF—VD—CC	

化学成分控制/%										
化学成分		C	Si	Mn	P	S	Cr	Ni	Cu	
标准	下限	0.52	0.7	1.0						
	上限	0.60	1.0	1.3	0.035	0.035	0.35	0.35	0.25	
内控	下限	0.52	0.8	0.70						
	上限	0.58	0.95	0.85	0.020	0.015	0.20	0.20	0.20	
电炉终点	下限	0.25								
	上限	0.45	0.8	1.05	0.015		0.20	0.25	0.20	
电炉钢包	目标	0.45~0.52	0.80	0.60						
LF	目标	0.55	0.85	1.10	≤0.020	≤0.020				
成品	目标	0.55	0.88	1.10	≤0.020	≤0.015	<0.20	<0.25	<0.20	

钢包合金、脱氧剂及渣料添加/kg				成品[Al]的控制：<0.015%	
加料地点	石灰	萤石	FeSi	SiMn	Si-Ca 线
出　钢					
LF	调整	调整	调整	调整	150m

温度控制（新炉子、冷炉子、新钢包、冷钢包出钢温度提高10℃）/℃				
工　位	电炉出钢	LF 结束	CC 中间包	液相线温度
连浇 1	1620~1650	1550~1560	1545~1555	1479
连浇 2	1610~1630	1540~1550	1535~1545	

补充说明：

1. 电炉生铁或铁水配加 35~45t，配碳至 1.0%~2.0%。

2. 出钢及精炼底吹搅拌气体使用氩气。

3. 出钢前钢包到位后向钢包加入 1.5kg/t 的合成渣，然后出钢。然后依次加入 100~150kg 复合脱氧剂 SiCaBa，严禁出钢下渣。

4. 原则上出钢［C］≥0.10% 时，出钢合金使用 SiMn 合金；但如果出钢［C］＜0.10%，则应使用 FeMn 合金，FeMn 增碳按 100kg 增碳 0.01% 计算。电炉终点碳小于 0.25% 时，根据情况增加出钢过程的加铝量。

5. 精炼炉白渣形成以后按照钒铁的成分按中下配入钒铁。喂丝以后 3min，加入硼铁，加入位置在氩气透气砖上方钢液面裸露处。加入硼铁后须保持软吹 5min 后方可出钢。

6. 以上合金加入量计算以 100t 钢水为依据，若钢水量变动则应适当调整。

7. 本钢种在下类情况下应该通过 VD 处理：

（1）钢种有特殊用途或特殊要求；

（2）LF 水冷炉盖漏水进入钢包；

（3）倒包处理或者精炼时间大于 2h，钢中［N］＞0.013%。

8.2.2 原料准备

原料的准备在生产计划下达以后，提前准备好以下原材料：

（1）根据钢种决定废钢料池进入的废钢类型，并且做好分类工作；

（2）冶炼钢种需要的铁合金和脱氧剂、丝线；

（3）各种渣料。

8.2.3 冶炼时机

有些钢种，由于质量要求和其他规范要求，在新炉体前期 1～20 炉不能冶炼，有部分钢种在出钢时为了增碳、脱氧和避免下渣，要求合金在出钢过程中大量加入，以及强化脱硫等要求，出钢时有特殊要求，要求出钢有一定时间限制的，在出钢口后期也不能冶炼。在以上情况解决以后，才能够进行生产。

8.2.4 工艺路线制订的基本思路

品种钢冶炼工艺路线制订的思路主要有以下几点：

（1）根据钢种性能对有害元素铬、镍、铜等的要求，规定废钢铁料配料的制度。如对这些有害元素有严格限制的钢种，要求废钢铁料要按照生产要求组织进厂，废钢铁料不能满足生产要求时，就要配加直接还原铁、生铁或者铁水等其他清洁废钢的替代铁料。

（2）根据连铸机的拉速、电炉冶炼周期、精炼炉的处理时间三者之间的关系，制订电炉的装入量制度和冶炼制度，以便于生产各个工序之间的匹配。

（3）根据钢种对气体含量的要求、钢种成分中碳含量的范围，规定配碳量，利用电炉的脱碳反应达到脱除大部分气体的目的，同时要考虑到石灰、硅铁、镍铁等容易吸气的特点，制订相应的措施，如镍铁的烘烤、石灰和电石的仓储时间等，还要规定电炉冶炼过程中对于造渣制度的要求、碱度的要求等。

（4）根据钢种使用性能的特点、生产成本的承受能力，制订脱氧的工艺。如轴承钢不宜使用硅钙线，宜采用硅钙钡脱氧，冷轧深冲钢不许使用萤石化渣等。

（5）根据生产钢种的成分要求，选择合金化使用的各类铁合金。如生产中高碳钢时选择低价的高碳合金，在合金化的同时调整粗炼钢水的碳含量，使得成本最优化。

（6）根据脱氧合金化过程中产生夹杂物的类型，选择使用合理的脱氧变性剂，如精炼合成渣、硅钙钡、铝锰铁等，以使夹杂物易于去除。

（7）根据钢种合金化使用合金的特点，规定加合金的时机和地点、增碳的时间。如常见的冶炼中高碳钢时，炉后增碳不及时，会造成炭粉没有被钢水吸收，浮在渣面，形成炉渣较干或者成为电石渣，给精炼炉精炼增加难度。

（8）根据冶炼钢种的液相线温度、加入合金的数量、合金的熔点，制订合理的出钢温度，使得钢水到达精炼炉以后，温度控制在液相线温度以上 45℃ 左右。

（9）根据合金的加入量和加入速度，规定出钢口的使用要求，避免出钢口过大，出钢时间短造成合金没有加完，或者加在渣面，造成精炼炉冶炼时的烧损损失，以及出钢下渣，造成炼钢成本的增加。

（10）根据冶炼钢种对气体含量的要求、合金加入量、夹杂物上浮需要的动力学条件，制订合理的搅拌气体的使用类型和搅拌气体的流量。

（11）根据钢种的特点，规定钢包的使用条件，避免钢包烘烤情况不好带来的温降，影响钢种冶炼的顺利进行。新钢包气体含量和夹杂物较多，增加了钢水精炼的难度，钢包内残余冷钢导致成分超标等。

（12）根据冶炼钢种的成分，制订电炉冶炼中成分的控制范围，给出相应的冶炼工艺路线。

以下笔者简要说明几种常见钢种的冶炼。

8.3　高强度螺纹钢的生产

8.3.1　高强度螺纹钢

目前我国钢筋的品种、性能、质量和数量诸方面都有很大的发展，研究开发了 20 多个钢筋新钢种，性能基本上可满足不同用途对钢筋的使用要求，产品质量逐步接近国外同类产品。钢筋年产量逐年递增，基本满足了国内需求，并有部分出口。

几十年来，强度级别为 335MPa 的热轧 20MnSi（早期为 16Mn）Ⅱ级钢筋的生产和使用在我国一直处于主导地位（国外典型的如德国的 RST337 等），而国外早已采用屈服强度为 400MPa（Ⅲ级）以上的钢筋，欧洲一些工业发达国家现在基本采用 500MPa（Ⅳ级）钢筋。随着科学技术的发展和建筑行业的需求，20MnSi 钢筋暴露出许多问题，如强度级别低，达不到国际上大量使用的 400MPa 的强度水平，综合性能，尤其是焊接性能还不理想，力学性能波动范围较大。随着建筑工业的迅速发展，高层建筑等工程结构对钢筋性能的要求越来越高，大力推广和使用 400MPaⅢ级钢筋，成为冶金和建筑行业科技进步的重要标志。

钢筋升级换代主要采用两条技术路线：一条是微合金强化，即在炼钢过程中，加入微量 V、Ti、Nb 等元素，通过这些微合金元素的碳、氮化物的沉淀析出，达到细晶强化和沉淀强化的目的，进而提高钢筋的综合性能；另一条路线是在轧制作业线上利用轧制钢筋的余热直接进行热处理的工艺，将轧钢和热处理工序有机地结合在一起，通过工艺参数的控制，有效地改善钢筋的综合性能。即在 20MnSi 牌号的基础上，完善轧后余热处理工艺，控制其强化，例如控轧控冷，热轧后立即穿水控制表面冷却，利用心部余热高温回火，这也是国际上通用的强化钢筋途径。我国也在 20 世纪 80 年代初，研制出了两个利用我国资源特点的微合金化钢筋 20MnSiV、20MnTi，以及一个余热处理牌号 KL20MnSi，为我国大量生产 400MPa 热轧钢筋做好了技术准备。

我国微合金化 400MPa 热轧钢筋的推广应用已经启动，热轧 500MPa 钢筋已开始试制，并列入国家标准。微合金化作为提高钢筋强度等级、改善钢筋综合性能的一个重要途径已经得到冶金企业的认可。热轧后余热处理生产高强度钢筋，也是另一条重要的技术途径。

世界上主要发达国家提高钢筋强度主要是采用余热处理工艺。各国标准包括 ISO 国际标准均是建立在这个基础上的，这是对这种成熟工艺技术的明确肯定。因此，在余热处理工艺生产钢筋这一问题上应该借鉴国外经验，要积极地研究这种钢筋的使用问题。

在热轧 400MPa、500MPa 钢筋的开发应用过程中，应提倡微合金化和余热处理两条腿走路，特别是热轧 500MPa 钢筋，余热处理应作为首选工艺技术。

目前电炉生产的高强度螺纹钢是泛指热轧带肋钢筋。这种产品是在螺纹钢 20MnSi 的基础上，添加部分的微合金化元素，提高钢筋的强度。长期以来，我国建筑用钢筋以 HRB335Ⅱ级钢筋为主，由于Ⅱ级钢筋的强度较低，为了保证建筑结构的强度，不得不增加钢筋的排布密度，增加了钢材的使用量，造成较大的浪费。而 HRB400Ⅲ级钢筋，具有强度高、性能稳定、抗震性好、节省钢材（比Ⅱ级钢筋省 14%~16%）的优势，用Ⅲ级钢筋代替Ⅱ级钢筋，具有巨大的社会效益和经济效益。也有的厂家采用降低钢中的硅锰含量，降低合金消耗，添加部分微合金化元素，达到不降低钢材强度的目的，利润也很可观。电炉生产此类钢种，工艺比较简单，可以把电炉流程钢中氮含量高于转炉的劣势转化为优势，对于原料的要求不太高，是一种争取利润的生产品种。

此类钢种主要添加的微合金化元素主要有 V、Nb、Ti 等。微合金化元素的主要作用在于：

（1）在钢中形成细小碳化物和氮化物，通过细小的碳化物和氮化物质点钉扎晶界的作用，在加热过程中阻止奥氏体晶粒长大。

（2）在再结晶控轧过程中阻止形变奥氏体的再结晶，延缓再结晶奥氏体晶粒的长大，在焊接过程中阻止焊接热影响区晶粒的粗化。

（3）由于碳氮化合物具有较高的熔点、硬度和耐磨性，并且很稳定，通过碳氮化合物的沉淀析出，达到沉淀强化和固溶强化的作用，提高钢材的强度。

（4）由于晶粒细化的作用，部分抵消了沉淀强化对于塑性和韧性的不利影响，钢筋的塑性和韧性变化不大或者还有改善。

在微合金化元素 V、Nb、Ti 中，Ti 是最活泼的元素，与 O、S、N、C 都有较强的亲和力；Nb 是较为稳定的元素；V 是一种资源较广、可以灵活使用的元素。采用哪一种元素作为提高钢材强度的微合金化元素要考虑以下几点：

（1）不同合金带来的成本上的比较。

（2）作为微合金化元素给工艺产生的影响。如添加 Ti 元素以后，由于钛铁中含有 3.14%~6.5% 的铝，部分硅铁中也含有不同程度的铝，所以对于钢液的洁净度要求较高，处理不好会导致连铸结瘤。

（3）微合金化元素给工艺调整带来的空间。如含 V 的钢材，通过调整钢液氮含量，可以进一步提高钢材的强度。

8.3.2　含钛高强度螺纹钢的生产

含有钛元素的高强度螺纹钢分为两种，主要成分见表 8-2。

表 8-2　含钛元素的高强度螺纹钢的化学成分 （%）

元素 钢种	Si	Mn	C	P	S	Ti
HRB335	0.25~0.45	0.9~1.2	0.20~0.25	<0.040	<0.040	0.010~0.020
HRB400	0.6~0.8	1.4~1.6	0.20~0.25	<0.040	<0.040	0.010~0.020

Ti 对 N、O、C 均有极强的亲和力，可形成 TiN、TiC、TiO。TiC 的结合力极强，极稳定，不易分解，在钢中有阻止晶粒长大及粗化的作用，因此可用钛来细化钢的晶粒。但 TiC 熔点高（3150℃）、体积大，所以增大了钢液的黏度。TiN 的密度虽小，易上浮至渣中，但仍有一部分留在钢中形成带楞角的夹杂物。TiN 含量的多少直接关系到钢水的黏度和流动性。在精炼后期如其他氮化物、氧化物、硫化物去除不好，则钢水的流动性会进一步恶化。非金属夹杂物的数量对碳素钢流动性的影响见图 8-1。

钛铁的加入对钢水的液相线温度影响不大，但由图 8-2 可看出，在过程温升与温降的过程中，钛含量对钢水黏度的影响很大。由于在相同的温度下，钢液的黏度不同，元素的扩散与传质及各种物化反应速度等也不同，因此为了保证冶金过程的顺利进行，在制定冶炼温度制度及浇铸温度制度时，就必须考虑钢液的黏度的影响以及是否会产生结瘤的问题。

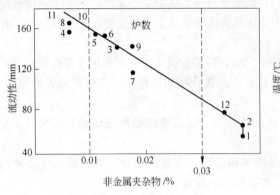

图 8-1　非金属夹杂物的数量对　　　　　图 8-2　钛元素的含量对钢液流动性的影响
碳素钢流动性的影响

生产此类钢时的主要特点如下：

（1）对于原料的要求不高，配碳量以满足冶炼速度尽可能快的要求即可。

（2）钢液的精炼脱氧要充分，为了提高钛铁的回收率，一般在白渣状态下，在出钢前5min 左右加入后，喂丝软吹处理上连铸。

（3）影响钛铁的回收主要因素有：钛合金中钛的含量、合金的粒度是影响合金回收率的最主要的因素之一。作为一种特别易氧化的元素，连铸在浇铸时如果没有钢包长水口的保护浇铸，钛合金的回收率将会比正常情况下下降 10% ~ 20%。钛元素的回收率在 40% ~ 60% 之间。

（4）冶炼此类钢种时，喂丝时要控制好钢中的酸溶铝和钙处理的比。$w_{Al}/w_{Ca} = 1.1 ~ 1.3$ 比较合理。w_{Al}/w_{Ca} 控制不好，连铸容易产生结瘤现象。

（5）连铸事故退钢水或者倒包处理，会降低配好的钛元素的含量，需格外注意。

（6）冶炼此类钢时，热兑铁水生产的质量高于全废钢冶炼的质量，也有利于连铸的浇铸。

8.3.2.1　电炉生产高强度螺纹钢结瘤现象分析

电炉生产 HRB335 ~ 400 高强度螺纹钢时，连铸过程的结瘤现象突出表现在 HRB335 结瘤现象发生的次数较多，而在生产 HRB400 时，如果处理方法不当时也会引起结瘤事故的发生，从而引起烧氧引流将会导致铸坯缺陷、水口的扩径失控，乃至浇铸中断退回钢水等事故，其损失是多方面的，对于生产的稳定有序进行和减轻吨钢成本极为不利。由于工艺流程的特点和短流程钢厂的特殊性，目前电炉只承担提供粗炼钢水的功能，与转炉相比，由于电炉采取70% ~ 100% 的废钢和 0 ~ 30% 的生铁或者铁水作为原料，夹杂物的数量以及气体的含量比长流程转炉要高，提高钢水的洁净度，使钢水达到可以顺利浇铸的任务主要是由精炼炉来完成的，所以说控制连铸结瘤的主要环节在于电炉出钢到精炼结束这一阶段。由于目前八钢 70t 电炉厂没有检测结瘤产物的分析手段，所以笔者以大量的实践数据为基础，结合有关结瘤的研究文献，以效果对比的方法进行实践对比，揭示了新疆八一钢铁股份公司电炉厂 HRB335 ~ 400 结瘤现象的本质，并且在随后的实际生产中跟踪对比后得到了证实。

A　高强度螺纹钢生产工艺

HRB335 以及 HRB400 是在国标 20MnSi 的基础上通过控制主要的合金元素硅和锰，添加微量的合金元素钛，通过细化晶粒和利用钛元素及其化合物在结晶时的沉淀强化作用来增加钢材的强度，以满足建筑市场对于高层建筑的钢材的需要。新疆八一钢铁股份公司电炉厂采取 70t 直流电炉热兑 0~35% 的铁水进行粗炼，出钢后进行合金化，然后在精炼炉进行精炼后，喂丝处理后上连铸工序浇铸。基于目前连铸中间包材质的使用现状，以及为了提高精炼炉的化渣能力和达到快速成渣的目的，以降低成本压力，目前国内普遍使用由 CaO、Al_2O_3、CaF_2、SiO_2、MgO 组合而成的精炼合成渣（部分还含有 Na_2CO_3、CaF_2 等成分）。目前新疆八一钢铁股份公司电炉厂生产以上钢种时也采用加复合精炼渣的工艺，即由电炉提供合格的［P］、［C］成分的粗炼钢水，出钢时吹氩搅拌合金化的同时，加入 100~250kg/炉的复合精炼渣（这种渣的熔点较低，一般波动在 1350~1450℃ 之间），然后吊至精炼工位进行成分的控制和温度的调整，在出钢前 3~5min 加入钛铁，在进行喂丝软吹处理后，上连铸机进行浇铸。由于钛的氧化物在炼钢条件下也呈现固态，所以这里给出了钛合金的成分，以利于后面的论证。加入的钛合金成分见表8-3，精炼渣的成分见表8-4。

表 8-3 不同钛铁的化学成分（%）

成分 牌号	Ti	P	Al	C	Si	S
1 号钛铁	25.58	<0.05	5.26	—	4.26	<0.05
2 号钛铁	31.59	0.034	3.28	—	4.48	<0.04
3 号钛铁	28.86	0.038	7.26	—	4.22	<0.04

表 8-4 精炼渣的化学成分（%）

成分 规格	SiO_2	Al_2O_3	CaO	MgO	添加剂
DL-A	<10	>30	>45	<3	<12

工艺技术条件为：

钢包炉形式　　　　70t/13MV·A 单电极臂钢包炉
钢包自由空间　　　600mm（70t 时）
最大升温速度　　　4.5℃/min
喂丝机型号　　　　WX-4BF 双线喂丝机
喂丝速度　　　　　0~360m/min
精炼处理时间　　　≥20min
出钢的温度　　　　1585~1620℃
喂丝后的软吹时间　>3min
连铸浇铸方式　　　钢包长水口保护 + 中间包覆盖剂 + 浸入式水口

B 结瘤的形成机理

结瘤的主要原因是各类氧化物夹杂在水口区的富集长大造成的，由于大多数的硅酸盐夹杂和金属氧化物的熔点比较低，在钢水的浇铸温度下一般不会产生长大结瘤的现象，这是基本的常识。目前通过对中间包水口堵塞物分析发现，主要是高熔点的氧化物，以 α-Al_2O_3（T_f = 2000℃）为主，并混有 $MgO·Al_2O_3$ 尖晶石以及 $CaO·Al_2O_3$ 为主的固态化合物，如果钢中的氧化镁含量较多时结瘤物以 $MgO·Al_2O_3$ 为主。

Al_2O_3 夹杂在炼钢温度下为固态，析出形状多为不规则或棱角状 Al_2O_3。由于不同原因的氧化铝产物形态也各不相同，点簇状、珊瑚状、雪花状、平板状、羽毛状的形态取决于反应时的钢中的溶解氧浓度。对于 Al_2O_3 夹杂在水口内壁上附着的原因，目前的研究已经证实了如下的描述：钢水流经水口时，水口横断面上钢水流速呈抛物线分布，靠近水口壁附近流速很低，促使固体的 Al_2O_3 夹杂沉积在水口壁上，如果条件合适，夹杂沉积物将逐渐长大直至堵塞水口造成结瘤。

新疆八一钢铁股份公司电炉厂冶炼过程中这些钢水中的 Al_2O_3 夹杂来源主要有：（1）出钢过程中加入的含有三氧化二铝的合成渣以及出钢过程使用含有铝的合金合金化脱氧时生成的脱氧产物 Al_2O_3，未完全排除而留在钢中；（2）钢水流经水口，温度降低使 Al-O 平衡破坏，析出的氧与钢水中的铝继续反应生成 Al_2O_3；（3）钢水中的溶解铝与水口内壁上的 SiO_2 发生氧化反应而产生的 Al_2O_3 附着于水口壁上；（4）水口内吸入空气中的氧与钢水中的铝发生氧化反应生成的 Al_2O_3。其中，（1）、（2）和（3）为主要因素。

而氧化镁夹杂主要来源于以镁橄榄石系为主的 EBT 填料、在出钢时带入钢液 20~60kg/炉的以镁质夹杂物为主的夹杂物以及钢包浇铸时带入中间包 10~20kg/炉的镁质夹杂物。

此外，析出的氧和钛反应生成物也为高熔点的固态夹杂，是否可以产生成为主要结瘤物的研究，目前尚在探讨之中。钛元素也是一种变性剂，通过我们根据成品的成分计算表明其氧化物的生成量远远小于三氧化二铝的量，在 HRB400 与 HRB335 钛的氧化生成物等量的条件下，结瘤现象也大不相同，证明和排除了钛的氧化物在本钢种的生产过程中不是结瘤的主要形成原因。

8.3.2.2 电炉生产高强度螺纹钢结瘤控制手段

对于控制结瘤的手段，目前不同的工艺有不同的侧重点，加入精炼渣生产 HRB335~400 的生产工艺，其中的控制手段主要有：

（1）加强钢水的脱氧，利用电炉出钢时合金化脱氧的氧化产物与三氧化二铝结合并且促使三氧化二铝的去除和上浮，减少钢水里的自由氧的浓度。由于所炼的钢种采用硅锰合金脱氧，形成的脱氧产物可能有：1）蔷薇辉石（$2MnO \cdot 2Al_2O_3 \cdot 5SiO_2$）；2）锰铝榴石（$3MnO \cdot Al_2O_3 \cdot 3SiO_2$）；3）合金中的铝与氧反应生成的雪花状的固态三氧化二铝。由于锰铝榴石的变形性最好，而且这种夹杂中 Al_2O_3 的含量占到 20%，对于脱除三氧化二铝的能力也最强，所以笔者长期跟踪计算后认为：生成这种夹杂物的实际的统计回归计算值为：Si > 0.22%，Mn > 0.75%，而通过线性回归计算分析认为这是由于钢水的过氧化造成的。实际上，当电炉出钢碳含量大于 0.10%，钢中自由氧的浓度较低时，以上的分析与上述关于 HRB400 的结瘤几率小于 HRB335 的实际结果相吻合。所以根据近一年的全程分析发现，在冶炼过程中，电炉出钢时吹氩合金化的过程是脱氧反应最好的时机，在这一阶段，合金化过程是沉淀脱氧并且促使脱氧夹杂物上浮的最佳时机，也是降低钢水中自由氧浓度的最好时机，吹氩搅拌与增碳的过程将会发生一定的气体，在排除过程中，将会为夹杂物的上浮提供有力的动力学条件，所以这一阶段的合金化控制是影响后续控制的关键。印度塔塔钢厂的 S. K. Chovdhary 的研究也表明，三氧化二铝的聚合、长大、上浮在这一阶段被炉渣吸附的量最大，而且他认为在最初的 5min 以内脱除的三氧化二铝的量最大达到 75%，其余的在后续的处理手段里将会很难去除，这一点与新疆八一钢铁股份公司电炉厂的基本情况相吻合。表 8-5 为在合金化过程合金化化学成分达到中下限的结瘤几率与合金化过程化学成分达到下限以下的结瘤的发生几率的比较。通过比较可以看出，由于在最初的合金化过程，合金化程度越高，钢中的自由氧的浓度越低，在连铸浇铸过程中，随着温度的降低，析出自由氧的量越少，与钢中的残余铝进一步发生反应的几率越小，结瘤的几率也越小，在同比条件下，HRB400 的结瘤几率远远小于 HRB335 也说明了这一点。所以，加强对于出钢量的控制，精确地控制合金成分是控制结瘤最重要的第一步，而且通过笔者的一年统计分析，在出钢合金化过程，如果吹氩不正常，将产生立竿见影的结瘤现象或者出现结瘤现象的预兆。这也充分验证了以上的分析。

表 8-5 合金初始化的不同成分与结瘤几率的比较（HRB335）

分组 \ 成分/%	Si	Mn	C	结瘤几率/%
A 组	0.12 ~ 0.20	0.6 ~ 0.7	<0.10	25
B 组	>0.20	>0.75	>0.12	17

注：统计是在精炼渣的加入量、喂丝量、冶炼时间、炉渣状况相同条件下进行的。

（2）钙处理时钢中铝钙比的控制。由于水口堵塞主要是由于高熔点的 Al_2O_3 黏附在水口壁上造成的，而含 Al 钢水钙处理时，可以使高熔点单体 Al_2O_3（熔点约 2000℃）转化为低熔点的 $C_{12}A_7$（$12CaO \cdot 7Al_2O_3$，熔点 1455℃），且在浇铸温度下保持液态。其基本原理为：含铝型钢水钙处理时，钢中 Al 一定，随着向钢水喂入 CaSi 线，Ca 不断增加，会导致 Al 从 Al_2O_3 夹杂物中置换出来，夹杂物中 Ca 也不断增加，Al_2O_3 夹杂将发生如下变化过程：$Al_2O_3 \rightarrow CaO \cdot 6Al_2O_3 \rightarrow CaO \cdot 2Al_2O_3 \rightarrow CaO \cdot Al_2O_3 \rightarrow 12CaO \cdot 7Al_2O_3 \rightarrow 3CaO \cdot Al_2O_3$，其熔点逐渐下降，以形成 $12CaO \cdot 7Al_2O_3$ 熔点最低。因此，实际生产中含铝钢水钙处理的目标就是要将 Al_2O_3 夹杂尽可能地变性为低熔点的 $C_{12}A_7$ 球状夹杂或近似于 $C_{12}A_7$ 的低熔点复合钙铝酸盐，而且希望留在钢中的夹杂物尽可能少，尺寸尽可能小。这样对提高铸坯质量和顺利浇铸有利。但加入钙要有一合适范围，加入量太少，不足以将 Al_2O_3 转化为 $C_{12}A_7$；过多又会生成 CaS（熔点约 2500℃），CaS 也会如同 Al_2O_3 也会使水口堵塞的，且钢水中 Ca 高时，会发生钢水中的 Ca 可以与 Al_2O_3 发生反应，导致钢包滑板和中间包的塞棒失去控制发生事故，所以喂入含 Ca 的丝线的加入量应该根据 LF 炉的化学分析报告进行动态控制，保证酸溶铝的量应该控制在 0.005% ~ 0.010% 之间，根据喂入丝线的量和合金中钙含量的线性回归计算，在不发生结瘤现象的情况下，最佳的 w_{Al}/w_{Ca} 的值为 1.1 ~ 1.3，否则会发生水口侵蚀或者结瘤的问题。因此，钢水钙处理时，控制适当的 w_{Al}/w_{Ca} 十分关键。前应该尤其注意的是，复合精炼渣的加入应该以合金的铝含量为参考调剂加入。由于工艺环境的限制，单透气砖钢包炉的处理手段去除夹杂物的量有一定的局限，在精炼工位喂丝技术是变性处理技术的主要手段。但是，在目前的单透气砖的处理条件下，喂丝软吹变性处理脱除氧化铝量的实际计算值不大于 10%。通过终点的铝含量分析认为，喂丝的主要作用是抑制了钢中的自由氧的浓度，从而降低了自由氧的析出与后期加入的钛铁后带入铝的反应生成固态结瘤物的几率。

（3）炉渣的吸附夹杂作用对结瘤的影响。所有以上控制的一个必须的环节就是要有良好的炉渣作为保证，以达到吸附夹杂和传质脱氧促进下一步反应的进行。钢中的脱氧产物如果不及时被炉渣吸附，将会导致钢水洁净度的下降，对结瘤物的生成有主要的影响作用。由于钢中的脱氧产物多数以硅酸盐和铝酸盐为主，其中三氧化二铝在钢水中呈现弱酸性，这些夹杂物主要靠炉渣的吸附作用达到脱除的目的。基于以上的原因，要脱除钢中的夹杂物，炉渣是关键的决定因素，以下笔者予以浅述：

1）炉渣的碱度。由于钢液的合金化，脱氧过程的生成物主要为硅酸盐类和铝酸盐类（蔷薇辉石 $2MnO \cdot 2Al_2O_3 \cdot 5SiO_2$、锰铝榴石 $3MnO \cdot Al_2O_3 \cdot 3SiO_2$ 以及雪花状的固态三氧化二铝），对于三氧化二铝吸附的碱度，一般认为总的碱度在 1.5 ~ 1.8 之间，实际的情况也说明了这一点。在目前的冶炼时间和工艺限制下，碱度过高，会导致吸附硅酸盐类的夹杂能力提高，吸附铝酸盐的能力下降，而且钢渣间的传质反应（特别是脱氧反应）和导致钢液由于钢渣界面的浸润作用下降而会引起的卷渣现象会引起夹杂物增加，这一点实际生产中的渣样分析与实际生产的现状是一致的。实际生产中的最佳的碱度应该控制在 1.5~2 之间，相反如果由于碱度过低，钢渣间的传质由于炉渣的透气性变差而降低。如果二元碱度低于 1 出现玻璃体时，不仅不可能吸附酸性夹杂，而且会导致夹杂物大幅度增加，在生产中连续出现 2~3 炉的玻璃渣，结瘤的现象已经多次立竿见影地出现即印证了以上的分析。表 8-6 为不同碱度的炉渣结瘤现象的统计分析。

表 8-6　不同碱度的炉渣结瘤几率的比较

项　目	二元碱度	结瘤几率/%	项　目	二元碱度	结瘤几率/%
第一组	>2	15	第三组	<1.5	25
第二组	1.5~2	12			

2）炉渣的黏度。由于炉渣的黏度大多数取决于炉渣的碱度、温度，而加入萤石可以加速化渣达到降低炉渣的黏度，所以目前炉渣的黏度可以有以下的两种调剂方法，不同的方法结果也各不相同：

①通过调整碱度的方法调整，这样的操作得到的炉渣透气性好，吸附夹杂的能力最强。

②通过加入萤石的方法调整并且和高压送电结合的方法相配合，此方法调整的炉渣透气性差，吸附夹杂物的能力不如上述方法，而且炉渣容易返干，不易控制，成本高，甚至控制不当时，喂丝的操作也会受影响，导致结瘤。

所以，良好炉渣的黏度应以碱度的调整为主。表观黏度应该在粘渣时能够均匀地附于粘渣的铁棒 2~3cm 厚，表面有连续的不贯穿的孔洞为最好。

8.3.2.3　生产实践的结论

综上所述：

（1）目前生产 HRB 335~400 的结瘤现象主要是以铝酸盐夹杂为主的，克服结瘤的问题关键在于脱氧和减少钢液中铝酸盐的数量以及钢液中铝的含量，保证铝钙比是克服结瘤和连铸顺行的关键，实际生产中的最佳的 w_{Al}/w_{Ca} 的值为 1.1~1.3。

（2）电炉出钢时的初脱氧是脱除氧化铝的最佳时机，也是控制结瘤的最关键的一步，合理的脱氧合金化是生产顺行的重要步骤。

（3）单透气砖钢包炉的喂丝的主要作用在于深脱氧，减少温度降低而析出的自由氧量，对于氧化铝的变性处理的量不大于 10%。

（4）合理的炉渣碱度和黏度是吸附夹杂物的关键，最佳的碱度应该控制在 1.5~2 之间。

8.3.3　钒微合金化螺纹钢的生产

钒铁的回收率比钛铁高，而且这种添加钒的钢，连铸结瘤的现象较少。同时大量的研究表明，在添加钒的时候，将钒的含量控制在 0.04%~0.12%，氮的含量控制在 0.010%~0.018%，钒主要以碳氮化合物的形式析出，占总钒量的 70%；只有 20% 的钒固溶于基体；剩余 10% 的钒溶解于 Fe_3C 中。沉淀强化和细晶强化作用增加了钢材强度约 120MPa，这种钢筋的强度可达到 500~600MPa。由于转炉冶炼的钢水中的氮含量较低，生产此类钢种时，氮含量不容易控制。电炉生产则具有优势，这种优势体现在：

（1）电炉生产的钢种，特别是全废钢生产的，没有强化脱氮措施的，电炉出钢后钢包内的氮在 0.008%~0.012%，不用添加含氮的合金就可以实现钢种氮含量的要求。个别炉次可以通过短时间吹氮来调整氮含量。

（2）目前可以使用钒渣和还原剂制成的钒渣球，用于冶炼，可以大幅度降低合金成本。

（3）对于废钢原料的要求不高，脱氧的工艺可以灵活掌握。

冶炼此类钢时，钒铁主要在电炉出钢后，根据出钢量，直接把钒铁加入钢包后冶炼，钒铁的回收率在 70% ~95% 之间。如果电炉下渣或过氧化严重，进行泼渣或还原操作以后，再加入钒铁，以提高钒铁的回收率。此类钢的典型冶炼工艺卡见表 8-7。此外，在对焊接要求不高的情况下，电炉冶炼此类钢时，可以设计通过提高钢中的碳含量来增加钢材的强度，合金元素的含量基本上可以不变，就可以达到通过成本较低的碳元素提高钢材的强度的目的。如美标的高强度螺纹钢中的碳含量就明显地比中国标准的碳含量高，国内也有部分的厂家开发研制了此类的高强度钢筋，据介绍使用的效果也比较好。总之，以钒氮微合金化的高强度螺纹钢在电炉的废钢原料不理想，精炼手段一般的电炉来讲也是一种理想的选择。表 8-8 是一种对于焊接要求不高的含有铌元素的高强度螺纹钢的生产工艺卡。

表 8-7 电炉冶炼螺纹钢 HRB500 的生产工艺卡

钢　种	HRB500		技术标准		QB		用　途		建筑用钢筋	
钢质代号					工艺路线			EAF—LF—CC		
化学成分控制/% （Nb 略）										
化学成分		C	Si		Mn		P, S	N		V
标准	下限	0.17	0.20		1.20			0.010		0.04
	上限	0.25	0.80		1.60		0.045	0.018		0.12
内控	下限	0.19	0.30		1.25					0.05
	上限	0.24	0.60		1.45		0.030	0.016		0.09
电炉	下限	0.08								
终点	上限	0.15					<0.020			
出钢	目标	0.15	0.35		1.20		<0.020			
LF	目标	0.18 ~0.21	0.30 ~0.60		1.25 ~1.45		<0.030	0.018		0.06 ~0.09
成品	目标	0.19 ~0.25	0.30 ~0.60		1.25 ~1.45		<0.030	<0.020		0.08 ~0.10
钢包合金、脱氧剂及渣料添加/kg										
加料地点	石灰		萤石	FeSi	SiMn 1100		FeV	SiCa 线	SiAlBa	Al 饼
出钢							—	—	—	—
LF	调整		调整	调整	调整		—	—	—	—
温度控制（新炉子、冷炉子、新钢包、冷钢包出钢温度提高 10℃）/℃										
工　位		电炉出钢		LF 结束		CC 中间包		液相线温度		
连浇 1		1610 ~1630		1580 ~1620		1550 ~1585		1508		
连浇 2 及其以后		1590 ~1610		1570 ~1610		1520 ~1555				

补充说明：
1. 电炉生铁或铁水配加比例在 25% ~40%。
2. 出钢及精炼底吹搅拌气体使用氩气或者氮气。
3. 出钢时，钢车到位之后，出钢，当出钢量大于 1/4 之后立即向钢包内加入复合精炼渣 50 ~120kg（具体加入量根据出钢碳含量定），严禁出钢下渣。
4. 原则上出钢 [C] 在 0.10% 左右时，出钢合金使用 SiMn 合金；但如果出钢 [C] <0.06%，则应使用高碳 FeMn 合金，FeMn 增碳按 100kg 增碳 0.05% ~0.015% 计算。
5. 精炼白渣形成之后，按表中规定的量向钢包中加入 FeV，然后送电冶炼 5 ~15min 后取样分析氮含量，决定搅拌气体的选择。氮气搅拌时间按照每分钟增氮 0.001% ~0.003% 考虑。
6. 钢包炉喂丝后应继续吹气软吹搅拌 3min 以上，然后出钢。
7. 以上合金加入量计算以 Qt 钢水为依据，若钢水量变动则应当适当调整。

表 8-8　一种没有焊接要求的高强度螺纹钢生产工艺卡

钢　种		HRB600	技术标准		QB		用　途		无焊接要求的建筑用钢筋
钢质代号				工艺路线			EAF—LF—CC		

化学成分控制/%

化学成分		C	Si	Mn	P, S	N	Nb
标准	下限	0.27	0.20	1.20		0.010	0.025
	上限	0.35	0.80	1.60	0.045	0.020	0.040
内控	下限	0.29	0.30	1.25			0.025
	上限	0.32	0.60	1.45	0.030	0.016	0.035
电炉终点	下限	0.15					
	上限	0.26			<0.020		
出钢	目标	0.25	0.35	1.20	<0.020		
LF	目标	0.28~0.32	0.30~0.60	1.25~1.45	<0.030	0.018	0.028~0.030
成品	目标	0.29~0.32	0.30~0.60	1.25~1.45	<0.030	<0.020	0.028~0.035

钢包合金、脱氧剂及渣料添加/kg

加料地点	石灰	萤石	FeSi	SiMn	FeV	SiCa 线	SiAlBa	Al 饼
出钢					—			—
LF	调整	调整	调整	调整				

温度控制（新炉子、冷炉子、新钢包、冷钢包出钢温度提高10℃）/℃

工　位	电炉出钢	LF 结束	CC 中间包	液相线温度
连浇 1	1630~1650	1580~1620	1545~1575	1498
连浇 2 及其以后	1600~1630	1570~1610	1512~1545	

补充说明：
1. 电炉生铁或铁水配加比例在 20%~50%。
2. 出钢及精炼底吹搅拌气体使用氩气或者氮气。
3. 出钢时，钢车到位之后，出钢，当出钢量大于 1/4 之后立即向钢包内加入复合精炼渣 50~120kg，（具体加入量根据出钢碳含量定），严禁出钢下渣。
4. 原则上出钢[C]在 0.20% 左右时，出钢合金使用 SiMn 合金；但如果出钢[C]<0.15%，则应使用高碳 FeMn 合金，FeMn 增碳按 100kg 增碳 0.05%~0.015% 计算。
5. 精炼白渣形成之后，按表中规定的量向钢包中加入 FeNb，然后送电冶炼 5~15min 后取样，分析氮含量以后决定搅拌气体的切换。
6. 钢包炉喂丝后应继续吹气软吹搅拌 3min 以上，然后出钢。
7. 以上合金加入量计算以 Qt 钢水为依据，若钢水量变动则应适当调整。

通过铌元素的微合金化，达到提高钢材强度的生产工艺比较简单。由于铌元素的性质稳定，回收率高。连铸浇铸过程中存在的问题不太多，生产中的节奏易于掌握。对于电炉的冶炼要求也不太高，一般对于原料只要求残余有害元素的总和不超过 0.050%，配碳量能够满足快节奏的生产即可，冶炼过程中的操作也是以提高台时产量为主。

8.4　弹簧钢的冶炼

弹簧钢主要的用途在于汽车、铁路和发动机制造业。弹簧钢属于中高碳合金结构钢。钢中的金属元素主要有硅、锰、铬、硼、钒、钼、钨等。钢中的碳主要用来提高钢材的强度。铬、锰、硼用来增加钢的淬透性，保证大截面弹簧的强度。硅能够显著提高钢的弹性极限、屈服强度和疲劳强度。钒用来增加钢的韧性，细化奥氏体晶粒，降低热处理时脱碳的敏感性。钨主要能够与碳形成难熔碳化物，在高温回火时，延缓碳化物的聚集，从而保持较高的高温强度。

提高疲劳性能成为当今弹簧钢研究和开发的主题之一。随着弹簧高应力化的发展，弹簧钢将在更高的硬度水平下使用，因此，非金属夹杂物对高强度弹簧钢疲劳性能的影响将更加突出。日本在20世纪80年代就开展了对弹簧钢中有害夹杂物进行控制工艺的研究，对弹簧钢的脱氧方式、氧含量问题及钢中夹杂物评定问题提出了一个全新的概念，即不过分追求降低氧含量；采用硅脱氧的镇静钢；精炼时使用碱度严格控制的精炼合成渣对不变形的富 Al_2O_3 的有害夹杂物进行变性处理，同时搅拌钢水，使夹杂物上浮并去除，降低夹杂物的含量并使残余的夹杂物无害化等，从而获得超洁净弹簧钢。因此，获得超洁净弹簧钢的方法是在控制夹杂物总量的同时，还控制其形态，使之成为低熔点易变形的夹杂物，在初轧、成品轧制时夹杂物能够不断延伸，成为不使疲劳性能受损的形态。常见的电炉生产高质量弹簧钢的工艺可参见图5-1。

在超洁净弹簧钢生产中，控制夹杂物是决定钢材性能的关键技术。引起疲劳破坏的夹杂物往往是带棱角的、尺寸超过 $20\mu m$ 的富 Al_2O_3 的氧化物夹杂，而低熔点易变形的夹杂物对疲劳寿命没有不利的影响。因此，控制弹簧钢中有害夹杂物，减小其对疲劳性能不利影响的方法有：

(1) 降低夹杂物含量，减小夹杂物尺寸；

(2) 控制夹杂物的组成和形态（变性处理），使其对疲劳性能的危害很小或没有；

(3) 上述两种方法的组合，既降低夹杂物的含量和尺寸，同时又能进行变性处理以控制夹杂物的组成和形态。

为了保证弹簧钢的各种性能，弹簧钢必须达到以下要求：

(1) 钢坯具有较高的洁净度，晶粒均匀。

(2) 钢坯中的气体含量要低，一般要求 $[N] < 0.013\%$。

(3) 要有良好的表面质量。据统计表面质量不同的弹簧钢疲劳强度可以相差 $7\sim8$ 倍，弹簧钢表面不允许有裂缝、气泡、夹杂、表面脱碳等现象。

(4) 钢中的刚性夹杂物的数量等级要低。

弹簧钢的脱氧工艺主要有两种：一种是采用铝脱氧，可以将钢中的氧含量降低到一个很低的水平。这种工艺对于精炼炉和连铸的要求比较高，防止钢液精炼以后的二次氧化很重要，因为钢中的 Al_2O_3 是弹簧钢产生疲劳裂纹的根源，这种工艺多数应用于质量等级较高的弹簧的生产，这种生产工艺的酸溶铝含量一般控制在 $0.010\%\sim0.020\%$ 之间。另外一种是不采用铝脱氧，采用硅铁为脱氧剂和合金化元素，这种工艺在生产中比较简单，生产的弹簧钢质量也可以满足中高档弹簧的要求。弹簧钢的质量在于控制好钢坯中夹杂物的总量，减少大颗粒夹杂物的数量和尺寸。对于 EAF—LF—CC 生产线来讲，电炉生产弹簧钢的问题主要有：

(1) 电炉的粗炼钢水如果溶解氧过多，出钢过程产生的夹杂物数量比较多，LF的精炼任务会加重，而且质量不一定能够保证。

(2) 在连浇过程中，如果电炉工位出现的误工时间，会影响精炼的精炼时间，从而影响钢水去除夹杂的操作时间。

(3) 精炼脱氧工艺不合理，钢中酸溶铝含量超过 0.015% 以后，会造成连铸结瘤。

所以目前提高电炉粗炼钢水的质量，是提高冶炼弹簧钢质量的关键操作之一。冶炼弹簧钢的操作要点在于：

(1) 采用较高的配碳量，保证足够的沸腾时间，去除废钢原料带入的夹杂、杂质、气体。

(2) 保证炉渣的二元碱度在2.0以上，充分脱磷，吸附夹杂，防止钢液吸气，提高粗炼钢水的洁净度。

（3）采用留碳操作，减少钢中溶解氧的量，也就减少了夹杂物的数量，减轻了精炼的任务。

（4）保证合理的出钢温度、吹氩制度，最大可能地使夹杂物在出钢过程中去除和上浮。

（5）采用熔点较低的精炼渣，改善夹杂物去除、上浮的条件。

（6）合金元素要控制得合理，最好接近成分要求的下限。

（7）出钢过程要避免下渣和带渣，以提高脱硫率和合金的回收率，减轻精炼炉的脱氧任务。

（8）电炉出钢脱氧合金化的硅铁含铝量要低。

表 8-9 为典型的弹簧钢 60Si2CrA 冶炼的工艺卡。

表 8-9　电炉冶炼弹簧钢 60Si2CrA 的生产工艺卡

钢 种		60Si2CrA	技术标准		GB 1222—84		用 途		弹 簧 钢	
钢质代号				工艺路线				EAF—LF—CC		
化学成分控制/%										
化学成分		C	Si	Mn	Cr		S	P	Ni	Cu
标准	下限	0.56	1.40	0.40	0.70					
	上限	0.64	1.80	0.70	1.00		0.030	0.030	0.35	0.25
内控	下限	0.56	1.42	0.42	0.70					
	上限	0.63	1.78	0.68	0.98		0.028	0.028	0.30	0.20
电炉终点	下限	0.05								
	上限	0.45						0.020	0.25	0.18
出钢	目标	0.53	1.40	0.50	0.70					
LF	目标	0.56~0.63	1.42~1.75	0.42~0.65	0.72~0.95		<0.028	<0.028	<0.30	<0.20
成品	目标	0.56~0.63	1.42~1.75	0.42~0.65	0.72~0.95		<0.028	<0.028	<0.30	<0.20
钢包合金、脱氧剂及渣料添加/kg										
加料地点		石灰	萤石	FeSi	高碳 FeMn		高碳 FeCr	SiCa 线		SiCa
电炉出钢										
LF 精炼		调整	调整	调整	调整		调整	50~300m		—
温度控制（新钢包、冷钢包出钢温度提高10℃）/℃										
工 位		电炉出钢		LF 结束		CC 中间包		液相线温度		
连浇 1		1580~1650		1540~1580		1510~1550		1469		
连浇 2 及其以后		1570~1650		1530~1570		1470~1525				

补充说明：

1. 电炉生铁或铁水配加比例在 25%~45%。电炉出钢必须采用留碳操作，出钢终点[C]≥0.30%。

2. 出钢及精炼底吹搅拌气体使用氩气。

3. 出钢时，钢车到位之后，向钢包内加入 0~300kg 合成渣，然后出钢，当出钢量大于 15t 之后应立即按表中要求向钢包内加入 SiCa 或 SiCaBa 合金，电炉应控制酸溶铝含量在 0.008%~0.010% 左右。严禁出钢下渣。

4. 钢包炉必须保证白渣出钢。

5. 出钢过程增碳要考虑高碳 FeMn 和高碳 FeCr 的增碳。如果出钢前碳含量高于 0.45%，也可使用 SiMn 合金以减少增碳。

6. 钢包炉喂线后应继续吹氩软吹搅拌 5min 以后方可出钢。

7. 以上合金加入量以 Xt 出钢量计算，如出钢量变动可适当调整合金加入量。

电炉冶炼含钒弹簧钢合金化时，钒铁一般在电炉出钢结束后，用行车吊起桶装钒铁加入钢包内或由精炼炉加入。冶炼含硼弹簧钢时，在接近出钢前必须添加钛铁后再加入硼铁。电炉冶炼弹簧钢比较理想的渣样分析见表8-10。

表 8-10　电炉冶炼弹簧钢的渣样分析（%）

炉　号	SiO_2	CaO	Al_2O_3	TFe	S	P	碱度（－）
15	13.57	32.87	3.27	23.01	0.110	0.62	2.422
16	14.32	33.24	3.78	22.68	0.063	0.62	2.321
17	12.24	32.8	3.58	27.87	0.095	0.5	2.680
18	15.84	35.29	3.29	21.00	0.064	0.75	2.228
19	13.31	35.69	2.97	23.14	0.083	0.66	2.681
27	12.74	34.41	2.88	24.80	0.086	0.79	2.701
28	14.78	34.35	3.19	23.70	0.065	0.56	2.324
37	17.2	35.68	2.88	19.26	0.046	0.65	2.074
38	15.37	35.71	3.35	22.43	0.059	0.73	2.323
40	11.92	33.34	2.99	28.37	0.081	0.82	2.797

8.5　非调质钢的冶炼

电炉生产非调质钢代替传统的调质钢主要应用于汽车、机械等行业，主要优点有：

（1）在钢中添加少量微合金化元素 N、V、Nb、Ti，通过析出强化来满足其强度要求。不需要添加提高淬透性的铬、钼等贵重合金元素，可以降低合金成本。

（2）取消了调质热处理工艺，节约了能源。

（3）非调质钢最终得到铁素体—珠光体组织，比回火马氏体更容易切削加工，改善了切削加工性能，减少了工件的加工费用。

（4）电炉生产非调质钢对于氮的控制比较容易，成本较低。

电炉生产非调质钢的关键操作主要有：

（1）中碳非调质钢采用留碳操作。

（2）电炉出钢的磷要控制在最低范围左右，出钢避免下渣。

（3）冶炼时必须保证足够的配碳量，保证脱除大部分夹杂物和［H］。

（4）电炉出钢温度要保证在出钢后，精炼炉的到站温度在液相线40℃以上。

（5）电炉的出钢时间要保证在120s以上，以保证出钢过程的脱氧合金化完成得比较充分，同时也有利于炉后的脱硫反应，减轻LF炉的操作难度。

表8-11为电炉冶炼非调质钢FT9780的生产工艺卡。

表 8-11　电炉冶炼非调质钢 FT9780 的生产工艺卡

钢　种	FT9780	技术标准				用　途			抽油杆用钢
钢质代号				工艺路线				EAF—LF—CC	

| 化学成分控制/% | | | | | | | | | | |

化学成分		C	Si	Mn	P	S	Cr	Mo	V	Ti
标准	下限	0.10	0.80	1.80			0.60	0.08	0.09	0.03
	上限	0.15	1.00	2.20	0.020	0.020	0.80	0.12	0.12	0.06
内控	下限	0.10	0.85	1.85			0.60	0.08	0.08	0.03
	上限	0.15	0.95	2.15	0.015	0.015	0.75	0.12	0.12	0.06
电炉 终点	下限									
	上限	0.05			0.010					
出钢	目标	0.10	0.80	1.80			0.60			
LF	目标	0.12~0.15	0.85~0.95	1.80~2.15	≤0.015	≤0.015	0.65~0.75	0.08~0.12	0.08~0.12	0.04~0.05
成品	目标	0.14~0.18	0.85~0.95	1.85~2.15	≤0.015	≤0.015	0.65~0.75	0.08~0.12	0.08~0.12	0.03~0.04

| 钢包合金、脱氧剂及渣料添加/kg | | | | | | | | | |

加料地点	石灰	萤石	FeSi	SiMn	中碳 FeCr	FeMo	FeV	FeTi	SiCa 线
出钢						—			
LF	调整	调整	调整	调整	调整	110	130	120	250m

| 温度控制（新炉子、冷炉子、新钢包、冷钢包出钢温度提高 10℃）/℃ | | | | |

工　位	电炉出钢	LF 结束	CC 中间包	液相线温度
连浇 1	1620~1640	1580~1590	1550~1560	1500~1510
连浇 2 及其以后	1610~1630	1560~1570	1530~1540	

补充说明：

1. 电炉生铁或铁水配加比例为 20%~35%。出钢及精炼底吹搅拌气体使用另做补充规定。

2. 电炉出钢前，先按 1.0kg/t 钢加入合成渣；出钢量达到 20t 以后，按 1.0~1.5kg/t 钢的量向钢包内加入 SiCa 或 SiCaBa 合金，严禁出钢下渣。

3. 钢包到达钢包炉后，按要求将准备好的 FeMo 和 FeV 加入钢包内，合金加入之后必须送电冶炼 15min 以上方可取样。钢包炉出钢前 10min，应按表中规定的加入量加入 FeTi，加完之后喂丝出钢，补加 FeTi 应考虑增 Si 和 Al。

4. 钢包炉出钢时应控制钢中 $[N]$ = 0.012%~0.015%。$[N]$ 偏低要做吹氮处理。

5. 钢包炉喂丝之后必须软吹搅拌 3~5min 以后出钢，必须做到白渣出钢。

6. 过程增碳按 SiMn 合金每吨增碳 0.015%，合成渣增碳 0.02%~0.04%，中碳 FeCr 合金每吨增碳 0.01%，其他合金不考虑增碳，应尽量将碳控制在下限。FeCr 应保持干燥，以避免钢水中 $[H]$、$[N]$ 含量过高。

7. 以上合金加入量计算以 Xt 钢水为依据，若钢水量变动则应适当调整。

8.6　抽油杆钢的冶炼

　　抽油杆钢的种类比较多，一般属于中低碳钢，此类钢的冶炼比较简单，这里只是介绍一种含贵重金属镍和钼的抽油杆钢 20Ni2MoA 的冶炼，冶炼要求见工艺卡表 8-12。

表 8-12 20Ni2MoA 的冶炼基本工艺要求

钢　种	20Ni2MoA	技术标准	YB/T 054—94	用　途	抽油杆用钢			
钢质代号			工艺路线		EAF—LF—CC			

化学成分控制/%

化学成分		C	Si	Mn	Ni	Mo	P	S	Cr	Cu
标准	下限	0.18	0.17	0.70	1.65	0.20				
	上限	0.23	0.37	0.90	2.00	0.30	0.025	0.025	0.35	0.20
内控	下限	0.19	0.20	0.72	1.65	0.20				
	上限	0.22	0.35	0.88	1.95	0.28	0.023	0.023	0.30	0.18
电炉终点	下限	0.06								
	上限	0.15					0.018		0.25	0.15
出钢	目标	0.17	0.25	0.70	1.60	0.20			0.25	0.15
LF	目标	0.18~0.23	0.20~0.35	0.72~0.88	1.65~1.80	0.20~0.28	<0.023	<0.022	<0.30	<0.18
成品	目标	0.18~0.23	0.20~0.35	0.72~0.88	1.65~1.80	0.20~0.28	<0.023	<0.015	<0.30	<0.18

钢包合金、脱氧剂及渣料添加/kg

加料地点	石灰	萤石	SiMn	FeSi	FeMo	Ni 条	SiCa 线
出钢	—						
LF	调整	调整	调整	调整	调整	调整	150~300m

温度控制（新炉子、冷炉子、新钢包、冷钢包出钢温度提高10℃）/℃

工　位	电炉出钢	LF 结束	CC 中间包	液相温度
连浇 1	1580~1650	1575~1615	1555~1585	1506
连浇 2	1570~1650	1565~1605	1510~1555	

补充说明：

1. 电炉生铁或铁水配加比例为 25%~50%。出钢及精炼底吹搅拌气体使用氩气。喂丝后应继续吹氩软吹搅拌 5min 以后方可出钢。

2. 钢包到达钢包炉吊包位后，用行车将准备好的镍板和桶装的钼铁加入钢包内，然后立即将钢包开进精炼位进行精炼处理。钼铁及镍板加入 10min 后才能取样分析成分。加入量要根据出钢吨位和残余成分综合考虑后确定，原则上配加在中下限。

3. 出钢前将部分合成渣加入钢包底，然后出钢；出钢时出钢量大于 10t 之后，立即按 0~1.0kg/t 钢向钢包内加入铝进行脱氧操作；然后按 0.5~1.5kg/t 钢加入脱氧合金，控制钢中 [Al] 含量为 0.008%~0.020%。严禁出钢下渣。

4. 原则上出钢 [C] 应控制在 0.10% 左右，出钢时使用 SiMn 合金；但如果出钢[C]<0.06%，则应使用 FeMn 合金，FeMn 增碳按 X kg 增碳 0.01% 计算。钢包炉可用 FeMn 合金调整成分。

5. 以上合金加入量计算以 X t 钢水为依据，若钢水量变动则应适当调整。

6. 电炉使用电解镍合金化时，使用前必须用煤气烘烤 2h 左右。

8.7 轴承钢的生产

目前应用最多的滚动轴承钢有：GCr15 主要应用于中小型滚动轴承；GCr15SiMn 主要应用于较大的滚动轴承。常用滚动轴承钢的牌号、化学成分见表 8-13，轴承钢的分类和主要钢号见表 8-14。

表 8-13　常见轴承钢的化学成分（%）

牌　号	Si	Mn	P	C	S	Cr
GCr6	0.15 ~ 0.35	0.20 ~ 0.40	≤0.035	1.05 ~ 1.15	≤0.035	0.40 ~070
GCr9	0.15 ~ 0.35	0.20 ~ 0.40	≤0.035	1.00 ~ 1.10	≤0.035	0.90 ~ 1.20
GCr9SiMn	0.40 ~ 0.70	0.90 ~ 1.20	≤0.035	1.00 ~ 1.10	≤0.035	0.90 ~ 1.20
GCr15	0.15 ~ 0.35	0.20 ~ 0.40	≤0.035	0.95 ~ 1.05	≤0.035	1.30 ~ 1.65
GCr15SiMn	0.45 ~ 0.65	0.90 ~ 1.20	≤0.035	0.95 ~ 1.05	≤0.035	1.30 ~ 1.65

表 8-14　轴承钢的分类

类　型	钢　号
高碳铬轴承钢	GCr9，GCr15，GCr15SiMn，G8Cr15
无铬轴承钢	GSiMnV（RE），GSiMnMoV（RE），GMnMoV（RE），GSiMn（RE）
渗碳轴承钢	20CrNi4A，20Cr2Mn2SiMoA，20Cr2Mn2MoA
不锈轴承钢	9Cr18Mo，70Mn15Cr2A，13WMoV
中高温轴承钢	GCrSiWV（中温），Cr4Mo4V，Cr14Mo4V（高温）

轴承钢的技术要求主要有：

（1）具有高的接触疲劳强度和抗压强度；

（2）具有较高而均匀的硬度；

（3）高的弹性极限，防止在高载荷下轴承材料发生过量的塑性变形；

（4）具有一定的韧性，防止轴承在承受冲击载荷作用下破坏；

（5）具有一定的抗腐蚀性，在大气和润滑剂中不易生锈，保持较高的精度；

（6）具有良好的热成形性能，良好的热处理工艺，较好的机械切削加工性能；

（7）具有耐高低温和自润滑的性能。

轴承钢在使用状态下的组织主要是回火马氏体基体上均匀分布的碳化物细晶粒，这种组织能够赋予轴承钢所需要的性能。因此，滚动轴承钢对有害元素杂质的限制极高，一般规定 $S < 0.02\%$ ，$P < 0.027\%$ ；非金属夹杂物（氧化物、硅化物、硅酸盐等）及氧氮的含量必须很低，夹杂物的危害性按如下顺序递增：氮化物 < 硅酸盐 < Al_2O_3 。如若控制不当会影响轴承钢的力学性能，影响轴承的使用寿命。但硫化物对疲劳寿命则有好的作用，因此适当放宽钢液中的硫含量，可以显著地提高钢的切削性能。由于轴承钢对点状夹杂物的苛刻要求，炉后脱氧工艺中相应的含钙合金不能作为脱氧剂使用，脱氧剂只能选择 Ba、Al 等合金。轴承钢中钛的氮化物和碳化物夹杂的存在能够严重降低轴承钢的接触疲劳寿命，所以废钢原料和合金使用过程中应该避免含有钛的废钢以及低钛合金。

电炉冶炼轴承钢时，要求炉体良好，对炉料要求清洁、少锈。熔清后要有合适的化学成分。采用较高的配碳量，较大的沸腾量和留碳操作，会极大地提高钢水的质量。为了减少出钢过程的夹杂物数量，为夹杂物上浮创造条件，一般冶炼轴承钢采用含钡的合金预脱氧，主要是因为加入含钡合金具有以下的优点：

（1）钡具有比铝强的脱氧能力，能获得良好的脱氧效果。

（2）能与钢中 Al_2O_3 或 SiO_2 等夹杂形成复合夹杂，调节夹杂物密度、熔点，改善钢液对夹杂物的黏附性、浸润性及金属接触表面能，从而使夹杂物易于排出。

（3）能改变钢中碳化物及非金属夹杂物的属性、形貌、数量、尺寸及分布，强化晶界，从而提高钢的强韧性。

轴承钢的典型生产工艺卡见表8-15。

表8-15 轴承钢的生产工艺卡

钢　种	GCr15		技术标准	GB/T 18254—2000		用　途			轴　承　钢	
钢质代号				工艺路线			EAF—LF—CC			

化学成分控制/%										
化学成分		C	Si	Mn	Cr	S	P	Ni	Cu	Al
标准	下限	0.95	0.15	0.25	1.40					
	上限	1.05	0.35	0.45	1.65	0.025	0.025	0.30	0.20	
内控	下限	0.95	0.20	0.25	1.40					0.025
	上限	0.98	0.30	0.35	1.55	0.010	0.015	0.20	0.20	0.035
电炉终点	下限	0.30								
	上限	0.80				0.008	0.18		0.18	
出钢	目标	0.93	0.20	0.25	1.40					0.030
LF	目标	0.95~0.98	0.20~0.30	0.25~0.35	1.40~1.55	<0.010	<0.015	<0.20	<0.20	0.030
成品	目标	0.95~0.98	0.20~0.30	0.45~0.35	1.40~1.55	<0.010	<0.015	<0.20	<0.20	0.030

钢包合金、脱氧剂及渣料添加/kg							
加料地点	石灰	萤石	FeSi	高碳 FeMn	高碳 FeCr	Al 饼	精炼剂
EBT 出钢位							
LF 精炼	调整	调整	调整	调整	调整	调整	

温度控制（新钢包、冷钢包出钢温度提高10℃）/℃				
工　位	电炉出钢	LF 结束	CC 中间包	液相线温度
连浇 1	1630~1650	1524~1535	1485~1505	1452
连浇 2 及其以后	1610~1630	1514~1522	1475~1485	

补充说明：

1. 电炉生铁或铁水配加比例大于35%。废钢中避免类似于齿轮等含钛元素废钢的加入。

2. 各种合金使用前必须做成分化验，合金中的钛含量必须低于0.005%。

3. 出钢及精炼底吹搅拌气体使用氩气。

4. 出钢时，钢车到位之后，向钢包内加入0~250kg合成渣，然后出钢，当出钢量大于20t之后应立即按表中要求向钢包内加入铝丸（铝块或者铝锰铁）。

5. 成品酸溶铝含量控制在0.015%~0.035%。

6. 钢包炉精炼时间不得少于55min，白渣保持时间不得少于40min，钢包炉必须保证白渣出钢。

7. 过程增碳高碳FeMn和高碳FeCr按每Xkg增碳0.01%考虑，其余合金不考虑增碳。如果出钢前碳含量大于0.65%，也可使用SiMn合金以减少增碳。高碳合金的加入量根据电炉终点碳含量决定。

8. 钢包炉不喂SiCa线，精炼结束后必须继续吹氩软吹搅拌12min以后方可出钢。

9. 以上合金加入量以Xt出钢量计算，如出钢量变动可适当调整合金加入量。

10. 钢水经过VD处理时严格禁止利用炭粉增碳。

8.8　齿轮钢的生产

齿轮钢是结构钢中一大分支，在结构钢中占有较大比重，是一种具有高技术含量和高附加值的钢种。齿轮是各种动力机械和各种机床中的重要传动件，承受着一定应力下的循环应力和较大的冲击力。因此，对其性能要求高，质量要求严。

齿轮钢品种繁多，世界各国都根据使用性能要求和本国的资源条件，建立各自的齿轮用钢系列。我国虽然规定了许多齿轮钢号，但多年来大量使用的仍是 20CrMnTi 钢（制造齿轮时需通过表面渗碳（氮）处理），是一种前苏联使用的标准。目前，国内对齿轮钢的市场年需求量在 80 万 t 左右，其中 20CrMnTi 钢的年需求量在 30 万 t 左右。我国齿轮材料按齿轮的应用分为车辆齿轮用钢和工业齿轮用钢两大类，前者约占 80%。车辆齿轮中以汽车为主，主要钢种为 20CrMnTi(H)，农用车的齿轮绝大部分是使用 20CrMnTi(H)。工业齿轮中 20CrMnTi(H) 使用量较少，约占工业齿轮量的 10%。随着我国汽车工业的稳步发展，国内外对齿轮钢的需求量日益增加，齿轮钢销售市场前景较好，同时用户对齿轮钢质量要求更加严格，高技术含量和高附加值的齿轮钢成为特钢企业优先开发和生产的品种。国内一些普钢企业也积极参与生产。

由于齿轮钢高性能和高质量的要求，一般钢厂很难涉足，国内目前主要的齿轮钢生产企业有莱钢、兴澄钢厂、南钢、淮钢、新冶钢、东北特钢、上钢五厂、石钢、西宁特钢等十几个厂家。

8.8.1　齿轮用钢的质量要求和影响因素

高质量渗碳（氮）齿轮钢的主要技术要求有：

(1) 足够的心部淬透性和良好的渗层淬透性。

(2) 齿轮渗碳淬火后变形小。

(3) 良好的成型性。

(4) 末端淬透性要求。我国已采用末端淬透性能代替力学性能检验来评价齿轮钢的性能。淬透性和窄淬透性带宽的控制，主要取决于化学成分的精确控制和化学成分的均匀性。末端淬透性的稳定与否对齿轮钢热处理后变形量的大小影响很大。

齿轮用钢的洁净度要求：我国目前对齿轮钢的 [O] 要求是小于 0.002%，国外一般要求小于 0.0015%。非金属夹杂物按 JK 系标准评级图评级，一般要求级别 A≤2.5、B≤2.5、C≤2.0、D≤2.5。

齿轮用钢的晶粒度要求：细小均匀的奥氏体晶粒可以稳定末端淬透性，减少热处理变形，提高渗碳钢的脆断能力。目前我国齿轮钢的奥氏体晶粒度级别一般要求小于或等于 5 级。

齿轮用钢中微量元素含量的要求：为保证齿轮钢的加工性能，目前国内外对齿轮钢的微量元素都有一定要求。例如，为保证钢的晶粒度要求，铝含量控制在 0.020% ~ 0.040%；为提高切削性要求，硫含量控制在 0.025% ~ 0.040%。

齿轮用钢组织的要求：带状组织不大于 2 级。若钢材的组织均匀性差，存在严重带状组织，会导致齿轮在渗碳（氮）热处理后组织不理想，硬度不均。

齿轮用钢表面质量的要求：齿轮钢是热顶锻钢，对钢材的表面质量要求很严。同时，钢材的表面脱碳要尽能小。

影响齿轮钢质量的主要因素是钢的化学成分、连铸工艺参数、钢的晶粒度和轧制工艺参数。常用齿轮钢的牌号、化学成分见表 8-16。

表 8-16 常用齿轮钢的化学成分（%）

牌 号	C	Mn	Si	Cr	Ti	S、P	Ni
20CrMnTi	0.17~0.24	0.80~1.10	0.20~0.40	1.00~1.30	0.06~0.12	≤0.04	≤0.40
30CrMnTi	0.24~0.32	0.80~1.10	0.20~0.40	1.00~1.30	0.06~0.12	≤0.04	≤0.40

8.8.2 电炉冶炼齿轮钢的技术要求

电炉冶炼齿轮钢的技术要求包括：

（1）为了保证成品钢具有良好的冲击韧性，对原材料要求较为严格，冶炼时必须使用清洁少锈的碳素返回废钢和低磷低硫生铁，保证炉料中 P≤0.040%、S≤0.050%。

（2）冶炼时控制化学成分是提高冲击韧性的重要措施之一。碳的含量向成分下限控制，钛向上限控制有利于提高钢的冲击韧性。冶炼时将成分中的碳和钛的成分差控制在 0.10%±0.02% 的范围内。

（3）电炉终点碳控制应不低于 0.08%。

（4）电炉炉后应选择合理的脱氧剂，以尽量降低钢中的氧含量。

（5）选择合适的碱度（3.5 左右）和渣量，保证钛的回收，考虑硅和钛的相互影响，是成分控制的关键所在。

（6）钛铁在出钢前 5~15min 之内一次性加入，加入以后进行喂丝处理。

（7）连铸必须采用保护浇铸来避免钢液的二次氧化，降低钢中的内生夹杂物数量。

8.9 碳素钢的冶炼

碳素钢因为容易冶炼，工艺性能好，冶炼成本较低，在性能上能够满足一般工程结构以及普通机械零件的要求，还可以制作成为各类硬线、钢绞线等，因而普遍应用，也是电炉生产的常见钢种之一。冶炼此类钢时，一般要注意以下几点：

（1）电炉的配碳量要偏中上限，以利于去除废钢铁料中的原始夹杂物和脱除大部分的气体，提高粗炼钢水的质量。

（2）控制原料中有害元素的含量，防止因为有害元素超标引起的铸坯表面网状裂纹和红脆的产生，以及钢材力学性能的下降。

（3）钢中成品的酸溶铝控制在 0.010% 以下，防止刚性夹杂物过多引起塑性和韧性的下降以及拉拔过程中的断裂。

（4）电炉采用留碳操作，避免出钢大量增碳带来的气体含量的增加，以及形成电石渣，同时电炉要尽量为精炼炉创造条件，防止精炼炉冶炼时间长，引起钢水增氮，连铸做好保护浇铸，严格控制钢中的气体含量，防止皮下气泡和组织疏松等缺陷，钢中氮含量控制在 0.012% 以下。

（5）脱氧要充分，脱氧剂的选择一般采用硅钙钡作为复合脱氧剂，促使夹杂物颗粒易于长大聚合上浮，减少钢中夹杂物的数量。

（6）精炼炉采用无铝脱氧工艺操作。精炼炉精炼结束以后，在钢水喂丝钙处理以后，必须保证软吹时间大于 5min 以上，确保夹杂物充分上浮。

（7）冶炼过程中将钢中磷、硫含量控制得尽可能低，二者的总和不超过 0.030%，钢材的性能会得到改善。

（8）中低碳碳素结构钢由于合金元素含量低，碳含量低，精炼炉的脱氧、脱硫的任务较重。

所以要充分考虑从原料入手，控制好入炉料的硫含量在一个合理的水平，出钢时不能下渣。

表 8-17 为典型的碳素钢 60 钢的冶炼工艺卡。

表 8-17　典型的碳素钢 60 钢的冶炼工艺卡

钢　种		60		技术标准		GB	用　途			钢丝线
钢质代号					工艺路线			EAF—LF—CC		

化学成分控制/%										
化学成分		C	Si	Mn		P	S	Cr	Ni	Cu
标准	下限	0.57	0.17	0.50						
	上限	0.65	0.37	0.80		0.035	0.035	0.25	0.30	0.25
内控	下限	0.59	0.20	0.60						
	上限	0.63	0.30	0.70		0.020	0.020	0.20	0.20	0.20
电炉终点	下限									
	上限	0.55				0.015		0.20	0.20	0.20
出钢	目标	0.55	0.17	0.55						
LF	目标	0.59~0.63	0.20~0.30	0.60~0.70		≤0.015	≤0.015			
推荐	目标									

钢包合金、脱氧剂及渣料添加/kg					
加料地点	石灰	萤石	FeSi	SiMn	SiCa 线
出钢					
LF	调整	调整	调整	调整	50~200m

温度控制（新炉子、冷炉子、新钢包、冷钢包出钢温度提高 10℃）/℃				
工　位	电炉出钢	LF 结束	CC 中间包	液相线温度
连浇 1	1630~1650	1545~1585	1515~1555	1477
连浇 2	1580~1650	1525~1575	1485~1525	

补充说明：

1. 电炉生铁或铁水配加比例为 35%~45%，原料情况不好时配加 10%~20% 的直接还原铁。

2. 出钢及精炼底吹搅拌气体使用氩气。

3. 出钢前钢包到位后向钢包加入 0~200kg 合成渣，然后出钢。然后依次加入 0~200kg 复合脱氧剂，严禁出钢下渣。

4. 原则上出钢 [C] 在 0.10% 左右时，出钢合金使用 SiMn 合金；但如果出钢[C] <0.05%，则应使用 FeMn 合金。

5. 钢包炉必须控制[P] + [S] <0.035%。

6. 钢包炉喂丝结束后必须保持软吹 8min 后方可出钢。

7. 以上合金加入量计算以 Xt 钢水为依据，若钢水量、合金成分变动则应适当调整。

8.10　冷轧板坯的生产

冷轧用板坯一般来讲都是以铝镇静钢为主，这类钢要求钢中的硅含量要低，碳含量小于

0.10%，而且钢中气体含量［N］也要低。

8.10.1 冷轧深冲用钢 SPHC 的电炉冶炼成分控制

冷轧深冲用钢 SPHC 钢是一种低碳低合金的铝镇静钢，SPHC 钢的化学成分和要求见表8-18。

表 8-18 SPHC 钢的化学成分和要求

牌 号	化学成分/%									
	C	Si	Mn	P	S	Al$_s$	Cr	Ni	Cu	As
SPHC	≤0.10	≤0.03	0.25~0.35	≤0.020	≤0.020	≥0.020	≤0.10	≤0.15	≤0.15	≤0.05

注：其余要求执行 Q/BG 035—2005；氧氮控制目标：T［O］≤0.005%；［N］≤0.005%。

8.10.1.1 有色金属杂质的危害和控制

板坯钢中有害杂质 Cu、Ni、As、Cr、Pb、Bi、Sn、Sb 等有色金属，这些元素中 Cr 可以氧化大部分去除，As 的脱除原理目前据文献介绍，虽然与脱硫的原理相同，但是采用的氧化钡为主渣料，目前不具备条件。其余的因为与氧的亲和力都比铁与氧的亲和力小而难以去除。这些元素不仅会降低钢水的液相线温度，而且会聚集在晶粒交界处，恶化钢材和钢坯的表面质量，增加热脆倾向，使低合金钢发生回火脆性，降低连铸坯的热塑性，破坏 SPHC 钢的深冲性能。在以上有害元素中，Cu 的危害最为突出，Cu 在钢中有较大的溶解度。

Cu 对钢的影响机制主要表现集中为两种：

（1）在钢坯的表面形成低熔点液相，形成网状裂纹（红脆）。

（2）在晶界（或亚晶界）偏聚削弱了铁的原子间力，脆化了晶界（回火脆）。

以上的有害元素在电炉基本上是无法去除的，只能在入炉原料上加以控制，即只能多加清洁废钢来控制。只要措施得当，在以上有害元素的控制上，也会取得预期的效果。

8.10.1.2 电炉工位的脱氮

多家电炉流程生产的实践结果是：采用高碱度泡沫渣，碱度保持在 2.0~2.5 之间，并且配加一定量的白云石，以增加炉渣黏度，提高发泡指数。当发泡指数大于 5 时，吸氮量最少。所以我们在电炉冶炼过程中配加了铁水或生铁块，比例占总装入量的 40% 以上。电炉出钢前玻璃真空管试样表明，氮的控制达到了预期的目的，最低的为 0.0029%，平均控制在0.004%。冶炼出钢时，要把钢包内钢水的温度保证在 1560℃ 左右，减少精炼炉送电提温的时间，对于防止精炼炉增氮很重要。

8.10.1.3 碳的控制

由于钢中的碳含量要求较低，而碳在 0.08%~0.12% 之间处于包晶反应区，会增加板坯表面的裂纹敏感性，所以力争将成品的碳含量控制在 0.06%~0.08% 之间，考虑到精炼炉过程的增碳，连铸过程的增碳，终点的碳要求控制在 ≤0.06%，最佳 0.04%~0.05%。电炉出钢前炉内终点成分要进行利用定氧仪定氧，决定脱氧剂的加入量。电炉测温取样后供氧采用最小的模式，防止增加钢水的氧化性。这样的定氧操作减少了过吹，优化了脱氧工艺。

8.10.1.4 脱氧的工艺

电炉脱氧合金化选择低碳锰铁、铝铁，脱氧剂采用电石和预熔渣 12CaO·7Al$_2$O$_3$，出钢前将 30kg 电石加到包底，出钢 10s 后，再分批次加入剩余 50~150kg 的电石，出钢 20t 时开始加入低碳锰铁、预熔渣、铝铁（400~500kg）、活性石灰（600~800kg）、萤石 60~100kg，同时根据终点碳氧含量及钢水到精炼后样成分情况对加入量进行适当调整。这样的控制效果比较理想。

8.10.1.5　硅的控制

由于没有采用含硅的合金和脱氧剂进行合金化和脱氧，所以钢中硅的来源主要是合金和脱氧剂中微量的硅以及萤石和炉渣中 SiO_2 经过强还原剂还原进入钢液的，反应如下：

$$3(SiO_2) + 4Al === 2(Al_2O_3) + 3[Si]$$

这种反应不仅会发生在钢渣界面，而且会在钢液内部发生，这是钢液在精炼工位产生硅含量升高的主要原因。

笔者通过对合金和还原剂中硅含量的计算，这两方面带入的 [Si] 不会超过 0.015%，并且结合物料的平衡计算，认为控制萤石的加入量和电炉的下渣带渣，是解决问题的关键。这一点在我们以后的生产实践中得到了验证。

8.10.1.6　钢中酸溶铝的控制

冶炼铝镇静钢的一个关键就是控制好电炉出钢酸溶铝的含量，精炼炉只需要调整其他成分和促使钢中 Al_2O_3 的夹杂物上浮，这是最理想的。根据出钢前定氧的结果，调整铝铁的加入量，使得钢中酸溶铝的含量控制在钢种成分中限偏上，是优化冶炼的主要环节之一。

8.10.2　冷轧深冲钢 08Al 的生产工艺

08Al 钢属于冷轧和深冲薄板用钢，因此要求钢材表面平整，具有深冲性，故要求塑性要好，对钢中夹杂物要求不但级别低且分布均匀。钢种成分的要求如表 8-19 所示。

表 8-19　08Al 钢的化学成分（%）

C	Si	Mn	P、S	Cr	Ni	Cu	Al	B	N
≤0.10	≤0.03	0.15~0.20	≤0.015	≤0.015	≤0.10	≤0.25	0.02~0.06	≥0.003	≤0.005

电炉冶炼时的主要要求如下：

（1）原料采用生铁配碳，优质废钢配加 30% 以上的直接还原铁，或者采用铁水热装工艺配加直接还原铁，优质废钢的冶炼工艺。要求生铁或铁水硅含量小于 0.60%，硫含量小于 0.060%。

（2）电炉装入制度按标准执行。石灰分为两次从料篮底部加入。

（3）电炉炉渣碱度要求控制在 2.5 左右，冶炼过程中要求熔清以后全程泡沫渣操作。

（4）氧化期结束前，减少电极喷淋水的流量，尽量关闭炉门，使炉内微负压状态。

（5）电炉终点成分和温度要求最好一次同时命中，减少反复送电提温的次数。

（6）电炉终点碳含量尽量控制在 0.04%~0.05%，出钢温度为 1640~1670℃，出钢[P]≤0.010%，电炉终点炉内必须进行定氧。

（7）电炉出钢的钢包脱氧、合金化及造渣。

（8）电炉出钢时严禁下氧化渣进入钢包。

（9）电炉出钢时间必须大于 120s。

出钢量达 30t 时依以下次序加料：根据出钢前炉内氧含量确定加铝铁，按规格下限调整锰的成分，再加入石灰 4kg/t、精炼渣（$12CaO \cdot 7Al_2O_3$）5kg/t（料仓加入）、钝化电石 0.8~1.0kg/t（袋装炉后随钢流加入），开始回倾前加入钢水洁净剂 1kg/t（袋装炉后随钢流加入）。不加萤石。定氧的结果和脱氧剂的加入量见表 8-20。

表 8-20 电炉脱氧剂加入量和氧化量的关系

出钢前定氧/%	折合成纯铝/kg·t^{-1}	折算铝铁量/kg·t^{-1}	电石/kg·t^{-1}
0.05	1.20	2.90	0.5
0.06	1.35	3.30	0.5~0.8
0.07	1.40kg	3.40	1.0~1.2
0.08	1.60kg	3.90	1.5
0.09	1.75kg	4.0	1.5
≥0.1	1.90kg	4.50	1.5~2

加完物料后控制吹氩强度,以在渣面形成200mm圆以内的钢水面为准,不得完全裸露钢水。

LF冶炼工艺主要有:

(1) 电炉粗炼钢水到位后送电化渣,渣面形成初期向炉中加石灰4kg/t、萤石0.7kg/t、缓释脱氧剂5kg/t。到位如形成流动性良好的熔融渣则取LF-1样,否则送电化渣。LF-1成分返回后,考虑包中铝含量按0.045%喂铝丝。

(2) 精炼渣为流动性良好的白渣时,取样全分析,用钝化电石并采用少加勤加原则进行渣面脱氧持续保持炉内还原性气氛,用量0.5~1.0kg/t;为保证炉内的还原性气氛,要求减弱除尘排风保证炉内微正压。

(3) 按照取样的成分微调成分:用低碳锰铁调锰,若铝低于0.030%时考虑钢水中按0.040%喂铝丝。

(4) 当温度合适,化学成分达标时即可出钢进行钙处理,要求喂入FeCa丝(钙丝出厂至使用时间不超过一个月,要保证丝线垂直于渣面喂入包中,线速达120~150m/min)。丝线的喂入量控制标准为:当钢水中铝为0.030%时喂200m,钢水中铝为0.040%时喂300m,钢水中铝为0.045%时喂400m。

(5) 喂FeCa丝后保证软吹8min后吊出浇铸,软吹以渣面微动且不裸露钢液面为准。

连铸浇铸的工艺:

(1) 开浇前准备。烘烤前,将中间包内的残余物清扫干净且工作层无龟裂纹;烘烤中,定期检查包内情况,不得有工作层及包盖剥落现象。

(2) 开浇时要求钢包自动开浇,自开率大于95%。

(3) 浇铸操作时,钢包长水口处采用垫圈进行封闭,做到全程无氧化保护浇铸,防止吸氧吸氮,防止结瘤。

(4) 中间包覆盖剂采用高碱度、高吸附性、低硅含量、无碳材料。

(5) 保护渣指标要求:08Al钢要求吸附Al_2O_3夹杂好的保护渣且吸附后理化指标变化不大。

(6) 结晶器:为防止三角区裂纹,窄面采用弱冷,提高进水温度大于25~30℃,进出口水温差为7~8℃,流量要求2.5L/(min·mm)。

(7) 结晶器振动,减少负滑脱时间,并适当提高保护渣黏度,提高振动频率,采用经验公式 $f = 70v + 70$。

(8) 二冷段要求水嘴工况良好保证冷却均匀,二冷配水根据试验结果优化。

(9) 夹持辊运转良好,防止划伤。铸机严格对中,误差不大于0.5mm调整好夹辊开口度,防止裂纹产生。

8.11 热轧板坯的生产

热轧用板坯的生产常见的钢种主要有Q195~Q345,这类钢种的生产工艺比较简单,主要特点有：

（1）钢中酸溶铝含量控制在 0.010% ~ 0.020% 之间，要求精炼炉有 25min 以上的白渣精炼时间。

（2）为了保证焊接性能，应该控制好钢中的碳含量，控制好碳锰比。

（3）控制好钢中五大有害元素的含量，使五大有害元素的总和低于 0.50%。

（4）控制好钢中气体的含量。

（5）控制好微合金化元素的含量。

比较常见的冶炼工艺卡见表 8-21。

表 8-21　热轧板坯 Q345B 的冶炼工艺卡

钢　种		Q345B		技术标准		GB		用　途			
钢质代号					工艺路线			EAF—LF—CC			

化学成分控制/%

化学成分		C	Si	Mn	P	S	V	Cr	Ni	Cu
标准	下限	0.13	0.25	1.10						
	上限	0.16	0.40	1.30	≤0.020	≤0.020		≤0.15	≤0.15	≤0.15
内控	下限	0.13	0.25	1.10			0.025			
	上限	0.16	0.40	1.30	≤0.020	≤0.015	0.040	≤0.15	≤0.15	≤0.15
电炉终点	下限									
	上限	0.13			≤0.010	≤0.040		≤0.15	≤0.15	≤0.15
出钢	目标	0.10	0.25	1.0 ~ 1.1	≤0.015	≤0.040				
LF	目标	0.13 ~ 0.16	0.25 ~ 0.35	1.10 ~ 1.20	≤0.020	≤0.015	0.025 ~ 0.030	≤0.15	≤0.15	≤0.15
成品	目标	0.14	0.30	1.14	≤0.020	≤0.015	0.025 ~ 0.030	≤0.15	≤0.15	≤0.15

钢包合金、脱氧剂及渣料添加/kg

加料地点	石灰	萤石	MnSi	SiFe	电石	精炼渣	AlFe
出钢							
LF	调整	调整	调整	调整	调整	调整	调整

温度控制（新炉子、冷炉子、新钢包、冷钢包出钢温度提高10℃）/℃

工　位	电炉出钢	LF 结束	CC 中间包	液相线温度
连浇 1	1640 ~ 1660	1595 ~ 1605	>1550	1519
连浇 2	1616 ~ 1640	1575 ~ 1595	1530 ~ 1545	

补充说明：

1. 装入制度：电炉冶炼配加铁水 + 铁块量≥40%，原料情况不好时配加直接还原铁，石灰加入量 5.8kg/t，白云石加入量 0.8kg/t（可调整）。

2. 出钢及精炼底吹搅拌气体使用氩气。

3. 预脱氧剂采用电石，按吨钢 0 ~ 2kg/t 加入量加入（可调整）。

4. 严禁出钢下渣，出钢时间大于 2min。

5. 电炉测温取样后供氧采用 A 模式，防止钢水过氧化。

6. 电炉合金加入量按上表加入。

7. 精炼炉应保证冶炼时间在 30min 以上，确保精炼过程充分脱氧、脱硫。

8. 精炼炉根据电炉钢水成分适当补加合金调整成分。

9. 精炼过程炉渣脱氧采用电石、精炼剂，批量 0.5 ~ 2kg/t，炉渣碱度控制在 2.0 以上，白渣操作。

10. 精炼结束喂硅钙丝 50 ~ 300m，喂丝后保证软吹 8min 以上。

11. 以上合金加入量计算以 Xt 钢水为依据，若钢水量、合金成分变动则应适当调整。

8.12 低合金高强度钢的生产

低合金高强度钢最新发展的几种新技术：

（1）应变诱导相变强化工艺。通过应变诱导铁素体相变在钢带的表面层得到 $1\mu m$ 的超细晶粒或在板厚的两边得到超细晶的表面层，其晶粒约为 $2\mu m$，层深约为板厚的 1/6。这种超细晶组织具有优良的阻止裂纹扩展的能力，并有良好的疲劳强度和低温韧性。

（2）微合金化工艺。微合金化工艺的目的是提供足够体积分数且在高温下稳定的含钛氧化物质点，如通过在连铸时加入一种含微细氧化物的载体材料，这种在基体中弥散分布的微细质点不仅可用来细化晶粒组织，而且对合金的断裂韧性也有良好作用。这项技术将导致一个新的具有优异性能的低合金高强度钢系列的出现。对各种氧化物、氮化物和碳化物形成晶内铁素体的形核能力的研究结果表明：氮化钒是最有效的一种，其质点（$0.1\sim0.2\mu m$）比过去报道过的铁素体形核的有效核心尺寸（$0.3\sim0.4\mu m$）要小得多。此项技术已经用来细化中碳锻钢和大规格 H 型钢的显微组织。

在铁素体—珠光体钢中，微合金化元素对强度起下列作用：

（1）固溶强化。在低碳的碳锰钢中，锰大约有 3/4 溶于铁素体中，其余部分溶入渗碳体中，锰强化铁素体的作用稍次于硅。在钢中硅不溶于渗碳体，而全部固溶于铁素体中。根据一些试验资料报道，每增加 1% 锰使铁素体 σ_s 提高 33MPa，而每增加 1% 硅使铁素体 σ_s 提高 85MPa。但锰或硅作为合金元素时，σ_s 每增加 10MPa，将使伸长率分别下降 0.6% 和 0.65%，同时也对韧性、可焊性和冷弯性能带来不利的影响。

（2）细化晶粒作用。在低合金高强度结构钢中，细化晶粒具有十分重要的作用。细化晶粒的途径有用铝脱氧、控制轧制并加入钒、钛、铌形成碳化物。钛和铌的碳化物直到加热温度至 1200℃ 才大量溶解到奥氏体中，碳化钒则到 1050℃ 才大量地溶解。因此，在加热的不同阶段都能起到阻止奥氏体晶粒长大的作用。而钢中铬、锰、钼、镍只要在加热时固溶在奥氏体中，就能增加冷却时奥氏体的过冷能力，从而产生细的铁素体晶粒和细珠光体。不过应当指出，即使钢中含有上述细化晶粒元素，不恰当的热轧或热处理工艺也可能造成粗大的或粗细不均的铁素体晶粒，这对钢的塑性和韧性都起不良的影响。

（3）弥散强化。加入微量钒、钛、铌，形成碳化物。低合金钢冷却时形成铁素体的阶段，在铁素体与奥氏体的相界面上析出各自的碳化物颗粒，并且由于铁素体相界不断地向奥氏体内推进，沉淀的碳化物颗粒排列成带状，它使铁素体抵抗塑性变形的能力增加，使钢的强度进一步提高。这种析出过程被称为相间沉淀，是低合金钢弥散强化的本质。低合金高强度钢加入微量钒、钛、铌，如钒含量 0.02%～0.20%，铌含量 0.015%～0.060%，钛含量 0.02%～0.20%，所以这种合金化常被称为"微合金化"。由于钒、钛、铌具有细化晶粒作用，使钢保持细晶粒组织，从而补偿了由于弥散强化所带来的塑性和韧性损失，这是微合金化的一个显著优越性。钒、钛、铌强化能力，每增加 0.1% V 使屈服点 σ_s 提高 50～80MPa，每增加 0.01% Ti 或 Nb 分别使屈服点 σ_s 提高 30～50MPa。当钒钛和钒铌联合加入时，强化效果更佳。低合金钢作为专用钢时，应满足专用钢标准要求。

表 8-22 为近年开发的微合金化钢。

表 8-22　近年开发的微合金化钢

用　途	钢种牌号	σ_s /MPa	合金系列
管线用钢	X42 ~ X70	≥360	C-Mn(-Nb)
造船用钢	AH36 DH36、EH36	≥350	C-Mn-Nb(V)
桥梁用钢	14MnNb	≥355	C-Mn-Nb(V,Ti)
	SM520C	335 ~ 365	C-Mn-Nb(V,Ti)
	StE350	≥355	C-Mn-Nb(V,Ti)
锅炉用钢	BHU35	330 ~ 390	C-Mn(-Mo)-Nb
工程机械用钢	Welten60RC	450	C-Mn-Nb-V
	BHW60A	450	C-Mn-Nb-V
	HQ60A	450	C-Mn-Nb-V(Mo)
	BG60	450	C-Mn-Nb-V
汽车大梁钢	B510L	355	C-Mn(-Nb)
	B52L	355	C-Mn(-Ti)
	09SiVL	355	C-Mn-V

低碳高强钢 HSLC 的生产特点如下：

（1）配料控制钢中的有害金属元素。

（2）电炉出钢控制好吹炼的终点碳含量，避免过吹和补吹脱碳。出钢碳控制在 0.04% ~ 0.06%。

（3）电炉泡沫渣碱度控制在 2.2 ~ 2.6 之间为最佳，渣中配加部分白云石。

（4）电炉出钢温度控制在 1630 ~ 1660℃ 之间，强化出钢的脱硫操作。

（5）电炉出钢前定氧，出钢时根据氧含量一次性将钢中的酸溶铝控制在 0.25% ~ 0.3% 之间，因为在此范围区间，氧含量较低，夹杂物最少。

（6）正常情况下，电炉出钢利用合成渣精炼剂，以预熔渣为最好；电炉过吹以后，出钢加吨钢 1.5 ~ 3.5kg 的电石脱氧。

（7）精炼炉尽量减少送电升温脱硫的操作时间，争取电炉钢水到位以后，做成分微调即可，电炉钢水到站铝含量过低以后，要求一次性补够铝。

（8）精炼炉要严格控制吹氩强度。

表 8-23 为低合金高强度钢 HSLA 的冶炼工艺卡。

表 8-23　低合金高强度钢 HSLA 的冶炼工艺卡

钢　种	HSLA		技术标准			用　途		
钢质代号				工艺路线			EAF—LF—CC	

化学成分控制/%（Nb、Ti 略）

化学成分		C	Si	Mn	P	S	Al	Ni	Cu
标准	下限	0.04	—	0.20			0.02		
	上限	0.08	0.05	0.80	0.015	0.0156	0.06	0.20	0.20
内控	下限	0.04	—	0.25			0.025		
	上限	0.06	0.03	0.70	0.010	0.010	0.04	0.20	0.20
电炉	下限						0.035		
终点	上限	0.06			0.015		0.045	0.20	0.20
出钢	目标	0.045	0.02	0.4	0.010				
LF	目标	0.06	0.020	0.45	≤0.015	0.010~0.015	0.25	0.20	0.20
推荐	目标								

钢包合金、脱氧剂及渣料添加/kg

加料地点	石灰	电石	低碳锰铁	合成渣	SiCa 线
出钢					
LF	调整	调整	调整	调整	50~200m

温度控制（新炉子、冷炉子、新钢包、冷钢包出钢温度提高 10℃）/℃

工　位	电炉出钢	LF 结束	CC 中间包	液相线温度
连浇 1	1630~1660	1555~1585	1550~1555	
连浇 2	1630~1660	1565~1575	1525~1545	

补充说明：

1. 电炉生铁或铁水配加比例为 45%~55%，原料情况不好时配加 10%~20% 的直接还原铁。

2. 出钢及精炼底吹搅拌气体使用氩气。

3. 出钢前钢包到位后向钢包加入 0~200kg 合成渣，然后出钢。然后依次加入 0~200kg 电石，严禁出钢下渣。

4. 电炉要在出钢过程中一次将锰配至成分下限左右。

5. 钢包炉必须控制[P]+[S]<0.030%。

6. 钢包炉喂丝结束后必须保持软吹 8min 后方可出钢。

7. 以上合金加入量计算以 Xt 钢水为依据，若钢水量、合金成分变动则应适当调整。

附：不同钢种连铸浇铸时的过热度参考值

浇铸钢种	钢坯种类	
	板坯、大方坯最大过热度/℃	小方坯最大过热度/℃
高碳钢、高锰钢	10	15~20
合金结构钢	5~10	15~20
铝镇静钢	15~20	25~30
不锈钢	15~20	20~30
硅　钢	10	15~20

参 考 文 献

[1] 汪学瑶. 当代电弧炉特殊钢企业工艺结构的现状和发展[R]. 大冶特殊钢股份有限公司技术中心，特殊钢杂志社（专题研究），1998.

[2] 傅杰. 现代电炉炼钢理论与应用[M]. 北京：冶金工业出版社，2009.

[3] 王新江. 现代电炉炼钢生产技术手册[M]. 北京：冶金工业出版社，2009.

[4] 赵沛，成国光，沈甦. 炉外精炼及铁水预处理实用技术手册[M]. 北京：冶金工业出版社，2004.

[5] 李晶. LF 精炼技术[M]. 北京：冶金工业出版社，2009.

[6] 郑沛然. 炼钢学[M]. 北京：冶金工业出版社，1994：47-51.

[7] 奥特斯 F. 钢冶金学[M]. 北京：冶金工业出版社，1998.

[8] 黄希祜. 钢铁冶金学原理[M]. 北京：冶金工业出版社，2004.

[9] 冯捷，张红文. 炼钢基础知识[M]. 北京：冶金工业出版社，2005.

[10] 王中丙. 现代电炉—薄板坯连铸连轧[M]. 北京：冶金工业出版社，2004：33.

[11] 德国钢铁工程师协会，编. 渣图集[M]. 王俭，等译. 北京：冶金工业出版社，1989.

[12] 钱之荣，范广举. 耐火材料实用手册[M]. 北京：冶金工业出版社，1996：120.

[13] 迟景灏，甘永年. 连铸保护渣[M]. 沈阳：东北大学出版社，1993：1-60.

[14] 徐曾启. 炉外精炼[M]. 北京：冶金工业出版社，2003：86-87.

[15] 黄礼胜，邓勇. 钢水过氧化及其危害[J]. 马钢技术，2002，（1）：5-10.

[16] 王成喜，刘骁. 电弧炉炼钢提高生产率的技术进展[J]. 炼钢，2004，（3）：49-52.

[17] 李晶，傅杰，等. 溶解氧对钢液吸氮影响的研究[J]. 钢铁，2002，4(37)：19.

[18] 张庆国. 氧含量以下钢液吸氮的理论研究[J]. 炼钢，2003，（6）：25-28.

[19] 李连州，译. 镁碳砖的损毁机理[J]. 国外耐火材料，2002，（3）：10.

[20] 阎立懿. 现代超高功率电炉的特征[J]. 特殊钢，2001，（1）：10.

[21] 李正邦，薛正良，张家雯，等. 合成渣处理对弹簧钢脱氧及夹杂物控制的影响[J]. 特殊钢，2000，（3）：10.

[22] 战东平，姜周华，等. 150tEAF-LF 预熔精炼渣脱硫实践[J]. 炼钢，2003，（2）：48.

[23] 徐国华. 高效预熔精炼渣的冶金效果试验[J]. 炼钢，2002，（1）：55.

[24] 俞海明. 缩短 UHP-DC 炉冶炼周期的实践分析[J]. 工业加热，2002，（6）：51.

[25] 吴根土. 泡沫渣行为研究[J]. 浙江冶金，1996，（4）.

[26] 唐萍，温光华，漆鑫. LF 炉埋弧精炼渣的研究[J]. 钢铁，2004，（1）：24-26.

[27] 迪林，王平，傅杰. LF 炉埋弧泡沫渣实验研究[J]. 特殊钢，1999，（3）：24-26.

[28] 龚坚，王丽萍. 45 号钢连铸定径水口结瘤分析[J]. 连铸，2004，（3）：22-23.

[29] Chovdhary S K. 塔塔钢厂板坯连铸过程中的水口堵塞[J]. 世界钢铁，2001，（2）：6-8.

[30] 蔡开科. 转炉—精炼—连铸过程钢中氧的控制[J]. 钢铁，2004，8：49-57.

[31] 张立峰，王新华. 连铸钢中的夹杂物[J]. 山东冶金，2004，（6）：1-5.

[32] 俞海明，戴天山，李栋. 热兑铁水生产弹簧钢的工艺优化[J]. 炼钢，2002，（2）19-22.

[33] 刘昊. 100tUHPEAF—LF（VD）—CCM 流程轴承钢氧含量的控制[J]. 特殊钢，2002，（5）：46.

[34] 虞明全. 100tLF—VD 精炼炉工艺实践[J]. 钢铁，2001，36（3）：18.

[35] 战东平，姜周华，等. 150tEAF—LF 预熔精炼渣脱硫实践[J]. 炼钢，2003，（2）：48.

[36] 张海，于辉，姚凤臣. 20CrMnTiH 钢的成分控制规范[J]. 钢铁研究学报，2001，（4）：42.

[37] 叶婷，李德胜，等. 20CrMnTi 齿轮钢铸坯质量分析和连铸工艺优化[J]. 特殊钢，2001，（3）：39.

[38] 李远睿. 20G 无缝钢管的热浸渗铝工艺[J]. 钢铁研究学报，2000，（5）：61.

[39] 张树新，冯建航，等. 20MnSiV（N）新Ⅲ级螺纹钢筋的开发[J]. 炼钢，2002，（3）：10.

[40] 聂雨青. 20MnSi 钢脱氧合金化工艺优化研究[J]. 湖南冶金, 2000, (4): 18.

[41] 付常林, 朱伟华, 元宫廷. 20MnSi 热轧带肋钢筋脆断分析[J]. 特殊钢, 2001, (2): 44.

[42] 李晶, 傅杰, 李建, 等. 60Si2MnA 弹簧钢脱氧工艺的优化[J]. 钢铁研究学报, 2001, (3): 6.

[43] 张鹏, 冯光纯. 60Si2Mn 弹簧钢的控轧控冷工艺[J]. 特殊钢, 2001, (2): 38.

[44] 赵同春, 张麦仓, 董建新, 等. 60Si2Mn 弹簧钢的热变形行为[J]. 钢铁研究学报, 2002, (2): 28.

[45] 杨武, 王忠英, 王重海. 钡合金对 GCr15 脱氧和夹杂变性研究[J]. 钢铁研究, 2002, (4): 21.

[46] 都祥元, 苏国跃, 孔凡亚, 等. CaC_2-CaF_2 还原脱磷的实验研究[J]. 钢铁研究, 2003, (1): 1.

[47] 黄贞益. G460 微合金化钢筋的开发[J]. 特殊钢, 2002, (5): 43.

[48] 叶婷, 肖爱平, 李得胜, 等. GCr15 轴承钢连铸坯质量的分析[J]. 特殊钢, 2002, (3): 35.

[49] 王忠英, 韩建淮, 王重海. GCr15 轴承钢冶炼工艺分析和讨论[J]. 特殊钢, 2003, (1): 33.

[50] 高泽平. 钢水精炼吹氩搅拌机理的研究[J]. 湖南冶金, 2000, (4): 14.

[51] 汤煜. LGZX-1 复合脱氧剂在 60t 电弧炉预脱氧中的应用[J]. 湖南冶金, 2003, (1): 32.

[52] 张树新, 贾建平, 刘占玲, 等. Q195L 盘条钢的试制[J]. 炼钢, 2002, (4): 6.

[53] 耿克, 由梅. UHPEAF—LF—VD 低氧轴承钢生产工艺的改进[J]. 特殊钢, 2001, (1): 36.

[54] 唐代明, 张春兰, 徐本平, 等. VN 合金化对 20MnSiV 钢筋组织的影响[J]. 钢铁钒钛, 2001, (1): 26.

[55] 卢向阳, 刘明, 贾斌, 等. VN 合金在非调制钢中的应用[J]. 钢铁钒钛, 2000, (3): 29.

[56] 杨才福, 张永权, 柳书平. V-N 微合金化钢筋的强化机制[J]. 钢铁, 2001, 36 (5): 56.

[57] 孙邦明, 季怀忠, 杨才福, 等. V-N 微合金化钢筋中 V 的析出行为[J]. 钢铁, 2001, (2): 44.

[58] 杨武, 王忠英, 王重海. 钡合金脱氧对 GCr15 轴承钢夹杂物和疲劳寿命的影响[J]. 特殊钢, 2003, (5): 49.

[59] 杨武, 王忠英, 王重海. 钡合金对 GCr15 钢脱氧和夹杂物变性的研究[J]. 钢铁研究, 2002, (4): 21.

[60] 王忠英. 钡合金对钢水夹杂影响的研究[J]. 钢铁研究, 2003, (6): 31.

[61] 王忠英. 钡合金对钢脱氧及夹杂物变性影响的理论分析[J]. 钢铁研究, 2003, (6): 31.

[62] 薛正良, 李正邦, 张家雯. 不同生产工艺对高强度弹簧钢夹杂物尺寸分布及疲劳性能的影响[J]. 钢铁, 37 (1): 22.

[63] 薛正良, 李正邦, 张家雯. 不同脱氧条件下弹簧钢非金属夹杂物尺寸分布[J]. 钢铁, 2001, 36 (12): 19.

[64] 薛正良, 李正邦, 张家雯, 等. 不同脱氧条件下弹簧钢氧化物夹杂的性质和形貌[J]. 特殊钢, 2001, (3): 24.

[65] 周德光, 傅杰, 王平, 等. 超纯轴承钢的生产工艺及质量进展[J]. 钢铁, 2000, 35 (12): 20.

[66] 陈峰. 短流程生产 20CrMnTi 齿轮钢[J]. 特殊钢, 2000, (2): 50.

[67] 徐得祥, 尹钟. 大高强度弹簧钢的发展现状和趋势[J]. 钢铁, 2004, (1): 67.

[68] 薛正良, 李正邦, 张家雯. 弹簧钢氧化物夹杂成分和形态控制理论与实践[J]. 特殊钢, 2002, (1): 1.

[69] 季怀忠, 杨才福, 张永权. 氮对含钒 20MnSi 钢筋强化的影响[J]. 特殊钢, 2000, (5): 20.

[70] 龚得平, 何明兴, 罗开金, 等. 氮化钒合金在 400MPa 级钢筋中的应用[J]. 钢铁钒钛, 2001, (1): 21.

[71] 季怀忠, 杨才福, 张永权. 氮在非调制钢中的作用[J]. 钢铁, 2000, (7): 66.

[72] 曾新光. 电弧炉底吹氩气搅拌工艺[J]. 特殊钢, 2000, (3): 50.

[73] 王忠丙, 傅杰, 周德光. 珠江电炉—CSP 技术的最新进展[J]. 钢铁, 2003, (7): 16.

[74] 俞海明, 李栋, 王新成, 宋维兆. 电炉热装铁水生产纯净钢的技术[J]. 钢铁, 2002, (11): 16.

[75] 王齐铭, 杨进权, 刘凯旋. 电炉冶炼不锈钢 1Cr12Mo 脱磷工艺的试验[J]. 钢铁研究, 2000,

（5）：11.

[76] 高少平．电炉冶炼纯净钢技术[J]．上海金属，2001，（4）：1.

[77] 张志明，王三武，涂传江．等．CONSTEEL 电弧炉冶炼高碳低磷钢的实践[J]．钢铁研究，2003，（2）：19.

[78] 郭培民，李正邦，林功文．发展钨精矿、氧化钼、钒渣直接合金化技术[J]．特殊钢，2000，（4）：23.

[79] 杨才福，张永权，柳书平．钒氮微合金化钢筋的强化机制[J]．钢铁，2001，36（5）：55.

[80] 张永权，杨才福，柳书平．钒氮微合金化钢筋的研究[J]．钢铁钒钛，2000，（3）：12.

[81] 刘战英，那顺桑，戴铁军，等．钒对 30MnSi 钢热变形行为的影响[J]．钢铁研究学报，2002，（5）：45.

[82] 马鸣图，李志刚，卢向阳．钒对 35SiMnB 弹簧钢脱碳敏感性的影响[J]．特殊钢，2001，（5）：9.

[83] 吴比，盛光敏，龚士弘，等．钒对 HRB400 钢筋应变时效及冲击性能的影响[J]．钢铁研究，2004，（3）：10.

[84] 龚士宏，盛光敏，常鹏，等．微钒钛高抗震建筑结构钢低周疲劳性能[J]．钢铁，2001，36（5）：51.

[85] 张越峰，刘伟，孟宪珩，等．钒微合金化 HRB400 抗震钢筋的研制[J]．轧钢，2002，（3）：16.

[86] 梁新维，刘玮．钒渣直接合金化冶炼 20MnSiV 生产新Ⅲ级钢筋[J]．钢铁钒钛，2001，（1）：16.

[87] 顾兴钧，杨作宏．防止船板（铝镇静）钢水口结瘤生产实践[J]．炼钢，2002，（6）：20.

[88] 汤曙光，焦兴利．复合脱氧剂对钢力学性能影响的研究[J]．钢铁，2002，37（11）：58.

[89] 李学勤，侯大华，顾林娜，等．改善大规格螺纹钢筋工艺性能的研究[J]．冶金丛刊，2002，（1）：15.

[90] 薛正良，李正邦，张家雯，等．改善弹簧钢中氧化物夹杂形态的热力学条件[J]．钢铁研究学报，2000，（6）：20.

[91] 刘立英．钢包喂 Ca-Si 线新工艺[J]．炼钢，2002，（1）：23.

[92] 薛正良，李正邦，张家雯．钢的纯净度的评价方法[J]．钢铁研究学报，2003，（1）：62.

[93] 薛正良，李正邦，张家雯．钢的脱氧与氧化物夹杂控制[J]．特殊钢，2001，（6）：24.

[94] 武拥军，姜周华，梁连科，等．钢的液相线温度的计算[J]．钢铁研究学报，2002，（6）：6.

[95] 夏茂林，孙卫华，秦孝海．高氮钒微合金化钢筋的应用研究[J]．钢铁，2000，35（11）：47.

[96] 郭上型，董元篪，张友平．钢液氧势对钢液脱磷及回磷转变的影响[J]．炼钢，2002，（5）：12.

[97] 李素芹，李士琦，王雅娜．钢中残余有害元素控制对策的分析与探讨[J]．钢铁，2001，36（12）：70.

[98] 王启，王学忠，李旺生，等．美标高强度钢筋的研制开发[J]．钢铁，2003，（6）：20.

[99] 徐国华．高效预熔精炼渣的冶金效果试验[J]．炼钢，2002，（1）：55.

[100] 王进，孙维．硅钡合金在炼钢脱氧中的应用研究[J]．炼钢，2000，（4）：37.

[101] 谢长川，唐继山，于学斌．硅钢冶炼终点锰含量的控制[J]．钢铁研究，2001，（3）：15.

[102] 孙梦维，姚玉国，白连臣．硅铝钡钙复合脱氧剂在转炉炼钢中的应用[J]．炼钢，2000，（3）：16.

[103] 储少军，牛强，成国光．硅铝铁合金脱氧工艺技术分析[J]．铁合金，2000，（1）：1.

[104] 代红庆，白风金，张立彪，等．硅系复合合金特性及应用[J]．炼钢，2001，（5）：32.

[105] 汤俊平．贵阳特殊钢公司炼钢车间 EAF—LF—CC 短流程生产线工艺设计[J]．特殊钢，2000，（5）：46.

[106] 潘秀兰，郭艳玲，王艳红．国内外纯净钢生产技术的新进展[J]．鞍钢技术，2003，（5）：1.

[107] 付云峰，徐德祥，陆佰亮．国内轴承钢的生产现状及发展[J]．特殊钢，2002，（6）：30.

[108] 彭兵，张传福，彭及．国外电弧炉炼钢的最新进展[J]．钢铁研究，2000，（3）：47.

[109] 李阳，姜周华，姜茂发．含钡合金在钢液中的脱氧行为研究[J]．炼钢，2003，（3）：26.

[110] 王厚昕，姜周华，李阳，等．含钡合金对硬线钢的脱氧试验[J]．特殊钢，2003，（5）：19.

[111] 贺道中．含铝钢水的钙处理[J]．钢铁研究，2002，(3)：13.

[112] 毛卫民，任慧平．含铜结构钢的发展[J]．钢铁，2000，35 (6)：49.

[113] 李正邦，薛正良，张家雯，等．合成渣处理对弹簧钢脱氧及夹杂物控制的影响[J]．特殊钢，2000，(3)：10.

[114] 李志斌，王立新，李国平．化学成分和工艺对304NbN不锈钢板力学性能的影响[J]．特殊钢，2001，(4)：51.

[115] 徐有邻．建筑用钢筋优化刍议[J]．钢铁钒钛，2001，(1)：7.

[116] 张文基，祝宜明．江阴兴澄钢铁有限公司EAF—LF（VD）—连铸—连轧特殊钢生产线[J]．特殊钢，2000，(5)：48.

[117] 惠卫军，董瀚，高惠菊，等．轿车螺旋悬挂弹簧用钢的研究开发[J]．钢铁，2002，37(10)：43.

[118] 余志祥，郑万，汪晓川，等．洁净钢的生产实践[J]．炼钢，2000，(3)：11.

[119] 张大德，王胜，李茂林．金属型脱氧剂脱氧研究与实践[J]．钢铁钒钛，2001，(3)：56.

[120] 梁龙飞．铌微合金化HRB400热轧带肋钢筋的研制[J]．钢铁研究，2002，(3)：42.

[121] 李晶，傅杰，迪林，等．溶解氧对钢液吸氮影响的研究[J]．钢铁，37：19.

[122] 虞明全．上海五钢公司轴承钢的生产现状及近期发展战略[J]．上海金属，2001，(3)：35.

[123] 于广石，许晓东，郭家林，等．首钢LF埋弧精炼技术的应用[J]．钢铁研究，2000，(4)：24.

[124] 胡文豪，袁永，刘骁，等．酸溶铝在钢中行为的探讨[J]．钢铁，2003，(7)：42.

[125] 阎凤义，张晓光．钛在汽车齿轮钢中的作用及合金化工艺探讨[J]．钢铁，36 (5)：47.

[126] 王庆祥，何环宇．提高渣-铁脱磷反应效果的理论分析[J]．钢铁研究，2001，(5)：21.

[127] 翟正龙，李丰功，杜显彬，等．铁路弹条用水淬弹簧钢38Si7的开发及应用[J]．钢铁研究，2001，(4)：39.

[128] 张爱文，徐震，李青，等．Nb对V-Ti复合微合金化曲轴用非调质钢组织、性能的影响[J]．钢铁，2004，(6)：63.

[129] 东涛，刘嘉禾．我国低合金钢及微合金钢的发展、问题和方向[J]．钢铁，35(11)：71.

[130] 宋志敏，张虹．我国轴承钢生产及质量现状[J]．钢铁研究学报，2000，(4)：59.

[131] 高扬，刘永长．我国轴承钢线材专业化生产线[J]．特殊钢，2001，(4)：27.

[132] 刘炳连，崔宏武，王炳霞．新Ⅲ级HRB400热轧竍类带肋钢筋的开发和研制[J]．天津冶金，2002，(2)：20.

[133] 吴迪，赵宪明，宋玉明．延伸系数对20MnSi钢焊接部位组织性能的影响[J]．钢铁，2002，37(5)：38.

[134] 吴华民，张振申，邵蕾．影响HRB335钢筋机械性能因素的分析及生产对策[J]．钢铁研究，2003，(6)：45.

[135] 李光田，左秀荣，阎立懿，等．用30tEAF-LF-VD冶炼高级齿轮钢[J]．钢铁研究学报，2000，(6)：65.

[136] 冯捷，郑轶荣，贾艳，等．用V-N合金替代V-Fe生产HBR400的工艺探讨与实践[J]．钢铁研究，2004，(2)：38.

[137] 张锦刚，费鹏，夏顶忠．用铝锰钛合金脱氧合金化的应用研究[J]．鞍钢技术，2002，(1)：28.

[138] 迪林，王平，傅杰．直接合金化炼钢工艺的研究及应用现状[J]．特殊钢，2000，(3)：26.

[139] 于桂玲，苗红生，刘惠民，等．轴承钢的脱氧工艺优化[J]．炼钢，2001，(1)：27.

[140] 薛正良，李正邦，张家雯．钢的脱氧与氧化物夹杂控制[J]．特殊钢，2001，(6)：24.

[141] 孙卫华．济钢用稀土处理含钛钢的工业实践[J]．钢铁，2001，(9).

[142] 知水，王平，侯树庭，编著．特殊钢炉外精炼[M]．北京：原子能出版社，1996.

[143] 苏天森．炉外处理技术的发展[J]．中国冶金，2000，1：20-24.

[144] 刘浏，何平．二次精炼技术的发展与配置[J]．特殊钢，1999，20 (2)：1-6.

[145] 乐可襄，董元篪，王世俊，等．精炼炉熔渣泡沫化的实验研究[J]．钢铁研究学报，2000，3：14-16.

[146] 牛四通，成国光，张鉴，等．精炼渣系的发泡性能[J]．北京科技大学学报，1997，2：140-141.

[147] 张鉴．炉外精炼的理论与实践[M]．北京：冶金工业出版社，1999.

[148] 邱绍岐，祝桂华．电炉炼钢原理及工艺[M]．北京：冶金工业出版社，2001.

[149] 刘浏．炉外精炼工艺技术的发展[J]．炼钢，2001，(4)：1-7.

[150] 刘本仁，萧忠敏，刘振清，等．钢水精炼技术在武钢的开发应用[J]．炼钢，2001，(6)：1-7.

[151] 朱伦才，颜根发，沈昶，等．LF—VD（SKF）炉精炼包的若干技术问题[J]．炼钢，2002，(2)：14-18.

[152] 王祖滨，宋青．世纪之交看低合金高强度钢的发展[J]．钢铁，2001，36（9）：66-70.

[153] 郭家祺，刘明生．AOD 精炼不锈钢工艺发展[J]．炼钢，2002，(2)：52-58.

[154] 刘川汉．我国钢包炉（LF）的发展现状[J]．特殊钢，2001，(2)：31-33.

[155] 林功文．钢包炉（LF）精炼用渣的功能和配制[J]．特殊钢，2001，(6)：28-29.

[156] 李中金，刘芳，王承宽．我国钢水二次精炼技术的发展[J]．特殊钢，2002，(3)：29-31.

[157] 刘浏．超低磷钢的冶炼工艺[J]．特殊钢，2000，6：20-24.

[158] 刘中柱，蔡开科．纯净钢生产技术[J]．钢铁，2000，35（2）：64-68.

[159] 刘浏，曾加庆．纯净钢及其生产工艺的发展[J]．钢铁，2000，35（3）：68-71.

[160] 刘浏．超低硫钢生产工艺技术[J]．特殊钢，2000，5：29-33.

冶金工业出版社部分图书推荐

双峰检